全过程工程咨询实践与案例丛书

工程总承包项目
全过程工程咨询实践与案例

浙江江南工程管理股份有限公司　编著

钱池进　胡新赞　李玉洁　徐洪涛　主编

中国建筑工业出版社

图书在版编目（CIP）数据

工程总承包项目全过程工程咨询实践与案例/浙江
江南工程管理股份有限公司编著；钱池进等主编.
北京：中国建筑工业出版社，2024.12.--（全过程工
程咨询实践与案例丛书）.-- ISBN 978-7-112-30588-9

Ⅰ. TU723

中国国家版本馆CIP数据核字第20257YU981号

工程总承包项目与传统建设模式项目相比，有较为明显的差异。这些差异使得工程总承包项目在建设全阶段，需要更加注重项目品质、工程质量、施工安全、工期和造价等的管控，需要引入比较先进的建设组织模式为其保驾护航。本书结合多年来的工程实践，全面阐述了全过程工程咨询应对工程总承包项目各个阶段的关键环节与主要工作，从而有效地解决工程总承包项目实施过程中存在的问题，促进工程总承包建设组织模式健康、持续发展，实现对项目业主的全面履责。同时，本书选取文化场馆、高等学校、智慧快速路、医疗卫生和综合研发中心等项目案例进行深入剖析，让读者了解工程总承包项目咨询与管理方面的经验和教训。对从事工程总承包项目建设的项目管理人员、设计师、现场工程师以及相关参与方，均可以提供经验和启示，有助于提升工程总承包项目的建设实施效果。

责任编辑：毕凤鸣
文字编辑：王艺彬
责任校对：赵　力

全过程工程咨询实践与案例丛书
工程总承包项目全过程工程咨询实践与案例
浙江江南工程管理股份有限公司　编著
钱池进　胡新赞　李玉洁　徐洪涛　主编

*

中国建筑工业出版社出版、发行（北京海淀三里河路9号）
各地新华书店、建筑书店经销
华之逸品书装设计制版
建工社（河北）印刷有限公司印刷

*

开本：787毫米×1092毫米　1/16　印张：22½　字数：519千字
2025年1月第一版　2025年1月第一次印刷
定价：**72.00**元
ISBN 978-7-112-30588-9
（43908）

本书编委会

总 策 划：李建军

技术顾问：Yukio Tamura（田村幸雄）　张宗亮

主　　编：钱池进　胡新赞　李玉洁　徐洪涛

副 主 编：王云峰　刘 峰　程东伟　王 冲

编　　委：（按姓氏笔画排序）

于海彬　王 鑫　王竹婷　朱家华　刘英龙

李 明　李百新　陈 诚　陈 颖　周国强

赵婉耀　胡 鹏　侯国松　顾红生　曹 婧

符 翔　章 逸　谭清清

校　　核：吴 俊　周 婷　相光祖　于 阳

序

在时代浪潮的推动下，中国工程建设领域以惊人的速度书写着突破与效率的传奇篇章。得益于工程建设组织模式的创新，"10天建成1600床的医院""4个月筑就30万平方米的国际酒店""9小时完成一座火车站的改造工程"等工程的高效建造速度，在国内工程建设领域成为现实。《建筑业"十四五"规划》明确指出：要完善工程建设组织模式，推广工程总承包模式，发展全过程工程咨询服务。工程总承包与全过程工程咨询模式在国内的工程建设实践中，经历了从探索到逐渐完善的蜕变过程，并在市场的洗礼中愈发坚韧，成为促进建筑业转型升级、实现高质量发展不可或缺的重要力量。

任何新事物适应环境的成长之路都布满荆棘。工程总承包模式在快速发展的同时，也遭遇了项目定位模糊、成本超支、结算繁琐等挑战，这些难题一度让部分地区对其持观望态度。但正是这些挑战，激发了行业对更高效、更精准管理模式的探索。从近些年的实践经验来看，工程总承包建设项目引入全过程工程咨询管理模式时，全过程工程咨询单位以其专业的统筹与协作，有效缓解了工程总承包模式下的诸多痛点，为项目的顺利推进保驾护航。

本书结合编者多年来的工程实践，汇聚了宝贵的经验与深刻的反思，全面阐述了全过程工程咨询应对工程总承包项目各个阶段的关键环节与主要工作，从而有效地解决工程总承包项目实施过程中存在的问题，促进工程总承包建设组织模式健康、持续发展，实现对项目业主的全面履责。同时，本书选取文化场馆、高等院校、市政道路、医院和综合研发中心等类型的项目案例，深入剖析其咨询与管理精髓，力求为项目管理人员、设计师、现场工程师及相关方提供可借鉴的宝贵经验，助力大家在复杂多变的工程环境中，能够扬长避短，精准施策。

作为全过程工程咨询服务领域的领航者，浙江江南工程管理股份有限公司以其丰富的实践经验和前瞻性的视野，为本书注入了强大的生命力。本书作为全过程工程咨询实践与案例丛书的收官之作，不仅是对过往项目实践的总结与提炼，更是对未来趋势的展望与探索。它深入探讨了工程总承包项目从投资决策到验收移交的全过程，为全过程工程咨询与工程总承包模式的深度融合开辟了新路径，为行业的高质量发展贡献了智慧与力量。

愿以此书为桥,连接过去与未来,在每一次工程实践的探索与总结中汲取智慧,共同推动中国工程建设领域迈向更加辉煌的新纪元。愿本书成为每一位读者在工程总承包与全过程工程咨询道路上不可或缺的伙伴,激发更多创新灵感,引领行业的持续、健康发展。

前　言

长期以来，我国的建设多采用相对传统的DBB（Design-Bid-Build）模式，设计、招标和施工相对独立、依次进行，各参建单位彼此独立的模式增加了建设过程中的权责争端和建设单位的管理成本。工程总承包模式把设计、招标和施工融为一体，受到越来越多建设单位的推崇。伴随着相关政策和规范性法规文件的颁布和不断推进，工程总承包在实践中经历了由简单到逐渐完善的过程，在不断适应市场发展的情况下，成为一种重要的建设模式。

2020年8月，住房和城乡建设部等部门印发《住房和城乡建设部等部门关于加快新型建筑工业化发展的若干意见》（建标规〔2020〕8号），意见第二十条明确指出：大力推行工程总承包。引导骨干企业提高项目管理、技术创新和资源配置能力，培育具有综合管理能力的工程总承包企业，保障工程总承包单位的合法权益。工程总承包管理模式由于具有效率高、管理成本低、质量可控等特点得到建设单位的认可，但许多建设项目实践过程中也出现了前期定位不准、设计费用超概、过程管理失控等问题。如何发挥工程总承包模式的优点、规避其弊端成为一个值得探索的问题，全过程工程咨询的引入是解决这个问题的一种方法。

全过程工程咨询可以在建设项目从投资决策到项目运营维护所有的阶段，为委托人提供涉及技术、经济、组织和管理在内的整体或局部的咨询服务，近些年也逐渐得到认可，尤其是2017年国务院办公厅发布文件《国务院办公厅关于促进建筑业持续健康发展的意见》（国办发〔2017〕19号）之后，全过程工程咨询在许多省份的建设项目中得到应用。针对工程总承包模式的弊端，在消除碎片化咨询、消除多边博弈困境、合理转移管理风险、有效解决技术难题和平衡各方诉求等多方面，全过程工程咨询都有明显的优势。从建设单位角度，全过程工程咨询可以提供优质高效的工程咨询服务，提高建设项目的管理水平；从建设项目本身，全过程工程咨询通过抓住"质量、进度、投资"三个核心方面的管理，可以保证项目建成的品质；从总承包单位角度，全过程工程咨询可以有效解决技术难点与管理难点。

浙江江南工程管理股份有限公司作为住房和城乡建设部第一批全过程工程咨询试点企业之一，已有大量全过程工程咨询模式的工程总承包项目竣工。本书通过这些实践案例的得失总结，为全过程工程咨询服务在工程总承包项目的应用总结经验，也为工程总承包模式的良性发展建言献策。全书开篇分别论述了全过程工程咨询和工程总承包两种模式的特点和发展历程，结合工程总承包模式现存的问题，分析了引入全过程工程咨询的必要性并进一步阐述其具体服务内容；中间的两个篇章以建设项目的时间顺序论述了工程总承包模式下全过程工程咨询在前期阶段和实施与验收移交阶段的重点工作内容，详细写明了投资决策综合性咨询、招标采购咨询与管理、设计技术咨询与管理、BIM技术咨询与管理、工程造价咨询与管理、合约咨询与管理、信息与档案咨询与管理、竣工验收咨询与管理以及项目后评估咨询与管理等不同阶段的全过程工程咨询工作内容和工作要点；最后总结篇章通过某文化中心项目、某高等学校项目、某智慧快速路项目、某中心医院项目和某综合能源生产调度研发中心项目，通过不同项目的实践案例分析与总结，阐述全过程工程咨询在工程总承包项目中取得的成效，分析利弊得失，证明了全过程工程咨询在工程总承包项目中的必要性，在指导实践时具有很强的现实意义。

本书由浙江江南工程管理股份有限公司编著，公司董事长李建军为总策划，田村幸雄院士担任技术顾问，公司总裁钱池进、公司副总裁兼江南研究院院长胡新赞、公司市场营销研究中心主任李玉洁、公司市场营销中心总经理徐洪涛担任主编。本书共4篇、17章，其中第1~3章由钱池进、李玉洁、胡新赞编写，第4章由王冲、胡新赞、徐洪涛编写，第5章由钱池进、李玉洁、胡新赞编写，第6章由李明、顾红生、程东伟编写，第7章由于海彬、李明、顾红生编写，第8~9章由李玉洁、谭清清、刘英龙编写，第10章由李玉洁、陈颖、徐洪涛编写，第11章由李玉洁、侯国松、王鑫编写，第12章由李玉洁、徐洪涛、符翔编写，第13章由胡鹏、徐洪涛编写，第14章由王云峰（浙江大学建筑设计研究院有限公司）、陈诚（浙江大学建筑设计研究院有限公司）、赵婉耀（浙江大学建筑设计研究院有限公司）编写，第15章由朱家华、曹婧编写，第16章由王冲、章逸编写，第17章由王竹婷、刘峰编写。全书由钱池进、胡新赞、李玉洁、徐洪涛统筹定稿。

本书在编写案例的过程中收到了有关建设单位与参建单位的鼎力支持，以及浙江大学建筑设计研究院有限公司等一线员工的高度配合，对此表示由衷感谢！本书选取的案例多由政府投资建设，力求覆盖不同类型，但仍有一定局限性，尚存不完善和有待商榷之处，衷心期待各位专家、学者及广大读者提出宝贵意见，共同推进全过程咨询在工程总承包项目中的质量提升和长远发展。

编者

2024年7月

目　录

第1篇

绪论

　　工程总承包是指承包单位按照与建设单位签订的合同，对工程设计、采购、施工或者设计、施工等阶段实行总承包，并对工程的质量、安全、工期和造价等全面负责的工程建设组织实施方式[1]。将设计与施工的高度融合是EPC总承包模式的灵魂所在，但实践过程中工程总承包单位多由设计院和施工单位联合体组成，设计和施工割裂的状态仍然存在。总承包单位没有按照限额进行设计，导致费用超出概算等问题也经常出现。从发包人角度出发，通过近年来对工程总承包工程建设模式的实践总结，发现很多项目存在着发包人要求不明确、合同计价模式不匹配、投资控制难等一系列问题。如何做到前期精准定位、合理制定招标文件、建设期间优化设计、有效控制建设成本、保证建成品质是推动工程总承包模式不可回避的问题。本篇通过对全过程工程咨询和工程总承包模式的发展情况与特点分析，提出工程总承包项目采用全过程工

---

[1]《住房和城乡建设部 国家发展改革委关于印发〈房屋建筑和市政基础设施项目工程总承包管理办法〉的通知》(建市规〔2019〕12号)。

程咨询的必要性。本篇共有三章内容，分别阐述了全过程工程咨询的特点和发展情况、工程总承包的特点和发展历程以及全过程工程咨询与工程总承包的契合度分析。通过对实施全过程工程咨询的必要性分析和全过程工程咨询服务内容的解析可以发现，全过程工程咨询能够对工程总承包项目提供全链条、全方位的监督管理与咨询服务，从而有效地解决工程总承包项目实施过程中存在的问题，促进工程总承包建设组织模式的持续、健康发展。

第1章 全过程工程咨询概述

1.1 全过程工程咨询提出的背景

1.解决工程咨询服务"碎片化"问题

我国将勘察设计、工程监理、造价咨询、招标代理等,归属于工程咨询范畴,但均是独立开展工程咨询服务,存在多头主管、管理内容重复交叉和组织管理碎片化等问题。因此,造成工程咨询服务产业链条松散化和碎片化,这与理论和实践基础较为先进的欧美和日本等地区、国家的全生命周期综合性工程咨询相比,存在咨询模块割裂、沟通能力弱、服务质量差、集成化水平低等不足。

从建设工程管理的角度看,工程项目管理需要的是一个整体的、持续的、动态的一体化管理过程,因此要针对碎片化问题进行有机协调和整合,从分散走向集中,从部分走向整体,从破碎走向整合,为工程业主提供一个无缝隙且全过程的整体咨询服务,是市场所需,也是促进建筑行业可持续发展的必经之路。

2."走出去"战略目标的重要组成部分

在国家"一带一路"的大背景下,中国建筑商以"中国速度、中国管理"享誉全球,但中国的工程咨询企业在国际上影响力不足。因此,为了向国际惯例接轨,提升工程咨询企业的综合服务能力与核心竞争力,培育一批具有国际水平的全过程工程咨询企业,变得尤为重要。

3.全面深化改革的结果

近年来,在政府深化简政放权、放管结合、优化服务改革的政策背景下,工程咨询行业的多个产业链不断整合和发展,综合性工程咨询机构逐渐从提供相对分散的咨询服务转变为提供全程一站式服务。政府为进一步鼓励工程建设项目采用全过程工程咨询服务,出台了许多积极政策文件,以便切实支持全过程工程咨询行业有序发展。

4.建筑业走向集成化趋势下的全过程工程咨询

建筑业作为最古老的行业之一,在信息化和新管理思想的冲击下,全行业都在探索集成化的发展路径,甚至已经开始应用IPD理念。例如,PPP模式体现的是建设项目决策、实施和运营不同阶段管理集成,工程总承包形式体现的是建筑产品形成过程设计、采购与施工的交付集成,全生命周期BIM应用所体现的是建设项目不同阶段信息创建、管理与共享的集成,装配式建筑、建筑工业化所体现的是建筑产品构成组件(部件)设计、制作、安装的集成等。而作为行业引擎和发动机角色的工程咨询行业,选择了全过程工程咨询模式来提供集成化的咨询服务。

1.2 全过程工程咨询特点和意义

全过程工程咨询是指咨询人在建设项目投资决策阶段、工程建设准备阶段、工程建设阶段、项目运营维护阶段，为委托人提供涉及技术、经济、组织和管理在内的整体或局部的服务活动，包括全过程总控管理服务和单项咨询服务，其中单项咨询又包括基本咨询和专项咨询。简称"全咨管理（WMC）"[1]。

1.2.1 全过程工程咨询的特点

全过程工程咨询服务不是将各个阶段咨询简单相加，而是要通过多阶段集成化咨询服务，为业主创造价值。因此，全过程工程咨询具有以下特点。

1.历史新方位，站位高

全过程工程咨询是新时期深化工程领域咨询服务供给侧结构性改革的重要实践，对加快构建精准化服务、信息化支撑、规范化运营、国际化拓展的行业发展新格局具有重要支撑作用。以科学决策、市场需求、专业管理为导向的全过程工程咨询，有助于展示"有为政府、有效市场"作用，改善企业投资管理，完善政府投资体制，有效推动投资决策意图贯穿工程项目建设全过程，进而推动实现工程咨询的质量变革、效率变革和动力变革。

2.提供组合式服务，服务范围广

全过程工程咨询的组合式服务主要从服务时间、服务范围和服务内容三个维度来分析。首先服务时间广：全过程工程咨询时间范畴是建设项目的全生命周期，包括建设项目的投资决策阶段、工程建设准备阶段、工程建设阶段和项目运营维护阶段；其次服务范围广：全过程工程咨询服务范围包括设计、规划、组织、管理、经济和技术等各方面的工程咨询；最后是服务内容广：全过程工程咨询的服务内容包含全过程总控管理服务和单项咨询服务，其中单项咨询又包括基本咨询和专项咨询[2]。

全过程总控管理服务是指为实现项目预期的进度、成本、质量、效益等总体目标，咨询人通过对项目进行策划、组织、协调和控制等全过程总体统筹，运用专门的知识、技能、工具和方法，对建设项目全过程进行管理的活动。简称"总控管理"[2]。

基本咨询服务是对建设项目的投资决策、工程建设和维护运营等活动起到根本性影响作用的专业咨询服务，包括项目投资决策咨询、工程勘察设计、工程监理、工程招标采购、工程投资造价咨询、项目运营维护咨询等[2]。

专项咨询服务是对建设项目的投资决策、工程建设和维护运营等活动起到一定影响作用的专业咨询服务，包括不限于项目政策法律、项目产业、项目融资、项目特许经营、项

---

①《建设项目全过程工程咨询标准》T/CECS 1030—2022。
②《建设项目全过程工程咨询标准》T/CECS 1030—2022。

目财务、项目信息、项目风险、项目绿色建筑、项目工程保险、项目资产评估、项目后评价等。

3.咨询服务内容多，注重智力服务

全过程工程咨询服务过程长，咨询服务内容多，智力服务要求高。全过程工程咨询单位针对工程建设项目前期决策、设计建造和实施运营的全生命周期，通过有机整合各个专业工程的咨询服务（包括规划和设计在内的涉及组织、管理、技术等各有关方面的咨询服务），目的是为建设单位提供智力服务，如：投资机会研究、建设方案策划和比选、融资方案策划、招标方案策划以及建设目标分析论证等，实现工程项目的价值再提升。为此，需要全过程工程咨询单位拥有一批高水平复合型人才，其需要具备策划决策能力、组织领导能力、集成管控能力、专业技术能力和协调解决能力等。

4.流程再造，管理模式变革

原来由不同企业或同一家企业不同部门提供的各项专业服务，现在由一家企业（或是一个团队）来提供服务，在分析工程建设项目问题时，必须从全局角度出发，将各类传统工程咨询服务加以融合，并做好相应的组织变革、管理革新、流程再造，体现出优质、高效的服务，实现工程综合效益最大化，这才是全过程工程咨询服务的价值所在。

1.2.2　全过程工程咨询的意义

1.提高建设工程项目的管理水平

全过程工程咨询能够全面有效分析工程项目经济技术的可行性及工程项目的重难点，在前期咨询、勘察设计咨询、质量管理、进度管理和投资控制等方面做到全面而深刻的分析。针对各个阶段的各项风险指标，全过程工程咨询能够给出全面、系统的分析，使工程项目在建设过程中采取有针对性的措施。将全过程管理理念贯穿整个项目周期，有利于实现建设项目的质量、进度以及安全管控，有效节省项目全生命周期的投资，实现建设效益最大化。

2.提供优质高效的工程咨询服务

全过程工程咨询服务，能积极调动企业的能动性，有效协调决策阶段、勘察设计阶段、招标投标阶段、施工阶段等各阶段之间的关系，切实减少项目业主协调的工作量，快速解决矛盾，提高工作效率。实际上，全过程工程咨询不仅可以帮助建筑工程项目业主做好科学的决策，让项目工期缩短、成本降低、质量提高，还可以提高风险控制能力，保证施工过程的安全性、可靠性，保证工程顺利进行。因此，全过程工程咨询有利于项目业主方享受到优质的工程咨询服务。

3.提升工程咨询企业的综合实力和竞争力

通过开展建设工程项目的全过程工程咨询服务，工程咨询企业能加快转型升级。企业通过内部修炼，整合资源，才能为我国建设项目业主提供优质的咨询服务，适应市场发展，提高我国工程咨询企业的综合实力以及市场竞争力，提升我国建设工程整体管理水平。

1.3 全过程工程咨询适用范围及组织机构

1.3.1 全过程工程咨询服务适用范围

1.全过程工程咨询委托主体

在《国家发展改革委 住房城乡建设部关于推进全过程工程咨询服务发展的指导意见》（发改投资规〔2019〕515号）中规定，在房屋建筑、市政基础设施等工程建设中，鼓励建设单位委托咨询单位提供招标代理、勘察、设计、监理、造价、项目管理等全过程咨询服务，满足建设单位一体化服务需求，增强工程建设过程的协同性。可见，全过程工程咨询是工程咨询企业接受建设单位委托提供的相关咨询管理服务，全过程工程咨询的委托主体只能是建设单位，不能是其他主体。

2.适用项目

（1）从资金来源上：

①政府投资项目、国有企业投资项目（国有资金占控股或主导地位）。

②民间投资项目。

（2）从项目所属领域上：房屋建筑和市政基础工程。

（3）从项目需求上：

①工程总承包项目：工程总承包项目合同总价存在很大的不确定性，建设单位在实施过程中不断变更或补充建设要求，加大了对总承包单位的干涉，也容易产生价格和工期的不确定性。

②专业技术性较强的项目：专业技术性较强的项目需要依赖咨询公司提出专业意见，确保项目顺利实施。

③政府、事业单位等建设主体投资的非经营性项目：政府、事业单位为不具备工程项目管理能力的建设主体，需要专业咨询机构进行管理。

3.服务范围

（1）项目全过程：为项目决策、招标代理、勘察设计、造价咨询、工程监理、项目管理、竣工验收及运营保修等各个阶段的全生命周期提供咨询服务。

（2）分阶段过程：为项目若干阶段提供不同专业咨询服务。

（3）部分过程：为项目的某一专业咨询提供跨阶段（涵盖两个或两个以上）的咨询服务。

4.服务形式

（1）由一家工程咨询企业实施。"全过程"服务可由建设单位委托一家具有综合能力的工程咨询企业实施，该工程咨询企业应具备与服务项目相匹配的资质、资格和能力，在具体提供咨询服务过程中，应当将依法需要资质但其不具备的（例如设计、监理）的服务分包给具备相应资质的企业实施。

（2）由多家具有不同专业特长的工程咨询企业组成联合体实施。多家工程咨询企业共同投标并与建设单位签订咨询合同，约定联合实施全过程工程咨询，签署联合体协议，明确联合体成员向建设单位承担连带责任，并明确牵头单位以及联合体成员单位所承担的咨询服务内容、权利、义务和责任。

（3）建筑师负责制。《国务院办公厅关于促进建筑业持续健康发展的意见》（国办发〔2017〕19号）中提出"在民用建筑项目中，充分发挥建筑师的主导作用，鼓励提供全过程工程咨询服务。"

5.服务能力

《全过程工程咨询指导意见》第四条第（三）款规定："全过程工程咨询单位应当在技术、经济、管理、法律等方面具有丰富经验，具有与全过程工程咨询业务相适应的服务能力，同时具有良好的信誉。全过程工程咨询单位应当建立与其咨询业务相适应的专业部门及组织机构，配备结构合理的专业咨询人员，提升核心竞争力，培育综合性多元化服务及系统性问题一站式整合服务能力。"

可见，全过程工程咨询企业应具备提供咨询服务所具有的组织、管理、经济和技术等方面的能力，具有良好的信誉、相应的组织机构、健全的工程咨询服务管理体系和风险控制能力。

1.3.2 全过程工程咨询组织机构设置

全过程工程咨询组织管理模式是一种项目管理模式，通过将项目从起始阶段到完成阶段的全过程整合在一起，来提高项目的绩效和效率。该模式对项目组织机构的设置有着非常高的要求，需要能够协调各部分之间的联系，并且使得每个部分都能够高效地运行。

1.全过程工程咨询组织机构要求

全过程工程咨询通过把项目生命周期分阶段的咨询融为一体，提供集成性的管理和专业咨询，最大化地实现项目目标。全过程工程咨询企业依据全过程工程咨询服务合同所约定的服务内容和期限，结合项目特点、建设规模、复杂程度及环境因素等，选派具有相应执业资格的专业人员担任项目总咨询师，并在企业中择取特定的专业人士，组成跨越职能部门的全过程工程咨询管理团队。全过程工程咨询管理团队依照咨询合同接受业主的全部或部分授权，以业主利益为主进行全阶段或分阶段的专业咨询服务，同时监督和帮助承包人行使权利和义务，协调业主与承包人之间的关系。

2.全过程工程咨询组织机构设置

全过程工程咨询的组织架构分为决策统筹层、管理协作层和实施执行层，根据项目的不同，组织架构也不同，主要的区别是在决策统筹层，而在管理协作层和实施执行层上基本相同（图1-1）。

决策统筹层主要由建设单位领导层、建设单位项目代表及全过程工程咨询总咨询师组成，主要职责是负责确定项目的目标、重大方针和实施方案，对项目工作的开展进行整体统筹和管理，制定工作目标和分配工作任务，以目标为导向检查项目推进情况。全过程工

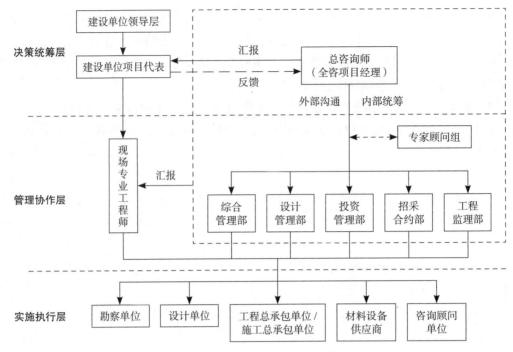

图 1-1 全过程工程咨询组织机构图

程咨询总咨询师服务于建设单位领导层及项目代表，为项目的运行和统筹提供专业意见和协同管理。

管理协作层主要由建设单位现场专业工程师、全过程工程咨询项目部组成，是项目的中坚管理力量，主要职责是对各专业工作内容进行直接管理和协同，在决策统筹层的领导和工作任务分配下，完成各项管理任务和目标。全过程工程咨询项目部服务于建设单位对应的专业工程师，以完成具体管理和咨询工作为导向，做好各项工作间的协作和配合，又好又快地完成项目管理和咨询任务。

实施执行层主要由被建设单位和全过程工程咨询单位管理的参建单位组成，主要职责是完成合同约定的各项工作任务，服从管理协作层的管理。该层级运行的好坏取决于全过程工程咨询单位对项目管理的整体策划和实施管控水平，如目标设定是否合理、招采合约策划是否科学、实施层工作界面是否清晰以及现场管理是否到位等诸多方面[1]。

1.4 政策推动全过程工程咨询发展情况

全过程工程咨询的提出与推广是转变建筑业经济增长方式的需要，是促进工程建设实施组织变革的需求，是政府职能转变的需求，是提高项目投资决策科学性、提高投资效益和确保工程质量的需要，是实现工程咨询企业转型升级的需求，也是推进工程咨询行业国

际化发展的战略需求。

自2017年以来,随着国家与地方层面政策不断推出、各地宣贯落实、全国试点地区和企业名录发布、诸多项目落地实施等,全过程工程咨询在我国不断推进,取得了可喜的成果,一些试点项目落地并取得了良好成效等。全过程工程咨询的推广走的是一条政策指引、试点先行和规范发展的路子。

首先,国办发〔2017〕19号文提出总体要求,"鼓励投资咨询、勘察、设计、监理、招标代理、造价等企业采取联合经营、并购重组等方式发展全过程工程咨询,培育一批具有国际水平的全过程工程咨询企业。"

其次,2017年5月,住房城乡建设部印发了《住房城乡建设部关于开展全过程工程咨询试点工作的通知》(建市〔2017〕101号),选择北京、上海、江苏、浙江、福建、湖南、广东、四川8省(市)以及中国建筑设计院有限公司等40家企业开展为期2年的全过程工程咨询试点。试点工作要求涉及制订试点工作方案、创新管理机制、实现重点突破、确保项目落地、实施分类推进、提升企业能力、总结推广经验等方面,为全国开展全过程工程咨询积累经验。

各试点纷纷推出了试点期间的试点方案、服务导则、服务指引、服务清单、招标试行文本和合同试行文本等,如广东省推出的《建设项目全过程工程咨询服务指引(咨询企业版)》(征求意见稿)、江苏省推出的《江苏省全过程工程咨询服务导则(试行)》、浙江省推出《全过程工程咨询服务标准》以及山东省推出的《全过程工程咨询服务内容清单》(征求意见稿)等,对健全全过程工程咨询管理制度,完善工程建设组织模式,培养具有国际竞争力的企业,提高全过程工程咨询服务能力和水平,具有积极的指导意义。

2020年4月,国家发展改革委与住房和城乡建设部推出《房屋建筑和市政基础设施建设项目全过程工程咨询服务技术标准(征求意见稿)》,明确了全过程工程咨询的内涵和外延、全过程工程咨询的范围和内容以及全过程工程咨询的程序、方法和成果等,用以指导工程咨询类企业为委托方提供全过程工程咨询服务。

2022年住房和城乡建设部发布的《住房和城乡建设部关于印发"十四五"建筑业发展规划的通知》(建市〔2022〕11号)中,提出了要建立全过程工程咨询服务交付标准、工作流程、合同体系和管理体系,明确工程建设各方责权利关系,完善服务酬金计取方式,为勘察设计企业开展全过程工程咨询服务创造条件。鼓励政府投资项目和国有企业投资项目带头推行全过程工程咨询。

1.4.1 全过程工程咨询发展现状

1.全过程工程咨询的市场分布

根据全国各省(市、区)全过程工程咨询试点推行以及项目落地实施情况来看,全过程工程咨询实施情况可以归纳为各地支持力度不同、发展不均衡。由于各地项目规划、资金安排等存在差异,反映到工程咨询招标投标市场中的项目数量总体差别也较大,其中南方省份和地区比北方省份和地区好,东部地区比西部地区好,尤其是东南沿海地区表现最热，比如广东、浙江、江苏、山东等政策推行比较快，全过程工程咨询企业踊跃参加，发展比较好；然而，例外的是上海和海南等地，虽地处东部和沿海地区，但全过程工程咨询发展却未见大的动作；尤为可贵的是，不少非试点省份、地区（如内蒙古等地）以及咨询企业也积极投身全过程工程咨询项目实践；2020年，西部省份西藏和宁夏实现了全过程工程咨询项目零的突破。

2.全过程工程咨询企业发展情况

全过程工程咨询涉及的产业链条长、市场主体多，涉及勘察设计企业、工程监理企业、招标代理企业和造价咨询企业等众多市场主体，他们是构成全过程工程咨询市场并开展工程咨询服务的重要基础。

根据住房和城乡建设部统计公报及国家统计局的统计信息，2022年全国工程咨询企业（主要包括工程勘察设计企业、工程造价咨询企业和工程监理企业）约5.8万家，从业人数达795.59万人。其中，工程勘察设计企业数量最多，约2.76万家，从业人数488万人；工程造价咨询企业约1.41万家，从业人数114.49万人；工程监理企业约1.63万家，从业人数193.1万人。工程咨询企业数量多，从业人员规模大，是促进全过程工程咨询市场发展最重要的基础。

3.全过程工程咨询服务形式情况

根据全过程工程咨询招标和项目实施中所含各项咨询业务组合情况来看，全过程工程咨询服务形式主要以项目管理、工程监理、造价咨询三项咨询为主，市场上接近80%的全过程工程咨询项目都包含这三项服务，常见组合形式为"项目管理+工程监理+造价咨询""工程监理+造价咨询""项目管理+工程监理+造价咨询+招标代理""项目管理+工程监理""勘察+设计+项目管理+工程监理+造价咨询"等。一部分项目采用将工程勘察设计与上述三项业务组合的模式，与全过程工程咨询的建筑师负责制模式相近，也有些项目采用"监理+造价咨询"组合或与其他专项咨询业务相组合，项目管理采用"业主自管"模式或项目代建模式。

1.4.2　全过程工程咨询发展存在的问题

全过程工程咨询是供给侧结构性改革和高质量发展背景下，建筑业组织模式的一次重大变革。在推行全过程工程咨询的行业背景下，工程咨询正在经历由专业化分工向全过程、跨阶段、全专业、一体化融合转型发展的新阶段。但目前在发展过程中还存在一些问题：

1.全过程工程咨询法律地位不明晰

2017年以来，国家陆续出台的政策文件为全过程工程咨询的发展营造了有利的宏观环境，但是在《建筑法》《合同法》《招标投标法》中找不到全过程工程咨询支撑的依据。全过程工程咨询试点结束后，在法律层面还没有形成较为官方的全过程工程咨询的支撑，法律地位的缺失，在一定程度上会影响全过程工程咨询新业态的发展。

2.全过程工程咨询服务能力尚有欠缺

全过程工程咨询服务属于高智力的技术和管理服务，对全过程工程咨询服务企业和人员要求都比较高。不仅要求咨询服务企业资质齐全、专业配备完善，还对服务人员的素质有很高的要求。从事工程建设全过程咨询服务的技术人员不仅需要具备丰富的经验，还要了解多个专业及工程建设多个阶段方面的知识；对工程建设全过程咨询服务的项目负责人要求更高，不仅要求其全面掌握工程项目建设的各个环节，还要具备强大的跨专业甚至跨单位组织协调能力，以保证工程建设全过程咨询服务的高效、全面、稳定、可靠。

由于国内的工程咨询碎片化发展持续了比较久的时间，各专业分散，目前很多工程咨询企业的业务类型较为单一，往往只在勘察、设计、监理等某一方面具有明显优势，而能够提供全过程工程咨询一体化服务端的机构数量十分有限，能够具备以上能力的技术人员和项目负责人数量不多，这也成为提供高品质全过程工程咨询服务的制约因素。

3.需求端参与性不足

全过程工程咨询从政策层面上主要是针对供给侧的改革，未在需求层面进行推行，虽然全过程工程咨询试点已结束，但是部分业主受传统观念的限制，对全过程工程咨询认识度不足，参与度也不高，若采用新的管理模式，工程咨询多方合一可能会牵扯许多利益的重新分配，对全过程工程咨询的发展也带来一定阻力。

1.4.3　全过程工程咨询发展趋势展望

结合国内工程项目管理模式发展历程和工程咨询服务演进趋势，可以将全过程工程咨询的发展分为三个阶段：

1.全过程工程咨询1.0阶段

全过程工程咨询1.0阶段就是中国工程项目管理模式的演进阶段。我国的工程项目管理从20世纪80年代初期的启蒙项目管理，到20世纪80年代后期的项目管理施工法，再到20世纪90年代的工程监理，再到21世纪的00年代的工程项目管理等。

2002年，我国第一版《建设工程项目管理规范》GB/T 50326—2001出台；2003年，建设部提及开展对工程项目的组织实施进行全过程或若干阶段的管理和服务的思路，在《关于培育发展工程总承包和工程项目管理企业的指导意见》（建市〔2003〕30号）中介绍了工程项目管理的基本概念和主要方式；2004年的《建设部关于印发〈建设工程项目管理试行办法〉的通知》（建市〔2004〕200号）对工程项目管理工作内容作出了明确的划分，分别列举了工程项目管理咨询在项目前期策划、项目设计、施工前准备、施工、竣工验收和保修等各个阶段的具体工作内容，大力鼓励具有工程勘察、设计、施工、监理资质的企业，通过建立与工程项目管理业务相适应的组织机构和项目管理体系开展相应的工程项目管理业务。

2016年的《住房城乡建设部关于进一步推进工程总承包发展的若干意见》（建市〔2016〕93号）中明确提到，在工程总承包项目上应加强全过程的项目管理，建设单位可以自行对项目进行管理，也可以委托项目管理单位对建设项目进行全过程管理。

全过程工程咨询1.0阶段是工程项目的管理由"建管合一"逐步发展为"建管分离"。但各参与主体亦各自为政，相互独立，只对自己专业咨询领域负责，项目管理过程中各参与方之间的信息与资源无法有效沟通，无法实现专业互补和相互监督。全过程工程咨询1.0阶段不足之处在于没有为建设单位提供总体的统筹策划。

2.全过程工程咨询2.0阶段

全过程工程咨询2.0阶段，主要是基于"1+N+X"，1是指全过程工程咨询一体化的"项目管理"，也是贯穿项目全过程工程咨询的一条管理服务主链；N是全过程工程咨询企业自身拥有的专项咨询（如：工程设计、项目管理、工程监理、工程造价咨询等，N≥2是指除项目管理外还应具备设计、监理、造价等专业资质或能力中的至少一项）；X是全过程工程咨询企业自身不具备的资质或能力，可通过与其他具备相应资质的单位组建联合体的形式，或经业主同意分包或转托以及由业主平行发包、约定分包等实现。

"1+N+X"服务模式清晰地表述了全过程工程咨询的内涵：若"1"是代业主的"管"，那么"N"就应该是各个专项咨询的"做"，全过程工程咨询就是"管与做"的高度融合。在全过程工程咨询服务模式中，建设单位是总决策者和总控制者，全过程工程咨询单位协助建设单位进行整体管控；发挥管理优势，提供专业方案，支持建设单位决策；补足建设单位管理短板，专业人做专业事；整合、监督参建各方按科学的筹建计划推进项目建设；提高项目品质，增强项目价值；加强风险预控，降低项目风险等。

全过程工程咨询2.0阶段仍在实践中，目前业界对全过程工程咨询的认识和理解并不统一，有待相关政策和规范性文件对其定义、内容等作出进一步明确；全过程工程咨询服务业务总体数量少；多数业务是数项传统业务的简单相加；有些项目用全过程项目管理服务替代全过程工程咨询；综合性智力服务含量少以及全过程工程咨询企业能力有待提升等问题，

全过程工程咨询2.0阶段凭借自身集成化、专业化和多样化的优势，为工程咨询行业提供了新的思路，并且日趋科学化、规范化、制度化和国际化。

3.全过程工程咨询3.0阶段

全过程工程咨询3.0阶段是全过程工程咨询的蝶变，在工程全生命周期管理思想的指引下，打造建设项目全过程工程咨询服务生态圈就是基于客户为中心的理念，以项目全生命周期为基本点的咨询服务全过程，不仅是全过程工程咨询2.0阶段的服务内容，还要根据客户需求，引入金融服务、项目数字化建设、项目运营管理等，真正做到从项目启动到项目生命周期结束的全面咨询服务。

全过程工程咨询3.0阶段不仅注重技术创新、全过程工程咨询单位的转型升级和团队建设、规范化的管理等，还注重咨询行业的数字化转型、可持续发展以及国际项目合作等。

第2章　工程总承包概述

2.1　工程总承包有关概念

2.1.1　工程总承包主要方式

建设部《关于培育发展工程总承包和工程项目管理企业的指导意见》(建市〔2003〕30号)关于工程总承包的主要方式，描述如下：

工程总承包企业按照合同约定对工程项目的质量、工期、造价等向业主负责。工程总承包企业可依法将所承包工程中的部分工作发包给具有相应资质的分包企业；分包企业按照分包合同的约定对总承包企业负责。

工程总承包的具体方式、工作内容和责任等，由业主与工程总承包企业在合同中约定。工程总承包主要有如下方式：

1. 设计采购施工(EPC)/交钥匙总承包

设计采购施工总承包是指工程总承包企业按照合同约定，承担工程项目的设计、采购、施工、试运行服务等工作，并对承包工程的质量、安全、工期、造价全面负责。

交钥匙总承包是设计采购施工总承包业务和责任的延伸，最终是向业主提交一个满足使用功能、具备使用条件的工程项目。

2. 设计—施工总承包(D-B)

设计—施工总承包是指工程总承包企业按照合同约定，承担工程项目设计和施工，并对承包工程的质量、安全、工期、造价全面负责。

根据工程项目的不同规模、类型和业主要求，工程总承包还可采用设计—采购总承包(E-P)、采购—施工总承包(P-C)等方式。

2.1.2　EPC释义

本书所述的工程总承包主要针对设计采购施工(EPC)模式展开，因此，文中内容主要围绕EPC模式进行阐述。

EPC是起源于美国工程界的一个固定短语，它是工程(Engineering)、采购(Procurement)和建设(Construction)三个词的英文缩写。在这种合同模式下，业主要求承包商不仅要承担项目的施工工作，而且还要承担设计、采购、试运行工作。

EPC合同模式起源于20世纪70年代末美国石油化工行业，后来逐渐推广到全世界范围内，并在电力、矿业、水处理设施等工业项目和公用设施领域广泛应用。这种模式的广泛应用是国际工程建设行业多年来工程建设经验的积累，也是从分体化（Fragmentation）向一体化（Integration）项目管理发展的一种体现，其规范运作程序规定于国际咨询工程师联合会（FIDIC）1999年出版的《设计采购施工（EPC）/交钥匙工程合同条件》。

在EPC模式中，Engineering在EPC合同中不仅是指承包商要承担项目的详细设计工作，而且包括整个建设工程内容的总体策划工作；Procurement也不再是传统意义上的建筑设备、材料采购，大部分情况下是指专业设备的选型和材料的采购；Construction包括施工、安装、试运行等。

2.2 工程总承包的特点与适用范围

2.2.1 工程总承包的特点

1. 权责界面清晰

工程总承包合同中建设单位仅与工程总承包单位之间存在法律关系，界面清晰，责任主体明确（图2-1）。

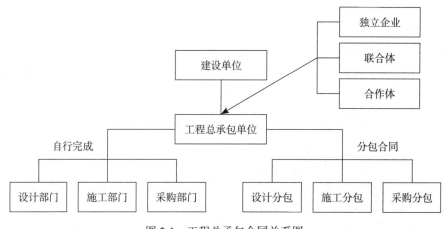

图 2-1 工程总承包合同关系图

2. 建设投资效益确定

工程总承包合同中，工程成本、工期相对固定，建设单位的投资效益更具确定性。

3. 一般采用总价合同

采用工程总承包模式的工程，一般投资规模较大、工期较长、技术相对复杂、不确定性因素较多，为了避免工程实施过程中不确定因素给建设单位带来的风险，工程总承包项目通常采用固定总价合同，正常情况下工程总承包单位不能因为造价因素变化而调价。

4. 工程总承包单位承担较大风险

工程总承包合同一般约定工程总承包单位对建设工程的质量、安全、工期、造价全面负责，建设单位的风险因素合理转移，工程总承包单位则承担更多风险。

5.工程总承包单位获得更大利润空间

在工程总承包合同中并没有明确规定工程总承包单位必须独自承担设计、采购、施工任务，工程总承包单位可以通过合理合法的分包获取一定的工程差价，这也是目前国内工程总承包单位获取工程总承包项目利润的主要来源之一。

6.总承包企业对分包商结果负责

工程总承包单位可以把部分设计、采购、施工或试运行服务工作，委托给具有相应资质的分包商完成。由分包商与工程总承包单位签订分包合同，而不是分包商与建设单位签订合同，分包商的全部工作由工程总承包单位对建设单位负责。

2.2.2　工程总承包的优势

与传统设计、施工分别单独招标的模式相比，工程总承包模式的优势主要有：

1.合同关系简单清晰

工程总承包模式将过去分别签署的设计、施工、采购等多个合同简化为工程总承包合同，合同主体简化，合同关系简单、清晰，建设单位的建设管理责任、审计的工作量和风险源数量大幅度降低，有助于提高建设单位管理的主动性。

2.沟通渠道更为直接

工程总承包模式是集设计、采购、施工为一体的承包方式。通过这种将专业化程度高、彼此熟悉的各个分包业务集合在一起的总承包模式，有助于减少沟通环节，提高项目工作效率和建设速度，科学合理分配项目工期，实现工程优化。

3.实现设计、采购、施工各阶段的合理交叉与融合

工程总承包模式可以有效克服设计、采购、施工相互制约和相互脱节的矛盾，从而有效地实现建设项目的进度、成本和质量控制符合建设工程承包合同约定。

4.招标程序合为一体，合同关系简单，减少招标成本

与传统模式设计、施工分开招标相比，工程总承包模式只需一次招标、一个合同，招标程序缩减，合同关系简化，招标成本减少。

5.固定总价合同，有利于控制总投资

通过强化项目前期工作，提高项目可行性研究和初步设计深度，可实现对投资总价的控制，省去索赔及不必要费用，项目最终价格及工期要求的实现具有更大的确定性。

6.降低建设单位多头管理，避免扯皮

工程总承包单位承担了设计、采购、施工的全部责任，合同责任界面清晰、明确，避免了传统模式中设计、施工责任不清导致的扯皮。

7.有利于提高工程建设质量和效益

设计阶段是工程造价控制的关键，设计费用一般为项目总体费用的3%～10%，但对造价的影响高达75%以上。工程总承包模式的设计方即是施工、采购方，在设计阶段能充分考虑采购、生产和施工要求，最大限度的发挥工程总承包单位的积极性，以实现降成

本、缩工期、保质量的目标。

8.有利于建筑行业的资源整合，提升国际竞争力

工程总承包项目规模一般较大，承包商通过资源配置和重组并购提升综合实力，迅速缩小与国际工程承包商之间的差距，提高我国建筑企业的国际竞争力。

2.2.3　工程总承包的适用范围

2019年，住房和城乡建设部和国家发展改革委联合出台了《住房和城乡建设部　国家发展改革委关于印发房屋建筑和市政基础设施项目工程总承包管理办法的通知》(建市规〔2019〕12号)(以下简称《办法》)，该《办法》明确规定，建设单位应当根据项目情况和自身管理能力等，合理选择工程建设组织实施方式。建设内容明确、技术方案成熟的项目，适宜采用工程总承包方式。

针对EPC项目总承包模式的适用范围，有一些相关行业规范性文件对建设范围、建设规模、建设标准和功能要求明确的项目做出了明确的规定，具体如下：

(1)利用国有企事业单位自有资金(融资、贷款)完成的大中型项目。

(2)财政资金建设项目(如新建、改扩建学校、经济适用住房等房建项目、市政道路、市政配套设施等)。

(3)对施工周期有特殊要求的专业工程项目(如绿化、照明等)。

(4)建筑工程采用BIM技术或采用预制施工方法。

对个性化要求高、情况复杂、施工要求和标准变化较大的工程(如地下工程、纪念性建筑、体育场馆等工程)不宜采用总承包方式。

另外，根据1999年FIDIC修改出版的《设计采购施工(EPC)/交钥匙工程合同条件》，明确阐明了可适用于以交钥匙方式提供加工或动力设备、工厂或是类似设施，或基础设施施工工程或其他类型开发项目，同时FIDIC《设计采购施工(EPC)/交钥匙工程合同条件》(第2版，银皮书)明确了不适用采用EPC发包方式的三种情形：

(1)投标人没有足够的时间或信息仔细审核和检查雇主(发包人)要求，或没有足够的时间或信息进行设计、风险评估研究和估价。

(2)施工涉及实质性地下工程或投标人无法检查的其他区域的工程，除非有特别规定说明不可预见的条件。

(3)雇主(发包人)打算密切监督或控制承包人的工作，或审查大部分施工图纸。

FIDIC在条款中提出的不适用条款，在我国实际操作过程中，也普遍存在，同时有关此类合同纠纷也普遍上升。

2.2.4　工程总承包与施工总承包的差异

工程总承包与施工总承包从承包范围、法律层面、组织管理、风险防范以及分包、资质等主要方面都有较大区别，工程总承包与施工总承包的主要差异如表2-1所示。

工程总承包与施工总承包的主要差异[①] 表2-1

序号	比较项目	工程总承包	施工总承包
1	工程承包范围	规划、勘察、设计、采购、施工、试车（竣工）及其管理	施工范围内总承包
2	工程分包界面	包括全部主体工程在内的工程项目可分包给相应具备资质的承包单位	不得分包工程主体工程
3	合同法律特征	仅总包商向建设单位承担全部合同法律责任	分包商与总包商共同向建设单位承担连带责任
4	工程资质要求	具备工程总承包资质等	具备施工总承包资质
5	组织运作模式	以设计为主导，统筹安排采购、制造、施工、验收等项目	按图纸合理组织施工验收
6	风险防范措施	要求极高，其原因是风险大、项目大而杂	相对而言，风险与工程总承包相比较小些
7	适用项目范围	基础设施项目、工业开发项目、特许经营项目、高科技领域等	适用一切工程施工项目，如公共建筑、工民建、道桥、水电项目等
8	对总包商要求	在监控能力、技术手段、操作经验、财务实力等诸方面要求全面、高超，资源整合和全面管理	施工总承包经验丰富，组织协调能力强等
9	操作成熟性	处于探索的初端，政策、法律法规、细则等尚需细化	比较全面掌握运用甚至自如，无论在组织还是管理等层面上趋于成熟
10	HSE标准	招标时即提出HSE的要求，标准和环保条件高，并系统化、制度化，使工作环境更趋洁净、舒雅	—

2.3 国内外工程总承包发展情况

2.3.1 国外工程总承包发展历程

1.萌芽阶段——简单的设计与施工结合

EPC模式萌芽于19世纪末工程承包的原始阶段：建筑物结构相对简单单一，在工程实施过程的同时进行简单的设计即可，此时设计与施工由于项目简单而同时进行。

2.设计与施工脱离发展阶段

随着工业革命的浪潮，在1870年首次提出设计、采购、施工分别进行的模式。由于原始模式无法实现新建筑物的建设，于是将项目分成三个领域分别由相关专业人员完成，此模式可看作如今传统的DBB模式。在施工之前通过资格预审选择合适的设计单位完成主要的设计工作，随后通过公开招标，一般采取低价中标的原则选择合适的施工单位，业主则全程进行项目的监督和协调工作。施工开始时已有完整的设计图纸，这种模式强调的是项目分工各司其职，最大化地发挥各自领域的专业特长。

[①] 杨俊杰，王力尚，余时立.EPC工程总承包项目管理模板与操作实例[M].北京：中国建筑工业出版社，2014.

3.设计与施工互相配合阶段

随着社会的不断进步，设计、采购、施工相分离的方式渐渐不能适应社会生产力发展而出现施工阶段频繁进行设计变更、工期延后、造价升高等一系列问题。在20世纪60年代左右，诞生了一种设计和施工协调配合的模式——CM（Construction Management）模式，实际上是DBB模式的改良。这种模式是业主委托一家监理咨询单位，让其负责整个项目的管理过程，进一步拉近设计与施工的距离。

4.设计、采购和施工一体化阶段

从20世纪90年代开始，随着FIDIC"银皮书"的出版，EPC这种新的模式应运而生。业主将工程全权委托给工程总承包单位，工程总承包单位为业主提供一体化服务并承担项目大部分风险。工程总承包单位作为项目的核心领导者，领导设计、采购和施工同时进行。在这种模式下，工程总承包单位、分包商、设计单位、施工单位能快速展开交流，熟悉彼此做事风格，有利于提高效率，避免不必要的风险。

2.3.2 国内工程总承包发展历程

国内推行工程总承包大致可分为学习探索、试点、推广、国家大力推进（加速）等四个阶段的发展历程。早在国内试点阶段之前，我国企业在海外也做过一些工程总承包工程，参与海外项目的主要方式为邀请合作。在主导方的带领下，我方参与工程总承包项目建设，通过边建设边了解学习的方式吸收了很多知识，为开启工程总承包打下基础。

在模式初期，各企业总结类似项目经验，收集、整合、学习相关系统，成为国内后续发展的基础。工程总承包模式的发展历程伴随着相关政策和规范性法规文件的颁布而不断推进，它的概念在指导实践中经历了由简单到逐渐完善的过程，在不断适应市场发展的情况下正确指引我国工程总承包项目的应用。国内工程总承包模式的发展历程如表2-2所示。

国内工程总承包模式发展历程 表2-2

序号	发展阶段	年代期间	行政部门	制度文件	现实意义
1	学习探索阶段	1979—1986	国务院	《国务院关于改革建筑业和基本建设管理体制若干问题的暂行规定》（国发〔1984〕123号，已废止）	首次提出建设工程总承包企业的设想
2	试点阶段	1987—1999	原国家计委、财政部、中国人民建设银行、原国家物资局	《关于设计单位进行工程建设总承包试点有关问题的通知》（计设〔1987〕619号）	EPC总承包模式试点运行
3	推广阶段	2000—2013	原建设部	《关于培育发展工程总承包和工程项目管理企业的指导意见》（建市〔2003〕30号）	第一次以部级文件形式规定了什么是工程总承包，规范了EPC工程总承包模式的定义和内涵
4	加速发展阶段	2014年至今	住房城乡建设部	《关于推进建筑业发展和改革的若干意见》（建市〔2014〕92号）、《住房城乡建设部关于进一步推进工程总承包发展的若干意见》（建市〔2016〕93号）	提出将大力推进工程总承包、完善总承包管理制度、提升工程总承包能力和水平等

国家在推进工程总承包阶段，出台了一系列政策文件，推动工程总承包模式在房地产业、大型基础设施类项目等工程应用，所涉猎的市场投资主体中被逐步认可、扩大、采用。为贯彻落实国务院、住房和城乡建设部一系列文件精神，浙江、上海、福建、广东、广西、湖南、湖北、四川、吉林、陕西等地启动了工程总承包试点，相继发布工程总承包的相关政策，重点在房屋建筑和市政建设领域推行工程总承包模式，2020年开始全国各省（市、区）密集发文。国家层面推进工程总承包的政策文件如表2-3所示。

国家推进工程总承包的政策文件　　　　　　　　　　表2-3

序号	时间	部门	政策文件
1	1984年9月	国务院	《关于改革建筑业和基本建设管理体制若干问题的暂行规定》（国发〔1984〕123号-已废止），首次提出建设工程总承包企业的设想
2	1987年4月	原国家计委等	《关于设计单位进行工程建设总承包试点有关问题的通知》（计设〔1987〕619号），确定了12家工程建设总承包试点单位
3	1992年11月	建设部	《设计单位进行工程总承包资格管理有关规定》（建设〔1992〕805号），明确工程总承包甲、乙、丙、丁四个资格等级
4	1997年11月	全国人民代表大会常务委员会	《中华人民共和国建筑法》，明确工程总承包的法律地位
5	1999年8月	建设部	《关于推进大型工程设计单位创建国际型工程公司的指导意见》（建设〔1999〕218号），提出国际型工程公司应具备工程总承包能力
6	2003年2月	建设部	《关于培育发展工程总承包和工程项目管理企业的指导意见》（建市〔2003〕30号），提出积极推行工程总承包，同时废止工程总承包企业资格证书
7	2005年5月	建设部	《建设项目工程总承包管理规范》（GB/T 50358—2017）
8	2011年9月	建设部	《建设项目工程总承包合同示范文本（试行）》（GF—2011—0216）
9	2012年1月	国家九部委	《标准设计施工总承包招标文件》
10	2014年7月	住房和城乡建设部	《关于推进建筑业发展和改革的若干意见》（建市〔2014〕92号），要求加大工程总承包推行力度。倡导工程建设项目采用工程总承包模式，鼓励有实力的工程设计和施工企业开展工程总承包业务
11	2016年5月	住房和城乡建设部	《住房城乡建设部关于进一步推进工程总承包发展的若干意见》（建市〔2016〕93号）开展工程总承包试点。93号文件中主要明确了联合体投标、资质准入、工程总承包单位承担的责任等问题
12	2017年1月	国务院	国务院常务会议提出要"改进工程建设组织方式，加快推行工程总承包"
13	2017年2月	国务院	《国务院办公厅关于促进建业持续健康发展的意见》（国办发〔2017〕19号），要求加快推行工程总承包。指出我们国家建筑行业发展组织方式落后，提出采用推行工程总承包和培育全过程咨询的方式来解决上述问题
14	2017年4月	住房和城乡建设部	《建筑业发展"十三五"规划》，提出"十三五"时期，要发展行业的工程总承包管理能力，培育一批具有先进管理技术和国际竞争力的总承包企业
15	2017年5月	住房和城乡建设部	发布标准《建设项目工程总承包管理规范》（GB/T 50358—2017），对总承包相关的承发包管理、合同和结算、参建单位的责任和义务等方面作出了具体规定，随后又相继出台了针对总承包施工许可、工程造价等方面的政策法规

序号	时间	部门	政策文件
16	2017年12月	住房和城乡建设部	印发《关于征求房屋建筑和市政基础设施工程总承包管理办法（征求意见稿）意见的函》（建市设函〔2017〕65号），进一步为工程总承包的发展提出了具体解决方案
17	2019年12月	住房和城乡建设部、国家发展改革委	《住房和城乡建设部 国家发展改革委关于印发房屋建筑和市政基础设施项目工程总承包管理办法的通知》（建市规〔2019〕12号），指导房屋建筑和市政基础设施项目工程总承包管理的重要文件
18	2020年5月	住房和城乡建设部	对《建设项目工程总承包合同示范文本（试行）》（GF—2011—0216）进行修订，形成了《建设项目工程总承包合同示范文本》（征求意见稿）
19	2020年7月	住房城乡建设部等13部委	《住房城乡建设部等部门关于推动智能建造与建筑工业化协同发展的指导意见》（建市〔2020〕60号）中提出：加快培育具有智能建造系统解决方案能力的工程总承包企业。逐步形成以工程总承包企业为核心、相关领先企业深度参与的开放型产业体系
20	2020年8月	国家九部委	发布《住房和城乡建设部等部门关于加快新型建筑工业化发展的若干意见》（建标规〔2020〕8号），大力推行工程总承包
21	2020年11月	住房和城乡建设部市场监管总局	《关于印发建设项目工程总承包合同（示范文本）的通知》（GF—2020—0216）（建市〔2020〕96号），促进建设项目工程总承包健康发展，维护工程总承包合同当事人的合法权益
22	2022年12月	中国建设工程造价管理协会	《建设项目工程总承包计价规范》（T/CCEAS 001—2022），规范工程总承包计价方式

与DBB模式相比，工程总承包模式下与业主对接的只有工程总承包单位。工程总承包单位负责整个项目的统筹规划与资源协调，避免了因参与方太多产生的信息沟通障碍（如表2-4所示）。

工程总承包与传统施工总承包（DBB）的比较   表2-4

序号	区别因素	工程总承包模式	DBB模式
1	主体责任	单一	不单一
2	适用范围	规模较大的工业投资项目	土建工程
3	主要特点	工程总承包单位承担设计、采购、施工，交叉进行	设计、采购、施工按顺序进行
4	设计的主导作用	充分发挥	不容易充分发挥
5	设计、采购、施工的协调	承包商协调	业主协调
6	工程总成本	比传统模式低	比工程总承包高
7	工程总造价	不易确定	容易确定
8	投资效益	比传统模式优越	比工程总承包差
9	设计和施工的进度控制	能缩短进度	进度较慢
10	承包商投标准备工作	比较困难	比较容易
11	业主承担的风险	承担较少风险	承担较大风险

续表

序号	区别因素	工程总承包模式	DBB模式
12	承包商承担的风险	较高	较低
13	业主项目管理费用	较低	较高
14	业主参与项目管理深度	较浅	较深

工程总承包模式较传统DBB模式相比，虽然有利于设计施工的融合发展，在某种程度上具有较大优势，但是工程总承包单位承担较大的风险。从上表对比来看，工程总承包模式的投资效益高于传统模式，但是工程总承包模式投标确定的合同总价不准确，项目实施过程中不确定的风险因素难以掌控等现实问题导致工程总承包单位承担的经济风险也远远超出传统模式。因此，工程总承包项目的工程造价难以控制是目前较为突出的问题。

2.3.3 国内工程总承包发展前景

工程总承包的发展伴随着相关政策和规范性法规文件的颁布而不断推进，其概念在实践中经历了由简单到逐渐完善的过程，在不断适应市场发展的情况下，为我国工程总承包项目的实施发挥了重要作用。

工程总承包管理模式由于具有效率高、管理成本低、质量可控等特点，受到越来越多建设单位的推崇，逐渐赶超传统的设计招标施工（DBB）模式成为当前主要建设模式之一。2020年8月，住房和城乡建设部等部门发文《住房和城乡建设部关于加快新型建筑工业化发展的若干意见》，意见第二十条明确指出：大力推行工程总承包。引导骨干企业提高项目管理、技术创新和资源配置能力，培育具有综合管理能力的工程总承包企业，保障工程总承包单位的合法权益。

主管政府部门对工程总承包模式价值的认识在逐步深入，各地省市结合自身情况相继出台了一系列配套政策和相关实施细则，推进的措施也越来越具体。如《江苏省住房城乡建设厅关于推进房屋建筑和市政基础设施项目工程总承包发展实施意见》（苏建规字〔2020〕5号）中明确了在建设内容明确、技术方案成熟的前提下，政府投资项目、国有资金占控股或者主导地位的项目率先推行工程总承包方式。四川省在2020年4月制定并印发的《四川省房屋建筑和市政基础设施项目工程总承包管理办法》中明确指出：建设范围、建设规模、建设标准、功能要求等前期条件明确、技术方案成熟的建设项目中，应当优先采用工程总承包方式。浙江省2021年1月出台的《浙江省住房和城乡建设厅 浙江省发展和改革委员会关于进一步推进房屋建筑和市政基础设施项目工程总承包发展的实施意见》（浙建〔2021〕2号）中提出要稳步推进工程总承包，明确按照国资先行、稳步推进原则，适宜采用工程总承包的政府投资项目、国有资金占控股的项目带头实施工程总承包。钢结构装配式建筑原则上采用工程总承包方式。单独立项的专业工程项目可采用工程总承包方式。鼓励社会资本投资项目、政府和社会资本合作（PPP）项目采用工程总承包方式。

受益于政策的推动，我国工程总承包行业快速发展，在实际的建设市场，政府采用工程总承包发出来的项目越来越多，正成为推动工程总承包市场发展的主要力量。其中，建筑领域是工程总承包最大应用领域，工程总承包的应用对提高工程建设效益、推动建筑业高质量发展、促进建筑业转型升级有着重要意义，其目前已成为我国建筑业发展的主流方式。工程总承包行业发展与建筑业发展息息相关，国家统计局数据显示，国家建筑业总产值2018—2023年持续稳定增长（如图2-2所示），也有效促进国内工程总承包市场快速发展。

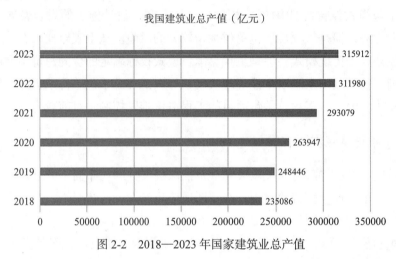

图 2-2　2018—2023 年国家建筑业总产值

工程总承包项目以低成本、高效益的优势逐渐在我国传统的房建、市政工程中得到稳定的发展，尤其是在房建行业中的医疗、教育建筑项目采用EPC总承包的数量逐渐增多，也逐渐完善。从工程勘察设计企业工程总承包新签合同额的增长情况来看，工程总承包增长明显，例如，2017—2022年全国工程勘察设计企业工程总承包新签合同额逐年增加（如图2-3所示）。

在国家改革顶层设计指引下，建筑业向工程总承包模式转型的步伐不断加快。工程总承包模式显著的效益优势和未来的发展前景得到了国内外建筑工程领域的关注。

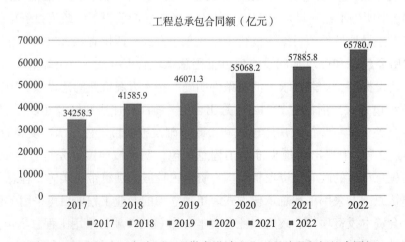

图 2-3　2017—2022 年全国工程勘察设计企业工程总承包新签合同额

2.3.4　工程总承包模式发展存在的问题

目前常见的工程总承包项目，基于我国特有的社会环境和监管机制、建筑行业"弱信任、强监管"的传统合作环境，一定程度上背离了国际通用工程总承包"项目标准化程度高、总价固定、工期确定、功能确定、建设单位弱监管"的特性。尽管政府先后发布了许多与工程总承包相关的法律法规和指导文件，但我国还是有相当数量的工程总承包项目不是真正意义上的工程总承包，有些项目实行工程总承包模式未充分发挥其应有的优势。回顾我司参与的EPC总承包项目以及同行间就EPC总承包项目的经验教训交流情况，工程总承包项目在实施过程中主要存在以下问题：

1.确定要采用工程总承包模式发包的部分项目，标准化程度不高，成功经验数据不足，不符合工程总承包项目发包适用条件，只是行政指令要求该项目必须采用工程总承包模式。

2.部分建设项目可研估算、设计概算是按照计划投资额预估出来的，没有数据支撑，后期投资突破的可能性较大。

3.多数工程总承包投标联合体的工程设计、工程施工承包单位间没有任何关联关系，完全基于响应招标文件的要求而临时组成。

4.多数工程总承包项目的施工图设计没有按照经有关部门批准的设计概算进行限额设计，给工程造价控制造成风险。

5.采用工程总承包模式实施的项目，现阶段以政府或国有资金投资项目居多，大多存在建设单位委托全过程工程造价咨询单位管控，政府财政评审中心委托全过程财政资金使用评审单位监管，政府审计部门委托第三方全过程跟踪审计单位监管的情况，形成了"强监管"的合作环境，一定程度上不利于对工程总承包单位的客观、独立管理。

6.能够适用于建设项目工程总承包的基本建设管理程序、管理规范、管理标准等规范性文件不足，目前多参照传统DBB平行承发包模式进行管理，存在一些不符合规定风险。

7.现有法律缺乏强有力支持

目前，国家有关工程总承包模式的立法依然十分薄弱，缺乏针对工程总承包的相关法律法规。国家虽然制定了法律法规，但缺乏专门针对EPC总承包模式的相关法律法规的条文，容易导致建设单位和工程总承包单位在EPC项目实施中产生分歧和争议时，双方较难寻求法律层面的依据从而达成意见一致，最终影响项目建设的质量和进度。国家虽然出台了一系列政策文件，但这些文件多是出台原则性和指导性措施，更多是为了提倡大力发展工程总承包模式，而对于开展工程总承包过程中会涉及的如总承包投标报价、合同价格确定、工程总承包单位市场准入等具体事项，均缺乏制度性依据。即使是目前效力等级最高的《中华人民共和国合同法》和《中华人民共和国建筑法》，对于工程总承包也只有原则上的规定，缺乏实践指导意义。

8.认可程度还比较低，思维模式还需转变

在国外，工程总承包模式的发展是市场推动的，而我国工程总承包模式的发展主要是

23

由政府强力推动的。在长期发展过程中，建设单位习惯于将勘察、设计、采购和施工分别发包，如今，部分建设单位仍未充分认识到工程总承包模式在工程建设中所能发挥的积极作用和显著效益，仍热衷于将工程分解发包。现在传统建筑市场工程管理模式与EPC总承包管理模式并存，且采用传统模式的工程比例占多数。

同时，基于我国特有的社会环境和监管机制，以及建筑行业"弱信任、强监管"的传统合作环境，建设单位对工程承包商往往缺乏信任，特别是对工程承包商的能力没有信心，再加上行业诚信体系不健全，于是建设单位在工程项目建设过程中管得过细，背离了发包人采用工程总承包模式的初衷和目的。

现有建筑市场的建设运行机制（管理机构设置、管理程序等）有很多地方还不适应工程总承包模式，如图纸审查、施工许可、工程报建、跟踪审计等，一定程度上也阻碍了工程总承包项目的快速建造。因此，需要国家和行业主管部门主动打破既有利益格局，帮助参与建设的各单位加强对工程总承包模式的掌握和应用，通过政府引导、行业推动、各方协作等方式，总结经验，提升效果，从而促进EPC总承包市场不断发展壮大。

9.施工与设计相互割裂

长期以来，国内设计企业与施工企业分别独立承担着工程设计与工程施工的业务，设计与施工联合体形式是当前工程总承包模式项目中常见的模式，工程总承包项目通常由设计企业与施工企业组成联合体进行承包。多数项目在实施过程存在着相互之间交流少、沟通不畅等问题，并且设计与施工多以自身利益为出发点开展有关工作，难免存在意见不统一的情况，致使施工进度难以顺利推进。

理论上，工程总承包模式的推广初衷，是要能够有效消除传统项目承包模式下施工与设计相对分离带来的各种弊端，实现设计与施工整合到一起进行统筹管理的目标，但实际运用过程中，工程总承包模式很难真正解决这一问题。例如，在工程总承包合同签署后，中标单位通常会把工程设计分派给工程设计单位，而施工则依旧交给工程总承包合同签署单位负责，此时的项目管理又回归到分包形式。因而项目推进过程中仍然会产生双方意见不同、交流不畅等问题，这不仅会造成施工周期延长、施工效率降低等问题，还与工程总承包理念相悖。

10.工程总承包单位的能力不足，有些单位实际能力与工程总承包模式的要求不能匹配，无法做到设计与施工的深度融合，是导致工程总承包模式实践走样的最根本原因。房屋建筑和市政基础设施领域较少涉及复杂设备采购及安装，主要采用传统承发包模式；与之相比，工程总承包模式则一般适用于大型工业投资项目，主要集中在石油、化工、冶金、电力工程，采用该模式建设的项目一般具有投资规模大、专业技术要求高、管理难度大等特点[①]。在现行的工程总承包项目中，大多数工程总承包单位功能或资质比较单一，传统设计、施工单位在专业方面具备较强能力，但从项目整体把控角度来看，普遍缺乏总承包项目集成和资源整合的能力，各专业协同配合性差，无法做到设计与施工的深度融合，

---

① 孟宪海，次仁顿珠，赵启.EPC总承包模式与传统模式之比较[J].国际经济合作，2004（11）：49-50.

不能发挥工程总承包模式应有的优势。

11.参建人员的专业素质欠佳

工程总承包模式注重施工效率的提高，因而通常会将设计与施工相结合，并采用一体化管理的方式对项目进行管理。为此，项目设计人员需要掌握相应的施工知识，且具备一定的实践经验，才能更好地理解施工人员的要求，及时优化设计方案；而施工人员必须具备一定的设计知识，从而准确理解设计图纸的内容，增强与设计人员的交流与沟通效果。但就现状来看，在国家的大力支持下，建设单位和施工企业逐渐接受了工程总承包模式，但很多工程承包企业缺少专业性人才，例如设计企业拓展到总承包业务以后，对设计工作比较重视，将现场施工的管理工作放在了次要位置上；施工企业拓展到总承包业务以后，将现场施工管理放在了核心位置上，忽略了项目的整体设计管控。这就不难发现，了解项目整体情况、熟悉项目设计、采购和施工的复合型人才比较紧缺，严重制约了工程项目总承包行业的发展。

12.工程总承包模式的优势没有充分发挥

工程总承包模式融合设计、采购和施工于一体，有利于施工各阶段服务主体的深度融合和衔接，能有效地推进工程建设进度、成本控制和质量控制。但目前，工程总承包项目在实际操作中基本上采用联合体招标方式，仍然是设计、采购和施工相互独立、层层分包、转包的方式；相互之间的协同性不强，各自为重，没有统一的目标和行动。工程总承包模式的优势得不到充分发挥。

13.工程总承包招标控制价的确定难度较大

工程总承包工程一般在初步设计审批完成后进行发包，招标人按照投资估算或初步设计概算进行限价，而概算造价往往不能保证其完整性及准确性，出现招标控制价设置不合理，造成招标失败或总承包单位获取超额利润等缺陷。

14.工程总承包模式机制不够灵活

工程总承包模式原则上是总价合同，无论实际工程量如何变化，都应以合同约定的工程量或者价款作为结算依据，这样可以鼓励施工企业优化设计和采购，或采用新工艺、新技术、新的管理方式降低成本获取利润。但实践过程中往往固定总价合同经审计后会变成：实际工程量或者价格高于合同价，按合同价执行；实际工程量或者价款低于合同约定，按实际结算。这种实用主义的审计方式，对承包人而言有较大的审计风险。

本书收集整理分析了我司近5年全过程工程咨询模式下的工程总承包项目建设总结或复盘成果，针对制约工程总承包模式发展的问题种类，后续章节有相关介绍。

第3章 工程总承包与全过程工程咨询的契合度分析

分析工程总承包模式在国内多年来的实践经验，虽然在实施过程中仍然有许多需要改进的方面，但有效利用其在多领域技术上的专业优势和管理上协调、控制的丰富经验，使项目按时、保质、保量地完成，仍然是其相对于传统承包模式的竞争优势。近年来，工程总承包项目成功引入全过程工程咨询建设组织模式后，对工程总承包项目在建设过程中容易出现的问题进行了补位，其策划、监督、指导和协调等职能充分发挥后，加持了工程总承包模式的实施效果，同时也彰显了全过程工程咨询的服务价值。

3.1 工程总承包与全过程工程咨询的关系分析

在国际上，工程总承包项目不需要第三方咨询机构的介入。然而，由于我国建筑业的市场信任体系尚不完善，在工程总承包项目的发包人与承包人缺乏相互信任的环境下，为了保证工程总承包项目的顺利进行，确保工程质量、进度、造价及安全生产达到预期目标，发包人（或建设单位）与工程总承包单位之间需要引入作为第三方的全过程工程咨询团队。因此，EPC总承包与全过程工程咨询之间的关系既有着本质区别，又保持着紧密联系。

3.1.1 两种模式的区别

1. 管理范围和工作内容

工程总承包是一种由一个工程建设主体全面负责工程项目的设计—采购—施工的工程承包形式，其目的是减少建设方对于多个承包商之间的协同和管理难度，提高项目总体效益。

全过程工程咨询是对工程建设项目前期研究、投资决策、项目实施和运行的全生命周期提供可以包含设计和规划在内的、涉及策划、统筹、组织、协调、管理、经济和技术等各有关方面的工程咨询服务，既包括项目管理类的活动，也包括设计等专项咨询活动，涉及投资决策综合咨询、规划设计、工程设计、招标代理、造价咨询、工程监理、验收移交及运营保修等各个阶段的咨询与管理服务。

分析两者的管理范围和工作内容，全过程工程咨询服务管理范围更广，工作范围涵盖了项目的整个生命周期所有的管理和咨询服务，其中对工程总承包单位的选择和监督管理只是其中的一个阶段；工程总承包单位根据和业主谈判的结果，按照合同约定，承担工程建设全价值链的设计—采购—施工环节，周期相对较短。

2.业务属性

全过程工程咨询和工程总承包，从根源上看同属于工程建设项目实施的组织方式。从提供工作成果的性质而言，全过程工程咨询为"咨询服务总承包"，工程总承包为"工程建设总承包"。

3.合同关系

分析合同关系，全过程工程咨询方（受托方）接受业主（委托方）的委托，全面或分模块负责全过程的项目管理和专项咨询服务，在合同关系上基本属于委托合同，为业主（委托方）提供有偿咨询服务；工程总承包模式下，承包方（工程总承包单位）和发包方（业主）签订承包合同，通过合同规定发包方和承包方的权利和责任。全过程工程咨询方代表业主方对工程总承包方进行监督、管理和指导。

4.工作成果

全过程工程咨询属于工程服务类，不涉及有形产品的生产制造，工作成果通常为针对项目策划或项目实施编制的制度、流程、方案、报告、建议、总结等软性的智力成果，按照委托合同收取咨询服务费；工程总承包属于工程建设类，工作成果为有形实体和与有形产品配套的方案、图纸等智力成果，是材料、机械设备等相互融合的有形的固定资产，收取的费用包括设计咨询费、材料设备费、检测试验费、建筑安装费和措施费等。

5.承担风险

工程总承包单位按照合同约定，一般需要对项目的质量、造价、工期、安全等全面负责，风险较大；全过程工程咨询公司主要为整个项目提供一整套咨询服务，并按照合同的约定收取一定的报酬和承担一定的管理责任，风险相对较小。

3.1.2　两种模式的相互联系

1.政策导向

《住房城乡建设部关于进一步推进工程总承包发展的若干意见》（建市〔2016〕93号）（以下简称"93号文"）要求：建设单位应当加强工程总承包项目全过程管理，督促工程总承包企业履行合同义务。考虑建设单位建设专业能力的限制，建设单位可以委托项目管理单位进行管理。《住房和城乡建设部、国家发展改革委关于印发房屋建筑和市政基础设施项目工程总承包管理办法的通知》（建市规〔2019〕12号）第十七条：建设单位根据自身资源和能力，可以自行对工程总承包项目进行管理，也可以委托勘察设计单位、代建单位等项目管理单位，赋予相应权利，依照合同对工程总承包项目进行管理。地方文件中也明确指出建设单位在选择工程总承包方式的同时可以委托全过程工程咨询服务：湖南省，采用工程总承包模式发包的项目，鼓励发包人引入第三方机构开展独立的全过程造价咨询，对项目进行全过程投资管控；湖北省，为保障发包人正当权益，有效控制工程总承包项目造价水平，承包人应以合同总价为目标开展全过程造价管理，积极推行总价控制下的限额设计。

在具体的总承包工程实践中，建设单位可以根据工程总承包项目的具体特点和所处阶段，组合出不同类型的工程咨询+工程总承包模式，在保证效率和实现项目功能的前提下，达到控制工程总承包项目的工期、造价、质量、安全等建设目标，实现工程总承包项目的经济效益和社会效益。

2. 时序匹配

根据工程总承包单位介入项目的时间点分类，工程总承包项目的实施方式通常有三种：可行性研究报告批复之后、方案设计成果确认之后和初步设计经审批之后。国家发展改革委、住房城乡建设部联合印发《关于推进全过程工程咨询服务发展的指导意见》（发改投资规〔2019〕515号）提出，以投资决策综合性咨询促进投资决策科学化、以全过程工程咨询推动完善工程建设组织模式，将全过程工程咨询分为投资决策阶段和建设实施阶段，全过程工程咨询与工程总承包模式在介入时间上具有适配性。从工程总承包项目发包时机的选择看，投资决策综合性咨询依旧是建设单位对全过程工程咨询的必然选择，业主的工作以及业主与工程总承包单位共同的工作是全过程工程咨询的业务开发点，承包商的工作仍需要建设单位的监督，也是全过程工程咨询单位的工作内容之一。

3. 关联体现

（1）相互依存

2017年2月21日，国务院办公厅印发了《国务院办公厅关于促进建筑业持续健康发展的意见》（国办发〔2017〕19号），该文件的"三、完善工程建设组织模式"中，同时提到了加快推行工程总承包与培育全过程工程咨询两个主题，可见工程总承包与全过程工程咨询之间有着必然的逻辑联系。

关于工程总承包：装配式建筑原则上应采用工程总承包模式。政府投资工程应完善建设管理模式，带头推行工程总承包。加快完善工程总承包相关的招标投标、施工许可、竣工验收等制度规定。按照总承包负总责的原则，落实工程总承包单位在工程质量、安全防控、进度控制、成本管理等方面的责任。除以暂估价形式包括在工程总承包范围内且依法必须进行招标的项目外，工程总承包单位可以直接发包总承包合同中涵盖的其他专业业务。

关于全过程工程咨询：明确提出"培育全过程工程咨询"，主旨是完善工程建设组织模式。鼓励投资咨询、勘察、设计、监理、招标代理、造价等企业采取联合经营、并购重组等方式发展全过程工程咨询，培育一批具有国际水平的全过程工程咨询企业。制定全过程工程咨询服务技术标准和合同范本。政府投资工程应带头推行全过程工程咨询，鼓励非政府投资工程委托全过程工程咨询服务。在民用建筑项目中，充分发挥建筑师的主导作用，鼓励提供全过程工程咨询服务。

作为完善工程建设组织模式的两个重要方面，全过程工程咨询与工程总承包在国家有关部委的文件中一并提出，说明了两种模式的互补与共生。实践证明，全过程工程咨询与工程总承包相互依存、相辅相成，共同作用于市场资源的充分整合与优化配置，提升了工程管理的质量与效率，对降低工程造价、防范投资风险成效显著，得到了各级政府的支持和推广。

（2）相互制约、相互促进

同一项目的全过程工程咨询单位与工程总承包单位之间不得有利害关系，是93号文和发改投资规〔2019〕515号两文件的共同约定，旨在通过全过程工程咨询与工程总承包相互制约，保障工程建设，维护建设单位和社会公众的根本利益。

全过程工程咨询服务合同中约定，全过程工程咨询单位代表委托单位利用其多方面综合优势和类似工程管理经验等，对工程总承包单位承担监督、指导、协调等责任和义务，推进工程总承包单位有效控制工程项目质量、安全、工期、造价等。工程总承包单位通过项目生产活动，反作用于投资咨询、招标代理、勘察、设计、监理、造价、项目管理等服务，可以检验全过程工程咨询的水平和成效。工程总承包单位开展一体化设计、采购、施工，需要与之相适应的全过程工程咨询服务，从而促进全过程工程咨询市场需求与发展，进而共同实现项目品质优、工期短、风险小、投资省等目标，促进工程总承包市场的需求与发展。

（3）紧密联系

①策划先行。全过程工程咨询改变了传统工程咨询业务的分离，将目标导向、结果导向和任务导向，转化为以发包人需求为导向的整体性咨询服务。统筹策划是开展全过程工程咨询服务的首要工作，因此，《建设工程项目管理规范》GB/T 50326—2017和各级政府发布的全过程工程咨询指南、标准或导则等都有明确要求。同样，工程总承包将设计—采购—施工和运营内容整合后，对项目实施也需要认真策划，《建设项目工程总承包管理规范》GB/T 50358—2017作为指导工程总承包项目管理的工作依据，也将项目策划放在了项目管理的首位。近几年，国家和地方颁发的政策文件，也从不同角度明确了投资决策环节的统领作用，要求各建设单位主体要重视"前策划—后评估"的闭环制度，为树立"策划先行"的理念营建了良好的政策环境。策划先行有利于提升项目价值。

②设计管理。在操作层面上，建设单位在选择全过程工程咨询和工程总承包时，均可以是工程建设的全过程或若干阶段，均强调"设计"的关键性和全局性作用，通过设计咨询、设计管理、设计成果质量的把控，将全过程工程咨询的咨询管理与工程总承包的管理控制工作紧密联系在一起。

推进全过程工程咨询是整合工程咨询、招标、勘察、设计、监理、造价、项目管理等多个工程咨询服务行业的重大变革，需要发挥设计的核心引领作用，增强全过程工程咨询的创造力、凝聚力、战斗力。工程总承包依赖于设计先导优势，工程设计为采购、施工、试运行等阶段提供技术支持，尽可能降低生产活动协调内耗，有效控制质量、安全、工期、成本，最大化地提升综合效益。

③造价管理。工程总承包项目的全过程工程咨询和工程总承包单位对造价的控制，焦点多集中在设计阶段，设计阶段的造价控制多采用"限额设计"的措施。所谓限额设计，就是要按照批准的设计任务书及投资估算控制初步设计，按照批准的初步设计总概算控制施工图设计。将上阶段设计审定的投资额和工程量先分解到各专业，然后再分解到各单位

工程和分部工程。整个工作需要工程总承包单位自我把控，也需要全过程工程咨询单位发挥其综合优势，做好过程指导和成果审核监督。

④两个规范的对比（表3-1）

两个规范的对比一览表　　　　　　　　　　　　　　　表3-1

规范名	《建设项目工程总承包管理规范》（GB/T 50358—2017）2018年1月1日起实施	《建设工程项目管理规范》（GB/T 50326—2017）2018年1月1日起实施
适用	工程总承包单位	建设单位、工程总承包单位和咨询单位等
特点	明确了工程总承包概念 明确了工程总承包组织结构及岗位设置要求 明确了工程总承包的工作内容	明确项目管理的概念 明确了项目管理机构及相关责任 明确了项目管理的工作内容
内容	项目策划	项目策划
	项目计划	项目范围管理
	项目组织管理	项目流程管理
	项目团队管理	项目制度管理
	项目设计管理	项目系统管理
	项目采购管理	项目团队管理
	项目合同管理	设计和技术管理
	项目施工管理	项目采购和投标管理
	项目试运行管理	项目合同管理
	项目风险管理	项目进度管理
	项目进度管理	项目质量管理
	项目质量管理	项目成本管理
	项目费用管理	安全生产管理
	项目安全管理	绿色建造和环境管理
	职业健康与环境管理	项目资源管理
	项目资源管理	项目信息管理
	项目信息管理	沟通管理和协调
	项目沟通管理	项目风险管理
	项目收尾管理	项目收尾管理
	项目绩效考核及项目后评价	管理绩效评价

对比两个规范的具体内容，工程总承包项目在项目实施过程中，工程总承包单位和全过程工程咨询单位对项目管理的内容和方法措施基本一致（表3-1）。

3.2　工程总承包项目实施全过程工程咨询的必要性分析

全过程工程咨询落实到现阶段的具体实践中，其核心在于对咨询工程师执业权力的扩大和相应执业责任的提升，即当前推进的全过程工程咨询的总咨询师负责制，在全过程工程咨询服务模式下，总咨询师负责统筹协调各专业设计、咨询及设备供应商的咨询管理服务，在此基础上逐步向规划、策划、施工、运维、改造、拆除等方面拓展咨询服务内容，加强设计与造价之间的衔接，协助建设单位提升项目管理能力。

近年来，国家各级部门陆续出台了一系列文件，大力推行工程总承包模式和全过程工程咨询服务模式，各省、市、自治区也相应出台了诸多政策文件，为工程总承包项目和全过程工程咨询项目的落地进行了积极探索和不懈努力。全过程工程咨询服务切实满足了工程总承包模式下项目建设的诸多需求，工程总承包模式和全过程咨询服务的先后提出，正是两项业务配合使用的必要性体现。

3.2.1　剥离发包方和工程总承包方的权力，达到权力制衡

1.规范发包方（建设单位）工程实施的操作流程，降低腐败和权力寻租

工程建设领域的腐败问题在各领域间排在首位。特别是在政府出资建设的工程总承包模式项目上，建设单位、工程总承包单位对项目的控制力高、控制周期长，其工程腐败问题高发，问题根源之一是工程建设流程不规范。在工程总承包模式下，全过程工程咨询单位作为第三方可以避免由于制度建设不力、流程不规范、监督机制失灵、信息不对称等造成的诸多腐败问题。

2.削弱工程总承包单位的权力，减少其超出合法权利之外的收益

工程总承包模式下，建设单位与总承包单位间的双向监督关系十分脆弱，建设单位受限于自身管理精力，亟须监督管理机构的介入以约束工程总承包单位。全过程工程咨询单位的介入将建设单位与总承包单位的双向制约关系升级为建设单位、总承包单位和全过程工程咨询单位三方间更为稳固的权利制衡三角关系，可以有效解决在建设项目实际实施过程中由于权力过分集中于工程总承包单位而造成的诸多问题，切实解决建设单位对于工程总承包单位的信任问题，最终确保工程项目的高质量建设。

3.2.2　有效解决工程总承包模式下的技术难点与管理难点

工程总承包模式对总承包商在设计、采购、施工等多专业上的技术水平和管理水平提出了更高的要求，其难点在于对多领域技术优势的有效综合利用和在各专业间的合理协调管理，特别是工程总承包项目团队成员的类似工程管理经验与能力，往往是工程总承包项目工作中的痛点所在。

工程总承包模式下的全过程工程咨询可以覆盖设计阶段、招标采购阶段、施工前期准备阶段和竣工验收及运营保修等全阶段，涉及组织、管理、经济和技术等方面的咨询服务，对工程总承包项目全过程中的技术难点和管理难点，提供综合性、一站式的解决。利用全过程工程咨询服务企业的数据库、类似工程经验和后台支持，在服务内容更加延展的同时，服务要求也向着高质量、大纵深等方面递进，精细化、系统化、规范化和全方位的需求充分体现了专业工作由专业人员完成的市场发展规律。

3.2.3　消除碎片化咨询带来的混乱

工程总承包模式下，总承包单位综合考虑的工程环节繁多，相关技术咨询和管理服务需求较大。传统工程咨询服务模式中，工程咨询业务碎片化，分别由不同工程咨询企业完成，碎片化的咨询存在以下问题：

（1）招标工作频繁，降低了前期工作效率。

（2）EPC 总承包模式下，碎片化咨询将产生众多项目相关责任主体，各咨询单位对项目理解不同或各自利益诉求不同，易导致建设目标不统一，各方相互扯皮，建设单位将花费大量精力在管理协调上。

（3）由于系统化的规划和衔接工作存在难点，管理空白地带与重复工作的情况不可避免，一旦出现工作失误，各咨询方往往相互推诿，责任归属难以判别。

（4）由于项目缺乏通盘考虑，EPC 项目中的诸多问题常在建设后期甚至运营期间才得以暴露，后期的弥补工作将花费巨大，甚至无法弥补，造成无可挽回的损失。

全过程工程咨询服务模式，咨询单位从全局综合考虑以提供服务，简化了 EPC 总承包模式下工程环节间的衔接负担，可以有效避免诸多质量、进度、成本问题，提高资源整合效率，加速工程项目建设。

3.2.4　消除多边博弈困境，合理转移管理风险

1.消除多边博弈困境

EPC 总承包项目中，项目参与方众多，利益关系复杂。传统模式下，总承包单位与其分包之间、众多咨询单位之间、分包单位间等彼此互不管辖但又相互牵扯，建设单位、EPC 总承包商、各咨询单位、各分包单位间形成复杂的管理监督网络，最终形成多边博弈格局。建设单位作为总发包人，往往不得不亲自上场与各方博弈，同时还要协调各主体间的责任关系，过程苦不堪言。全过程工程咨询模式下，建设单位可将过程中的管理问题问责于咨询单位，自身则专注于项目定位、功能需求分析、投融资安排、项目建设重要节点计划、运营目标等核心工作，简化合同关系，从多边博弈的困境中抽身。

2.合理转移管理风险

引入全过程工程咨询单位是 EPC 总承包项目建设中的重要风险管理手段，建设单位通过与全过程工程咨询单位签订服务合同，将建设管理相关风险合理转移给咨询单位，通过风险转移策略提升项目建设的管理水平。拥有丰富建设管理经验的咨询方，在 EPC 总承包项目中可以发挥其专业能力和优势，进一步提升建设效率和项目品质。

3.3　工程总承包+全过程工程咨询的特征分析

3.3.1　主体特征分析

1.工程总承包特征分析

（1）组织协调

一方面，工程总承包项目将设计、采购和施工合为一体，由工程总承包单位牵头，承包单位的工作具有连贯性，实现设计、采购、施工等各阶段工作的深度融合，减少协调工作面与工作量，能较好地开展设计和施工，不用等到设计结束后才开始进行现场施工；另一方面，工程总承包项目规模大，建设项目主体不止一个，各个主体之间的协调工作量较大，既要与建设单位代表进行沟通，也要与全过程工程咨询单位进行协商，耗费时间较长。

（2）项目工期

一般为政府工程项目，有完整的程序要求，采用工程总承包模式可缩短工程建设工期，在项目初期就要充分考虑到设计对采购和施工的影响，根据施工进度计划，优先安排订货周期长、制约施工关键控制点的设计工作。完成一部分分项工程设计后，按照建设单位管理要求履行审批程序就能交付采购和工程实施，缩短施工周期。工程总承包项目部依据施工进展情况编排合理的总进度计划，对生产诸要素及各工种进行计划安排，在空间上按一定的位置，在时间上按先后顺序，在数量上按不同的比例，合理地进行现场组织管理，在统一指挥下，有序地进行并确保预定目标实现。

（3）项目合同模式

工程总承包项目具有合同结构简单、管理责任明确的特点，一般采用固定总价合同，即项目最终的结算价为合同总价加上可能调整的价格。一般情况下，建设单位允许承包商因费用变化调整合同价格的情况很少，只有在建设单位改变施工范围、施工内容等情况下才可以进行调整。工程总承包模式对承包商的报价能力和风险管理能力提出了很高的要求，在实际操作中，为了合理控制总价合同的风险，工程总承包模式一般用于建设范围、建设规模、建设标准和功能需求等明确的项目。

（4）项目责任分配

工程总承包单位对建设工程的"设计、采购、施工"整个过程负总责，总承包人是EPC总承包项目的第一责任人，对建设工程的所有专业分包人的履约行为负总责。在工程总承包模式下，项目总体风险由建设单位向工程总承包单位转移，工程总承包单位承担了大部分的责任和风险，工程总承包单位需要对项目的安全、质量、进度和造价全面负责，风险较大。而全过程工程咨询单位主要为整个项目提供一整套咨询服务，并按照合同的约定收取一定的报酬和承担一定的管理责任，风险相对较小。

2.建设单位管理特征分析

（1）管理职责

在工程总承包模式下，建设单位具有易于管理、责权集中等优势，同时也存在机制不完善、建设单位权力弱化等问题。建设单位在项目前期要明确工程总承包项目建设总体目标以及各项管理目标，审查工程总承包单位编制的总体部署和运行计划，制定项目管理中各项管理办法和规章制度等；需要对设计好的图纸、施工流程、工艺图及重大的技术问题进行把控和解决；在对原材料进行选择时，要对供货商进行检查，严格把控质量；为保证施工过程的工程质量，需要从实施制度入手对整体方案进一步优化。但是建设单位在工程项目实施过程中参与度较低，一般委托建设单位代表进行项目宏观管理，委托全过程工程咨询单位进行项目微观管理。

（2）风险控制

工程总承包项目建设的风险较大，建设单位应充分考虑项目风险及可能给工程造成的损失。建设单位在制订相关工程合同时需严谨细致，同时在进行风险控制时需建立有效的监控预警系统，有效地觉察计划的偏离，以便尽早采取防范措施来确保顺利完成工程总承包项目。建设单位通过责任分配将风险转移给EPC工程总承包单位和全过程工程咨询单位，即建设单位可以采用风险回避、风险转移、风险自留、风险分散、风险降低和风险抵消等方法来进行控制。

（3）组织协调

工程开工后，建设单位组织协调相关人员进场；在设计阶段，建设单位安排设计咨询师与承包商进行设计专业工作的对接、协调和把控，并确保相互间交接顺利，以此来最大限度地减少因设计方面产生的质量问题；建设单位要协调咨询方和总承包方之间的工作任务和要求，确保项目顺利实施；在施工过程中，明确各个岗位、各个层次的职责，建设单位需要严格地对工程质量及管理进行监督和把关。

（4）纠纷处理能力

合同纠纷主要集中在建设单位与工程总承包单位之间的经济利益上，有些工程总承包单位不惜以低价竞标取得项目，而后以此要挟发包方让步，由于变更或索赔的处理不当、双方对经济利益的处理意见不一致等都可能会发展为工程纠纷事件。不少工程纠纷都源自建设单位项目前期的一些疏漏，并且建设单位的工程纠纷处理能力将直接决定纠纷时采用何种解决方式。工程纠纷的解决方式主要包括友好协商（双方在不借助外部力量的前提下自行解决）、调解（借助非法院或仲裁机构的专业人士、专家的调解）、仲裁（借助仲裁机构的判定，属于正式法律程序）和诉讼（进入司法程序）。

3.工程总承包单位特征分析

（1）组织协调

在工程总承包模式中工程总承包单位承担的责任涉及设计、采购、施工等多个专业领域，需充分发挥工程总承包项目整体协调优势，完全打破那种等设计图纸全部完成后再进行采购和施工的连续建设模式。工程总承包模式成功的关键是工程总承包单位能有效地利用其在多领域技术上的专业优势和在管理上协调、控制的丰富经验，使得项目能够按时、保质、保量地完成，达到建设单位的预期目标。工程总承包单位需要及时与建设单位和全过程工程咨询单位保持良好沟通，对于反馈的工程问题要适时地组织相关人员协调解决。

（2）资质要求

工程总承包单位应当同时具有与工程规模相适应的工程设计资质和施工资质，或者由具有相应资质的设计单位和施工单位组成联合体。工程总承包单位应当具有相应的项目管理体系和项目管理能力、财务和风险承担能力，以及与发包工程相类似的设计、施工或者工程总承包业绩。设计单位和施工单位组成联合体的，应当根据项目的特点和复杂程度，合理确定牵头单位，并在联合体协议中明确联合体成员单位的责任和权利。联合体各方应当共同与建设单位签订工程总承包合同，就工程总承包项目承担连带责任。

（3）人员素质

工程总承包项目组人员的素质要求较高，工程总承包单位一般擅长项目设计、施工等专业的至少一个方面，而且工程总承包项目通常规模庞大，工程总承包单位会根据实际情况将部分设计、施工、采购等工作分包给其他专业分包商，工程总承包单位项目组人员更多的是负责各个关键环节的质量、进度、成本，HSE的监控以及与外部相关单位的协调和沟通，这就要求其成员不仅是专业上的技术专家，同时也是管理协调、人际沟通、对新情况的应变、对大局的把握方面的能手。

（4）分包管理能力

工程总承包单位需要对分包单位结果负责，工程总承包单位可以把部分设计、采购、施工等工作委托给具有相应资质的分包单位完成，分包单位与工程总承包单位签订分包合同，而不是与建设单位签订合同，分包单位的全部工作由工程总承包单位对建设单位负责。工程总承包单位应当对其承包的全部建设工程质量负责，分包单位对其分包工程的质量负责，分包不免除工程总承包单位对其承包的全部建设工程所负的质量责任。

4.全过程工程咨询单位特征分析

（1）组织协调

在工程总承包模式下，全过程工程咨询单位能够协助建设单位加强对项目的整体管控，切实解决了建设单位在管理、监督上的烦恼，使得工作效率与工作效果得到大幅度的提升。并能协助工程总承包单位实现多领域技术优势的有效综合利用以及各专业间的合理管理协调。全过程工程咨询单位在工程总承包单位招标之前介入项目，可协助建设单位进行工程总承包单位和分包单位的招标工作。

（2）专业知识水平

全过程工程咨询单位是建设主体责任方，需要统一建设目标和调度管理，对全产业链进行整体把控，整合项目信息流；能够提供包含规划和设计在内的组织、管理、经济和技术等各方面的工程咨询服务；专业知识涵盖了项目全生命周期的管理、咨询服务，为工程总承包项目过程中的技术难点和管理难点提供综合的、一站式的解决。

（3）管理经验

全过程工程咨询单位相较于工程总承包单位，其管理经验更加丰富，既能为工程总承包单位提供技术方面的建议，还能为建设过程中的难点提供解决方案，可提供的项目管理范围也更广，除了前期帮助建设单位进行机会研究、项目建议和可行性研究等，还包括对工程总承包模式的实施内容进行监督管理，提供招标、造价、监理等各方面的咨询。

（4）人员素质

在工程总承包模式下，全过程工程咨询的服务范围宽泛，接触的项目人员众多，全过程工程咨询单位投入的时间精力更多，并且对于咨询人员的综合素质要求更高。除了做好施工阶段的项目管理之外，还需要从设计、施工、材料和设备采购、资金使用计划等方面综合考虑，并定期向建设单位汇报阶段性工程推进情况。

3.3.2　组织结构特征分析

项目组织是为了完成某个特定的项目任务而由不同部门、不同专业的人员组成的一个临时性工作组织，通过计划、组织、领导、控制等过程，对项目的各种资源进行合理协调和配置，以保证项目目标的成功实现。

1.全过程工程咨询单位与工程总承包单位之间的组织结构

全过程工程咨询单位和工程总承包单位都是为建设单位提供服务，两者之间既有独立部分也有交叉部分，二者之间的组织结构如图3-1所示。

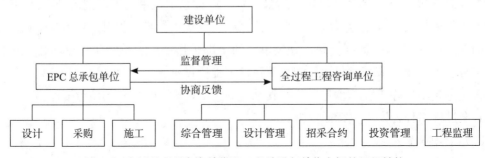

图3-1　全过程工程咨询单位和工程总承包单位之间的组织结构

全过程工程咨询单位的咨询、管理范围广，工作范围涵盖了项目的整个生命周期所有的管理咨询服务。全过程工程咨询单位在项目建设过程中，受建设单位委托对EPC总承包单位的设计、施工和采购工作进行监督和管理，针对工程总承包单位工作过程中出现的问题提出针对性建议，若进度有所滞后，则需要督促其加快进度；EPC总承包单位在改进问题之后需向全过程工程咨询单位进行反馈，说明已改进的地方和暂时滞后的方面[①]。

2.建设单位与全过程工程咨询单位之间的组织结构

全过程工程咨询是工程咨询企业接受建设单位委托所提供的相关咨询和管理服务。建

---

① 周铁汉. 建设单位在EPC项目中采用全过程工程咨询模式的管理要点[J]. 城市建设理论研究（电子版），2018，278（32）：44-45.

设单位委托建设单位代表和全过程工程咨询单位进行工程建设管理工作，建设单位代表和全过程工程咨询单位各自行使自身的权利，建设单位代表对工程总承包单位进行整体性的、原则性的、目标性的协调和控制；其他例如设计管理、招采合约、投资控制、工程监理等工作任务则委托给全过程工程咨询单位进行监督管理，建设单位与全过程工程咨询单位之间的组织结构如图3-2所示。

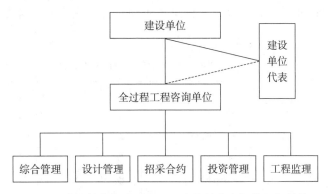

图 3-2　建设单位与全过程工程咨询单位之间的组织结构

3.建设单位与工程总承包单位之间的组织结构

在工程总承包模式下，建设单位主要通过工程总承包合同约束工程总承包单位，从而保证项目目标的实现。在此种建设项目模式下，建设单位本身对于建设项目的管理工作很少，一般由自身或委托建设单位代表进行建设项目管理。正常的情况下，建设单位代表将被认为具有建设单位根据合同约定的全部权利，完成建设单位指派的任务。对于工程总承包单位的具体工作，建设单位很少干涉或基本不干涉，只对工程总承包项目进行整体性、原则性、目标性的协调和控制，给予工程总承包单位充分的项目管理权力，包括项目计划、日常工作安排、分包单位的选择和管理等。

在工程总承包合同条件下，建设单位的主要管理工作是进度监控，当发现实际进度比计划进度慢了，建设单位代表有权要求工程总承包单位采取补救措施。建设单位与工程总承包单位之间的组织结构如图3-3所示。

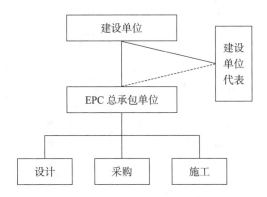

图 3-3　建设单位与工程总承包单位之间的组织结构

3.3.3 服务内容特征分析

1.项目服务内容

全过程工程咨询的服务内容是合同委托范围内全过程（或相对全过程）实施的策划、控制和协调，以及单项或单项组合专业咨询，即全过程（或相对全过程）工程咨询管理服务和专业工程咨询管理服务的集合。工程总承包项目各方主体具体管理服务内容如表3-2所示。

工程总承包项目各方主体具体管理服务内容　　　　表3-2

序号	范围	管理内容	建设	EPC	咨询	设计	施工	政府
1	工程项目前期策划管理	环境调查与市场分析	●		△			□
		工程项目定义与目标论证	●		△			□
		功能分析与面积分配	●		△			□
		工程项目经济策划	●		△			□
		项目可行性研究	●		△			□
2	项目报建管理	工程项目立项	●		*			○
		工程项目报建和施工许可	●		*			○
		工程项目规划审查	●		*			○
		工程项目相关专业专项审查	●		*			○
		工程项目配套工程建设申请	●		*			○
3	设计准备阶段管理	再次进行总目标论证	●	*	△			
		比较分析设计方案	●	*	△			
		确定设计单位及设计方案	●	*	△			
		编制项目质量管理初步规划	●	*	△			
		编制项目投资管理初步规划	●	*	△			
		编制项目进度管理初步规划	●	*	△			
		编制项目合同管理初步规划	●	*	△			
		编制项目管理总体规划	●	*	△			
		编制风险管理方案	●	*	△			
		建立项目的信息编码体系及项目管理制度	●	*	△			
		建立各种报表和报告制度	●	*	△			
4	设计阶段管理	方案设计	○	*	□	△		
		初步设计	○	●	□	△		
		施工图设计	○	●	□	△		
5	施工阶段管理	进度控制	○	●	□	*	△	
		投资控制	○	●	□	*	△	
		质量控制	○	●	□	*	△	

续表

序号	范围	管理内容	建设	EPC	咨询	设计	施工	政府
5	施工阶段管理	合同管理	○	●	□	*	△	
		信息管理	○	●	□	*	△	
		安全管理	○	●	□	*	△	
		沟通协调管理	○	●	□	*	△	
6	竣工验收管理	竣工验收备案处理	○	●	*	*	△	□
		工程项目环境保护设施竣工验收	○	●	*		△	□
		建设工程消防竣工验收	○	●	*		△	□
		民防工程竣工验收	○	●	*		△	□
		建设项目绿化竣工验收	○	●	*		△	□
		竣工信息资料管理	○	●	*		△	□

解释说明："●"表示由某个单位牵头、"□"表示由某个单位监督、"△"表示由某个单位负责、"*"表示由某个单位配合、"○"表示由某个单位审核

2.项目管理核心任务

工程总承包项目的目标体系由三大核心任务组成：质量、成本和进度。所有工程总承包项目的目标都围绕着这三个核心任务开展及发散。三大任务之间既矛盾，又统一。在全过程工程咨询工作中，必须充分考虑工程总承包项目三大任务之间的对立统一关系，注意统筹兼顾，合理确定三大任务。

（1）工程总承包项目质量分析

项目质量是国家现行的有关法律、法规、技术标准和设计文件及建设项目合同中对建设项目的安全、适用、经济和美观等特性的综合要求，它通常体现在适用性、可靠性、经济性、外观质量与环境协调等方面。

建设项目质量是按照建设项目的建设程序，经过项目可行性研究、项目决策、工程设计、工程施工、工程验收等各个阶段逐步形成的，而不仅取决于施工阶段。建设项目质量包括工程实物质量和工作质量两部分；其中，工作质量是指项目建设各参与方为了保证建设项目质量所从事技术、组织工作的水平和完善程度。

（2）工程总承包项目投资分析

一般情况下，投资规划应包括：投资目标的分析与论证、投资目标的分解、投资目标的风险分析和风险控制策略。

在建设项目的实施过程中，存在影响项目投资目标实现的不确定因素，即实现投资目标存在的风险。项目投资目标控制及其实现的风险来自各个方面，例如：设计的风险、施工的风险、材料或设备供应的风险、组织风险、工程资金供应风险、合同风险、工程环境风险和技术风险等。投资规划过程中需要分析影响投资目标实现的各种不确定因素，事先分析存在哪些风险，衡量各种投资目标风险的风险量，合理制定风险管理工作流程、风

险控制和管理方法，以提升项目整体风险防控水平。

（3）工程总承包项目管理进度分析

在项目实施阶段，项目总进度应包括：设计前准备阶段工作进度，设计工作进度，招标工作进度，施工前准备工作进度，工程施工和设备安装工作进度，工程物资采购工作进度，项目交付使用工作进度等。

全过程工程咨询单位在项目总进度规划前应进行调查研究和收集资料：收集和了解项目决策阶段有关项目进度目标确定的情况和资料，收集和分析与进度有关的该项目组织、管理、经济和技术资料，收集类似项目的进度资料，了解和分析该项目的总体部署，了解和调查该项目实施的主客观条件等。

在此基础上，合理分析工程总承包项目目标实现的可能性、必需条件以及应采取的措施等。

3.4 全过程工程咨询的服务内容

在工程总承包模式下，全过程工程咨询是一种集成化、系统性、全局性的工程咨询管理模式，其内容主要包括项目的前期管理、设计、招标、实施、竣工验收及运营等阶段的监督与管理。全过程工程咨询单位对于整个工程的质量保证以及效益提升都有着极为重要的影响作用。

尽管在施行工程总承包模式过程中，采用全过程工程咨询具有一定的优越性，但是在实际项目建设过程中，项目各阶段都存在着管理的难点，需要重点考虑其应对策略。

3.4.1 项目决策阶段管理

决策阶段要根据使用者需求对项目进行可行性研究论证、投资及融资策划。具体咨询工作包括：调查研究、规划设计、方案比选、制定融资方案、编制可行性研究报告、环境影响评估、风险评估、实施策划等。决策阶段对于建设项目的影响重大，是全过程工程咨询的主要阶段。在这一阶段，全过程工程咨询单位要清楚地认识到使用者直接和潜在的所有需求，通过技术经济分析，将需求转化为设计方案，确定合理的建设规模，测算实现效益最大化的投资额度。

为了实现项目的最优目标，决策阶段建议设计人员和工程造价人员提前介入，了解项目的建设背景，充分领会项目的使用需求，通过前期调研完善设计、优化投资构成；设计人员和工程造价人员还应充分沟通和磨合，不断优化方案设计，将有效的资源发挥出最大作用，实现项目投资效益的最大化。

3.4.2 项目前期报批报建管理

根据国家及地方相关规定，工程总承包项目开工建设，前期手续必须完备，包括用地规划许可证、环评、规划、环保、消防、人防、抗震、园林、卫生、交评等。办理这些手续主要涉及土地、规划、人防、园林、消防、建委等部门，不同的管理部门提交的报审材料又分别不同[①]。总之，前期报批报建手续复杂，有一定时限要求，同时对项目起着至关重要的作用，推进顺利与否将影响后续工作的展开，需要全过程工程咨询单位协助建设单位开展。

但报批报建的工作经验是通过长期工作磨炼积累起来的，不能一蹴而就，同时全国各个地方的要求也有所差异，因此，全过程工程咨询单位需要有针对性地采取措施，准确、及时地办理各项手续，减小项目前期的冗余时间，为项目的顺利开工打好基础[②]。

1.选择优秀的报批报建人员

全过程工程咨询单位应选派熟悉当地前期工作办理流程、了解基本建设程序、具备一定的建筑专业知识、了解相关工作术语、了解相关建设法规、具有较强的沟通能力的工作人员负责报批报建管理工作。此外，报批报建工作人员除了要同政府相关审批部门打交道以外，还需要及时向设计人员反馈各种信息，这就要求报批报建工作人员传达的各种信息要准确，同时还要有条理，使各方都能顺利接受，为项目报批报建工作创造和谐融洽的氛围。

2.优化前期各项手续办理流程

报批报建工作人员需要根据以往工程经验，结合EPC项目的实际情况，对项目所要办理的前期手续进行梳理，绘制针对该地区、该项目的报审流程图，分析关键线路，优化手续办理时间。

3.关注报审设计图

在前期手续办理中，全过程工程咨询单位需要密切关注设计图报审工作，尤其是规划、人防和消防手续办理环节。报审设计图需要满足项目所在地规划设计通则及人防要求等，以减少报审图返修次数和难度，将有效缩短报审阶段的工作时间。

4.认真准备相关资料

前期各类报批报建工作涉及大量报审材料，这就要求报批报建人员对每一项报审手续需准备的材料进行细致、分类整理，避免因材料不满足要求或不完整造成的二次送审，节约报审时间。

3.4.3　项目设计阶段管理

建设项目的设计阶段是决定建筑产品价值形成的关键阶段，它对建设项目的建设工期、工程造价、工程质量以及建成后是否能产生较好的经济效益和使用效益，起到决定性作用，因此良好的设计管理非常重要。全过程工程咨询单位需要运用自身的知识、技能和专业技术等优势，以满足建设单位对项目的需求和期望，通过在成本、工期和质量之间寻求最佳平衡点，使项目建设获得最大效益，同时为实现项目的增值提供机会。为做好项目

---

① 李维.项目前期报建工作浅析[J].建材与装饰，2018（4）：205.
② 陶升健，胡新赞.项目管理公司在全过程工程咨询服务中的优势简析[J].建设监理，2019（3）：11-12，55.

设计阶段的管理工作，需要重点关注以下几个方面。

1.设计阶段对工程总承包的有效管理

全过程工程咨询单位应当利用自身管理优势，在设计阶段对工程总承包单位进行有效的管理与合理的建议。全过程工程咨询单位的咨询工程师，需要利用自身专业知识，指导限额设计的方向，确保设计人员在设计时有一定的依据，确保工程造价可控；需加强对设计文件的审核，验算复核设计工程量与造价；以设计进度为主线，以BIM技术为手段把控设计深度，进行进度分析和现场协调审核，提前发现"错、漏、碰、缺"等问题，落实设计文件的可实施性。同时，全过程工程咨询单位可以利用自身业务经验优势，共享经验数据库，协助EPC总承包单位进行资源整合，实现设计阶段对工程总承包单位的有效管理。

2.设计阶段设计图纸的审核与优化

在方案设计阶段，全过程工程咨询单位应组织专家对方案设计进行审查和优化，以确定方案设计是否切实满足建设单位的要求，审查和优化内容主要有以下几点：

（1）是否响应招标要求，是否符合国家规范、标准、技术规程等的要求。

（2）是否符合美观、实用及便于实施的原则。

（3）总平面的布置是否合理。

（4）景观设计是否合理。

（5）平面、立面、剖面设计情况。

（6）结构设计是否经济合理、安全可靠、可实施。

（7）配套设施是否合理、齐全。

（8）新材料、新技术的运用情况。

（9）设计指标复核。

（10）设计成果提交的承诺。

方案设计完成后，全过程工程咨询单位应组织行业专家，针对方案的不足，结合拟建项目情况，对方案提出修改建议，并编制形成正式文件。在规定的时间内督促专业设计师提出优化设计方案，直至满足建设单位的要求。

3.设计阶段造价管控

尽管在工程总承包项目建设周期中，设计阶段的时间占比并不大，但根据国内外工程实践及造价资料分析可知，方案设计阶段影响项目投资的可能性为75%～95%；在初步设计阶段，影响项目投资的可能性为35%～75%；在施工图设计阶段，影响项目投资的可能性为5%～35%。由此可见，设计阶段对整个工程的造价产生极大的影响，在设计阶段需要将整个建设过程中的经济和技术因素全部进行综合考虑，确保设计阶段工程造价的全面性和合理性。然而，在当前EPC总承包项目中，设计师往往会忽视后续阶段的施工、经济等因素，并没有站在全局角度在设计阶段给出科学、合理、经济的设计方案。

因此，在设计阶段，全过程工程咨询单位就要严格按照合理控制造价的理念，推行限额设计，协调处理好技术先进性与经济合理性之间的关系，选择适当的设计标准与功能水平、比选、优选合适的设计方案。

3.4.4 项目招采合约管理

工程总承包模式和传统模式招标程序在流程上并无多大区别，一般都会经历确定项目策略、资格预审、招标与投标、开标、评标和签订合同这几个阶段。工程总承包项目的招标阶段，是在前期形成的咨询成果上进行招标投标活动，选择有相应能力与资质的承包商，通过合约进一步确定建设产品的功能、规模、标准、投资和完成时间等，并明确承包人和投资人双方的责、权、利，这一阶段确定的承包人，将是前期阶段咨询服务成果的实际践行者。但项目招标阶段常会面临带方案招标模式下如何组织与管理招标投标工作、如何进行科学评标、如何管理价格不稳定材料多的固定总价合同等问题。

1.招标工作的前期策划管理

工程总承包项目招标阶段，全过程工程咨询单位需做好工程量清单编制、工程标段划分、工程界面划分、资格条件设定、招标范围确定、招标文件编制等招标前期组织工作。其中，重点把控招标范围、要求及合同内容，以有效避免项目实施过程中的招标漏项、施工界面不清、工程扯皮等问题，最大限度地降低招标人风险，有利于项目建设目标的实现。该情况下，全过程工程咨询单位对总承包投标的初步设计方案、图纸，以及招标控制价的把关非常重要；同时，全过程工程咨询单位还要站在专业角度，努力在前期就尽量挖掘建设单位的需求，使其能用可描述化、可视化、成本化的方式展现出来，便于减少后期变更。

2.科学规范评标

招标投标环节是工程总承包项目全生命周期中较为关键的一个环节，选择优质的承包商非常重要。全过程工程咨询单位需要协助建设单位进行科学、合理的评标工作，根据项目的特质与需求，选择优秀、经验丰富的工程总承包单位。

3.合同文件的编制与签署

EPC总承包合同是一个完整的合同体系，涉及勘察、设计、施工、材料设备采购、工程管理、投资融资、工程保险以及质量、安全、工期、环保等专业领域，是一个系统工程。因此，全过程工程咨询单位需要协助建设单位，认真细致地进行合同的设定与签署，确保EPC总承包项目具有扎实、可靠的管理基础。

为减少后续的纠纷与争端，合同设定需重点关注以下几点：项目的分包与关键设备的采购、设计变更与优化的规定、项目的履约保证等方面。

4.无价材料多的固定总价合同管理

前期在合同签订时规定好无价材料在实际施工中的计取办法；构建项目的询价体系，组织专业的询价组织，多渠道获取信息；构建新材料、新工艺信息、价格数据库，对平时遇到的新材料、新工艺的报价信息进行分析、整理、综合评价后输入信息库，并实时更新，做到及时掌握无价材料的相关信息；针对合同中无价材料的价格远超预估价格的情况，需要寻找价格合适、属性类似、可进行替换的材料，并及时向建设单位提供相应建议；加强全过程工程咨询单位相关负责人员的培训和管理，严格控制新材料的变更与无价材料的管理；努力提高管理人员的专业业务水平，增强责任心和事业心，健全材料变更的内控制度，确保使用的材料物美价廉。

3.4.5　项目实施阶段

项目实施阶段是工程总承包项目管理周期内工程量最大，投入人力、物力和财力最多，工程管理难度最大的阶段。为保证实现项目的既定目标，构建优质的工程总承包项目，需要全过程工程咨询单位通过多方组织协调，以合同管理为基本手段，对项目的工期、质量、成本、安全等进行全方位管理。

1.工期管理

全过程工程咨询单位需要在项目施工期间，对进度计划进行跟踪与检查，控制并及时调整进度计划，以确保在合同约定的工期内完成项目建设。

2.质量管理

全过程工程咨询单位是建设项目实施阶段质量管理的重要管理主体之一，全过程工程咨询单位会根据建设单位的委托，按照建设工程施工合同，监督承包人按照图纸、规范、规程、标准进行施工，使施工工作有序地推进，最终形成合格、具有完整使用价值的工程。质量管理得以实施的关键是确定质量管理目标，构建质量保证体系，并在整个施工过程中完成各项质量监管工作。

3.投资控制

全过程工程咨询单位在施工期间对造价管控方面的工作重点是：资金使用计划，工程计量以及工程价款的支付审核，询价与核价，工程中变更、索赔、签证的发生以及工程造价信息动态管理等。

4.安全文明施工的管理

在工程总承包项目实施过程中，对安全文明施工的管理是重中之重，是一条不可逾越的红线。当前，由于工程总承包项目涉及的主体多，施工管理结构分层复杂，使得安全管理存在以下问题：责任不明确，措施执行不力；安全意识差，制度责任落实差；方式单一，监督检查不到位等。而工程总承包实施阶段的安全文明施工管理是一项系统的过程管理，全过程工程咨询单位需要督促总承包企业不断完善项目安全管理体系，动态监测和控制安全文明施工程序，时时关注安全文明施工管理的效果。

3.4.6　竣工验收及后评估阶段

全过程工程咨询单位在竣工验收阶段主要以工程资料整理、竣工验收、竣工结算为主。一方面，需要整理和收集从决策、设计、承发包、实施等阶段中形成的过程文件、图纸、批复等资料，同时，协助建设单位完成竣工验收、结算、移交等工作；另一方面，把经过检验合格的建设项目及工程资料进行移交，同时进行项目的后评估，以便形成经验数据，指导之后的建设项目管理。

1.竣工验收

竣工验收是项目施工过程的最后一道程序，是建设投资成果转入生产或使用的标志，也是全面考核效益、设计、监理、施工质量的重要环节，项目的竣工验收是使用或者投产的根本前提。

在施工单位完成工程设计和合同约定的各项内容，并自检合格后，全过程工程咨询单位需组织进行验收。项目竣工验收的准确性与严谨性决定了建筑项目的质量，因此，在竣工验收时应当严格遵从以下的验收要点：

（1）参加工程施工质量验收的各方人员应具备相应的资格。

（2）检验批的质量应按照主控项目和一般项目验收。

（3）对涉及结构安全、节能、环境保护和主要使用功能的试块、试件及材料的，应在进场时或施工中按规定进行见证检验。

（4）工程的观感质量应由验收人员现场检查，并应共同确认。

（5）建筑工程施工质量划分为单位工程、分部工程、分项工程和检验批，按照一定原则进行分批检验，最后形成竣工验收记录。

2.竣工结算

项目的竣工结算主要包括工程结算审查、工程结算审定以及出具结算报告三项工作内容。全过程工程咨询单位在协助建设单位进行竣工结算时需要关注以下几点。

（1）保证工程结算审查的项目范围、内容的一致性与完整性。

（2）保证分部分项建设项目、措施项目或其他项目工程量计算的准确性，工程量计算规则与计价规范的一致性。

（3）审查分部分项综合单价、措施项目或其他项目时应严格执行合同约定或现行的计价原则、方法。

（4）对于工程量清单或定额缺项、错项以及新材料、新工艺，应根据施工过程中的合理消耗和市场价格，审核结算综合单价或单位估价分析表。

（5）审查变更签证凭证的真实性、有效性，核准变更工程费用的增减。

（6）审查索赔是否依据合同约定的索赔处理原则、程序和计算方法以及索赔费用的真实性、合法性、准确性。

（7）审查分部分项工程费、措施项目费、其他项目费或定额直接费、措施费、规费、企业管理费、利润和税金等结算价格时，应严格执行合同约定或相关费用计取标准及有关规定，并审查费用计取依据的时效性、相符性。

（8）提交工程结算审查初步成果文件，包括编制与工程结算相对应的工程结算审查对比表，待校对、复核。

（9）全过程工程咨询单位在结算审查初稿编制完毕后，应该召开由工程结算编制人、审查委托人、结算审查人共同参加的会议，审查结论有分歧的，组织对应协调会，最终在合同约定期限内签订结算审定表，并对竣工材料进行妥善保管。

3.项目后评估

项目后评估是指项目竣工验收并投入使用或运营一段时间后，全过程工程咨询单位运用规范、科学、系统的评价方法与指标，将项目建成后所达到的实际效果与项目的可行性研究报告、初步设计文件及其审批文件的主要内容进行对比分析，找出差距产生的原因，总结经验教训、提出相应对策建议，并反馈到项目各参与方，有助于形成良性的项目决策机制。

第2篇

前期阶段咨询与管理

工程总承包项目全过程工程咨询的前期咨询与管理主要任务是根据建设单位需求对项目进行可行性研究论证、招标采购策划等，包括：项目前期调查研究、规划设计、方案比选、编制可行性研究报告、环境影响评估、风险评估、招标采购策划等。本篇主要对工程总承包项目投资决策综合性咨询、招标采购咨询与管理等前期阶段工作内容进行详细阐述。

第4章　投资决策综合性咨询

投资决策综合性咨询是指综合性工程咨询单位接受投资者委托，就投资项目的市场、技术、经济、生态环境、能源、资源、安全等影响可行性的要素，结合国家、地区、行业发展规划及相关重大专项建设规划、产业政策、技术标准及相关审批要求进行分析研究和论证，为投资者提供决策依据和建议的咨询服务工作。

投资决策综合性咨询在工程总承包项目实施过程中具有不可或缺的地位。随着市场环境的日益复杂和多变，投资者在面临投资决策时，往往需要全面、深入、客观的信息和建议，以做出科学、合理的决策。这时，投资决策综合性咨询就显得尤为重要。

4.1　前期准备工作

4.1.1　前期调研

1.背景调研

对于工程总承包项目，项目背景调研是非常重要的一步。在调研过程中，需要了解项目的背景、目标和需求，分析项目的可行性，确定项目的总体规划和技术方案。具体做法如下：

（1）分析项目的市场需求和市场竞争状况，了解项目的市场前景。

（2）对项目的技术特点进行分析，确定项目的技术路线和技术难点。

（3）了解项目的投资环境和政策法规，明确项目的投资方式和融资渠道。

（4）确定项目的总体规划和建设规模，明确项目的工期和投资预算。

（5）制定项目前期调研报告，为后续的项目设计和实施提供依据。

2.需求调研

项目需求调研包括两方面内容：

（1）同类项目调研

通过组织项目建议书编制单位、建设单位、使用单位、造价咨询机构等单位共同进行同类型项目的资料收集和实地考察，研究同类项目的特征、发展趋势、使用功能、外观造型、优缺点、造价指标、技术特点、建设工期、运营情况等，并将调研结果形成报告。

（2）使用需求调研

使用需求调研须贯彻最终用户理念，除征求使用单位管理人员意见外，尚需征求最终使用者（运营单位）的意见。根据使用单位的发展规划和实际需求，同时采取科学的调查手段，如设计工作坊、问卷调查、座谈会、案例研究、专家咨询等方式，拟定功能需求。下面以国内某大学工程总承包项目调研表为例进行说明（如表4-1、表4-2和表4-3所示）：

×××大学建设需求调研策划表

表4-1

项目名称	×××大学建设项目
调研目的	建设一所高水平、有特色、现代化一流大学
调研内容	对建筑结构有特殊工艺要求的专业设计内容，是否满足校方的需求？（如实验室仪器、设备、设施选型等，对设备参数、安装位置，以及用电、用水需求）
	校方在大学项目勘察设计前期阶段，是否有需求没有得到满足？（选址、校园环境、各类用房设计标准等）
	大学功能用房需求是否得到满足？（综合性大学功能用房包括：教学用房、实验用房、图书馆、校行政办公用房、院系行政办公用房、会堂、学生公寓、教师公寓、体育活动场地、食堂、后勤及附属用房等）
	校方对项目按期投入使用的需求是如何保证的？（对项目建设实施各阶段的主要时间节点的把控，是实现总控进度计划需求的关键）
	是否存在因项目立项时确定的投资计划的限制，而降低对质量标准及按期投入使用的需求？（如何保证项目在批准的概算预算条件下，保质按期完成）
	学校项目建设全过程中，校方对设计、招标、施工、监理、材料/设备采购等各阶段的需求，是否满意
调研方法	拟对在建3～5所大学项目采用实地访谈法调研
调研对象	在建大学项目参建各方代表（校方、建设单位、监理单位、施工单位、咨询单位等）
参与单位	建设单位、使用单位、全过程工程咨询单位等
调研期限	年月日——年月日（具体时间按计划确定）

×××大学使用需求问卷调研表

表4-2

序号	调研内容	具体描述
1	贵校在新校区建设设计单位能力方面是否遇到如下困惑？（选项中□内打√）	A 不能保证设计质量□
		B 不能保证设计进度□
		C 设计总包对设计分包没有管理□
		D 设计范围不齐全，出现遗漏□
		E 不同专业设计间界面不清晰，无交叉检查□
		F 设计出图范围和招标范围出现偏差□
		G 设计人员不固定□
		H 施工期间出现大量功能性变更□
		I 使用功能未得到充分满足□
		J 其他设计困惑或问题：＿＿＿＿＿

续表

序号	调研内容	具体描述
2	关于学校的功能需求您认为如何有效落实到设计文件中？（选项中□内打√）	A校方分阶段提交→设计院设计成果汇报调整→校方确认□
		B校方根据进展随时提出需求→设计院或施工单位直接修改□
		C其他措施：头脑风暴会议等□
3	如何有效组织学校各使用部门全面及时地提出功能需求	A校级领导层负责哪些功能需求：_____
		B院系领导负责哪些功能需求：_____
		C一线教员负责哪些功能需求：_____
4	贵校办学有哪些特色专业，在设计或使用阶段有哪些注意事项	
5	贵校在智慧校园建设方面有何举措	
6	贵校在新校区建设设计需求管理阶段有哪些好的经验分享	
7	您认为贵校新校区建设亮点是什么	
8	您认为在方案设计阶段重点解决哪些需求问题	
9	您认为初步设计阶段重点解决哪些需求问题	
10	您认为施工图阶段重点解决哪些需求问题	

综合性大学使用需求调研统计分析表　　　　表 4-3

序号	调查内容	调查对象		
		院校1	院校2	院校3
1	贵校在新校区建设设计单位能力方面是否遇到如下困惑			
1.1	不能保证设计质量			
1.2	不能保证设计进度			
1.3	设计总包对设计分包没有管理			
1.4	设计范围不齐全，出现遗漏			
1.5	不同专业设计间界面不清晰，无交叉检查			
1.6	设计出图范围和招标范围出现偏差			
1.7	设计人员不固定			
1.8	施工期间出现大量功能性变更			
1.9	使用功能未得到充分满足			
1.10	其他设计困惑或问题			
2	关于学校的功能需求您认为如何有效落实到设计文件中			
2.1	校方分阶段提交→设计院设计成果汇报调整→校方确认			
2.2	校方根据进展随时提出需求→设计院或施工单位直接修改			
2.3	其他措施			

序号	调查内容	调查对象		
		院校1	院校2	院校3
3	如何有效组织学校各使用部门全面及时提出功能需求			
3.1	校级领导层负责哪些功能需求			
3.2	院系领导负责哪些功能需求			
3.3	一线教员负责哪些功能需求			
4	贵校办学有哪些特色专业，在设计或使用阶段有哪些注意事项			
5	贵校在智慧校园建设方面有何举措			
6	贵校在新校区建设设计需求管理阶段有哪些好的经验分享			
7	您认为贵校新校区建设亮点是什么			
8	您认为在方案设计阶段重点解决哪些需求问题			
9	您认为初步设计阶段重点解决哪些需求问题			
10	您认为施工图阶段重点解决哪些需求问题			

3.项目现状调研

摸清场地边界条件，了解项目的土地权属和相关手续办理情况，是否存在征地拆迁、产权不清晰等情况；对土地现状、周边市政设施等情况进行实地调研，是否存在市政设施不到位及项目建设是否与地铁、水务、交通、供电部门的设施存在需要保护、迁移、交叉、穿越等情况；是否在机场限高区内；是否存在不良地质条件、危险边坡治理等情况，并对以上因素造成的项目不确定性、投资增加、建设周期延长等情况做出充分评估。

4.项目相关政策调研

根据项目属性种类及地理位置，了解相关政策法规、地方规定及制度以及政府对项目开发的总体指导思想，掌握环保、水务、林业、燃气、高压线等保护线范围内的相关规定，尽可能摸清政策边界条件。

4.1.2 前期工作内容

前期阶段是工程总承包项目的起始阶段，其目的是为后续的项目实施打下基础。主要工作内容包括项目建议书、可行性研究报告、项目前期策划、初步设计和工程招标投标等。

1.项目建议书

项目建议书又叫作预可行性研究报告，它是由建设单位根据规划发展要求，结合自身各项资源条件，向上级主管部门提出的具体项目建设的轮廓设想和书面文件。项目建议书由上级主管部门审查、批准后，即可列入建设前期的工作计划。

2.可行性研究报告

根据批准的项目建议书，开展进一步论证和定位，综合评选，确定经济上合理、技术上先进、条件上具备、实施上可行的最佳方案，并形成可行性研究报告。可行性研究报告为投资者和决策者提供可靠的决策依据，并可作为下一步工作开展的基础。

3.项目前期策划

项目前期策划是指在项目前期，通过收集资料和调查研究等手段，在充分占有信息的基础上，针对项目的决策和实施，进行组织、管理、经济和技术等方面的科学分析与论证。这能保障项目工作有正确的方向和明确的目的，也能促使项目设计工作有明确的方向并充分体现项目建设单位的意图。项目前期策划的根本目的是为项目决策和实施增值。

4.初步设计

项目初步设计阶段是工程总承包项目设计过程的起点。在此阶段，项目团队需要进行项目需求调研，确定项目目标和范围，并进行概念设计和初步设计。

5.工程招标投标

招标投标是工程具备开工的重要条件，招标投标一般分为勘察招标、设计招标、全过程工程咨询招标、施工招标、附属材料设备招标等。工程招标投标包括了工程标段划分、招标文件编制、工程量清单编制，以及标前会和开标等阶段。

4.1.3　项目审批审查关注的要点

采用工程总承包实施的工程建设项目审批与常规项目审批基本一致，根据不同项目特点，前期审批工作需要重点把握以下方面：

1.项目审批方式

按照投资主体区分，企业投资项目应履行核准或者备案程序，政府投资项目应履行审批程序，具体包括项目建议书审批、可行性研究报告审批、初步设计审批等。

2.工程总承包发包前应完成的审批

（1）按照投资主体区分，企业投资项目在工程总承包发包前应完成项目核准或者备案

根据国务院《企业投资项目核准和备案管理条例》（国务院令第673号）第六条的规定：企业办理项目核准手续，应当向核准机关提交项目申请书；由国务院核准的项目，向国务院投资主管部门提交项目申请书。项目申请书应包括项目名称、建设规模、建设内容、建设地点等项目情况和企业基本情况，以及对于生态环境、资源的利用和对经济、社会的影响分析。而这些基本情况和影响分析都是建设单位在工程总承包发包前应当完成的前期工作中的重要内容之一。

另外《住房和城乡建设部　国家发展改革委关于印发房屋建筑和市政基础设施项目工程总承包管理办法的通知》（建市规〔2019〕12号）对建设单位前期工作提出明确要求，如因不可预见的地质条件造成的工程费用和工期的变化，风险应由建设单位承担。企业投资的项目，在工程总承包发包前应当提供完整的地质勘察资料，以使承包人充分预见地质风险；而地质勘察资料的提供，也是建设单位前期应完成的重要工作内容。

对于发包人前期工作的深度，还应结合企业投资审批程序的相关规定，不能简单理解为企业投资项目在履行审批备案手续后，即可发包。在企业投资项目的前期信息不齐全、不完整的情况下，工程总承包单位也要意识和防范项目可能带来的履约风险。

（2）政府投资项目可分两种情况

在工程总承包发包前应完成项目建议书、可行性研究报告以及方案设计或初步设计的审批，此情况适用于政府投资的所有项目，如建筑工程项目、市政道路工程项目和水利工程项目等。

政府投资项目的发包阶段以初步设计审批完成后进行发包为原则，但鉴于某些现实状况的突发性、复杂性，如短时间内要建成火神山等隔离医院，若要等到初步设计完成后才进行发包，实际情况下显然是不允许的，因此加了"原则性"三字的规定，为政府在紧急状态下的发包，提供了相应的依据，从而不必受制于初步设计完成才发包的规定。

按照国家有关规定简化报批文件和审批程序的政府投资项目，在工程总承包发包前应完成投资决策审批，针对小规模、内容单一、投资较小、方案简单的项目，只要完成项目建议书的审批，不再要求审批项目可行性研究报告、初步设计及概算。也就是说小规模项目，只要政府主管部门完成对项目建议书的审批，即可进行工程总承包的发包。

（3）房屋建筑工程总承包发包前，还应完成水文地质、工程地质、地形等初步勘察工作，并取得初步勘察结果文件及资料，可行性研究报告、方案设计或者初步设计等取得批复或批准，且对上述文件的完整性、真实性和准确性负责。此外，提质或修缮改造项目，还需要对拆除位置、范围及内容等进行检测鉴定，明确拆除材料（设备）处的处置方式，并编制拆除项目清单，以防止超出拆除范围及内容或需要拆除的未拆除、不需要拆除的被拆除等问题发生。

对于水利工程总承包工程，要求没有房屋建筑工程严格，可精简管理环节。2020年11月27日，水利部印发的《水利部关于印发水利工程建设项目法人管理指导意见的通知》（水建设〔2020〕258号）中提出："对具备条件的建设项目，推行采用工程总承包方式，精简管理环节。对于实行工程总承包方式的，要加强施工图设计审查及设计变更管理，强化合同管理和风险管控，确保质量安全标准不降低，确保工程进度和资金安全。"

4.2　项目建议书

项目建议书是指由企业或有关机构根据国民经济和社会发展的长期规划、产业政策、地区规划、经济建设方针和技术经济政策等，结合资源情况、建设布局等条件和要求，经过调查预测和分析，提出某一建设项目，着重论述其建设的必要性，供国家有关部门选择并确定是否进行下一步可行性研究的建议性文件，是企业向上级主管部门陈述兴办某个项目的内容与申请理由、要求批准立项的建议文书，是项目报请审批过程中不可缺少的文件材料。

项目建议书由部门、地区、单位根据国民经济和社会发展的长远规划、行业规划、地区规划等要求，经过调查、预测、分析后编制。按照建设总规模和限额划分：大中型或限额以上的项目建议书，由各省、市、自治区及计划单列市计委、国家各部门（总公司）或计划单列企业集团提出；中央与地方合资建设的重大项目，其项目建议书由中央各部门（总公司）与项目所在省市区联合组织编制、审议并提出；小型或限额以下的项目建议书，由中央各部门（总公司）、省市区及计划单列市的项目提出单位负责编制。

一个工程项目的基本建设，从计划到竣工投产要经过许多程序和步骤，而编制项目建议书是全部程序中的首要工作，是项目可行性论证的前提和基础。项目建议书应写明项目建议的理由、政策依据、项目内容、实施方法等情况。同时应对上报项目的性质、任务、工作计划、方法步骤、预期目标及实施可能性等内容作详细、全面的汇报，以达到建议书审批的目的。

能否对拟上项目的基本情况做出完整、准确的描述，所建议的项目能否得到如期批复，可行性研究报告等后续程序能否顺利实施，项目建议书起着至关重要的作用。只有编制人员深刻认识项目建议书在项目开发过程中的重要意义，熟练掌握项目建议书编制的内容、方法、要求、规律，认真调查研究，对拟上项目有全面、系统、透彻的了解，才能做好项目建议书的编制工作。

4.2.1　项目建议书的内容

1.工程总承包项目建议书的基本内容

以某厂房工程总承包项目示例，项目建议书主要内容可以包括：

（1）项目名称，项目主办单位及负责人。

（2）项目的内容、建设规模、申请理由、项目意义、引进技术和设备，如果需要引进技术和设备还要说明国内外技术差距、概况以及进口的理由、对方情况介绍。

（3）产品方案和生产工艺技术。

（4）主要原料、燃料、电力、水源、交通、协作配套条件等情况。

（5）建厂条件和厂址选择。

（6）组织机构和劳动定员。

（7）投资估算和资金来源，利用外资的要说明利用外资的可能性以及偿还贷款的能力。

（8）产品市场需求预测分析。

（9）安全劳动卫生与环境保护、经济效益与社会效益评价分析。

在实际工作中，常常有技术引进项目、设备进口项目、合资合作项目、新产品开发项目、改造扩建项目、大型工业项目、交通建设项目等不一而足，在编写不同种项目建议书时，要根据以上编制内容的基本要求，结合具体情况，把握重点，灵活运用。

2.项目建议书的格式

项目建议书的格式一般为标题、项目承办单位、项目负责人、编制单位及时间、正文。标题要开宗明义，涵盖单位名称、事由、文种类别。标题、项目承办单位、项目负责人、编制单位、时间等内容一般单独编排在一页内作为封面。

正文包括前述的九项内容，是项目建议书的主体，通篇着力的重点，需编写人员狠下功夫，认真完成。根据建议书的内容应开列一个目录表，按目录表编排正文。正文内容应做到指标明确、参数准确、理由充分、论证科学、项目方案先进、内容充实、条理清楚。

4.2.2　项目建议书阶段关注的要点

1.认真调查研究，广泛收集资料

用完整的资料数据作依据，是写好项目建议书的基本要求。编制项目建议书之前必须深入实际，围绕拟上项目展开调查研究，尽可能多地了解、掌握项目的基本情况，收集项目涉及的各方面资料、信息、数据，求证资料、数据的真实性、准确性，做到资料详实、数据准确、全面系统、融会贯通，为编写项目建议书做充分准备。一般应收集的资料范围包括：相关的国家标准、行业标准规范、国家产业政策；同类产品的结构、性能、工艺、技术指标、成本、价格、生产厂家、市场销售情况等；国内外同类技术工艺的应用情况及技术水平，建厂地区的自然情况、辅助协作条件、政府的税收、土地政策等，涉及合作方的还应收集合作企业的基本情况、经营实力等。

2.注意分析方法

项目建议书的写作，是以数量方面所表现出的规律性为依据的，要求对未来的发展趋势进行科学、严密的推断分析。如投资估算、厂址选择、产品市场需求预测分析、经济效益评价分析等方面，需要通过一定方法分析计算才能得出结论。如果分析方法不当或计算出现偏差，那么得出的结论就会和实际有出入，甚至出现错误，所以分析方法的选定十分重要。例如，选址经济评价中有分级评分法、重心法、线性规划法三种；经济效益评价有时间指标、数量指标、利润指标等；其他项也有多种分析评价方法。针对条件不同，各种分析评价方法各有侧重，难免有片面性，而现实情况又千差万别，因此，实际操作中，如何选定分析方法，是单选一种，还是多种方法综合运用，参数如何确定等，都是需要认真研究的问题。这就要求在编制过程中，一定要从实际出发，具体问题具体分析，认真研究，反复比较，不能盲目套用，确定最符合实际、最科学合理的分析方法，以获得真实、最有价值的结论，为科学决策提供正确依据。

3.项目建议书与可行性研究报告的区别与联系

项目建议书和可行性研究报告是项目开发计划决策阶段的两项工作。项目建议书不同于可行性研究报告，二者有密切的联系，但也有区别。从程序上看，项目建议书在前，可行性研究报告在后，项目建议书得到批复后，才转入可行性研究阶段，可行性研究是在批复的项目建议书的基础上进行的。从内容上看，项目建议书主要包括：项目名称、项目内容、提出的依据、必要性、产品生产工艺方案、建厂情况、产品的市场前景、产品的经济和社会效益评估、投资及资金来源等；而可行性研究报告还需在批复的项目建议书的基础上增加项目总论（含编制依据、原则、范围、自然情况等）、详细的工艺方案、项目实施规划、成本估算、编制财务计算报表、总图、储运、土建、公用工程和辅助设施、项目招标投标、项目进度安排、综合评价及结论等内容。项目建议书以叙述说明为主，可行性研究报告以分析论证为主。可行性研究报告的内容比项目建议书更详细、更具体、分析更深入透彻。项目建议书解决的是上什么项目、为什么上、依据是什么、怎么上的问题；可行性研究报告是对拟上项目从技术、工程、经济、外部协作等方面进行全面调查分析和综合论证，从深层次上研究分析产品市场是否可行、生产技术是否可行、经济效益是否可行的问题，为项目建设决策提供依据。所以，在实际编排中，要妥善把握项目建议书与可行性研究报告的区别和联系，正确取舍、合理编排，使项目建议书更趋完善。

4.语言表达清楚，事实陈述准确

编写项目建议书主要用叙述和说明的方法，通过叙述与说明把项目表达清楚，把建议陈述完整。叙述时必须不折不扣地反映客观事实，切忌浮泛描写，说明中不能掺杂想象、主观因素；图表、计算与叙述说明相互补充；专业描述尽量使用专业术语，计算方法选用正确，结果准确，结论明确，推理分析要有高度的科学性和严密的逻辑性；数据、引用的内容核实无误，论述的部分要做到理由充分，论述严密；项目编排条理清楚，内容详实，语言文字简洁凝练、准确明了。

4.2.3　项目建议书的审批条件

随着市场竞争的不断加剧，项目建议书的审批越来越严格，对于企业来说需要满足一定的条件才能获得批准。在项目建议书阶段，审批条件是管理者审核项目是否可行、是否符合相关法律法规以及是否能为企业增加价值的重要准则。

1.项目建议书的编报要求

根据现行规定，建设项目是指一个总体设计或初步设计范围内，由一个或几个单位工程组成，经济上统一核算，行政上实行统一管理的建设单位。因此，凡在一个总体设计或初步设计范围内经济上统一核算的主体工程、配套工程及附属设施，应编制统一的项目建议书；在一个总体设计范围内，经济上独立核算的各工程项目，应分别编制项目建议书；在一个总体设计范围内的分期建设工程项目，也应分别编制项目建议书。

2.项目建议书的审批权限

目前，项目建议书要按现行的管理体制、隶属关系，分级审批。原则上，按隶属关系，经主管部门提出意见，再由主管部门上报，或与综合部门联合上报，或分别上报。

大中型基本建设项目、限额以上更新改造项目，委托有资格的工程咨询、设计单位初评后，经省、自治区、直辖市、计划单列市计委及行业归口主管部门初审后，报原国家计委审批，其大型项目（总投资4亿元以上的交通、能源、原材料项目，2亿元以上的其他项目），由原国家计委审核后报国务院审批。总投资在限额以上的外商投资项目，项目建议书分别由省计委、行业主管部门初审后，报原国家计委会同外经贸部等有关部门审批，超过1亿美元的重大项目，上报国务院审批。

小型基本建设项目、限额以下更新改造项目，由地方或国务院有关部门审批。

小型项目中总投资1000万元以上的内资项目、总投资500万美元以上的生产性外资项目、300万美元以上的非生产性利用外资项目，项目建议书由地方或国务院有关部门审批。

总投资1000万元以下的内资项目、总投资500万美元以下的非生产性利用外资项目，本着简化程序的原则，若项目建设内容比较简单，也可直接编报可行性研究报告。

3.项目建议书的审批条件

（1）经济可行性分析

经济可行性是判断项目是否具有经济效益的重要标准之一，主要包括以下几个方面：项目创造的利润是否能够覆盖项目的成本；项目的收益是否能够满足企业的发展需求和投资回报率的要求；项目的资金来源是否充足，是否存在较高的融资风险。

（2）技术可行性分析

技术可行性是判断项目是否具有技术支持的关键，主要包括以下几个方面：项目的技术方案是否成熟，是否存在技术难点；项目中所需要的技术设备是否能够满足项目的需求；项目所需技术人才是否具备，是否能够保障项目的顺利实施。

（3）市场可行性分析

市场可行性是判断项目是否符合市场需求的重要标准之一，主要包括以下几个方面：项目是否具有市场需求，是否存在市场竞争力；项目的价格和营销策略是否具有市场竞争力；项目的销售渠道和营销网络是否健全，是否能够实现销售目标。

（4）运营可行性分析

运营可行性是判断项目是否能够顺利实施，运营顺利的关键标准，主要包括以下几个方面：项目的运营机制是否健全，是否能够保证项目的顺利推进；项目的管理团队是否具备项目管理能力和人才储备；项目的运营成本是否可控，是否明确相关人员承担的责任和权利。

以上是影响项目建议书阶段审批条件的主要因素。通过上述分析和实际操作来满足项目建议书阶段的审批条件，企业可以成功地实现其目标并取得成功。因此，企业在编写项目建议书前必须进行全面的分析，以确保项目可以顺利实施并产生预期的效果。同时，企业应关注本文所述的所有因素并在实施项目之前制定合适的计划和步骤，以有效降低潜在的风险，使企业获得成功。

4.3　项目规划与概念设计

4.3.1　项目规划与概念设计的工作内容

1.工程总承包项目规划设计的工作内容主要包括但不限于：

（1）项目背景

项目背景是指对该项目的整体情况进行全面了解和分析，包括项目的历史、目的、环境、市场、政策等方面。在规划设计方案中，需要对项目背景进行详细的描述，以便更好地理解项目的整体情况，从而为后续的规划设计提供依据。

（2）规划原则

规划原则是指在制定规划设计方案时，必须遵循的一些基本原则，例如可持续性、灵活性、公平性、效益性等。规划原则的确立可以使规划设计更加科学和系统，为项目提供可持续和长期的发展保障。

（3）规划目标

规划目标是指制定规划设计方案时所要达到的目标和效果，例如提高城市空间利用率、改善交通状况、促进城市产业发展等。在规划设计方案中，需要明确规划目标，以便更好地实现项目的目标和效果。

（4）规划内容

规划内容是指规划设计方案中所要包含的具体内容，例如城市规划、交通规划、土地利用规划等。在制定规划设计方案时，需要根据项目的实际情况和需求，明确规划内容，以保证规划设计方案的完整性和可操作性。

（5）规划措施

规划措施是指针对规划设计方案中所制定的目标和内容，所要采取的具体措施和方法，例如改善道路环境、提高公共交通服务质量、建设公共设施等。在规划设计方案中，需要详细说明规划措施，以便更好地实现规划目标和内容。

（6）实施计划

实施计划是指将规划设计方案转化为实际行动的具体计划，包括时间、地点、责任人等方面。在规划设计方案中，需要制定详细的实施计划以便更好地组织、协调和推进实施过程。

2.工程总承包项目概念设计的工作内容主要包括但不限于：

设计说明、现状分析、主要技术经济指标、投资估算、方案比选、功能分区及产品分布、道路交通、竖向设计、重要节点详细设计、核心建筑单体、景观绿化、土方平衡研究、配套设施布置、市政设施、总体鸟瞰图、重要节点效果图以及单体建筑效果图等内容。

4.3.2　项目规划与概念设计关注的要点

1.大原则

（1）检查图纸使用的基础资料（政府批文、红线图等）是否准确。

（2）对照选址意见书等设计条件检查概念设计是否满足要求，如有违规，要检查是否已经与政府部门协调和沟通（如未解决，应尽快组织与政府相关部门的沟通）。

（3）对照设计任务书检查概念设计是否满足建设单位要求，提交的成果是否齐全。

（4）审查概念设计的实施技术上有无困难，判断其可操作性。

（5）应结合建设单位各部门意见，总结形成审查纪要。

2.总平面

（1）总平面图

核实道路红线、建筑红线或用地界线与场地内的道路等是否严格按照选址意见书绘制；需要保留的原始地形、建筑、构筑物、树木是否表达准确；核实道路红线、建筑红线或用地界线与场地内的道路及建筑物、构筑物等的定位关系是否满足规范要求；场地四邻原有及规划的道路的位置和主要建筑物及构筑物的位置、名称层数，建筑间距等是否满足规划及消防等规范要求；设计概念分析的是否合理、思路是否连贯、清晰；建筑物及构筑物的±0.000标高、路网及广场标高是否合理；场地内的主要道路布局及主入口位置、地下车库入口位置是否合理；场地内的广场、停车场、停车位、消防车道、高层建筑消防扑救场地是否合理；交通组织是否合理，车流、人流是否顺畅；总平面建筑布局形态、功能区划是否合理，是否满足市场定位和产品定位的要求，是否能挖掘市场潜力、规避市场风险；主要经济技术指标是否满足政府要求，是否满足建设单位《项目技术经济分析报告》的经济要求等。

（2）竖向布置图

检查建筑物（构筑物）的名称（或编号）、建筑物（构筑物）的主要室内外设计标高，以及场地四邻的道路、地面、水面等关键性标高；检查各主要建筑入口及道路、广场等处是否有难以协调的高差；检查与坡地的结合是否合理，是否注意了土方量的平衡，是否产生了不必要的高切坡。

3.建筑（含建筑设计说明及建筑设计图纸）

（1）建筑设计说明中，建筑功能、建筑层数、层高、总高等表述是否正确。

（2）建筑设计图纸

①平面图。检查建筑单体及其组合的平面功能是否符合前期项目定位、产品定位等；应核实建筑平面图室内、室外地面设计标高和地上、地下各楼地面标高以及每层建筑面积；检查建筑平面的经济性、合理性（如柱网、层高等）及其可操作性。

②立面图。应核实是否绘制建筑主要立面图；应核实设计标高是否有误；检查建筑风格是否和建设单位要求有偏离，是否具有建筑美感，对消费者是否有吸引力；检查立面和平面功能是否结合得比较好；建筑材料的选型是否可能导致成本的失控。

③剖面图。应绘制出层高、层数不同的，内外空间比较复杂的部分；是否有反映了地形、地貌和建筑空间的横、纵向剖面图；是否有反映单位层数、层高等关系的剖面；是否有反映局部设计概念的剖面关系详图；建筑材料的选型是否可能导致成本的失控。

④模型、效果图。检查模型、效果图与平、立、剖面设计图纸是否吻合；是否有反映了概念设计的主要思路与亮点。

4.4 项目可行性研究

从工程项目建设的主要程序来看，项目可行性研究报告的研究和编制是建设项目程序中不可或缺的关键环节。

工程实践经验表明，可行性研究是工程项目前期工作的一个重要阶段，是在项目建议书批准后、做出投资决策之前，通过多种渠道和手段对该建设项目实施技术、经济论证的过程。从其作用来看，可行性研究报告是对一个具体的建设项目进行决策的重要依据，亦是进行设计文件的编制及工程项目后续工作有序开展的纲领性文件。

大量的理论分析和统计资料显示，对于一个具体的建设项目而言，可行性研究报告编制的优劣将直接关系整个项目建设的盈利水平，甚至关系一个企业的成败；对于建设工作者而言，合理地编制建设项目的可行性研究报告是一门必须要掌握的基本技能。

4.4.1　项目可行性研究报告的内容

1.工程总承包项目可行性研究报告的基本编制内容

建设工程项目的可行性研究报告在主要框架和内容上都很相近，只是在侧重层面和详细程度上有所不同。一般的可行性研究报告包括前言、项目介绍、市场分析、技术分析、经济效益分析、风险评估、结论等部分。通过这些内容，承包人可以估算出项目的工程量、工期要求、技术要求等，而这些都与计价直接关联。在可行性研究报告中，一般会有投资估算的清单，但承包人需要注意的是，在可行性研究报告中的工程估算表中可能仅包含分部工程，而未具体到分项工程，导致承包人对工程量难以精准估算。

（1）前言

可行性研究报告的前言部分通常包括对研究的背景、目的和意义等进行说明和介绍，同时对报告内容进行总体的概述。

（2）项目介绍

包括项目的历史、规模、目标、预算、时间表等相关信息，旨在给读者一个基本了解。

（3）市场分析

市场分析是可行性研究中最重要的一部分，该部分主要通过对市场需求、竞争情况以及潜在客户等方面进行详细的调查和分析，最终确定投资项目的可行性。

（4）技术分析

技术分析主要是以当前的技术水平为基础，提出有关项目所需技术的建议和支持，对于非专业领域的投资者来说尤其重要。

（5）经济效益分析

经济效益分析是针对项目的财务状况、投资收益计算以及成本回收等方面的评估，其主要目的是确定项目在经济上的可行性。

（6）风险评估

风险评估主要包括对项目所具有的各种风险的评估与分析，以及提供相应的风险控制手段和建议。

（7）结论

结论部分通常包括对整个可行性研究进行的综合性总结和建议，最终确定该投资项目的可行性。同时，还可以根据实际需要，增加一些其他内容，例如参考文献、附录等。

2.工程总承包项目可行性研究报告内容的常见问题

（1）编制形式缺乏全面性

从当前的建筑市场实际情况来看，建设单位通常不大重视建设程序，因此对项目可行性研究报告的重视程度不够，简单的托付给工程咨询单位，常常因为后者又存在着争项目、赶时间的现象，导致可行性研究报告在编制机制上存在着很多漏洞，最终反映在报告书上就是在应设篇章结构上的缺失。在可行性研究报告中，可能出现的问题有如下几点：

未按照规定单列节能篇，项目能耗指标计算和分析不满足建筑节能的要求，或者节能措施缺乏针对性，有关部门的审批意见缺失；缺少详细的建设进度计划；在设计方案中，缺少方案比选及方案推荐的相关论述，有关章节的风险分析不具体，甚至缺失；对外部配合条件的研究缺乏深度或根本无法落到实处，一些必要的协议性证明材料缺失；附图存在不齐全的问题，如平面图、平面布置图、区域位置图不全面，或是缺少依据，或图中的比例与要求不相符合等。

（2）编制内容缺乏深度

可行性研究报告编制内容深度不够，具体表现在以下几个方面：可行性研究报告不同程度地与行业的标准内容和深度规定有所偏离；报告的总论不能直观地显现全貌，未能一目了然、提纲挈领；缺少市场相关的预测数据，对国内外两个市场的需求预测缺失，未对国内的生产能力进行科学合理的定量分析，对市场的销售预测、价格和产品竞争力缺乏客观的分析，导致后期的相关评价缺乏科学的依据；从可行性研究报告的内容深度上看，对拟建项目的规模、产品方案的技术指标和经济指标缺乏细致的比较和分析，未能形成论述性文件；在设计方案上缺少比选，或工程设计方案、设备及技术方案等策划上单一化，缺乏可选择的余地，这样也进一步引起了投资估算方案技术经济分析单一的问题；只关注于建设产品本身，缺乏环境保护篇内容的深度分析，有些报告中仅仅是做了个环境影响报告表，不符合规定的深度要求；资金来源落实不具体。

（3）可行性研究报告经济分析数据不实

在生产规模的编制上，其确定原则和计算过程不够详实；在设计方案的确定上原则性不强，主要生产设备的计算方法缺失；节能篇仅仅是泛泛而谈，没有具体的节能指标和措施；投资估算中，缺乏主要设备咨询价格的相关资料，相应工程造价的定额、标准缺失；经济评价中，缺少对基础数据来源的调查、研究其可靠性和真实性得不到确认，表现为随心所欲地借助于一些自定的财务三率和参数等进行评价，缺乏科学性和客观性。

4.4.2　项目可行性研究阶段关注的要点

1.严格遵守行业标准

国家相关主管部门已经从行业特点出发，对项目建设的可行性研究报告编制内容、深度规定等进行了科学的分析，并制定出了行业标准，而且随着实际的发展和需要不断地修改和补充，客观性和科学性很强，在进行可行性研究报告编制时必须严格"对号入座"、切忌主观更改。

2.全面且细致地编制可行性研究报告总论

大量工程实践经验表明，总论一章必须提纲挈领，让人一目了然。项目提出的背景、研究工作的依据和范围必须要具体直观，对于后面各个章节报告的结论也必须在总论中有所概括。尤其要明确总论中的结论部分和项目"四性"，对于项目技术经济指标所处的水平如何、项目的技术和经济可行性如何，在总论中必须给出明确的结论性观点和意见。

3.摆正需求预测与拟建规模的因果关系

通过广泛、周密的国内外市场需求、市场供应调查以及以此为基础进行的客观、科学的分析、计算，预测项目的合理建设规模。

4.精心比选工程技术方案

每个工程都要求有项目构成、技术来源、生产方法以及主要技术工艺、设备选择等因素在内的多个方案的主要技术经济指标的比选，有比较才能有鉴别，才能保证工程的可行性和经济的合理性。

5.明确投资估算的依据和标准

投资估算中，应说明投资估算依据方法和标准，必要的附表应全面，以论证投资估算的合理性。对引进的技术、设备，应阐明引进理由，并提供技术设备的水平、报价等最直接可靠的资料，以保证引进技术设备的先进性、适用性、可靠性和合理性。

6.严格按要求单列节能篇

按节能要求做项目能耗指标计算和分析，节能措施要有针对性，并由有关部门确认。依据有关部门的要求做环境影响报告书或环境影响报告表。

7.确定资金筹措渠道

资金筹措渠道要符合国家有关规定，并应提供意向性或协议性的证明材料，企业自有资金（股本金）部分一定要有有关部门的证明材料或资产评估报告，以论证资金来源的可靠性。视项目资金筹措情况，必要时应进行融资方案分析。

8.强调风险分析

为适应社会主义市场经济需要，在编制可行性研究报告时，应加强项目风险分析的内容，应对项目主要的潜在风险因素及风险程度进行分析，并提出防范和降低风险的对策。

4.4.3　项目可行性研究的审批条件

通常情况下，项目可行性研究阶段应对拟建项目的市场、技术、工程方案、经济性以及环境影响、经济影响、社会影响等相关方面进行评估论证，为政府投资决策、企业投资决策和项目组织实施提供专业咨询意见。有的可行性研究报告评估还应根据项目决策需要，将选址意见、用地预审意见、环评批复等作为咨询评估的依据。具体从以下方面进行评估作为审批的关键事项：

1.项目建设单位及项目概况评估

简要介绍项目建设单位及项目概况，对项目单位承担建设项目的实力、能力进行评估。

2.项目建设的必要性和意义评估

从项目建设背景，项目与产业政策、行业规划、准入条件等的相符性，以及市场需要、技术进步、企业发展或社会需要等角度进行分析，评估项目建设的必要性和意义。

3.产品（服务）市场评估

对项目所产出的主要产品和副产品（或服务）的国内外市场总体供需情况、进出口情况、消费结构、产品质量要求、产品价格走势以及产品的目标市场、产品竞争力、市场风险等进行分析和评价，对可行性研究报告采用的产品价格的合理性进行分析，给出评估意见。对主要的原材料和燃料及动力供应分析供需平衡、供应渠道和价格走势，对供应方式和价格的合理性给出评估意见。

当前我国已发展成为制造业大国，很多传统产品面临市场饱和与激烈竞争，而部分高端产品仍然大量进口，对需要进口的高端产品，应根据品质需要，重点评估其必要性和性价比。国内开发的高端产品，应重点评估产品质量水平、质量稳定性、市场定位和市场开拓能力，分析其与进口产品的竞争策略是否合理、得当。传统产品应重点评估项目的比较优势，以成本优势为主。

对于技术改造、改扩建项目、并购项目等产品增量不大，对原有市场影响较小的项目，产品市场评估内容可以适当简化。

4.建设规模和产品方案评估

综合市场需求、技术条件、资源条件、建设条件、业主实力等，分析评价项目建设规模和产品方案是否合理、可行。如果有调整，需要明确调整内容和调整后的效果。

5.技术和设备方案评估

从项目所采用的技术和关键设备的先进性、可靠性、成熟性、适用性、安全性，以及是否满足清洁生产要求等角度进行评估。

对于工业生产项目，技术方案评估是可行性研究报告评估的重要内容，可通过同类技术比选、同类技术应用实例分析等方法，对关键技术性能指标、物料消耗水平、燃料及动力消耗水平、废弃物产生和排放水平等进行评估。对关键设备的性能参数、运行稳定性和可靠性、制造周期、运输和安装条件、国产化水平等进行分析评估。对于进口设备，应对其引进的理由、范围、方式、参考价格、供货商情况和风险因素等进行评估。

6.资源条件和原材料供应评估

对于资源加工类项目，资源保障和供应条件是评估的重要内容。应评估项目所采用的资源是否落实，资源品质和可供资源量是否满足项目需求，原料运输是否通畅便捷。

7.建设条件和厂（场）址选择评估

建设条件包括建设地点的自然条件、社会经济条件、外部交通条件、公用工程配套条件、用地条件、生态与环境条件等。

对于工业生产项目，应重点评估项目厂址选择是否满足城市（乡、镇）总体规划、土地利用总体规划、工业园区总体规划、环境保护规划等的要求；是否具备工程地质条件、水文地质条件、自然气象条件、防洪防涝条件等；是否具备工厂建设所必需的社会经济条件、交通运输条件和水电供应条件等；是否满足水源保护、文物保护、军事保护、避让周边环境敏感点等相关要求。

对输油气管道、输电和通信线路等长输管线的路由选择，机场的选址，铁路、道路、大型水利枢纽（水库）等选址（线），以及固体废弃物处置、危险废物贮存设施、危险废物填埋场等特殊项目，应评估其是否严格遵守了行业规范和相关要求。

如果涉及人口动迁和拆迁补偿的，需要评估动迁人口的数量、态度、补偿标准等，分析对项目的影响。大型项目的厂址、路由、线路选择，还要从维护公众利益角度进行分析。

8.公用工程和辅助设施以及服务设施方案评估

对于工业生产项目，应重点评估其总体布局、物料运输、建筑、结构、给水、排水、供电、电信、供热、维修、服务等配套工程的方案合理性、可行性，评估其能否配合主体工程，形成完整的生产运行体系。

对于改、扩建和技术改造项目，要对原有企业公用工程和辅助设施配套情况、供需总体平衡情况以及富余能力等方面进行评估。

对于在开发区、工业园区建设的项目，要分析开发区、工业园区配套能力，针对项目提供的服务、供应量、供应条件和价格等情况进行评估。

对于服务设施，要评估其配套的必要性，评估技术方案的合理性、可行性和适用性。

9.厂外工程评估

对于工业生产项目，应对其工厂界区外配套的码头、铁路、道路、给水、排水、供电、供气、供热、外管线、渣场等进行评估，分析其规模、技术方案、运行情况、费用、使用条件等方面，评估是否满足项目需要。

10.节能和节水评估

对可行性研究报告提出的节能节水方案、水资源梯度利用、水资源回收和再利用关键措施，以及节能节水效果等进行评估。对于有明确的单位产品综合能耗、单位产品用水定额等标准要求的，应与相应标准进行对比，满足相应标准要求。

11.环境保护评估

环境保护评估是可行性研究报告评估的重要内容之一。应分析可行性研究报告提出的项目执行的环境保护法律、法规、标准、规范是否准确、合理，主要污染源和主要污染物核算是否准确，项目所采用的环境保护措施和处理设施是否得当，环保投资是否合理，最终外排污染物去向和数量是否能被环境所接纳等，给出评估意见和建议。

12.安全、职业卫生与消防评估

对项目是否存在重大危险源、重大危险源等级、管制措施等进行评估。对可行性研究报告采用的职业卫生和消防相关标准规范、职业卫生防护措施和消防措施进行评估，说明是否能够满足项目要求并符合相关规范。

13.项目组织与管理评估

对可行性研究报告提出的项目企业管理体制及组织机构设置、生产班制及人力资源配置、人员培训与安置、项目招标方式、项目实施进度与计划等进行评估，说明是否能够满足项目建设和生产运行要求。

14.投资估算评估

评估可行性研究报告核定的投资估算范围是否完整，采用的投资估算方法、取费参数与依据是否正确、充分，估算的工程内容和费用构成是否完全并计算合理。分析其是否满足工程建设需要，必要时提出调整或修订意见和建议。

15.资金筹措评估

评估可行性研究报告提出的融资方案是否符合实际，项目权益资金是否满足国家对固定资产项目投资的资本金比例要求，债务资金是否来源可靠并满足需要，融资成本是否合理。要做到权益资金来源可靠，债务资金来源应有债权人的承诺。对项目的资金使用计划和融资风险进行必要的分析，给出评估意见和建议。

16.财务分析评估

对可行性研究报告进行的项目财务效益和费用预测进行评估，考察和分析采用的参数与数据是否合理、得当，分析方法是否正确，项目的财务盈利能力、偿债能力和财务生存能力等指标计算是否准确，综合判断项目的财务可行性。

鉴于市场环境瞬息万变，影响项目财务评价指标的关键参数可能会发生重大变化，可进行多情景项目财务分析和评价。

对于改扩建项目采取"有无对比"方法进行的财务分析评估，要分析核算可行性研究报告确定的项目范围是否合理，"有项目"和"无项目"的对比测算及得出的财务分析指标是否准确、结论和数据是否可信等，给出评估意见和建议。

对于外商投资项目，要评估可行性研究报告采用的适用法律法规、税收政策及价格政策是否合理得当，评估利润分配是否符合投资方规定和要求等。

对于境外投资项目，要评估可行性研究报告采用的适用法律法规、会计准则（政策）、外汇政策及汇率水平、税收政策、价格政策、外商投资政策等是否合理、得当，注意成本的计算、利润的分配规定和要求等。

对于资本运作类项目，要结合资本运作的方式进行评估。

17.风险分析评估

对可行性研究报告总结的项目风险进行全面的综合分析和评价，对项目整体风险提出意见和建议。

18.评估结论与建议

对可行性研究报告中涉及的主要内容和研究结果，给出明确的结论性评估意见，对项目是否可行给出明确判断。对可行性研究报告提出的存在问题及评估过程中发现的问题进行汇总，分析问题的严重性以及对项目的影响程度。明确提出下一步工作中需要协调、解决的主要问题和建议，提出项目达到预期效果需要满足的实施条件。

4.5　项目方案设计

4.5.1　EPC项目方案设计的工作内容

1.建筑方案设计的功能分析

建筑方案设计的功能分析是指根据建筑设计的任务书，对建筑空间之间的关系进行整理，形成一幅比较完整的关系图，以便在后续的方案设计中，对建筑的细节进行控制。由于不同的建筑具有不同的功能关系系统图，建筑的分类也是根据它的功能进行区分的，比如对于医院、学校、商场等，不同的建筑具有不同的形态特征，因此进行方案设计的过程中，应该要对建筑的功能进行分析，不能将医院设计成学校，不能将工厂设计成医院，对建筑的类型和功能进行分析之后，就要根据具体建筑的特征对各个空间的功能和关系进行分析，以确定最终的建筑方案。

2.建筑方案的形象设计

形象设计是建筑方案设计中的一个难点，建筑形象的设计应该要和建筑的功能可行性、经济性等多方面进行有效的结合。建筑形象设计要注意三个方面的问题。第一，保证建筑视觉。建筑化是将建筑方案设计转变为具体的建筑形状，建筑形象是由各个建筑空间构成的，在建筑方案的设计过程中，应该根据建筑的类型来确定具体的建筑形象，使人能感受到建筑形象之美。第二，保证建筑形式要统一。建筑形式不能天马行空地进行发挥，一般说来，一类建筑都有大致相同的建筑形式，任何一种建筑，都要根据建筑的功能和定位进行建筑方案的设计。第三，保证建筑造型设计的合理性。

3.建筑方案设计的成本控制

建筑方案设计时，除了考虑建筑的功能和具体的形象之外，对建筑成本的控制也是一个重要的方面。对建筑成本进行控制首先要保证经济、适用、美观的原则，建筑方案设计时的成本要在保证建筑质量的前提下进行控制，不能为了节约成本而影响建筑质量。成本控制包括人力成本以及物资成本的控制，人力成本的控制，需要根据建筑的要求确定具体的人力需求，避免人力资源的浪费；物资成本的控制，同样要根据建筑实际需求进行建筑材料、设备等方面的采购，加强采购流程的控制，防止物资成本的浪费。

4.建筑方案设计对各种能源方面的考虑

建筑方案的设计要考虑到对土地、水的利用，尽量提高对各种资源的利用率。

①对土地节约利用方面，可以增加建筑设计的密集度，提高公共建筑的建筑密度，增大住宅建筑的容积率，强调对土地的集约化利用，合理规划土地。比如在方案设计中，可以加强对地下空间的开发和利用，采用各种新型的结构体系和结构材料，来提高建筑的使用率。

②建筑方案设计也涉及对水的节约。在建筑方案设计中要对节水进行考虑，要加入节水的规划，根据建筑当地的实际情况，制定相应的节水方案。比如在建筑设计中可以采用雨水、污水分流系统，加强对污水的处理以及对雨水的回收利用。

③在建筑方案设计中，还应采取相应的措施来提高对水的利用效率。如设计节水系统，运用各种节水设备，加强各种先进节约技术在建筑中的应用，加强水循环等。

④节能设计是当前建筑设计的一个重要方向，在建筑节能设计中，应综合考虑建筑的功能和需求，在满足一定条件的前提下，加强各种节能技术的使用。

5.建筑方案设计要细致

当前，很多建筑方案设计都关注建筑的效果和风格，有时候只注重建筑的立面效果，对实际情况有一些忽视，在实际的施工图设计过程中，可操作性会降低，甚至会造成施工图设计的困难。因此在施工图的设计中，要尽量考虑细节问题，比如对于文体类建筑、医疗类建筑、学校类建筑等都要做到无障碍设计，考虑到残疾人员对建筑物的使用，这就是一个细节问题。在进行建筑方案设计的过程中，应该要对建筑细节进行细致的考虑，尽量满足建筑需求。

6.建筑方案设计要符合国家规范

任何一个建筑项目在进行方案设计时，都要保证满足相应的规范，这也是保证建筑安全性的一个重要保障。比如，各种建筑参数要按照国家建筑行业的相关规定进行设置，对于具体的建筑，应该要结合当地建筑行业的实际情况，对施工过程中的工艺要点进行分析，保证具体的建筑施工能满足质量、美观等多方面的要求。

4.5.2　对工程总承包项目方案设计的理解

建筑的方案设计是设计文化精神的一种体现，建筑物都具有一定的共性，所以在对其进行设计的过程中，应该对其自身的个性特点进行重视与发展。对于相同的建筑物，不一样的设计方案有着不同的效果，这就要求在对设计进行开展的过程中，对潜在的因素与影响进行分析，并对建筑设计的创新进行探索，以此来对建筑设计方案的人性化进行体现，并得到较为合理的效果，这也是对设计人员的一种挑战。

本阶段主要任务是通过与建筑师沟通，完成项目的方案设计，以效果图、实物模型、平面图、立面图、剖面图等形式，向决策层初步展示规划布置和建筑设计。决策层对功能需求、设计风格、结构、技术等方面确认后，进行后续的扩初设计。决策层对方案设计的确认，应当听取相关部门和单位的意见，可以组织有关单位和部门，对项目总体方案进行审核。

审核的重点包括设计依据、建筑规模、项目组成及布局、占地面积、建筑面积、建筑造型、协作条件、环保措施、防灾减灾、建设期限和投资概算；设计方案是否符合设计大纲要求、国家有关工程建设的方针政策、现行设计规范与标准；项目的可靠性、经济性、适用性等。在对设计方案进行确认的过程中，需要根据各单位的意见，对设计方案进行不断的完善和优化。加强设计的过程控制是这一阶段的重点内容，对于设计方案的优化需要从多方面进行，才能使设计方案能够满足相关人员的需求。

4.5.3　对工程总承包项目方案设计的建议

1.加强对任务书的理解

对任务书的理解效果将影响建筑方案设计的质量，这也是开展方案设计的前提与基础。首先，应该对任务书中建筑的理念与目标进行掌握，例如建筑的地理地质条件、项目的功能、建筑的规模等方面内容，并将其与专业的设计知识进行结合，以此来加强对任务书的了解，在出现问题之后也能以此为依据进行解决；其次，在对任务书进行阅读的过程中，应该注意阅读的仔细性与全面性，避免在方案设计的过程中出现与任务书不相符的现象，对任务书中较为重要或者特殊的要求应该及时进行记录，防止出现遗漏的现象，这也是提高设计方案质量的重要方法。最后，还应该对任务书进行全面掌握，防止设计的方向与思路的重点内容上出现差异。

2.设计方案的起步

从建筑方案的设计工作流程上来看，方案的设计需要经过四个环节，分别是群体、个体、环境以及细部的设计，建筑设计师应该从这几个方面开始设计，并通过科学、合理以及全面的方式进行总体的规划，以此来为建筑的设计进行规划，也是为设计提供依据。在这一过程中，应该对设计的外部因素与内部要求进行考虑，以此来对整体的规划进行制约。建筑方案也可以说是对建筑空间的设计，这就要求建筑所处的环境与特点也应该在方案设计的考虑中。此外，在对任务书进行完全的掌握之后，建筑设计师也应该进行实地考察，以此来提高方案设计的合理性与实用性。

建筑方案的设计工作内容相对广泛，影响其正常进行的因素也相对较多，这就要求在进行设计的过程中，对各个阶段的核心点进行掌控，并在结束后对设计成果进行验收。由此可见，方案的设计工作是一个动态的过程，建筑方案的设计就是在不断的考察与冲突的过程中变得完善，也正是通过这一阶段，建筑方案设计的实用性才能不断地提高。

3.设计方案的形成

设计方案的形成是对矛盾的解决过程，在不同的地区、时期，建筑设计师应该对不同的方案进行针对性的探索，以此来提高方案的可行性，并对相关的内容进行不断渗透，以此来形成完善的设计方案。

首先，要做到环境与单体之间的同步。对环境的设计是建筑方案设计的重点，其与单体的设计有一定的关联，这就要求建筑设计师在对环境问题进行设计时，对内部与外部的条件所造成的影响与限制进行重视。这种思维方式，可以保障建筑设计的创新性与人性化特色，由此可见，建筑设计师应该以同步思维方式来进行设计的工作。

其次，要将各层之间的平面设计进行同步。在对建筑方案进行设计的过程中，应该对各层进行结合，以此为出发点进行设计。例如在对结构进行设计、交通体系进行设计时等。同时，建筑设计师在进行设计过程中还应该对内部的空间效果进行考虑，从而加强设计的立体效果与实用性。

4.方案设计的推敲

在建筑方案设计的初期阶段，相关的建筑方案设计师就应该对任务书所包含的逻辑进行研究，以此来提高对内容的掌握效率。在对设计工作进行开展的过程中，应该将建筑的功能与布局放在首位，并以此来对设计进行推敲。随着建筑设计的深度不断提高，设计也在不断的验证过程中趋于完善，后续工作也会向着顺利与高效的方向发展。

第5章 招标采购咨询与管理

招标采购工作是工程总承包项目建设管理的重要环节之一，对选取优秀工程总承包单位，调动并发挥设计在建设过程中的先导作用以及能否有效控制建设投资、工程质量、工程进度、减少合同管理工作量、减少协调环节及成本等方面起着决定性作用。如何通过招标采购的方式选择最佳的工程总承包单位，以实现项目建设的目的并达到项目预期的功能，是招标投标工作的重要内容。因此，咨询与管理工作应根据项目特点，做好招标前期的策划和招标过程中的分析评审工作。

不同工程类型（如建筑工程、市政公用工程、水利工程等）具有不同行业或专业特点，如建筑工程地质条件一般相对稳定，设计方案较为关键，投资较容易控制；而市政公用工程、水利工程地质条件相对复杂，且受自然条件影响较大，工期一般较长，投资控制相对较难。因此，招标策划时，如果采用工程总承包模式实施，就要既满足相关文件规定，同时又应当结合具体工程特点，提出具体招标要点。

5.1 招标采购咨询内容及工作流程

5.1.1 招标采购咨询内容

工程总承包项目招标咨询管理的首要工作是招标采购策划，策划主要内容包括：发包阶段选择、招标采购范围（界面划分、特殊要求）、技术要求及评价体系（设计参数、技术指标、技术标准、推荐品牌等，形成项目技术规范书）、投资或成本控制（合同计价方式、工程结算、无信息价材料设备定价细则、清单控制价编制等）、招标文件主要内容（工程总承包单位资质要求、评标办法、评审因素等）、拟定合同主要条款、风险管控（法律风险、招标采购风险、实施风险等）、其他（如招标采购后评价指标体系等），通过策划制定合理的招标采购实施方案，做好招标采购各阶段的风险预测及应对。

项目招标采购咨询主要包括项目准备阶段的招标文件编制、招标投标过程的监督与评审、合同签订和履约管理等内容。

1.招标策划

根据项目的特点和需求，制定招标策略，确定招标范围、招标方式和评标标准等，以确保招标过程的顺利进行。

2.市场调研

对招标市场进行调研，了解市场供需情况、竞争情况和供应商的实力等，为项目招标决策提供参考。

3.招标文件编制

根据项目需求，制定招标文件，明确工程的相关要求和规范，确保招标过程的公平、公正、公开。

4.招标文件发布与解答

负责将招标文件发布给潜在投标者，并解答他们的问题，确保投标者对招标文件的理解准确。

5.投标文件评审

对投标人的投标文件进行评审，包括资质审查、技术方案评审、商务条件评审等，确保评审过程的公平、公正、公开。

6.投标文件报价分析

对投标人的报价进行分析，评估其合理性和竞争力，为项目的最终决策提供参考。

7.合同谈判与签订

协助业主与中标供应商进行合同谈判，并协助签订合同，确保各方权益得到保障。

5.1.2　工作制度和工作流程

工程总承包项目采用全过程工程咨询模式，可通过全过程工程咨询单位的科学策划、精心组织和严格管理的招标采购工作，择优选择施工和材料设备供货单位，保证参建单位及参建人员的质量，从而确保实现项目总体建设目标。同时，通过全过程工程咨询单位的协调组织，保证招标采购工作有可能存在的关联单位如招标人、招标代理、设计单位、其他咨询单位等保持及时良好的沟通与联系（全过程工程咨询含有招标代理、勘察、设计等的一项或多项时，则由全过程工程咨询单位内部统筹协调相关工作）。根据委托人相关招标组织形式，具体执行以下流程：

1.咨询项目部正式成立进场后，及时搜集项目前期所有的立项文件、地方政府主管部门有关招标投标的政策文件及会议纪要等，完成地方招标投标文件汇编，组织招标管理工程师及时学习掌握，同时了解建设单位关于项目招标的意见、精神和思路，并在此基础上及时编制针对性的招标采购管理实施细则。

2.在项目策划阶段，咨询项目部根据项目策划、工程施工总体进度计划，编制招标采购工作的总控计划，同时就项目对应所需的设计文件的出具时间、清单编制的完成时间等各重要节点做好规划，咨询项目部各职能部门或岗位充分配合。

3.咨询项目部在总控计划的前提下，根据项目特点，编制较详细的招标采购具体工作计划。包括招标工作的持续时间，工程总承包的范围，工作界面划分，招标方式的确定，材料设备的供货及采购方式，计价模式的确定，以及招标可能存在的风险预估（如某些较特殊的专业工程可能一次招标不能成功，要做好应对办法）。

4.招标采购工作计划经咨询项目部负责人审核同意后，上报招标人审批，经招标人审批确认后实施；在实施期间，招标月度工作计划、周工作计划均应围绕招标采购总控计划进行，当因种种因素导致原计划不能实现时，咨询项目部应根据工程实际进展动态调整修正总控计划。

5.围绕招标采购工作计划，咨询项目部负责针对每个具体的招标任务在拟正式启动前组织招标人、招标代理召开招标准备会，就具体招标范围、标段划分、招标方式、招标日期、投标人资质条件、投标人资质审查办法、评标办法等招标文件实质性内容及招标项目具体要求进行商讨、明确。

6.根据招标准备会确定的该项目招标的具体要求，由咨询项目部及时书面落实，招标代理在限定时间内，按照招标准备会上明确的要求完成招标文件初稿的编制。

7.招标文件（包含清单等）的具体编制由招标代理单位负责进行，针对招标文件中需明确的质量及技术要求，包括材料和设备的品牌、品种、规格、型号、数量、单价、质量等级等相关信息，咨询项目部应组织招标代理围绕设计文件及招标人的要求进行编制，确保招标文件的针对性。针对招标文件编制过程中，招标代理提出的有关问题，咨询项目部应组织相关单位及时给予明确。咨询项目部需协调监理工程师、造价工程师、报建工程师、设计单位等配合招标文件的编制。

8.咨询项目部应组织监理、设计、造价各岗位开展"三位一体"投资控制措施，组织工程量清单和招标控制价编制，确保招标文件有关招标范围及招标内容的描述与工程量清单一致，同时避免在项目后期实施过程中，因招标范围或依据文件不清晰导致争议、增加实施期间的管理工作量。

9.招标代理完成招标文件初稿并自审合格后，报咨询项目部组织相关各方审查，咨询项目部负责同步转发招标文件初稿至招标人、法律顾问（如有）及招标人指定的其他审核单位，组织以上几方在报审表中约定的定稿时间内完成审核，审核意见及时反馈至咨询项目部，由咨询项目部汇总后转发招标代理，以便招标代理及时召开招标文件定稿会。

10.法律顾问主要负责审查招标文件中有关甲乙双方的权利、义务、违约责任等合同条款内容。

11.造价咨询单位主要负责审查招标文件中有关报价规则、报价说明、工程量清单及招标控制价等投资控制内容与其编制的清单、标底等是否吻合。

12.咨询项目部和招标人全面审查。招标人完成招标文件审批后，招标代理按照法定招标流程和招标文件规定发布招标公告、补遗答疑、截标开标、评标定标、招标完成情况备案、中标结果公示及发出中标通知书等。

5.2 招标启动阶段管理

5.2.1 工程总承包发包时机

《住房和城乡建设部 国家发展改革委关于印发房屋建筑和市政基础设施项目工程总承包管理办法的通知》(建市规〔2019〕12号)要求,采用工程总承包方式的政府投资项目,原则上应当在初步设计审批完成后进行工程总承包项目发包;其中,按照国家有关规定简化报批文件和审批程序的政府投资项目,应当在完成相应的投资决策审批后进行工程总承包项目发包。

《浙江省住房和城乡建设厅 浙江省发展和改革委员会关于进一步推进房屋建筑和市政基础设施项目工程总承包发展的实施意见》(浙建〔2021〕2号)中规定,采用工程总承包方式的政府投资项目、国有资金占控股的项目,除法律、法规另有规定外,原则上应当在初步设计审批完成后进行工程总承包项目发包。

根据以上规定,国有投资项目原则上应当在初步设计及项目总概算审批完成后进行工程总承包项目发包。对于建设规模与标准明确,建设内容及方案预期稳定,且属于紧急情况确需提前发包的,可按相关程序经认定为应急工程后进行工程总承包模式发包。工程项目确需提前发包的,且建设规模与标准明确,建设内容及方案预期稳定的,应当经相关部门批准,在可行性研究报告批复(免可研审批项目除外)后进行工程总承包项目发包。特殊项目需要在项目建议书批复后进行工程总承包发包的,应当经相关部门批准。

根据公司多年全过程工程咨询管理经验,对于标志性建筑或者对建筑形式、功能、环境设计有特殊要求的重点建设项目,为确保达到建设目标,建议先进行概念设计(或方案设计)招标,待概念设计(或方案设计)确定后再开展工程总承包招标工作。

个别不确定性较高的项目,也可以选择在初步设计完成后再启动工程总承包招标工作,但这种选择,由于工程总承包单位介入较晚,不利于发挥工程总承包模式的优势。

初步设计及项目总概算审批完成后发包的工程总承包项目,建设单位须带初步设计发包;可研批复后发包的工程总承包项目,建设单位须带方案设计发包;确须提前发包的信息化建设项目,项目建议书批复后总承包单位须带建设方案进行投标。

5.2.2 发包前的准备工作

《住房城乡建设部关于进一步推进工程总承包发展的若干意见》(建市〔2016〕93号)规定:工程总承包项目的发包阶段。建设单位可以根据项目特点,在完成可行性研究、方案设计或者初步设计后,具备了相应阶段的项目批准文件,有相应资金或资金来源已经落实,有招标所需的基础资料后,以工程投资估算或者概算为经济控制指标,以限额设计为控制手段,按照相关技术规范、标准和确定的建设规模、建设标准、功能需求、投资限额、工程质量和进度要求等,进行EPC工程总承包项目招标。

1.正确选定实施方式

工程总承包，一般包括工程建设两个（项）及以上的阶段或工作。工程总承包是这些阶段或工作实施方式的统称。

按照承包阶段，工程总承包包括设计采购施工模式/交钥匙总承包（EPC）、设计采购与施工管理总承包（EPCM）、设计施工总承包（DB）、设计采购总承包（EP）、采购施工总承包（PC）等实施方式。

不同类型的工程，在工程总承包发包时也存在一定的差别，工程总承包模式主要适用于自带工艺设计，设备、技术集成度高的工业项目，如水利、电力、石油、化工等项目；DB模式目前主要适用于房屋建设、市政建设等项目。

工程总承包发包，需要明确是哪一种实施方式，不能笼统地称为工程总承包。实施方式不同，工作内容及要求各不相同。

2.科学界定工作范围

在工程总承包模式下，工程总承包的工作范围包括设计、工程材料和设备的采购以及工程施工直至最后竣工，并在交付建设单位时能够立即运行。因此，工程总承包的工作范围一般包括以下内容：

（1）工程设计：包含工程规划红线范围内的地质勘察、物探、方案设计及优化（若有）、初步设计（若有）、施工图设计、各专项设计、报批后修改部分设计和施工过程中发包人提出的变更设计等内容及设计交底、配合施工、设计优化，严格执行工程建设强制性标准，并对建设工程设计的质量负责。

（2）工程材料和设备采购（若有）：按照发包人对工程材料和设备要求供应工程材料（设备），主要材料和设备至少提供两种及以上的参考材料和设备名称、规格型号、尺寸、价格、来源地等，由建设单位确认后采购，对工程材料和设备的质量、安全、价格等负责。

（3）工程施工：依据施工图设计文件，编制施工组织设计文件，对合同项目约定的内容、范围、规模、标准、功能、质量、安全、节约能源、生态环境保护、工期、验收等全面负责。其中，主要工程或工作项目，应具体列出项目或工作名称、工程（工作）内容、工程量或文件名称等；以暂估价形式包括在总承包范围内的工程、货物、服务，应明确价格和实施或分包要求；发包人特定要求，如工程材料（设备），应具体列出材料（设备）、规格型号、尺寸、外观颜色等；采用新技术、新工艺，如BIM技术、装配式建筑、绿色建筑等，应列出具体内容及要求。

（4）统筹管理：对设计、采购和施工进行统筹管理，制定与工程总承包相适应的包括项目设计、采购、施工、试运行管理以及质量、安全、工期、造价、节约能源和生态环境保护管理等在内的组织机构和管理制度，并符合路径更短、资源更节约、行动更敏捷、配合更协调、效率更高、效果更好的工程总承包管理要求，使工程总承包真正成为向管理要效益、通过管理出效益的工程建设组织方式。

3.合理选定合同计价模式

如何确定合同的计价方式，是决定工程总承包过程成本的关键要素。由于工程总承包模式处于实践阶段，采用此模式的政府类投资项目大多是摸着石头过河，所以采用的合同计价模式多种多样，有费率下浮模式，有固定总价的，也有成本加酬金合同的。

针对合同计价模式的选择，国内外也有一些依据，如国际咨询工程师联合会颁发的《FIDIC设计采购施工（EPC）/交钥匙工程合同条件》（银皮书）中是采用总价合同计价方式。

《住房城乡建设部关于进一步推进工程总承包发展的若干意见》（建市〔2016〕93号）也规定：工程总承包项目可以采用总价合同或者成本加酬金合同，合同价格应当在充分竞争的基础上合理确定，合同的制订可以参照住房城乡建设部、工商总局联合印发的建设项目工程总承包合同示范文本。

有的地方也出台了一些规定，如《深圳市住房和建设局关于印发〈EPC工程总承包招标工作指导规则（试行）〉的通知》（深建市场〔2016〕16号）规定：建议采用总价包干的计价模式，但地下工程不纳入总价包干范围，而是采用模拟工程量的单价合同，按实计量。如果需约定材料、人工费用的调整，则建议招标时先固定调差材料、人工在工程总价中的占比，结算时以中标价中的工程建安费用乘以占比作为基数，再根据事先约定的调差方法予以调整。

因此，在工程总承包项目管理中，无论采用哪种合同计价模式，都必须依据项目的特点来确定。

5.3　工程总承包招标文件编制

招标文件通常由四部分组成：投标人须知、合同条件（含合同协议书、专用条件、通用条件）、发包人要求、发包人提供的相关基础资料。招标文件应清晰列明承包范围、建设内容、工期、建设规模及标准、技术要求及技术规范、交工验收要求、合同计价方式等内容。在编制工程总承包招标文件时，应重点予以关注。

5.3.1　投标人须知

投标人须知一般包括工程概况、总承包类型及相应的工作内容、规模、资金来源及落实情况、建设周期、质量要求、设计限额等。

5.3.2　工程总承包投标条件设置

目前工程总承包在设置投标条件时，主要是依据《住房城乡建设部关于进一步推进工程总承包发展的若干意见》（建市〔2016〕93号）。招标人可要求工程总承包单位应当具有与工程规模相适应的工程设计资质或者施工资质，也可要求一体化招标，满足项目所要求的所有资质要求，在人员、设备、业绩、资金等方面具备相应的设计、施工能力。要求一体化招标时可要求潜在投标人组成联合体，在开标时提交联合体协议并明确一个具有设计或施工资质的单位作为牵头人。所有联合体成员均应遵守联合体协议，并承担各自的直接责任和相关连带责任。

1.《住房城乡建设部关于进一步推进工程总承包发展的若干意见》(建市〔2016〕93号)规定:

(1)工程总承包企业的基本条件。工程总承包企业应当具有与工程规模相适应的工程设计资质或者施工资质,相应的财务、风险承担能力,同时具有相应的组织机构、项目管理体系、项目管理专业人员和工程业绩。

(2)工程总承包项目经理的基本要求。工程总承包项目经理应当取得工程建设类注册执业资格或者高级专业技术职称,担任过工程总承包项目经理、设计项目负责人或者施工项目经理,熟悉工程建设相关法律法规和标准,同时具有相应工程业绩。

(3)工程总承包项目的分包。工程总承包企业可以在其资质证书许可的工程项目范围内自行实施设计和施工,也可以根据合同约定或者经建设单位同意,直接将工程项目的设计或者施工业务择优分包给具有相应资质的企业。仅具有设计资质的企业承接工程总承包项目时,应当将工程总承包项目中的施工业务依法分包给具有相应施工资质的企业。仅具有施工资质的企业承接工程总承包项目时,应当将工程总承包项目中的设计业务依法分包给具有相应设计资质的企业。

(4)工程总承包项目严禁转包和违法分包。工程总承包企业应当加强对分包的管理,不得将工程总承包项目转包,也不得将工程总承包项目中设计和施工业务一并或者分别分包给其他单位。工程总承包企业自行实施设计的,不得将工程总承包项目工程主体部分的设计业务分包给其他单位。工程总承包企业自行实施施工的,不得将工程总承包项目工程主体部分的施工业务分包给其他单位。

2.《住房和城乡建设部　国家发展改革委关于印发房屋建筑和市政基础设施项目工程总承包管理办法的通知》(建市规〔2019〕12号)规定:

(1)工程总承包单位应当同时具有与工程规模相适应的工程设计资质和施工资质,或者由具有相应资质的设计单位和施工单位组成联合体。工程总承包单位应当具有相应的项目管理体系和项目管理能力、财务和风险承担能力,以及与发包工程相类似的设计、施工或者工程总承包业绩。

(2)鼓励设计单位申请取得施工资质,已取得工程设计综合资质、行业甲级资质、建筑工程专业甲级资质的单位,可以直接申请相应类别施工总承包一级资质。鼓励施工单位申请取得工程设计资质,具有一级及以上施工总承包资质的单位可以直接申请相应类别的工程设计甲级资质。完成的相应规模工程总承包业绩可以作为设计、施工业绩申报。

3.设置工程总承包项目投标人资格条件时,建议投标人资格应满足以下条件之一:

(1)同时具备工程勘察(可选)、设计、施工相应资质等级的企业可以独立投标。

(2)具备工程勘察(可选)、设计、施工相应资质等级的企业可以组成联合体投标。

(3)具有工程总承包管理能力的项目管理单位(可以是设计、施工、开发商或其他项目管理单位),可以与具备相应资质等级的工程勘察(可选)、设计、施工单位组成联合体投标。

同时,项目经理应当取得工程建设类注册执业资格,担任过工程总承包项目经理、设计项目负责人或者施工项目经理，熟悉工程建设相关法律法规和标准，同时具有相应工程业绩。

5.3.3　工程总承包的范围

工程总承包的范围除了施工，还包括勘察、设计、采购、试验等多项内容。工程总承包单位为了合理配置工程建设资金投入，分散各阶段施工风险，会通过二次分包的形式将诸如装饰装修、智能化项目等专业分包出去。有的工程还涉及特殊工艺等专项工程，针对各专业工程以及特殊的工艺专项工程是否纳入工程总承包范围内，在实际操作中也有一些争议。各专业工程以及特殊的工艺专项工程是否纳入工程总承包范围内，各有利弊，需要根据项目的实际情况以及建设单位的需求来确定。

1.各专业工程及特色专项工程均纳入工程总承包范围：

（1）优势分析

工程总承包包含所有工程内容，充分发挥工程总承包的整合优势，对建设单位来说，责任范围更明确，转移了建设过程中设计失误及施工风险，协调组织以及招标工作最小化。

（2）劣势分析

①考虑到招标功能需求必须明确，所以招标的准备周期较长，不利于需要立即开工的项目。

②功能需求、系统及配置要求、技术参数、品牌要求、材料设备价格等在前期较难综合考虑周全，容易导致中标后增加合同变更、追加投资。

③专项工程一般涉及无信息价的材料、设备种类多，投资占比高，所以询价、定价的工作量超大，询价的及时性、定价的相对合理性对项目实施的进度及投资控制都有较大的风险。

如某中医院迁建项目总建筑面积107400平方米，该项目是按三级甲等中医医院标准设计的综合性中医医院，主要包括：门诊医技楼、综合病房楼、后勤综合楼、制剂楼，设计床位600床，投资估算约8.8亿元。该项目为全过程工程咨询服务模式和EPC工程总承包的建设组织模式。

在工程总承包招标时，项目初勘、详勘已经完成，各专业初步设计及初步设计概算尚在编制调整中，全过程工程咨询单位经过市场调研、材料设备询价、参考类似项目工程管理经验，确定将各专业工程及特色专项工程以暂估价的形式均纳入工程总承包范围，该项目工程总承包范围如下：

a.工程设计

所有施工图设计和相关专项设计：包括但不限于基坑维护、建筑、结构、给排水、消防、强电、弱电（包括医院的智能化管理系统和能效管理系统等）、照明、暖通、装修、人防、园林景观、室外附属配套、项目综合管线（水、燃、电、通信、有线电视）、交通设施、高低配电箱、电梯、医疗专项等专业以及厨房设备、污水处理设施设备、手机信号覆盖、标识标牌、绿色建筑等。

BIM技术应用：以方案及初步设计文件为基础，在施工图设计时，建立设计模型，实现对建筑物平、立面进行优化，对建筑物竖向空间设计进行检测分析，在合理安排机电空间的前提下优化机电管线排布方案，并给出最优的净空高度，对三维管线综合、机电及其他专业工程线路进行优化，对大样及节点的设计进行优化，对不同设计专业交互检查及协调等。

设计其他工作与要求：限额设计要求，按初步设计批复中相应工程建安费用进行最高限价设计；设计工作总协调；承包人提供全过程所有设计服务，对于图审、验收等涉及的设计出图工作，以及可能发生的重新出图工作，无条件按期完成，所有费用包括在投标报价中。

b.工程采购

包括但不限于方案及初步设计以及承包人工程设计范围内所涉及的所有专业的工程、建筑工程材料、设备设施的采购。不包括：手术床、ICU医用电动床、牙椅、诊桌、床单、被套等可移动的办公运营设施设备。

c.工程施工

包括但不限于施工图纸包含的所有内容及各类专项工程、附属工程的施工、三通一平、BIM技术应用（在设计模型基础上进行深化、建立施工模型，能够做到施工深化、冲突检测、施工模拟、施工分析与规划、仿真漫游、施工工程量统计、成本与工期管理等应用）等工作。

d.总承包管理以及尚未报批报建的前期工作

包括但不限于工程全过程管理、办理项目的审批、核准或备案手续，使项目具备法律规定的及合同约定的开工条件等报批报建手续，组织验收（含各专项验收）、专业配套服务（采购管理、专业软件使用培训、专业设备使用培训、人员培训、工程量清单及预算编制等）、移交、备案、产权证等相关资料的办理及保修服务，包含除土地费、监理费、地质勘探、地质勘探外业见证费、项目建议书和可行性研究报告（含调整）编制费、选址论证、招标代理费（勘探、监理和EPC招标）、全过程跟踪审计费、环评报告咨询费、交通组织专篇编制费、节能评估编制费、勘测定界测绘费、方案至初步设计阶段设计费、预备费以外所有费用。

为加强医疗专项工程品质控制，从保障使用单位利益、降低后期运维成本角度出发，该项目将医疗工艺净化及实验室工程、医用气体工程、医学屏蔽防护工程、医用纯水工程、物流系统工程约定暂估价，并在合同中约定了专业工程承包商与EPC承包商界面与责权的划分。

2.主要专业工程纳入工程总承包范围，特色专项等其余工程单独发包：

（1）优势分析

①特色专项工程单独发包，建设单位可以优选符合要求的优质特色专项工程承包单位，特色专项工程承包单位的管理力度大，对工程质量有利。

②功能需求调研、特色专项设计时间充分，可以在施工图设计、预算、工程量清单完

成后再发包，该模式招标更有竞争性，可以得到较低的价格，利于节约投资。

（2）劣势分析

①增加了建设单位协调工作量、使建设单位承担更多的管理责任。

②在特色专项与工程总承包招标范围的划分有较高的要求，容易造成界面不清晰。

因此，针对特色专项工程是否纳入工程总承包范围内，需要结合项目的实际情况以及前期推进项目实施的进度要求，在建设单位或全过程工程咨询单位具备一定的项目管理经验的情况下，建议采用第二种方式。

5.3.4　联合体模式

随着我国工程总承包模式经历飞速发展，大批设计、施工单位从单纯设计、施工开始转型工程总承包，联合体形式是目前工程总承包模式项目中常见的模式。当前，工程总承包模式在实践中形成了"设计"主导与"施工"主导的两个方向。以"设计"为主导的方向，明确提出工程总承包实践要"以设计为龙头"，充分发挥设计的主导作用；以"施工"为主导的方向，则成为多数施工单位的必然选择。在企业不能同时具备设计、施工管理能力时，联合体模式使专业性不同的单位互相合作，优势互补，积累经验，培育自身力量。

《住房和城乡建设部　国家发展改革委关于印发房屋建筑和市政基础设施项目工程总承包管理办法的通知》（建市规〔2019〕12号）规定"设计单位和施工单位组成联合体的，应当根据项目的特点和复杂程度，合理确定牵头单位，并在联合体协议中明确联合体成员单位的责任和权利"。

总结公司多年全过程工程咨询管理经验，分析参建的众多EPC项目情况，无论是设计单位或是施工单位作为联合体牵头人，都各有利弊，需要根据项目的实际情况以及建设单位的需求来确定。

1.以设计单位作为联合体牵头人：

（1）优势分析

①设计单位对项目的功能需求、技术方案、材料设备选型理解更为深入，更能保障建筑的人性化设计及建筑品质。

②设计优化：通过设计优化及深化，进行设计与施工的融合。

③控制变更：90%的投资控制与优化空间在设计阶段，设计单位在方案、技术参数、材料设备选型时相对投资控制能力更强。

（2）劣势分析

①缺乏施工管理经验和系统整合能力。

②合同履约与风险承担能力较弱。

③沟通协调能力与承（分包）包商间内部管理能力欠缺。

2.以施工单位作为联合体牵头人：

（1）优势分析

①施工履约能力与施工风险预控能力较强。

②施工阶段项目管理体系相对成熟，对进度、质量、安全管控能力较强。

（2）劣势分析

①设计优化的动力不强，容易造成设计院仅做图纸设计工作。

②设计管理的能力与经验不足，加大建设单位在设计及前期报批方面的沟通协调量。

③施工单位对成本相对敏感，利润追求高于建筑品质追求，易造成建筑"物差所值"。

因此需要结合项目的实际情况以及市场竞争情况，来选择联合体牵头人。虽然政策层面对采用联合体形式做了相关支持，但是对联合体牵头单位在联合体中的地位、作用、责任都没有作出明确规定。在法律层面上，联合体牵头单位与联合体成员单位是平等的合作伙伴关系，并非上下级关系，联合体牵头单位不具有最终的决策权。工程总承包项目涉及设计、采购、施工，需要设计单位、施工单位共同面对、共同解决，但由于设计单位和施工单位利益不同，导致对一些问题处理存在较大分歧或偏差，联合体牵头人往往只能负责牵头组织联合体成员一同对外协调解决，而不能代表联合体行使决策权，联合体各成员要站在联合体的整体利益进行调整，而不能只考虑单一方的利益。

联合体双方在投标前关注的重点是总承包范围、建设内容、设计要求、技术标准、投标报价，而对联合体牵头单位与成员单位的权利、工作界面、利益分配、风险分担等方面没有进行详细而系统的约定，没有对项目建设的重难点、潜在的风险进行十分清晰而明确的判断，甚至在联合体协议中出现"空白"。

根据《中华人民共和国招标投标法》，"联合体各方应当签订共同投标协议，明确约定各方拟承担的工作和责任，并将共同投标协议连同投标文件一并提交招标人"。

招标文件中，招标人会直接将联合体协议格式附在招标文件中，投标人必须按此格式提交联合体协议。一般招标文件中的联合体投标协议都较为简单。

考虑到工程总承包项目的复杂性，建议联合体各方在中标后再签订更为详尽的联合体合作协议，明确联合体内部分工，联合体牵头人授权范围，各方的权利义务和风险范围。

5.3.5　计价方式

由于工程总承包合同的承包范围包括勘察、设计、采购、施工、试运行（竣工验收）等全过程或若干阶段，对于不同的工作内容，所采用的计价方式也不同，既可以采用其中一种，也可以采用多种组合（即根据不同工作内容、不同专业选用不同方式），通常的计价方式有：总价包干、固定下浮率、单位经济指标包干、全费用综合单价包干、模拟工程量清单报价等。

1.总价包干

固定合同总价方式是设计采购施工总承包（EPC）合同通常采用的计价方式。工程总承包模式下，如果招标文件对项目建造的范围、功能、设计标准、技术及质量要求、工期、竣工验收标准、承包人所承担风险等有清晰描述，则采用固定合同总价方式更有利于鼓励EPC承包人充分发挥工程总承包模式的优势，加上发包人在实施过程中予以合理、适度地监管，可一定程度降低合同结算争议的发生。

工程总承包计价方式主要是固定总价，这也适应了工程总承包的国际惯例，如FIDIC1999年的银皮书《设计采购施工（EPC）/交钥匙工程合同条件》14.1条约定合同价格为固定总价、FIDIC1995年的橘皮书《设计—建造与交钥匙工程合同条件》13.1约定的也是固定总价。工程总承包项目中，发包人仅有项目的规模、范围、功能和一些主要性能指标要求，没有相应的设计图纸，对项目设计、采购、施工的具体要求也均不明确，工程总承包工作内容在合同签订时也未到明确的程度，这就要求工程总承包单位在充分了解项目建设单位需求的基础上完成设计任务。

正是工程总承包的这些特点决定了建设单位最终更强调项目使用功能，也更愿意采用固定合同总价来控制投资风险。

工程总承包采取固定总价包干通常有以下几种做法：

（1）工程总承包招标前已有项目建议书批复、可研批复或概算批复的，依据项目建议书批复、可研批复或概算批复的投资额，对应工程总承包招标范围，计算相应的固定总价投标上限，通过工程总承包招标投标的价格竞争机制最终确定所固定的合同总价。

（2）招标前，根据类似项目的经济指标经验数据，结合项目的建设规模和标准，评估相应的固定总价投标上限，通过工程总承包招标投标的价格竞争机制最终确定所固定的合同总价。

（3）投标的设计方案（或技术方案）差异性较大，招标前无法预估统一的合同总价。在招标投标阶段，由投标人提供各自的方案技术标（包括设计方案或技术方案、施工组织等）及相应商务标，通过评审、清标及定标，最终选定方案、中标人及相应中标价。

（4）其他做法。应根据项目实际情况，具体选择合同总价包干的方式。

2.固定下浮率

工程总承包招标时通过竞争机制确定中标下浮率（即合同固定下浮率，合同总价为暂定价）。合同约定的结算原则是：实施过程中，工程总承包单位根据完成的且经发包人确认的设计文件编制项目概算，报政府部门审批，再以概算批复为计算基数（对应EPC招标范围），按合同下浮率计算结算合同总价，除工程总承包合同约定的合同调整情形外，此合同总价实行总价包干。

采用这种模式一般存在以下弊端：

（1）会给设计概算的政府审批带来困难和压力。

（2）承包人主导实施阶段的设计工作，投资控制风险加大，也不利于激励EPC承包人主动通过优化设计控制总投资。

（3）不能通过招标过程消除预算（或概算）编制误差，无法通过有效竞争降低施工措施性费用。

（4）材料设备无法或难以定价，监管存在较大难度和廉政风险。

若采用这种计价模式，应制定相应的后续定价机制，以减少定价过程产生的争议。

3.单位经济指标包干

可按建筑面积（或适当的其他单位）实行经济指标包干；也可区分专业工程，按建筑面积（或适当的其他单位）实行专业工程经济指标（或专业工程功能单位指标）包干。在建设规模、建设标准确定的前提下，这种计价方式也属于总价包干的一种形式。推荐在同一类项目的单位经济指标相对合理、稳定的情况下采用此方式，如住宅类项目。

采用此种方式时，应清晰地描述每一项经济指标所对应"计量单位"的定义和计算规则，避免产生歧义。如：单体建筑若按建筑面积经济指标包干，则所对应的建筑面积的定义及计算原则应予以明确，也可直接约定以《工程规划许可证》所标注的建筑面积，或竣工测绘报告计算的建筑面积。

4.全费用综合单价包干

对于某项单位工程，若其实际工程量具有较大不确定性，无法实行总价包干，而其全费用综合单价价格区间相对透明、稳定，则可采用全费用综合单价包干模式，如勘察费用、设计费用的计价。

采用此种方式时，应清晰地描述所采用"计量单位"的定义和计算规则，避免产生歧义。

5.模拟工程量清单报价

工程总承包招标时，前期设计文件无法达到满足编制国标工程量清单的深度，而根据工程经验采取模拟工程量的方式编制工程量清单，再通过招标投标获得相应清单报价（即固定合同综合单价），工程量按实计量，最终确定结算总价。

采用这种模式的缺点：

（1）模拟工程量具有较大的不确定性。

（2）存在不平衡报价的风险。

（3）承包人主导实施阶段的设计工作，投资控制风险加大；发生变更时材料设备无法或难以定价，监管存在较大难度和廉政风险。

此种计价方式建议谨慎选用。

综上所述，由于工程总承包合同承包范围包括勘察、设计、采购、施工、试运行（竣工验收）等全过程或若干阶段，对于不同的工作内容，所采用的计价方式也不同，既可以采用其中一种，也可以采用多种组合（即根据不同工作内容、不同专业选用不同方式）。

不论采用何种计价方式，还需注意以下事项：

（1）计价方式的选用原则：结算价尽可能只与工程建设规模、建设标准相关（建设规模及建设标准在招标文件中有明确约定），而与设计、实际工法及具体措施等不再挂钩，既可减少纠纷、方便结算，又有利于在保证发包人利益的前提下充分发挥EPC承包人优化设计的潜力和优势。

（2）招标投标环节应设置适当的价格竞争机制，通过招标投标过程消除预算编制误差，降低施工措施性费用，达到择优与合理确定投资相结合的目标。

（3）应对合同价格调整的约定进行研究分析，并清晰界定，明确合同双方的责任及义务，使投标人（承包人）充分了解作为承包人必须承担的风险并进行充分、合理地报价，同时避免执行过程中争议的发生。

编制招标文件时，首先应了解通用条件中关于合同价格调整的约定，再根据工程项目的实际情况及操作性进行分析研究，制定符合实际的合同价格调整策略（相对公平而又降低投资控制风险），并在合同专用条件中予以补充、完善或调整。

（4）明确工料机调差的选项，若选择允许调差，则应选择相应的调差方法，占比调差法或造价指数调差法。

（5）对于专业工程暂定价的设置应谨慎考虑，专业工程暂定价的最终定价方法应在合同条件中予以明确。

（6）明确工程总承包的具体范围，由于工程总承包单位所负责的设计、采购、施工等工作可能存在不一致，所以招标文件中应尽可能地具体明确设计、采购、施工及其他服务等工作的范围。采用预选招标成果（战略合作）的，也应明确告知。

（7）由于地下工程受地质条件影响，不确定性较大，因此对于地下工程（如桩基础、基础支护等），建议不纳入总价包干范围。

（8）基于工程总承包建管模式有不同于常规建管模式的特点及合同风险，招标人应根据项目实际编制相应的投标报价规定，使投标人能全面、准确地了解招标人的要求和承包人必须承担的各种风险，让投标人能充分、合理地报价。

5.3.6 发包人要求的编制

《发包人要求》是《住房和城乡建设部 市场监管总局关于印发建设项目工程总承包合同（示范文本）的通知》（建市〔2020〕96号）中明确的招标文件的主要内容。

《发包人要求》是整个合同中约定承包人合同义务的最重要文件，是发包人能够实现预期的合同目的的关键。相较于传统的施工承包合同而言，EPC工程总承包合同中，由于发包人通常不提供作为施工依据的设计文件，且对于承包人的承包工作过程监督和干预明显减少，发包人通过变更工程设计成果调整工程施工成果的可能性和可行性显著减少，最终的工程成果能否满足发包人预定的合同目的，取决于《发包人要求》是否精准。

《住房和城乡建设部 国家发展改革委关于印发房屋建筑和市政基础设施项目工程总承包管理办法的通知》（建市规〔2019〕12号）第二章第九条明确规定，建设单位应当根据招标项目的特点和需要编制工程总承包项目招标文件，主要包括以下内容：

（一）投标人须知；

（二）评标办法和标准；

（三）拟签订合同的主要条款；

（四）发包人要求，列明项目的目标、范围、设计和其他技术标准，包括对项目的内容、范围、规模、标准、功能、质量、安全、节约能源、生态环境保护、工期、验收等的明确要求；

（五）建设单位提供的资料和条件，包括发包前完成的水文地质、工程地质、地形等勘察资料，以及可行性研究报告、方案设计文件或者初步设计文件等；

（六）投标文件格式；

（七）要求投标人提交的其他材料。

《发包人要求》是随招标文件一起发布的合同主要条款的重要组成部分。2021年1月1日施行的《建设项目工程总承包合同示范文本》GF—2020—0216在第二部分"通用合同条件"1.1.1.1项明确规定，合同是指根据法律规定和合同当事人约定具有约束力的文件，构成合同的文件包括合同协议书、中标通知书（如果有）、投标函及其附录（如果有）、专用合同条件及其附件、通用合同条件、《发包人要求》、承包人建议书、价格清单以及双方约定的其他合同文件。

此外，该范本还在1.5项明确，除专用合同条件另有约定外，专用合同条件及《发包人要求》等附件的解释顺序优先于通用合同条件。

编制《发包人要求》是EPC项目发包前建设单位的重点工作之一。EPC项目招标一定要有一份完备的《发包人要求》，这是一项技术性、实践性都非常强的工作，涵盖EPC项目建设全过程，而且专业性强、涉及专业众多。

《发包人要求》的主要内容包括招标项目的目的、建设规模及功能、承包范围、设计原则、建设标准和技术要求、承包人所承担的风险，以及合同双方当事人约定对其所作的修改或补充。《发包人要求》是招标文件的有机构成部分，工程总承包合同签订后，也是合同文件的组成部分，对双方当事人具有法律约束力。因此，《发包人要求》应尽可能清晰准确，对于可以进行定量评估的工作，《发包人要求》不仅应明确规定其产能、功能、用途、质量、环境、安全等内容，并且要规定偏离的范围和计算方法，以及检验、试验、试运行的具体要求。对于承包人负责提供的有关设备和服务，对发包人人员进行培训和提供有关消耗品等，在《发包人要求》中应一并明确规定。

《发包人要求》通常包括但不限于以下内容：

（1）功能要求

①工程的目的。

②工程规模。

③性能保证指标（性能保证表）。

④产能保证指标。

（2）工程范围

①概述。

②包括的工作：永久工程的设计、采购、施工范围，临时工程的设计与施工范围，以及竣工验收、技术服务、培训、保修等工作范围。

③工作界区。

④发包人提供的现场条件：施工用电、施工用水和施工排水。

⑤发包人提供的技术文件。除另有批准外，承包人的工作需要遵照发包人的下列技术文件：发包人需求任务书、发包人已完成的设计文件。

（3）工艺安排或要求（如有）

（4）时间要求

①开始工作时间。

②设计完成时间。

③进度计划。

④竣工时间。

⑤缺陷责任期。

⑥其他时间要求。

（5）技术要求

①设计阶段和设计任务。

②设计标准和规范。

③技术标准和要求。

④质量标准。

⑤设计、施工和设备建造、试验（如有）。

⑥样品。

⑦发包人提供的其他条件，如发包人或其委托的第三人提供的设计、工艺包、用于试验检验的工器具等，以及据此对承包人提出的予以配套的要求。

（6）竣工试验

①第一阶段，如对单车试验等的要求，包括试验前准备。

②第二阶段，如对联动试车、投料试车等的要求，包括人员、设备、材料、燃料、电力、消耗品、工具等必要条件。

③第三阶段，如对性能测试及其他竣工试验的要求，包括产能指标、产品质量标准、运营指标、环保指标等。

（7）竣工验收

（8）竣工后试验（如有）

（9）文件要求

①设计文件及其相关审批、核准、备案要求。

②沟通计划。

③风险管理计划。

④竣工文件和工程的其他记录。

⑤操作和维修手册。

⑥其他承包人文件。

（10）工程项目管理规定

①质量。

②进度，包括里程碑进度计划（如果有）。

③支付。

④健康、安全与环境管理体系。

⑤沟通。

⑥变更。

（11）其他要求

①对承包人的主要人员资格要求。

②相关审批、核准和备案手续的办理。

③对项目建设单位人员的操作培训。

④分包。

⑤设备供应商。

⑥缺陷责任期的服务要求。

5.3.7　合同条件

选用适当的合同示范文本，并结合招标项目的具体情况做出必要的修改，针对性地补充、完善合同专用条款的有关约定，编制形成具体项目详细的、适用的招标文件及合同条款。

参考合同示范文本有：国际咨询工程师联合会（FIDIC）《设计采购施工（EPC）/交钥匙工程合同条件》《建设项目工程总承包合同示范文本》GF—2020—0216，《中华人民共和国标准设计施工总承包招标文件》（2012年版）等。

5.3.8　合同价格及付款

合同价格可由勘察费、设计费、建安工程费、设备及工器具购置费、专业工程暂估价、暂列金额等全部或若干部分费用组成。具体组成内容应在专用条款或协议书中明确约定，同时还应根据不同的费用组成分别确定相应的计价方式、合同价格调整约定（即结算原则）、付款时间安排、付款条件及比例（包括预付款、进度款、结算款、保修款等）。

5.3.9　评标委员会的组建

工程总承包招标评标由招标人依法组建的评标委员会负责，其评标委员会由招标人代表和有关专家组成。评标委员会人数为5人以上单数，其中技术（设计、勘察、施工）、经济（施工）等方面的专家不得少于成员总数的2/3。评标专家一般从专家库中随机抽取，抽取的专家须严格执行回避制度。

5.3.10　评标办法

工程总承包招标评标一般采用综合评估法。评审因素主要包括工程设计图纸、设计方案、设计理念、投标人及主要人员的业绩、建安工程投标报价、设备采购方案、施工组织实施方案、总承包组织管理方案等。其中建安工程投标报价、施工组织实施方案、设备采购方案和设计方案应作为主要评审因素，由评标委员会对投标人的工程总承包管理能力与履约能力、设计深化程度、深化设计是否符合招标需求的规定、编制的估算工程量清单是否较为详细、估算工程量清单与其深化的设计方案是否相匹配、投标单价是否合理等进行综合打分，确定总承包单位。

工程总承包项目的造价、工期、质量目标需要通过工程承包单位来实现，建设单位通过招标以及评标来选择能够达到这些目标的工程总承包商，而工程总承包商的技术水平、投标报价、管理水平等则是决定能否达到上述目标的关键。因此，工程总承包招标文件的评标要点主要集中在商务标评审、技术标评审、资信标评审这三方面。

工程总承包项目商务标评审要点应当根据具体项目计价方式而确定；技术评标要点，则不论工程类型，应当包含勘察、设计、采购、施工及全过程配合内容等。具体可参照表5-1所示设置。

技术标定性评审表

表5-1

序号	评审项目	评审内容/细则	备注
1	项目概况描述及理解	准确概述项目的工程特征、主要工程内容和工程现场条件等内容	要求自拟
2	总承包组织与管理		
	项目总承包组织与管理	项目总承包组织架构合理详细、分工清晰、机构精干完整，管理流程简洁高效	要求自拟
	项目总承包管理重难点分析及应对措施	对本项目总承包管理重难点的认识到位，处理及保证措施合理，对策有亮点	要求自拟
	项目总承包管理工作大纲	大纲具有针对性，对本工程的特殊情况和普遍情况剖析透彻，充分领会业主的建设意图，结合本单位的管理体系，真正起到指导项目管理工作的作用	要求自拟
3	工程勘察		
	总体勘察方案与组织管理	勘察方案思路清晰，有明确的组织架构和详细的管理流程	要求自拟
	勘察实施方案与计划	有较为详细的实施计划，实施计划整体合理可行，措施合理，与施工配合到位，能结合现状实际	要求自拟
	勘察重难点分析及应对措施	对项目勘察的重点难点分析准确，有针对性地提出简明扼要的应对措施，建议合理可行	要求自拟
	勘察方法与勘察成果	能够采用国际先进的勘察方法和原位测试技术，实现精细化的底层划分及底层空间变异性分析，勘察成果准确无误，参数分析合理	要求自拟
4	工程设计		
	设计管理方案	方案目标明确，有明确的组织架构和详细的管理流程，质量控制措施合理可行	要求自拟
	设计实施方案与计划	有较为详细的实施计划，实施计划整体合理可行，措施合理，与施工配合到位，能结合现状实际	要求自拟
	设计重难点分析及应对措施	对项目设计的重点难点分析准确，有简明扼要的应对措施，建议合理可行	要求自拟
5	材料设备采购		
	项目采购管理	项目采购计划明确，程序合理，合同管理规范、详细，采购成本控制措施有效	要求自拟
	重要材料及设备采购方案	采购计划周详，选择的材料及设备范围能够满足本项目要求	要求自拟

续表

序号	评审项目	评审内容/细则	备注
5	物资采购进度计划	采购进度计划合理，有具体的采购进度控制措施，能够满足工程实施的需要	要求自拟
	物资采购过程的质量监督与控制	采购质量监督体系完善，有具体的采购质量控制措施，各项物资的供货人及品种、技术要求、规格、数量满足工程要求	要求自拟
6	工程施工		
	项目总体施工组织方案	内容完整、全面，条理清晰，项目目标满足招标文件里程碑要求	要求自拟
	施工重难点分析及保证措施	对本项目施工重难点的认识到位，处理及保证措施合理，对策有亮点	要求自拟
	施工进度计划及保证措施	工期目标明确、进度周详合理，主要项目进度计划满足工程要求，保证措施合理适当，分项工程作业进度合理可行，表达清晰	要求自拟
	质量管理与保障措施	质量管理计划周详，保证体系完整，措施合理	要求自拟
	项目健康、安全、环境管理维护方案	具体措施体系完整，措施得当；对风险源的评估与识别有针对性的管理预防措施；应急方案完整，有针对性	要求自拟
	文明施工及环境保护措施	文明施工及环境保护措施得力，方案可行	要求自拟
	投资控制与保证措施	投资控制目标清晰，措施合理，经济可行	要求自拟
	施工人力配置方案	施工人力配置合理，现场施工人员管理有序	要求自拟
	施工主要机械与设备	主要设备数量、性能满足要求，进场安排合理；材料需求计划经济实用；劳动力计划与进度计划匹配，工种配置合理	要求自拟
	突发情况应急预案	应急预案计划周详，体系完整，措施合理，操作性强	要求自拟
	纠纷预防和处理机制	机制完整，组织合理，措施可行	要求自拟
7	工程配合		
	监管配合方案	对本工程各模式下监管配合的认识全面透彻，制定监管配合措施及方案，详细、具体、针对性强	要求自拟
	咨询单位配合方案	与工程咨询单位（技术咨询、工程监理、造价咨询）配合体系完整，措施合理，及时高效，满足施工需要	要求自拟
	第三方检测配合方案	配合体系完整，制度及措施详细合理	要求自拟
	竣工验收、结算配合方案	竣工验收与结算配合内容和配合方案合理	要求自拟

在评标时建议注意以下内容：

1.谨慎认定投标人的工程总承包管理能力与履约能力，如是否具有工程总承包管理需要的团队；工程总承包管理团队的主要人员是否具有较为丰富的，且与项目条件相似的工程管理经验；是否具备建筑行业企业诚信综合考评等级；投标人是否建立了与工程总承包管理业务相适应的组织机构、项目管理体系；投标人是否满足纳税的招标人的协议约定义务。投标人的整体实力和履约能力情况等。

2.投标人是否进行一定程度的设计深化，深化的设计是否符合招标需求的规定。

3.考核投标报价是否合理。主要考核投标人是否编制了较为详细的估算工程量清单，估算工程量清单与其深化的设计方案是否相匹配，投标单价是否合理。

如果投标人报价时只有单位指标造价，如每平方米造价、每延米造价等，或者只有单位工程合价、工程总价，则可能无法判断其投标报价是否合理，招标人在定标时可优先选择能判定为报价合理的投标人。

4.如果项目采用潜在投标人组成联合体的形式招标，允许设计、施工分别评审、评分。施工部分可以参照项目所在地的施工招标文件示范文本。

5.3.11　商务标

应根据工程总承包范围、计价方式选用、投标报价规定等情况，制定具体工程总承包项目的商务标格式。商务标格式主要包括：投标报价汇总表、各项工作内容的报价表（可按不同计价模式分别制定相应格式）、措施项目报价表、安全文明施工措施费报价表、不可竞争费用报价表、其他服务费用报价表等。

各项工作内容的报价，由招标人负责编制一级报价清单提供给投标人，是否需要投标人编报二级、三级报价明细（或价格构成分析）由招标人根据项目实际情况确定并在招标文件中予以明确。若有上述要求时，招标人应充分考虑其合理性分析、与投标技术标（设计文件）的匹配性、不平衡报价风险、后续应用等问题，并制定相应风险防范策略。

5.4　评标和定标管理要点

5.4.1　相关规定

根据《评标委员会和评标方法暂行规定》《工程建设项目施工招标投标办法》《工程建设项目货物招标投标办法》等规定，工程评标方法分为经评审的最低投标价法、综合评估法及法律法规允许的其他评标方法。

1.经评审的最低投标价法

根据经评审的最低投标价法，能够满足招标文件的实质性要求，并且经评审的最低投标价的投标，应当推荐为中标候选人。

经评审的最低投标价法一般适用于具有通用技术、性能标准或者招标人对其技术、性能没有特殊要求的招标项目。对于工程建设项目货物招标项目，根据《工程建设项目货物招标投标办法》规定，技术简单或技术规格、性能、制作工艺要求统一的货物，一般采用经评审的最低投标价法进行评标。技术复杂或技术规格、性能、制作工艺要求难以统一的货物，一般采用综合评估法进行评标。

2.综合评估法

根据综合评估法，最大限度地满足招标文件中规定的各项综合评价标准的投标，应当推荐为中标候选人。

需要注意，《房屋建筑和市政基础设施工程施工招标投标管理办法》规定，采用综合评估法的，应当对投标文件提出的工程质量、施工工期、投标价格、施工组织设计或者施工方案、投标人及项目经理业绩等，能否最大限度地满足招标文件中规定的各项要求和评价标准进行评审和比较。以评分方式进行评估的，对于各种评比奖项不得额外计分。

3.其他方法

《评标委员会和评标方法暂行规定》规定，评标方法还包括法律、行政法规允许的其他评标方法。事实上，对专业性较强的招标项目，相关行政监督部门也规定了其他评标方法。招标人在实际招标项目操作中，应注意结合使用。

5.4.2　定标方法分析

《住房和城乡建设部关于进一步加强房屋建筑和市政基础设施工程招标投标监管的指导意见》（建市规〔2019〕11号）的优化招标投标方法中指出"探索推进评定分离方法。招标人应科学制定评标定标方法，组建评标委员会，通过资格审查强化对投标人的信用状况和履约能力审查，围绕高质量发展要求优先考虑创新、绿色等评审因素。评标委员会对投标文件的技术、质量、安全、工期的控制能力等因素提供技术咨询建议，向招标人推荐合格的中标候选人。由招标人按照科学、民主决策原则，建立健全内部控制程序和决策约束机制，根据报价情况和技术咨询建议，择优确定中标人，实现招标投标过程的规范透明，结果的合法公正，依法依规接受监督。"

目前，评定分离是各地进行全过程工程咨询和工程总承包招标时探索采用的评标方式之一。

1.评定分离定义

评定分离是指招标投标工作中，招标人在招标文件中明确评审规则和定标规则，由依法组建的评标委员会根据评审规则向招标人提出书面报告并推荐合格的定标候选人，招标人根据定标规则从合格的定标候选人中确定中标候选人，经公示无异议后确定其为中标人。

2.评定分离的优势

评定分离将招标投标程序中的评标委员会评标与招标人定标作为相对独立的两个环节进行分离，改变评标专家对评标定标的决定性作用，突出招标人的定标权。

一方面，可以通过全面加强投标报价合理性分析、投标人成本评审、合理低价中标等节点监控，防止恶意低价中标，以提高项目建设效率和效益；另一方面，在定标前，要求招标人对定标候选人的投标文件或者服务方案等进行清标，通过清标核实中标人业绩是否真实，项目履约评价是否优良，报价是否合理、是否有不平衡报价，解决中标人业绩弄虚作假、中标人项目履约能力不足、专家评标履职不到位、报价风险把关不到位问题。

3.评定分离的方法

评定分离评标的方法，各地一般采用定性评审、定量评审或定性+定量评审的方式。

（1）定性评审是指评标委员会仅对投标文件是否满足招标文件实质性要求提出意见，指出各投标文件中的优点和存在的缺陷、签订合同前应当注意和澄清的事项等，择优推荐招标文件规定数量的定标候选人名单。

（2）定量评审是指评标委员会根据招标文件规定的评分细则，对投标文件中的各评审因素进行评审、比较、打分，并推荐定标候选人。

（3）定性+定量评审是指在评标因素中可设置部分定量评审项，在合格基础上评价其优良程度，作为推荐定标候选人的依据。

4.定标方法优缺点对比

根据项目特点，选择合理的定标方法是能否择优确定中标人的重要环节，定标方法更是重中之重。定标方法包括直接抽签定标法、价格竞争定标法、票决定标法、票决抽签定标法、集体议事法或招标文件规定的其他定标方法。定标方法的具体优缺点对比如表5-2所示。

定标方法优缺点对比一览表　　　　　　　　　　　　　　　　　　　　表5-2

名称	定义	优点	缺点	相关建议
直接抽签定标法	由招标人确定成交价格，投标人不竞价，在所有报名单位中，通过随机抽签方式确定中标人	简化定标程序、缩短时间周期、节省人力物力成本，不存在廉政风险	无法达成择优和竞价的效果	一般招标投标项目不建议采用直接抽签定标法
价格竞争定标法	以投标价格作为定标主要依据的方法，具体方法由招标人在招标文件中加以约定。该方法可以引申出多种定标方法，比如最低投标价法、次低价法、第N（事先约定的数字）低价法、平均值法等	招标程序较简单，有竞价	没有择优功能	一些小型工程或技术简单工程可以采用，但不建议采用可能引发恶性竞价的价格竞争法（如最低价法），平均值法或第N低价（在N取值较大时）中标价会相对合理一些
票决抽签定标法	票决抽签定标法是由招标人组建定标委员会，从进入票决程序的投标人中，以投票表决方式确定不少于3名投标人，以随机抽签方式确定中标人	既能够进行适当竞价（视招标人定标规则而定）、进行相对择优，又没有较大的廉政风险和廉政压力	视招标人不同情况而定，内控机制较好的招标人能够实现择优与竞价有机结合；缺乏内控机制的招标人，既不体现竞价，又有较大廉政风险	一般招标项目事先确定价格入围切线，再在入围投标人中进行择优。重大项目或技术复杂项目抬高价格入围切线，以择优为主
集体议事法	由招标人组建定标委员会进行集体商议，定标委员会成员各自发表意见，由定标委员会组长最终确定中标人。所有参加会议的定标委员会成员的意见应当作书面记录，并由定标委员会成员签字确认。采用集体议事法定标的，定标委员会组长应当由招标人的法定代表人或者主要负责人担任	招标人法定代表人或者主要负责人，个人有定标权，既可以是择优，也可以是竞价，还可以是择优与竞价的有机结合	招标人法定代表人或者主要负责人，个人廉政压力与廉政风险巨大	招标人如果没有完善的集体议事规则加以规避廉政风险、化解廉政压力，则不建议采用集体议事法
票决定标法	由招标人组建定标委员会，以直接票决或者逐轮票决等方式确定中标人	择优功能突出，具备一定的竞价功能（视招标人定标规则而定）	招标人主要负责人的廉政压力和定标委员的廉政风险较大	重大项目或技术复杂项目可以采用，一般项目慎用

5.4.3 定标因素研究

1.定标考察因素

在定标环节，招标人重点考察企业实力、企业信誉、拟派团队管理能力与水平，这些因素直接关系中标人中标后能否良好履约。

企业实力包括企业规模、行业排名（如有）、资质等级、专业技术人员规模、近几年营业额、利税额、财务状况、过往业绩（含业绩影响力、难易程度）等方面。

企业信誉包括获得各种荣誉、过往业绩履约情况、建设单位履约评价，同时应重点关注近几年的不良信息，包括建设行政主管部门作出的各种不良处罚、建设单位对该企业的不良行为记录、履约评价不合格记录以及其他失信记录。

拟派团队履约能力与履约水平考核方式，可以考察团队主要负责人过往业绩情况，还可通过笔试、面试等手段对团队主要负责人的工作能力、管理水平和职业操守进行考核。笔试、面试应事先制定工作方案，明确考核人员组成方式、考核项目、评定等级等事项。为确保可追溯性，建议面试工作在有录音、录像的场所进行。

各项考核动作要针对所有投标人统一进行，不宜针对部分投标人进行考核，以体现公平原则。

2.一般情况下择优的相对标准在同等条件下，有以下几个方面：

（1）资质高企业优于资质低企业。

（2）营业额大企业优于营业额小企业。

（3）知名度高企业优于知名度低企业。

（4）工程业绩技术复杂、难度大的企业优于工程业绩技术相对简单、难度较小的企业。

（5）履约评价好的企业优于履约评价差的企业。

（6）无不良行为记录企业优于有不良行为记录企业，不良行为记录较轻企业优于不良行为记录较重企业。

（7）已有履约记录且没有履约评价不合格的企业优先于没有履约的企业。

（8）获得国家级荣誉多企业优于获得荣誉少企业。

（9）行业排名靠前企业优于行业排名落后较多企业。

3.工程总承包一般采取定性评审、评定分离的招标方式，招标人在定标之前需做好以下准备工作：

（1）谨慎认定投标人的工程总承包管理能力与履约能力

①是否具有工程总承包管理需要的团队。

②工程总承包管理团队的主要人员是否具有较为丰富的工程管理经验。

③投标人是否建立了与工程总承包管理业务相适应的组织机构、项目管理体系。

④投标人的整体实力、财务状况和履约能力情况。

（2）投标人是否进行一定程度的设计深化，深化的设计是否符合招标需求的规定。

因此，在定标时应结合工程总承包投资及技术程度，选择与工程总承包项目相匹配的中标人。工程投资大且技术复杂的工程总承包项目，应当秉承"优中选低"原则，选择综合实力强且投标实施方案针对性强、投标报价合理的投标企业为中标人，反之，工程投资不大且技术不复杂的工程总承包项目，应当秉承"低中选优"原则，选择投标报价较低、投标实施方案针对性强的投标企业为中标人。

5.5 工程总承包项目招标采购的相关建议

5.5.1 启动工程总承包招标的建议

对于建筑工程而言，发包人通常对建筑方案设计的要求较高，调整的可能性较大。若在概念方案设计之后进行工程总承包招标，即方案未定的工程总承包时，将出现以下两种情形：

发包人（建设单位）前期工作准备不足，难以确定项目的建设规模、建设标准、投资限额、工程质量和进度要求。此种情形下，应当谨慎启动EPC工程总承包招标。原因如下：

一是，降低了方案设计（可行性研究报告）的独立性和客观性，因设计和施工捆绑的利益关系，承包人的过早介入，不利于潜在可行方案的研究比较，形成承包人利益最大化的设计方案，通过评审、专家论证、审批等程序虽然可以做出优化修改，但难以从根本上控制此类结构性风险；二是，加大了工程投资控制风险，发包时投资估算过粗，承包人主导项目前期工作，加上合同条款未能设置合理的总投资控制条款，不利于合理控制工程投资；三是，未能通过招标过程消除预算编制误差，不能通过有效竞争降低施工措施性费用。

发包人前期工作准备较好，已初步确定项目的建设规模、建设标准、投资限额、工程质量和进度要求。此种情形下，可以启动EPC工程总承包招标，但应当做好以下几点：

1.合理选用计价方式

根据前述章节分析，按照工程总承包模式启动阶段的不同，采用的合同计价方式推荐如下：

（1）项目自概算批复后启动工程总承包模式时，推荐采用总价合同的计价方式。

（2）项目自可行性研究报告（方案设计）确定后启动工程总承包模式时，推荐采用类似总价合同的指标单价合同，即根据实际的面积或长度，按指标（每平方米/米）进行工程所有施工费用或勘察、设计费包干。

（3）建筑工程自概念设计方案确定后启动工程总承包模式时，推荐采用类似总价合同的指标单价合同，即根据实际的面积或长度，按指标（每平方米/米）进行工程所有施工费用或勘察、设计费包干。

（4）拟工程量单价合同。即工程在招标时图纸尚未出具，招标人根据项目内容，事先模拟出工程量清单供投标人填报单价，最终依据投标人所报单价不变，按照实际的工程量进行结算。此类计价方式在一些工程量清单项目较小的工程中已得到应用，且审计过程中未发现异常问题。

2.合理控制招标周期、选用定标规则，倡导投标人合理竞争、充分竞争

对于方案未定的工程总承包招标，应在招标环节，给予投标人进行方案设计的充分时间（一般不得少于30天），定标时，投标人方案设计的优劣及报价应作为定标关键因素。

3.所有设备不建议甲供

所有设备不建议甲供，当发包人对设备质量要求较高时，可以在招标时提供至少3个参考品牌，供承包人选择，最终报发包人确定。

4.合理约定相关合同风险条款

对于方案未定的工程总承包招标，即使发包人招标前已初步确定项目的建设规模、建设标准、投资限额、工程质量和进度要求，实施过程中产生变更的可能性仍然较大，因此合同中"关于变更价款的确定"至关重要。变更应当遵循风险合理分担的原则进行约定，否则极易出现事后扯皮、项目管理难度加大的情形。

5.全面分析项目潜在合同风险，并根据工程总承包各方职责，合理分担。

5.5.2　关于设置投标人资格条件的建议

根据相关规定以及目前市场情况来看，工程总承包项目在招标策划时，应重点研究相关措施，以提高项目投标的吸引力，从而增强投标人之间的市场竞争，竞争的过程中也可将项目的相关风险暴露出来，并得到妥善解决。

在投标人资格条件设置时，建议鼓励具有与工程规模相应的设计或者施工资质的投标人单独投标，并允许中标后中标人仅承担自身资质许可范围内的工作，其他工作另行分包给具有相应资质的单位承担。

在设置投标条件时应结合工程类型特点及行业市场特点进行，有些项目可淡化资质管理，实行能力认可，在工程实施时回归资质管理，由有相应资质的单位分别承担设计、施工任务。针对不同工程类型的工程总承包，设置投标人资格条件时建议如下：

1.一般房屋建筑工程，建筑用地范围较小，地质条件相对比较稳定，且建筑行业市场上具有类似工程业绩的设计、施工企业较多，当建筑工程设计方案不复杂（如普通住宅）时，建议工程总承包以施工单位为主导，可以在设置投标人资格条件时，只设置施工总承包资质，并接受联合体投标，鼓励有设计、施工、开发商或其他项目管理单位参与投标，允许中标人在中标后将设计工作分包给具有相应资质或类似工程业绩比较好的单位承担（如部分方案设计单位为设计师事务所或团队，虽然类似工程业绩较多、较好，但极少参与工程总承包）。

2.对于设计方案比较复杂的房屋建筑工程（如医院、文化场馆、高等院校、体育会展馆等），可以在设置投标人资格条件时，只设置建筑工程设计资质，并接受联合体投标，鼓励有设计、施工、开发商或其他项目管理单位参与投标，允许中标人在中标后将施工工作分包给具有相应资质的单位承担。

3.对于普通住宅类项目（如保障房、工作坊、公寓等），考虑到房地产开发企业在建

筑工程市场的建设管理能力及市场影响力，设置工程总承包投标条件时，也可以鼓励房地产开发商联合具有设计或施工资质的单位参与投标。允许房地产开发商参与投标工程总承包的项目，需要给予开发商足够的利润吸引力。

4.对于城市基础配套工程（如城市快速路、高架路、轨道交通、水利工程等），虽然投资高、受地质条件和天气等自然条件影响比较大，但工程设计、施工市场比较成熟，且具有资质的企业较多。当工程范围大、工程地质复杂或包含特殊工艺设备时，工程总承包应以设计单位为主导，设置投标人资格条件时，可以只设置工程设计资质，并接受联合体投标，鼓励有设计、施工、开发商或其他项目管理单位参与投标，允许中标人在中标后将施工工作分包给具有相应资质的单位承担。

5.对于城市基础配套工程范围不大、工程地质不复杂、工程技术成熟、工程风险较小的项目（如污水处理厂、自来水供水、河道治理、城市或乡镇普通道路等），工程总承包可以以施工单位为主导，设置投标人资格条件时，只设置工程施工资质，并接受联合体投标，鼓励有设计、施工、开发商或其他项目管理单位参与投标，允许中标人在中标后将施工工作分包给具有相应资质的单位承担。

5.5.3　其他招标要点及建议

传统招标模式由招标人提供设计图纸和工程量清单，投标人按规定进行应标和报价，而EPC工程总承包招标时只提供概念设计（或方案设计）、建设规模和建设标准，不提供工程量清单，投标人需自行编制用于报价的清单，因此招标时应注意以下事项：

1.确定合理的招标时间和周期

常规施工总承包工程招标时，图纸及工程量清单齐全，投标人一般20天内可以完成投标文件编制；而方案设计招标时，通常给予投标人30天以上时间编制投标文件。

工程总承包招标时，应当结合工程总承包项目前期工作的细化程度，以及总承包工作范围合理设置招标周期，确保投标人有足够时间对招标文件进行仔细研究、核查招标人需求、进行必要的深化设计、风险评估和估算，给予投标人充分的时间编制投标文件，为项目充分竞争创造客观条件。

工程总承包自方案设计或可行性研究阶段启动时，特别是当项目工程技术复杂，或含有特殊工艺设备时，此类EPC工程招标周期应予以合理延长，建议设置为30～60天，给予投标人充分的时间去理解、消化招标文件，编制出技术方案更为科学合理、质量更高的投标文件，并能有充足时间核算成本，这样能增加项目吸引力，为项目的投标竞争创造条件。

工程总承包自初步设计或施工图设计阶段启动时，特别是当项目工程技术简单，且不包含特殊工艺设备时，此类EPC工程招标周期，建议设置为20～40天即可。

2.参照国际咨询工程师联合会（FIDIC）《设计采购施工（EPC）/交钥匙工程合同条件》与《生产设备和设计—施工合同条件》拟定合同条款。

3.改变工程项目管理模式，发包人对承包人的工作只进行有限的控制。一般不进行过程干预，而是在验收时严格按建设规模和建设标准进行验收，只有达到招标需求的工程才予以接收。

4.招标过程中，允许投标人就技术问题和商务条件与招标人进行磋商，达成一致后作为合同的组成部分。

5.工程款支付不宜采用传统的按实计量与支付方式，可采用按比例或按月度约定额度支付方式。

6.把控好合同风险。工程总承包项目因为建设单位将全部工程承包给承包商，并且不能过分干预承包商的工作，可能会造成承包商大幅度提高工程造价。这就需要建设单位在与承包商签订合同时认真分析合同条款，使建设单位的损失值降到最低。通常在工程总承包项目招标策划时，应当将合同风险，特别是影响合同价款的风险条款进行梳理，并按照风险合理分担的原则进行约定。工程总承包项目合同风险通常有以下几种：

（1）地质变化引起的合同风险。这类风险可大可小，通常应根据具体工程实际来确定。建筑工程范围较小，且前期勘察结果显示地质条件稳定时，可考虑将此类风险交由承包人承担。水利工程地质条件不够稳定时，不宜采用地下工程进行总价包干，将该项风险全部交由承包人承担，而应将地下工程采用模拟工程量清单的计价方式来进行结算。

（2）物价上涨引起的合同风险。工程总承包项目招标时，应充分评估工程中所用主要材料、设备的物价趋势，合理分担该类合同风险。当工程中某项主要材料、设备金额（如填海工程中海砂、建筑工程中钢筋）所占比例较大，特别是市场价格不稳定时，宜将此类合同风险交由发包人与承包人共同承担，可以考虑给予一定幅度的价格调差。当工程中某项主要材料、设备金额所占比例不大，且市场价格基本稳定或者对整体工程造价影响不大时，宜将该类合同风险全部交由承包人承担，减少后续价格调差的管理工作。

（3）工期风险。工程总承包项目招标时，应合理安排工程建设工期，实施期间，应尽量减少出现工期延长的情况。通常影响工程工期的原因主要有天气等自然条件、政府部门审批、征地拆迁、承包人设计失误等。一般征地拆迁、天气等自然条件、政府部门审批引起的工程延长风险由发包人承担，并根据延长的时间给予承包人相应的承包补偿。而因为承包人原因（设计失误等）导致的工程延长，应当视为合同违约，不但不允许工期延长，还应就此类违约情形设置相应处罚条款，对承包人予以合同违约处罚，以确保承包人按时履约。

（4）其他可能导致合同价款变化的合同风险。包括现场施工场地条件（涉及边防、机场等）、工程实施条件（交通、水电接驳、地下管线探测迁改等）、土石方外运、工程提前终止风险、工程外部协调工作（与交通、住建、发改、财政、海洋、民航等部门的报批报审）、工程结（决）算报批报审风险等。此类风险也应重点予以分析研究，并合理分担。风险分担通常采取"工作谁负责、风险谁承担"的原则，风险较小时，可以考虑交由承包人承担，并在投标时综合考虑，将费用包含在投标报价中。

第3篇

实施与验收移交阶段咨询与管理

　　本篇着重阐述工程总承包项目实施阶段的设计技术咨询与管理、BIM技术咨询与管理、工程造价咨询与管理、合约咨询与管理、信息与档案咨询与管理、竣工验收咨询与管理、项目后评估咨询与管理等工作内容、要点以及管理过程中容易出现的问题，并提出相应的管理策略和建议。

第6章 设计技术咨询与管理

住房和城乡建设部、国家发展改革委2019年12月23日联合发布《房屋建筑和市政基础设施项目工程总承包管理办法》，《办法》第六条指出"建设内容明确、技术方案成熟的项目，适宜采用工程总承包方式"；第七条指出"采用工程总承包方式的政府投资项目，原则上应当在初步设计审批完成后进行工程总承包项目发包"；第二十六条指出"建设单位和工程总承包单位应当加强设计、施工等环节管理，确保建设地点、建设规模、建设内容等符合项目审批、核准、备案要求"。上述三条内容对设计文件和设计管理都提出了相应的要求，可见，工程总承包项目的设计管理在整个工程实施过程中占据了非常重要的地位，其管理效果对工程目标的实现有着非常重要的影响。工程总承包单位对设计的管理是实施层面的管理，管理过程、管理质量、管理效果需要全过程工程咨询的监督与评价，全过程工程咨询的监督过程也是对设计技术的咨询管理过程。

6.1 设计技术咨询管理工作内容

工程总承包组织实施模式，能调动承包单位的主观能动性，发挥其先进管理经验，提高工作效率，为建设项目创造更多的效益。由于配套实施或指导文件不系统、不完善，不少项目在操作过程中，造成了承发包双方利益都受到损害的现象。全过程工程咨询方受发包方委托，设计管理咨询师除了对工程总承包实施的工程设计成果进行审查、监督和管理外，其服务内容还包括工程总承包内容之外的设计前期、设计需求调研、设计功能的确认等，利用其在管理、技术、法律和经验等的优势，通过预控与合同措施加之技术手段等，为承发包各方提供优质服务的同时，对建设工程项目的全方位实施提供有力保障。

6.1.1 前期阶段设计咨询管理工作

方案形成阶段是设计咨询管理最前期、最有价值的工作，是项目从无到有的阶段，主要工作包括：

1. 规划或规划设计（总体规划、专项规划、区域规划及行业规划、城市设计等）。

2. 项目投资机会研究（市场调研等）。

3. 项目策划（功能策划、定位策划、产业策划、产品策划、商业策划等）。

4. 立项咨询（项目建议书、可行性研究、项目申请和资金申请）。

5. 评估咨询（可研评估、节能评估、环境影响评估、安全评估、社会评估、水保评估等）。

6.项目实施策划。

7.报批报建和证照办理。

该阶段工程总承包一般不介入，全过程工程咨询单位在做好建设单位与方案设计单位（如有）沟通协调工作的同时，应充分发挥企业内外专家资源优势，依托以往业绩的大数据优势，为方案的形成提供合理化建议。

在这一阶段的设计管理中，全过程工程咨询单位必须确定建设单位的意图，帮助建设单位确定项目概念，对项目进行全面论证，编制项目可行性研究报告并通过审批。全过程工程咨询单位辅助建设单位先进行立项并获得管理部门的批准，与发展改革委、规划局、国土局、环保局、消防局等有关行政部门进行对接，建立相关对口工作平台。同时进行项目环境影响评价、灾害评估、地质勘察等工作，与相关咨询单位签订服务合同、建立合作关系。

6.1.2　施工图设计阶段设计咨询管理工作

目前实施的多数工程总承包项目，由方案设计单位将设计方案逐步细化到初步设计，用于现场施工的施工图多由工程总承包单位完成，此阶段是设计管理投入精力最多、成果价值最大的环节，主要工作包括：

1.辅助建设单位对设计单位或工程总承包单位招标。

2.设计进度管理。

3.限额设计管理。

4.设计质量管理。除了对设计图纸的合规性、可实施性审查外，还需重点审查是否满足任务书要求，是否贯彻方案设计的意图。尤其是工程总承包项目，需要避免设计细化过程中的功能改变、降低标准等问题。

5.设计变更管理。此阶段是建设单位需求更加明确，不断提出新的需求及变更的过程，全过程工程咨询单位的设计管理人员应牢记管理依据，审查各类变更的可行性、可实施性、避免对工期及造价产生影响。

工程总承包项目的施工图设计影响整个项目的进度、质量、安全、投资和项目品质等，是项目能否顺利实施的关键。全过程工程咨询单位有必要对深化过程中存在的设计问题和施工图内容进行清晰全面的认识和理解，并采取针对性的优化策略，为提高工程施工质量奠定良好的基础，并顺利高效地完成项目。

这一阶段，全过程工程咨询单位除自己组织审查外，还应对其他单位的审查意见进行汇总，并召开专题会议共同讨论，由专业设计师对施工图进行修改、完善，经确认后，形成正式的施工图。

施工图设计文件应正确、完整和详尽，并确定具体的定位和结构尺寸、构造措施，材料、质量标准、技术细节等，还应满足设备、材料的采购需求，满足各种非标准设备的制作需求，满足指导施工的需要。

从初步设计或施工图到编制工程量清单的阶段是图纸内容转化为工程总承包合同的阶段，虽然该阶段主要是由造价咨询人员主导，但同样需要设计管理工作，主要包括：

（1）参与各类承包内容或界面的划分。承包内容或工作界面合理划分能有效推进后期项目顺利开展，减少扯皮，例如总承包施工的专业与精装修、智能化、室外附属设施等专业发包进行界面划分时，需要设计管理人员提供技术支持与服务，保证界面划分的合理性。

（2）编标答疑及常见漏项的审查。在编标过程中，由于设计意图不清或相关参数不明而导致编标困难的，需要设计管理人员提供技术支持或协调联系设计单位人员沟通解决。此外，在工程量清单编制过程中，往往出现漏项的情况，设计管理人员需依据专业技术对常见的漏项给予重视。

6.1.3　施工阶段设计咨询管理工作

项目进入施工阶段后设计咨询管理工作一般包括：

1.材料设备管控：设计内容确定后，建筑产品的质量主要取决于材料设备。在实际项目实施过程中，由于图纸中未明确材料设备型号参数、图纸中的材料设备不能满足项目实际需求、材料设备不能及时采购等因素导致需要重新选择材料设备，设计管理需及时提供技术支持。

2.深化设计管理：深化设计管理需要促进原设计单位与深化设计单位之间的紧密配合，避免深化设计文件与原设计文件不交圈、深化设计擅自改变原设计思路及理念等对工程进度、质量、安全的影响，提高深化设计文件的质量。还需要明确深化设计文件的报审流程，明确各设计单位及深化设计审查单位的责任及配合要求，加快深化设计及审查审批效率，保证现场进度如期完成。

3.专项设计管理：除了常规的土建和安装之外，一些项目还有专项设计，如厨房工艺、体育工艺、医疗专项等。专项设计技术要求高，通常还有一定的技术壁垒，设计管理人员要做深入的专项学习才能判断专项设计是否合理，必要时还要借助专家和专项咨询团队的力量给出合理咨询意见。

4.现场变更管理：现场施工过程中难免因为原施工图纸和设计文件中所表达的设计内容与项目实际不符、使用单位需求改变、控制投资等原因产生设计变更，也包括施工单位因工艺变化、深化设计、材料代换、合理化建议等原因提出的工程变更。由于设计变更具有替代和否认原设计文件、施工图纸的效力，同时直接关系到工程进度、质量和投资控制，故规范设计单位及设计人员行为，加强设计变更的管理，对确保项目质量和工期，控制工程造价等有十分重要的意义。全过程的设计管理需要审核每一个变更的合理性，还需要制定详细的管理流程保证变更的合法性及可行性。

5.竣工图管理等：竣工图编制、审查涉及多家单位配合，设计管理需要明确竣工图编制主体、编制原则、编制方法等，还需要通过制度的建立和执行，保障竣工图的完整性、准确性、及时性等，为项目竣工做好准备。

在项目实施阶段的主要设计管理工作是监督和控制项目实施过程，以及管理不同参建单位提出的设计变更。设计管理工作的范围取决于设计工作的深度和可靠性。但是，由于EPC项目的复杂性及其环境限制，设计变更是不可避免的，即使设计存在于项目的早期，也无法避免在施工阶段进行设计变更。在项目的实际运作中，特别是某些"三边工程"中，项目的初步设计没有详细说明，导致在实施阶段频繁进行项目变更，或需进行深化设计、专项设计。设计变更对项目进度、项目质量、投资控制以及各种关系的协调具有重要影响，对项目成本管控起着至关重要的作用。

6.2　EPC模式与DBB模式中设计管理的对比分析

6.2.1　流程及优缺点对比

在传统的DBB（Design-Bid-Build，设计—招标—建造）模式下，设计控制扮演着连接前期决策的角色。在传统模式下，设计阶段主要由设计部门根据建设单位的项目要求执行。包括目的、功能和技术等，完成设计任务并确保协调投资、质量和进度三个主要目标，确保投资不超过项目在早期决策阶段获批的投资估算，使得质量符合国家和地方相关的标准规范规定，并且进度符合项目施工时间的既定要求。

DBB模式的优点主要是：参与项目的建设单位、设计单位、全过程工程咨询单位、工程施工总承包单位在合同的约定下行使各自的权利、履行各自的义务，这种模式的设计管理宗旨是期望通过明确划分项目参与各方的权、责、利来提高项目效益。

由于受利益目标和市场竞争的驱动，建设单位更愿意寻找技术过硬的全过程工程咨询单位组织项目设计管理工作，这种需求推动了咨询公司的形成和发展。由于长期而广泛地在世界各地采用DBB模式，经过大量工程实践的检验和修正，该模式的管理思想、组织模式、方法和技术都比较成熟，项目参与各方对该模式的运行程序都比较熟悉。

在该模式中，建设单位可以委托全过程工程咨询单位对项目的设计程序和质量要求进行控制，也可以选择工程监理的模式对项目的实施过程进行监督。

DBB模式的缺点主要是：该模式在项目管理方面的技术基础是按照线性顺序进行设计、招标、施工的管理，因建设周期长而导致投资成本容易失控；由于施工单位无法直接参与设计工作，设计的"可施工性"差，设计变更频繁，导致设计单位与施工单位之间关系比较复杂，设计与施工协调引发的争端容易使建设单位利益受损；并且建设单位的前期投入较高，项目周期长、需求不明确导致的频繁变更引起的索赔会产生较高的管理成本。这对建设单位所委托的全过程工程咨询单位的设计管理工作无疑是一种考验。设计管理在传统DBB模式下的架构图如图6-1所示。

在EPC（Engineering-Procurement-Construction，工程—采购—建设一体化）模式下，建设单位只是为项目提供"功能要求"，如预先设定的目标、规模和设计标准。将工程设计、采购、施工和试运行的整个过程移交给工程总承包单位，建设单位并不介入具体的工

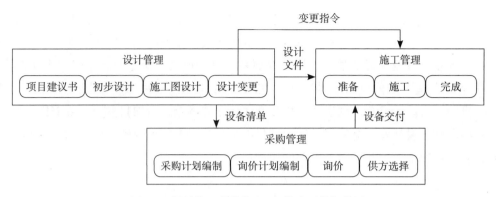

图 6-1 设计管理在传统 DBB 模式下的架构图

作。工程总承包单位负责执行、协调并整合资源，最后将满足要求的工程总承包项目提交给建设单位。EPC 总承包模式克服了传统 DBB 模式下设计与施工之间脱节的弊端。

EPC 总承包模式的优点：工程总承包单位负责整个项目的实施过程，不再以单独的分包商身份建设项目，有利于整个项目的统筹规划和协同运作，可以有效解决设计与施工的衔接问题、减少采购与施工的中间环节，顺利解决施工方案中的实用性、技术性、安全性之间的矛盾；为项目设计管理工作提高了效率，减少了协调工作量；同时减少了设计变更，缩短了工期。能够最大限度地发挥工程总承包单位的管理优势，实现工程项目设计任务的各项指标。

EPC 总承包模式缺点：建设单位主要是通过工程总承包合同对工程总承包单位进行监管，对工程的具体实施过程管控力度较低。工程总承包单位对整个项目的成本工期和质量负责，加大了工程总承包单位的风险，工程总承包单位为了降低风险获得更多的利润，可能通过调整设计方案来降低成本，从而影响建设项目长远意义上的质量。设计管理在 EPC 总承包模式下的架构图如图 6-2 所示。

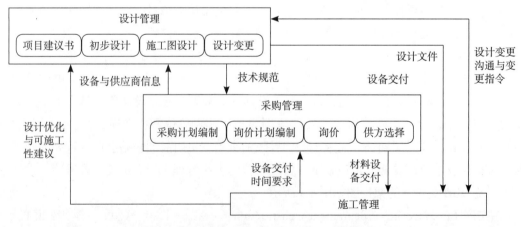

图 6-2 设计管理在 EPC 总承包模式下的架构图

6.2.2 设计管理工作内容对比

EPC总承包与DBB模式下的设计管理工作的差异性以及优劣势对比如表6-1所示。

工程总承包与DBB模式下的设计管理工作的差异性以及优劣势对比 表6-1

工作内容	EPC	DBB
委托方式	EPC总承包模式下，建设单位与工程总承包单位签订合同，工程总承包单位的设计依据合同规定开展，设计成果要符合合同中建设单位的要求及国家相关规范标准。若建设单位的要求超出合同要求，工程总承包单位可以申报变更	DBB模式下，设计单位受建设单位委托进行设计工作，设计单位对建设单位的要求和满意度负责，在这一模式下建设单位会对所有的设计成果进行审查，建设单位对设计过程提出的要求只要不超出国家强制性标准和有关设计规范，设计单位就必须无条件执行
设计服务范围	EPC总承包模式下，工程总承包单位需要设计出满足合同要求的设计成果，通常在总承包合同中说明工程项目整体的功能、规模、指标、设施设备的标准、性能、寿命、外观等，工程总承包单位提供的设计服务需达到上述要求	DBB模式下，设计服务的范围一般在委托合同内描述得很清楚，承包人所提供的设计成果需要建设单位审核并得到建设单位同意之后方可开展下一阶段工作
设计报审的重点	EPC总承包模式下，设计需要报审的重点有开展设计的前提根据与设计标准是否符合合同规定；设计功能是否符合关于总承包项目质量、工期和后期运营维护的规定等	DBB模式下，建设单位通常会对承包人过程中所有设计成果进行审查，建设单位对设计过程提出的要求只要不超出国家强制性标准和有关设计规范，设计单位就必须无条件执行
项目建设流程	项目建设全流程	主要在设计阶段
设计内容	EPC总承包单位既要按照国家及地方规范以及合同约定完成设计成果，也要从项目整体考虑兼顾采购与施工工作	按照相关规范和设计深度规定由建设单位委托专业设计机构开展设计文件的编制
设计管理流程	EPC总承包模式下兼顾设计、采购、施工阶段，阶段工作三位一体、相互交叉融合，设计工作贯穿项目开展全过程	DBB模式下的先设计后施工

通过对比分析，EPC总承包模式设计管理存在四方面管理难点：

1.对工程总承包单位的整体设计成果要求较高，因此对工程总承包单位的选择较苛刻。

2.需要明确的前期设计功能和标准定位，减少后期的争议及长时间的设计深化。

3.设计图纸不是一次成稿，而是施工过程中不断深化，需要对现场进度和设计进度进行有力的协调。

4.工程总承包模式中的合同设计工作范围广泛，不同部门工作交叉重叠，经常发生合同纠纷。

6.3 工程总承包项目设计管理工作思路及建议

6.3.1 工程总承包项目设计管理必要性

1.设计管理是工程总承包项目成本管控的重点

有效的设计管理需要协调各专业之间的设计内容，实现项目目标，提升竞争力。全过程工程咨询单位需将传统工艺和技术标准相互结合，形成相对标准化的设计管理制度，进而大大提升建设项目设计质量水平，有效节约成本。

设计作为建设项目全过程运作的龙头，设计管理工作对项目的成本管控起着至关重要的作用和意义。将"二八法则"运用到设计管理这一环节来研究，可以看出项目全生命周期内80%的成本和投资在项目初步设计阶段均已能确定（如图6-3所示）。

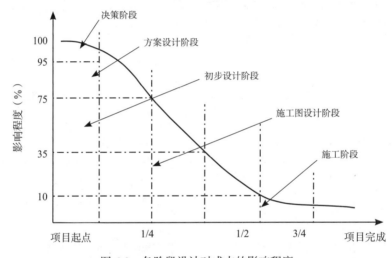

图 6-3　各阶段设计对成本的影响程度

制约工程总承包项目成功的三大核心点为：成本、进度、质量。从成本角度出发，加强设计管理使得管理成本减小，实现最大的收益；从进度角度出发，设计进度直接制约和影响着后期的采购、施工进度，对项目建设进度、周期起到决定作用；从质量角度出发，设计质量直接影响施工质量和后期的设计变更等。

2.设计管理是连接各阶段设计工作的纽带

在工程总承包项目管理中，首先从城市和区域的规划角度出发，对项目的选址、工程方案等工作进行管理；接下来由设计单位从专业设计的角度出发，将建设单位的需求转变成图纸；工程总承包单位在施工图设计阶段介入，负责项目的设计、采购、施工。各参建方都是针对某一阶段介入进行设计管理工作，而全过程工程咨询单位则是对项目从始至终进行全过程的设计管理，在这一工作中，每个阶段的工作不仅相互联系，而且相互重叠。全过程工程咨询单位的全方位、全过程设计管理工作对项目的成功至关重要。

3.设计管理是项目建成品质的有力保障

建设单位在投标阶段没有提供详细的蓝图，而是提供了预期项目规模和功能的抽象、非具体描述，因此工程总承包单位在设计过程中需要综合考虑项目的材料设备选用，尽可能预估项目工程量，避免工程量的大量偏差影响项目成本失控。如果估算工作量偏高则会影响投标价格升高，从而直接影响建设单位无法选择最佳工程总承包单位；如果估算的工作量较低，尽管招标价格下降，但项目的工作量将会有很大的变化，导致不可预见的成本和影响质量的风险。设计管理在前期可以有力地协助建设单位清晰定位，在图纸深化过程中把控设计质量和标准、施工过程中严控设计变更，各环节合力才可以有效地保障项目最终的建成品质。

4.设计管理是协调各方不同诉求的平台

一般来说，建设项目是一个庞大的系统，由人、物流、资本流动和信息流动组成。在工程总承包项目中，建设单位将所有参与者纳入设计管理工作之中，包括：设计单位、全过程工程咨询单位、工程总承包单位、供货商、监理单位、质检等部门。不同利益方会从自身角度出发以便达到企业的创收等，因此对各参建单位的协调工作十分关键，全过程工程咨询单位在进行管理时需要解决各方工作界面不协调等问题。

6.3.2　全过程工程咨询设计管理现状

全过程工程咨询模式下的咨询单位从不同阶段（如前期阶段、方案设计、初步设计、施工图设计等）介入，会造成设计咨询管理内容有较大差异。设计咨询管理工作贯穿项目全生命周期，介入越早，设计管理工作内容越复杂，对全过程工程咨询团队人员的业务技术能力要求越高，含金量也越高，为建设单位提供的咨询价值也越大。全过程工程咨询的设计管理更侧重于全局性管理，它的核心是提高设计价值，更体现各参建单位以及企业内部的协同工作，为建设单位进行设计管理服务。

如某项目总用地面积88566.64平方米，初步设计总建筑面积286745.09平方米，其中地上建筑面积149516.91平方米、地下建筑面积137228.18平方米；建筑高度45米，建筑层数为地上4层（局部5层）、地下2层，地上为商业用房、地下为车库与配套用房。项目由某国有企业投资建设，项目投资估算约30亿元。项目采用EPC工程建设总承包模式，发包方在工程设计概念方案完成后选定了工程总承包单位（即EPC总承包单位），工程监理单位与EPC总承包单位同步选定，项目管理单位在基坑施工基本完工后选定，也就是说全过程工程咨询服务模式采取了工程监理组合工程项目管理服务内容的形式。

该项目采取的是边设计、边审核的工程设计与管理模式，比如其结构施工图，按照地下室底板、地下室、地下室通道、地脚螺栓、地下室人防预埋件、上部主体、幕墙、电梯机房、造型屋面和主体钢结构深化（深化图60余批次）等，分批出图的批次数不胜数。发包方对于设计成果文件的管理组织包括自有的研发设计部、外委的设计顾问方和全过程工程咨询单位，针对项目的出图特点，设计文件审查实行"三审两会"制度。

所谓三审两会，即对项目每一批设计成果，相关单位审核一次即提交一版审查意见，意见提交EPC设计单位后组织第一次设计修改沟通会；随后设计单位组织修改提交第二版修改图，各方对修改图提交第二版复审意见，并再次召开评审会；设计方根据评审意见进行第三次修改，各方对第三版修改图组织审查，才算阶段性完成了这一部分的审图。这种管理方式战线长、频次高、节奏紧，同时管理各方还要在每一版图中发现新问题，尤其考验有关各方的耐心与洞察力，但是如此模式的精细化管理，特别是对类似本案例EPC实施模式的项目，的确需要如此一轮轮地梳理、澄清和完善，才能尽可能地消除设计隐患，不至于造成后续施工无法挽回的局面。

从上述案例可以看出，全过程工程咨询的项目管理服务内容中直接影响建设工程使用功能、项目投资和建设周期的设计管理工作，应该成为项目管理的重点工作之一。根据行业的现状和政策趋势，建筑工程服务正在迅速向综合、高端的工程咨询发展，对于工程咨询企业而言，设计管理业务的发展是帮助咨询企业从传统的、零散的管理服务迅速转型成为高端的、集成的管理服务的关键。

现阶段，全过程工程咨询单位设计管理水平有待加强，主要是缺乏对建设单位功能需求的理解和解决问题的能力，在项目进度压力和自身技术力量相对薄弱等因素的影响下，咨询企业常常不能坚持一些优化设计的咨询意见。因此，全过程工程咨询单位在整个过程中必须加强设计管理服务，从设计院、房地产公司、施工单位等招揽资深专家作为公司后台技术力量，通过以往业绩的大数据优势作为信息储备，建立一套具有组织管理技术的沟通协作系统，以协调建设单位、设计院、总承包单位、政府部门和其他相关技术部门之间的沟通交流，达到建设项目社会、环境、经济效益的平衡。

6.3.3 全过程工程咨询设计管理要点

1.设计管理贯穿建设项目的整个过程

设计管理更侧重于全局性管理，从项目决策、准备阶段、方案设计、施工图设计、施工阶段直至后期的运营移交，它的核心是提高设计价值。目前，大多数项目的内容在所有工作阶段都有重叠、交叉和衔接，如设计和投标阶段、设计和实施阶段等，因此，项目的设计管理是一个全面而完整的过程。

2.设计管理工作是实现工程总承包项目总体目标的准绳

工程总承包项目的设计管理是一种有效整合、管理和协调可利用的设计资源的活动，核心目的是为平衡项目"进度、质量、成本"三大目标，以实现项目设计功能、效果及成本的和谐统一。建设单位战略目标的实现控制于项目开发，执行于设计管理，项目层面的大需求可细化为设计管理服务的小需求，而设计管理层面小需求的满足会推动项目层面大需求的实现，进而促进建设单位战略目标的实现。因此设计管理应从整个项目系统出发，站在全生命周期角度协调总体与部分、部分与部分之间的关系，以实现项目整体功能最优。这需要分析和控制在项目之前实施期间可能出现的问题，以及有效的施工监督、确保项目的功能、技术和财务可行性以及确保项目总体上的协调。

3.建设单位对设计管理的潜在诉求全面且复杂

建设单位对设计管理的服务需求已经超越了单纯的成本服务，由于成本目标不是孤立的，它们只有与质量、进度、效率等目标相结合才有价值。故建设单位更希望全过程工程咨询单位通过设计管理，从成本控制向投资控制和价值工程等方面拓展，不仅仅通过降低建安成本，更是通过对项目进度的把控、效率的提高等实现建设项目的价值目标。如果说传统的咨询服务是"算术题"，主要手段是算量，那么设计管理就是"论述题"，即梳理项目需求和价值，通过管理建设项目的源头设计工作，从而为项目增值，实现建设单位的投资目标。

因此为了顺应建设单位需求，全过程工程咨询单位只有将多种技术叠加起来才会产生市场，例如工程造价咨询单位要从单一提供造价咨询服务转变为提供设计技术咨询与造价管理咨询相融合的咨询模式，将项目管控的触角前置，技术与经济相结合，从"被动的算量计价"转变为"主动的投资控制"，寻求技术和经济两方面的平衡，从而保证项目的价值最大化。

4.不同项目对设计管理的要求不尽相同

建设单位在不同项目中对设计管理的需求和重视度有所不同，如一般地产开发商对产品的标准化有较深入的研究，在如今对工期的极致压缩情况下，其重心可能放在以控制节奏保证运营的需求上；精品项目与快周转项目对目标需求的侧重点亦不同；而对于政府投资、学校、旧改等项目的建设单位，通常把重心放在质量的保证与评价上。

因此，如何兼顾质量、成本与工期的协调统一和最佳平衡，通过有效地管理选择最佳的设计方案、保证设计质量、控制设计变更，从而实现项目目标是建设单位面临的关键问题。因此全过程工程咨询单位摸清不同类型建设单位的"痛点"并充分发挥其价值帮助建设单位解决这些"痛点"，是呈现咨询服务的差异化、产生价值的关键契机。

5.设计管理是成本管控的抓手

设计对成本的影响极大，而全过程工程咨询单位的初衷与最终目标是成本，想要做好成本就必须介入设计。另外，如今在国家鼓励全过程工程咨询的背景下，设计、监理、造价公司都在进行业务的大改革，尝试向全过程工程咨询转型，而设计管理、设计咨询属于全过程咨询服务的重要内容。

6.严控设计变更是保障工程总承包项目投资管理的关键

以初步设计为依据的工程总承包模式，如果前期建设单位需求不明确，就会造成招标完成后项目建筑平面、功能进行多次修改，造成大量设计变更，导致施工图设计迟迟无法定稿，并无法完成图审工作，造成长时间施工没有施工蓝图现象，对施工工期和工程投资的控制都会造成较大的影响。

如某项目合同约定工程总承包单位虽不允许进行功能变更，但在实际建设中产生了大量的变更，变更涉及每个建筑单体以及各个专业，面对如此复杂的工程总承包项目，在招标文件约定不清楚的情况下，对变更的认定及造价的确定难度非常大，后期虽然成立了多部门的谈判小组，但对工程结算还是造成了较大的影响。

　　鉴于工程总承包与施工总承包招标条件、风险范围约定存在本质区别，所以对于工程变更方面也需重新研究设计，统筹分析承包合同风险范围、工程变更内容、计价模式特点等因素，实施过程中严格按照变更来源、变更责任和合同约定判别工程变更，根据工程变更管理办法开展变更审批。

　　工程变更调整严格按照承包合同约定的相关规定执行，无审批不变更。

　　工程总承包单位对设计施工图的完整性、准确性负责，不得以建设单位对施工图的确认免除责任，如因工程总承包单位导致的设计错误、遗漏、考虑不周以及施工原因等产生的调整、变更均不增加总造价、总工期等。

　　未按招标范围（施工图）和合同约定的交付标准及要求进行施工的减少部分应进行变更取消，并在结算时应予以扣除。

　　如某工程总承包项目对设计变更的约定为：建设单位发出的招标范围之外的规模性、功能性或标准的变更，涉及的费用按照批复的初步设计、施工图为界面，根据合同约定口径进行费用核调。工程总承包合同确立后所发生的下列调整，应按规定办理变更手续：

　　（1）因国家法律法规政策变化引起的合同价格调整。

　　（2）改变合同约定建设规模、建设标准、功能要求、质量标准、建设工期或指挥部提出增加合同外工程、服务等引起的合同价格调整。

　　（3）不可预见的地质条件发生重大变化造成的设计方案、施工工艺、施工组织等引起的合同价格调整。

　　（4）其他不可抗力所造成的合同价格调整。该项目涉及的变更主要有以下方面，具体如表6-2所示。

某项目涉及的部分变更情况一览表　　　　　　　　　　　　　　表6-2

序号	变更名称	变更内容	变更类型	确认时间	审核意见
1	建筑面积的调整	因风洞、水洞专业性强，校方选择在EPC工程完成后择期立项	重大变更	2021年11月	按审核概算扣除，下浮按合同约定
2	新增危化品仓库	化学试剂及废液中转库建设方案明确，在校内增加甲类危化品仓库	重大变更	2021年11月	按实物工程量计取，计价口径按合同约定
3	建筑层高的调整	优化公共中心组团和学院组团平面和功能布局，导致局部楼层建筑层高改变	重大变更	2021年11月	按高差计算实物工程量差部分，计价口径按合同约定
4	人行桥改车行桥	为满足学校主大门通行需要，将6号人行桥改为车行桥	重大变更	2021年4月	扣除审核概算中人行桥内容，按最新车行桥实物工程量计算，计价口径按合同约定
5	超算机房的调整	为满足智慧校园建设要求，需提升信息机房和网络中心链路的建设标准	重大变更	2021年11月	工程量根据最终图审深化图纸计算，单价按合同约定计取
6	网络设备的调整				

序号	变更名称	变更内容	变更类型	确认时间	审核意见
7	平面功能的调整	为满足实验室和重要库房的建设要求,增加实验室的给排水设施,改善库房的储存条件	重大变更	2021年7月	细水雾、恒温恒湿、实验室增加上下水及配电按施工图纸计算;地下仓库等变更为有空调的功能房间,因较难拆分工程量,建议按平方指标计算
8	办公室及会议室调整为智能门锁	为方便校园智能化管理,考虑到办公室及会议室涉及安保、保密等需要,办公室、会议室调整为智能门锁	较大变更	2021年11月	最终图审深化图纸按实物工程量计算,材料价格按询价价差计取
9	增加绿化铺装等内容的调整	因风洞、水洞专业性强,校方选择在EPC工程完成后择期立项,为满足现场实际要求增加绿化铺装等内容	较大变更	2021年11月	根据最终图审深化图纸,按实物工程量计取,只增加原建筑物区域内施工内容,计价口径按合同约定

如该项目全过程工作咨询项目管理部对工程总承包单位智能建筑分包单位提交的《本EPC项目智能化专业汇报方案》进行审查时发现方案文件说明与概算清单不符,如智慧水务、智慧消防、实验室管理系统、时钟系统等;通过对智慧路灯、智慧窨井数量进一步核实,发现概算中的数量偏少等。

全过程工程咨询单位按照项目"智慧校园"的建设理念,从智慧创新利用率、智慧校园建设功能性、智慧管理标准化、工程建设资金使用最佳的角度,对项目智能化专业设计方案进行了多方面分析并提出了专业建议,在之后的项目实施中取得了良好成效。

6.3.4 工程总承包模式下的设计管理工作思路及建议

1. 明确管理依据,把控设计质量

工程总承包模式下,承包方交付的成果满足建设单位要求即视为完成合同义务。因此全过程工程管理的主要依据为发包人要求及承包人的承诺。设计管理工作的依据除国家规范、技术标准外,主要包括:设计任务书、招标文件、投标文件及合同。若设计任务书及其他管理依据对技术标准、使用功能需求约定不够明确,可依据约定详细程度,分三种情况处理:

(1)若约定了详细的技术参数、品牌标准,重点审查设计文件是否严格按照约定执行。

(2)若仅约定了使用功能需求,未约定技术参数的,设计管理人员应根据设计文件判断是否满足使用功能需求,并提出优化建议,部分功能需征询各使用单位意见。

(3)若技术参数及使用功能需求均未约定的,按照设计标准规范审查设计文件,确保满足国家规范标准要求。

依据以上的总体管控思路,对施工图设计成果进行了审查,提供审查意见及优化建议,既严格管控设计依据,又充分保障EPC总承包设计师的发挥空间。

2.合理管控设计优化，发挥设计的主导作用

工程总承包模式下，设计优化的管控是设计管理的难点，尤其是固定总价条件下。

（1）需明确设计优化与设计深化的区别。设计深化是设计意图不改变的情况下，对图纸进行更为详细的表达；而设计优化是在满足规范与使用功能的前提下，为了节约成本、提高性能、便于施工等目的的设计调整。

（2）把控设计优化的必要性与合理性。设计管理需对EPC总承包方的设计优化提供咨询意见，重点审查设计优化的必要性及合理性，同时还要兼顾设计师的发挥空间，发挥设计的主导作用。

（3）就设计优化问题辅助造价咨询。设计优化会引起工程量及造价的改变，设计管理需对引起设计优化的原因、标准的升降、项目计价模式及合同约定等因素综合判断，辅助造价咨询完成设计变更的计算。

3.设计管理应重视规范的全面性

规范是设计管理的法定依据，也是设计管理的底线，设计文件必须满足国家标准规范。对于行业及推荐性规范，往往容易忽视。各类行业及推荐性规范是行业在建设及使用过程中具有针对性的经验总结，对项目品质保障及后期运营使用具有较好的指导作用，全过程工程咨询设计管理需以产品目标为导向，重视后期运营使用，需加强此类规范的理解与把控。

4.设计管理需考虑现场的可实施性

解决设计与施工脱节的矛盾是EPC总承包的一大优势，在设计管理过程中应充分考虑设计成果的可实施性，提出便于施工的优化建议。

5.设计管理应充分考虑后期运营维护

运营维护是全过程工程咨询的重要组成，是项目品质的重要体现。在设计管理过程中应从设计技术、材料设备选择、后期运营使用等角度提供咨询建议。例如空调水管采用两管制系统，为了避免冬夏季冷热水切换引起的热胀冷缩导致阀门漏水，建议采用阀芯为青铜的阀门。

第7章 BIM技术咨询与管理

BIM技术应用，可以协助解决设计阶段的图纸问题，控制设计缺陷，减少设计变更；在施工阶段利用BIM技术，可以优化场地布局、优化工程进度、专业设计深化协同，减少现场签证和变更，节约工程造价等。由于工程总承包模式的特殊性，全过程工程咨询单位需要利用其咨询与管理服务优势，在设计、建造、运维等全生命周期内充分发挥BIM技术作用，为项目提质增效。

7.1 各阶段咨询与管理服务内容

工程总承包模式中，各承包单位的工作内容、工作目标与传统承包模式有明显的不同，BIM技术应用虽然存在于项目实施的各个阶段，但每个阶段的成果深度与覆盖面需要认真把控，全过程工程咨询的BIM技术人员要结合各阶段的特点梳理出每个阶段的咨询与管理重点，做到全面布控、全程把控。

7.1.1 策划阶段

1.项目资料接收及分析

BIM技术咨询与管理团队进场后，及时与建设单位进行沟通，提交项目BIM服务提资清单至建设单位，协助建设单位提供与项目相关的各类工程资料，方便BIM技术人员熟悉项目和工作策划。

项目资料至少应包括：项目可行性研究报告及批复、物探及地质勘察报告、环评报告及环评批复、红线图、概算及整体投资计划、工程整体工作进度计划；根据不同服务类型的项目及不同介入时间，还可要求提供工程招标方案、设计图纸、各参建单位合同等。

2.项目整体策划构思

在接收项目相关工程资料后，结合BIM技术咨询管理服务约定及建设单位相关需求等，对项目BIM服务工作进行整体构思策划，明确项目阶段各项工作内容并进行工作包分解，创建任务跟踪表，辅助策划阶段各项工作的管理。

3.确定项目BIM服务目标

根据项目整体构思策划，确定项目BIM服务的整体目标和子目标，并确定针对性的服务措施。

4.组建项目BIM技术团队

BIM技术负责人在项目策划阶段负责确定项目BIM技术团队组织、岗位资格及组织结构；组织形式和团队规模应根据BIM合同规定的服务内容、服务期限、项目类别、规模、技术复杂程度、工作环境等因素确定；团队中可以包括项目负责人、BIM技术工程师等各级人员，必要时可配备BIM协同平台管理员等；人员数量配备应符合项目规模特点、咨询合同（包括投标承诺）和政府部门的有关要求。

5.各参建单位对接

在项目策划阶段应与项目各参建单位进行对接，明确各单位的BIM对接负责人及通信联系机制，了解各参建单位的主要工作内容和BIM应用基础情况。

6.BIM总体服务计划

根据项目整体策划内容和项目BIM服务目标，组织项目BIM团队编制项目BIM总体服务计划，明确整体BIM工作内容、BIM专项工作内容和整体BIM工作进度计划安排，规定阶段性和最终BIM交付成果的形式、时间和内容要求。

7.项目调研

组织项目BIM团队开展针对建设单位及项目各参建单位的调研工作，对项目BIM需求、BIM智慧咨询平台需求及各单位情况进行更加详细地了解。项目调研工作应包括：调研方案编制、调研问题编制以及现场调研工作。其中，调研方案应明确本项目调研对象、调研时间安排和调研方式。

8.项目调研成果整合及分析

在项目调研工作结束后，组织项目BIM团队对项目调研成果进行整合并编制调研报告，调研报告中应包括对项目调研成果的分析，项目整体BIM服务实施规划应建立在项目调研成果的分析基础上，以使整体BIM服务实施规划更具有针对性和落地性。

9.BIM软硬件配置

根据项目实际需求，组织项目各参建单位BIM团队配置符合项目实施要求所必需的各类硬件（移动工作站、台式工作站等）、BIM软件（根据项目实际需求确定），以保障项目各项BIM工作的有效开展。

10.项目组织设计

根据项目实际情况和项目总体BIM服务计划，对项目各参建单位BIM团队进行项目组织设计，明确项目成员岗位、职责和具体工作内容，使所有项目团队成员充分了解各自的工作任务和工作内容。

11.制定BIM管理制度

制定相应的管理办法和规章制度，作为项目实施过程中项目各参建单位BIM团队管理和BIM工作管理的依据。

12.制定BIM服务管理方案

综合BIM总体工作计划、BIM软件配置、项目组织设计、制定BIM管理制度的工作成果，整合形成项目BIM服务管理方案，详细阐述全过程BIM服务的内部管理，包括项目各参建单位BIM团队人员配置、管理机制、BIM软硬件配置等内容。同时，方案中还应详细描述服务启动、服务实施与过程控制、成果交付以及服务文件控制等各项BIM应用工作的工作内容、流程和管理办法，作为全过程BIM服务项目参考性文件。

13.项目BIM团队交底

BIM管理方案经审批通过后，项目负责人应组织项目各参建单位团队就BIM服务管理方案进行交底和宣贯，保证所有项目团队成员都能够充分理解，为全过程BIM服务项目的实施奠定基础。

14.项目BIM管理体系建设

BIM管理体系建设包括但不限于：服务整体组织架构、整体实施管理机制、各参建单位职责及工作要求、工作流程、项目会议机制、项目整体沟通协调机制等内容。

15.项目标准文件编制

包括但不限于：BIM建模及交付标准、BIM应用指南、BIM模型交付标准等。

16.BIM管理实施方案

综合项目BIM管理体系建设和项目标准文件编制的工作成果，结合项目实际特点，编制项目BIM管理实施方案，主要包括但不限于以下内容：

（1）详细定义项目BIM应用实施组织方式（包括基于BIM技术的协同方法等）、应用模式、BIM应用点和要求。

（2）详细定义工程建设不同阶段BIM应用方案。

（3）详细定义不同阶段应用点的交付成果、交付时间及其要求（包括模型深度和数据内容等）。

（4）详细定义工程信息和数据管理方案（包括管理组织中的角色和职责等）。

（5）详细定义BIM建模、应用和协同管理的软件选型，以及相应的硬件配置。

BIM服务实施方案主要针对工程总承包项目建设全生命周期BIM应用的实施组织方式进行编制，需要突出工程总承包项目特点；若涉及运营阶段BIM应用的方案宜按照运营管理要求单独编制。对于运营阶段模型的数据内容和深度要求，宜尽早写入项目建设过程的BIM服务实施方案，以减少运营阶段建筑信息模型调整和需要补充的工作量。

承包商BIM应用或阶段性BIM应用等可参照编制相应的BIM专项实施方案。

17.建设单位审批确认

BIM服务总体规划文件编制完成后应先由内部审核，再交由建设单位进行审定，根据建设单位的意见进行相应地修改和完善，最终由建设单位出具正式的确认函予以确认。

18.各单位交底与宣贯

BIM服务规划文件由建设单位确认后，应组织各参建单位进行BIM实施方案的整体交底与宣贯工作，保证各参建单位充分理解项目BIM各项工作要求。

7.1.2　设计阶段

1.与工程总承包的设计方和非工程总承包的设计方（统称"设计单位"）沟通对接工程

总承包项目的设计阶段，设计单位的参与有多种形式：

（1）方案设计+工程总承包（含初步设计、施工图设计、专项设计、深化设计等）。

（2）方案设计、初步设计+工程总承包（含施工图设计、专项设计、深化设计等）。

（3）方案设计、部分初步设计（如建筑初步设计）+工程总承包（含部分初步设计、施工图设计、专项设计、深化设计等）。

（4）方案设计、初步设计、施工图设计+工程总承包（含专项设计、深化设计等）。

设计阶段BIM技术咨询与管理一般应涵盖所有设计内容，其中施工图设计阶段是BIM技术咨询与管理的主要内容。在项目初期，应与设计单位进行充分的沟通和对接，内容包括：

（1）接收设计任务书、初设方案、设计图纸等设计资料。

（2）明确设计阶段BIM应用目标。

（3）确定设计单位BIM负责人。

（4）明确设计阶段项目BIM标准。

2.设计阶段BIM实施细则

结合设计单位设计合同、项目BIM服务实施方案和与设计单位沟通的结果，编制项目设计阶段BIM实施细则，详细定义设计阶段BIM模型标准要求、具体BIM应用点、应用组织架构、设计阶段管理机制、预期成果和成果要求等内容作为设计阶段BIM工作导则，管理设计阶段各项BIM工作的开展。

3.初步设计及施工图设计BIM模型审核

在初步设计阶段和施工图设计阶段，应根据实施细则中的模型要求，对设计单位提交的BIM模型进行审核，审核方法、审核原则、审核内容应采用清单销项方式开展。

4.施工图设计BIM模型碰撞检测

基于各专业模型应用BIM软件检查施工图设计阶段的碰撞，完成施工图范围内机电专业与建筑、结构专业在平面布置和竖向高程方面的协调性检查工作。

基于施工图设计BIM模型的碰撞检测的工作流程为：

（1）收集数据，并确保数据的准确性。

（2）整合建筑、结构、给排水、暖通、电气等专业模型，形成整合的建筑信息模型。

（3）设定冲突检测的基本原则，检查BIM模型中的冲突和碰撞。编写碰撞检测报告，提交建设单位确认后由设计单位开展管线综合并调整模型。其中，一般性调整或节点的设计优化等工作，由设计单位修改优化；较大变更或变更量较大时，可由建设单位协调后确定优化调整方案。

（4）指导设计单位根据检测报告调整模型，确保各个专业间的碰撞问题得到解决。

详细工作流程见图7-1。

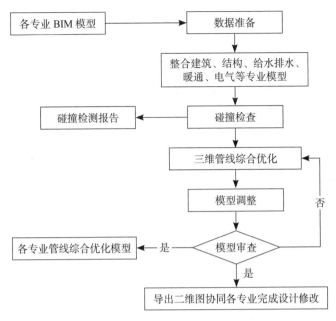

图 7-1　工作流程详图

7.1.3　施工阶段

1. 与工程总承包单位、分包单位沟通和对接

施工阶段BIM技术咨询与管理服务主要涵盖施工准备阶段和施工实施阶段，是项目全过程BIM服务中时间周期最长、工作内容最多的阶段。在施工准备阶段应当与工程总承包单位、分包单位进行充分的沟通和对接，主要内容包括：

（1）施工模型创建要求和模型管理机制。

（2）基于BIM技术的交底。

（3）施工阶段组织管理机制等。

2. 施工阶段BIM技术咨询与管理实施细则

结合工程总承包单位和分包单位合同、项目BIM实施方案和与其沟通的结果，编制项目施工阶段BIM技术咨询与管理实施细则，内容涵盖施工准备阶段和施工实施阶段的BIM模型标准要求、具体BIM应用点、应用组织架构、施工阶段管理机制、预期成果和成果要求等内容，作为施工阶段BIM工作导则，管理施工阶段各项BIM工作的开展。

3. 施工深化BIM模型审核

在施工深化阶段，应根据实施细则中的模型要求，对施工单位或专业分包提交的BIM模型进行审核，审核方法、审核原则、审核内容应采用清单销项模式开展。

4. 施工BIM模型应用

BIM模型应用组织、应用流程及成果输出要求应采用清单销项模式开展。

5. 竣工模型整合和交付

根据项目变更和竣工验收情况，指导和督促施工单位及专业分包单位维护各专业BIM

模型（含施工信息和数据录入），以保证模型与工程实体的一致性和信息资料的完整性。

在此基础上，检查确保模型与竣工图保持一致，对于不合格的模型和应用，明确不合格的情况、出具整改意见和整改时间，监督各方整改直至符合要求。负责整合BIM基础模型及竣工模型为最终竣工BIM模型，以满足交付及运营基本要求。

7.1.4　运营阶段BIM技术咨询与管理内容

1.运营单位沟通与对接

与项目运营单位进行沟通和对接，了解项目运维需求和既有信息化情况，充分利用竣工交付模型，搭建智能运维管理平台，开展运营阶段的各项BIM应用工作。

2.运营管理方案策划

运营管理方案宜在项目竣工交付和项目试运行期间制定，由建设单位运营管理部门、专业咨询服务商、运维管理软件供应商参与共同制定，须经详尽的需求分析、功能分析与可行性分析。

（1）需求分析：通过调研明确管理需求及管理目标，调研对象主要包括主管领导、管理团队和使用者。

（2）功能分析：在需求分析基础上进行功能分析，梳理不同对象的功能性模块和支持运维应用的非功能性模块，如角色、管理权限等。

（3）可行性分析：分析功能实现所具备的前提条件，尤其是需要集成进入运维系统的智能弱电等其他管理系统或者嵌入式设备的接口开放性。

3.运维管理系统搭建

在运营管理方案的总体框架下，运维管理系统宜利用或集成建设单位既有的设施管理软件的功能和数据，同时充分考虑利用互联网、物联网和移动端的应用。搭建方式一般分为两类：

（1）专业软件供应商开发。选择专业软件供应商提供的运维平台，并在此基础上进行功能性定制开发；

（2）BIM服务单位自行开发。结合既有三维图形软件或BIM软件，在此基础上集成数据库进行开发。

两种方式的侧重点区别如下：

①专业软件供应商开发。应侧重于平台服务的可持续性、数据安全性、功能模块的适用性、BIM数据的信息传递与共享方式、平台的接口开放性、与既有物业设施系统结合的可行性等。

②BIM服务单位自行开发。应侧重于三维图形软件或BIM软件的稳定性、既有功能对运维管理系统的支撑能力、软件提供API等数据接口的全面性，以及运维模型与运维管理系统之间BIM数据传递质量和传递方式等。

4.运维模型创建

应基于对竣工模型和数据的重组，即对竣工模型进行施工信息删减、建筑信息补充以及运维信息添加，降低不同阶段之间的耦合度。主要工作包括：

（1）建立运维BIM模型深度标准。

（2）建立系统结构树及设施设备分类编码。

（3）空间划分，对机电设备、资产等相应数据进行删减和重组，形成运维管理模型。

（4）运营模型轻量化处理。

7.2　工作制度与工作流程

7.2.1　工作制度

1.明确实施组织方式

按照实施的主体不同分为：建设单位BIM和承包商BIM。建设单位BIM是指建设单位为完成项目建设与管理，自行或委托第三方机构（有能力的设计、施工或咨询单位）应用BIM技术，通过项目全过程管理，有效实现项目的建设目标。承包商BIM是指设计、施工和咨询单位为完成自身承接的项目，自行实施应用BIM技术，承包商同时实施项目设计、施工或管理。

模型应用的实施主体应根据项目实际情况确定。通过对BIM技术应用价值分析，最佳方式是建设单位BIM。由建设单位主导、各参建单位在项目全生命周期协同应用BIM技术，可以充分发挥BIM技术的最大效益和价值。

2.明确BIM应用模式

（1）BIM技术应用模式根据阶段不同，一般分为以下两种：

①全生命周期应用。方案设计、初步设计、施工图设计、施工准备、施工实施、运维的全生命周期BIM技术应用。

②阶段性应用。选择方案设计、初步设计、施工图设计、施工准备、施工实施、运维的某一阶段或者部分阶段应用BIM技术。

（2）不同应用模式应当按照应用的需求，建立符合相应模型深度的建筑信息模型，建筑项目各阶段的模型深度应符合项目制定的模型深度标准。

（3）鼓励根据工程项目实际情况合理增加其他应用内容。

3.各单位的工作界面划分

BIM技术服务的各阶段实施与应用主要由全过程工程咨询单位牵头落实、过程管理、成果审核，由建设单位审批、EPC总承包单位实施。工程项目BIM技术应用实施前，应结合已有资源，对实施进行详细的总体性规划，形成文本。应在给定的资源范围内清晰理解项目BIM应用实施目标，有效分配各种资源。BIM应用根据项目所处阶段和预期达到的目标，由整体应用策划进行规划和部署，通过合同的方式进行相关各方的约束。

总体应用策划制定前应组建BIM工作组，成员宜包括各级管理层代表和技术人员代表。BIM工作组的职责应符合以下要求：

（1）高层管理层代表：负责确定项目BIM总体方向，有效整合企业内部资源，对BIM实施给予决策支持，对BIM实施过程进行监督和控制。

（2）中层管理层代表：负责对BIM应用策划提出需求和建议，管理各自部门内BIM工作的开展，落实相关工作要求。

（3）技术人员代表：负责BIM规划的直接执行，推动和实施BIM技术与流程。

项目BIM技术应用实施策划前，应由高层管理层代表提出项目BIM应用策划要求，确保项目BIM应用实施与项目总目标的一致性。项目整体BIM应用实施策划前，应由中层管理层组织相应技术人员针对EPC工程项目的重难点，进行项目特点和建设重难点分析，为不同类型的工程项目制定具有针对性和实施性的BIM应用策划。

各参建单位工作要求：工程项目的BIM实施需要各参建单位的共同执行，应在实施策划中对各参建单位提出详细的工作要求，需包括以下内容：

①各项BIM工作责任矩阵：对各项BIM工作各单位的责任进行矩阵说明。

②详细的工作界面划分应根据实施策划内容确定，为工作界面划分的范本可参考表7-1。

4.模型深度和交付成果

BIM技术的应用是建筑信息化数字化集成的过程，建筑信息模型深度应当以满足BIM应用过程的要求为准，不宜提出超过应用要求的过高深度要求，且应当做好各阶段模型数据的衔接和传递，特别是设计和施工模型的衔接，避免过度建模和重复建模。

对于实际项目的模型深度具体要求，建设单位宜在招标和合同中约定。

每项BIM应用的交付成果除相应的建筑模型外，还应包括相应的报告，也包括由模型输出的二维图纸和三维视图，或者与模型相一致的二维图纸。

5.BIM软件要求

参建单位在选择BIM软件时，应根据工程特点和实际需求选择同版本的一种或多种BIM软件，为考虑建设年限，选用软件时不宜选择过低版本，一般宜选择低于当年年份3年以内的版本。

BIM软件的专业技术水平、数据管理水平和数据互用能力宜进行评估。BIM软件宜具有与物联网、移动通信、地理信息系统等技术集成或融合的能力。

6.文件格式要求

为了方便项目的协同、文件的快速查找和保存，宜根据自身工作习惯，制定统一的文件命名规则。采用数字化交付审批审查的命名规则要遵守管理部门文件命名规则。

应用BIM实施项目建设时，需要输出二维图纸，以满足工程实施和政府审批验收归档需要。二维图纸宜从三维模型中剖切形成。

在模型创建、使用和管理过程中，应采取措施保证信息安全。BIM应用的实施主体应根据项目实际情况确定。

7.实施策划要求

项目BIM技术实施策划应围绕一个明确的应用原则和BIM技术应用目标展开，由高

表 7-1

工程总承包模式下 BIM 技术工作界面划分

工作阶段	工作内容	工作子项	责任矩阵			
			业主	全过程工程咨询单位	设计单位	施工方
项目前期	1. 确定 BIM 工作目标，根据工作目标制定工作原则	确定实施总目标，详细分解子目标，各阶段 BIM 实施目标，根据分解后子目标，确定项目工作管理原则	批准	实施	执行	执行
	2. 建立符合项目的健全管理体系	围绕 BIM 实施目标，BIM 应用需求，建立健全项目实施期间的各项 BIM 管理制度，实施方案，流程，以制度管理、目标管理、流程管理、成果管理 协同管理促进项目参建单位工作规范化	审定	实施	执行	—
	3. 编制 BIM 管理实施规划方案，BIM 管理实施细则	项目 BIM 组织架构，建立 BIM 工作团队，职责矩阵	批准	实施	执行	执行
		项目 BIM 资源配置要求（软硬件）	审定	实施	执行	执行
		确定项目 BIM 实施目标，针对性应用点。	审定	实施	执行	执行
		编制项目 BIM 实施工作节点计划	审定	实施	执行	执行
		项目 BIM 建模（设计，施工，交付）标准，BIM 工作流程，BIM 工作制度，BIM 管理措施	审定	实施	执行	执行
		参建单位的各项 BIM 实施资源条件 (BIM 实施人员，BIM 软硬件配置，BIM 经费) 投入情况是否满足合同要求及实际工作需要	审定	实施	—	—
		参建单位实施工作情况与经管理公司批复复的 BIM 实施计划，BIM 各专项实施方案是否一致	批准	实施	—	—
	4. 审核校验	参建单位针对 BIM 管理部签发的各类管理指令的落实情况	批准	实施	执行	执行
		外任环境客观条件发生变化，是否应调整 BIM 工作内容和 BIM 计划等	批准	实施	执行	执行
		参建单位的过程 BIM 技术服务，BIM 各阶段成果的质量是否符合合同及相关规范要求	批准	实施	—	—
	5. 签发管理指令	以各类 BIM 管理工作联系单，BIM 管理实施指令等书面形式及时下达 BIM 管理任务	批准	实施	执行	执行
	6. 组织 BIM 专项协调	利用 BIM 技术交底会议，BIM 管理例会，监理例会，BIM 专题例会等各类会议，电话沟通，书面指令等及时分析评价参建单位实际工作质量情况	批准	实施	执行	执行

续表

工作阶段	工作内容	工作子项	责任矩阵			
			业主	全过程工程咨询单位	设计单位	施工方
项目前期	7. 落实履约质量考核及评价	针对项目的各参建单位，落实过程BIM工作考核及最终质量评价，将BIM工作考核与评价结论整合至项目最终质量考核与评价结论	批准	实施	执行	执行
	8. 针对特定事件，及时形成专项报告	以BIM管理月报、BIM咨询月报定期向公司、建设单位报告月度BIM管理工作情况	审定	配合	—	—
		BIM管理过程中，参建单位存在严重不良履约行为或或履约质量严重缺陷时，BIM管理部可以专题报告以专题报告借助建设单位和上级主管部门的力量促进BIM管理	审定	实施	执行	执行
	9. 例会管理	确定BIM例会时间频次、例会参加单位及人员	审定	实施	执行	执行
		策划BIM例会各方汇报内容、汇报要求	审定	实施	执行	执行
		BIM会议纪要编制及会议内容梳理、跟踪落实责任人、节点安排	审定	实施	执行	执行
	10. BIM奖项策划	了解报奖奖项及需要提前准备的材料，协同各参建单位策划报奖方案	审定	配合	配合	配合
		过程BIM报奖成果材料收集整理	审定	配合	配合	配合
设计BIM管理	11. 设计合同管理	根据设计招标文件、合同、澄清文件等	审定	实施	执行	执行
	12. 设计BIM前期管理	BIM设计实施方案主动跟踪、审核及方案内容落实	审定	实施	执行	—
		设计阶段BIM模型标准	审定	实施	执行	—
	13. 设计BIM过程管理	设计模型搭建（建筑、结构、机电专业建模）	审定	审查和评估	实施	—
		设计模型优化	审定	审查和评估	实施	—
		设计BIM模型进度版本、BIM变更	审定	审查和评估	实施	—
	14. 设计BIM成果	BIM模型审核意见以签收单形式下发，明确整改完成时间	审定	实施	执行	—
		设计交付BIM模型成果质量管理及收集、移交管理（设计—施工）	审定	实施	执行	—

续表

工作阶段	工作内容	工作子项	业主	全过程工程咨询单位	设计单位	施工方
施工招标投标阶段	15. 招标文件中BIM业务、资信条件设定（如需）	应具备相关项目的BIM经验，并提供相应的业绩证明；应具备先进的BIM软件和硬件设备等	审定	实施	—	—
	16. 招标文件BIM技术要求、内容编制	根据招标采部招标计划，制定BIM配合计划	审定	实施	—	—
	17. 施工总承包BIM实施措费评估落实	招标文件中确定	审定	实施	—	—
	18. 招标BIM答疑（如有）	根据项目实际情况进行	审定	实施	—	—
	19. 设计—施工BIM模型移交管理	依据前期制定的模型标准	组织	执行	执行	执行
施工准备阶段	20. 施工BIM资源配置	BIM团队建立跟踪、人员配备情况、软硬件配置情况	审定	审查及评估	—	实施
		实施方案跟踪及签发、上报	审定	审查及评估	—	实施
	21. 施工BIM实施方案确定	落实施工BIM工作计划跟踪及签发、上报	审定	实施	—	执行
		实施方案、BIM工作计划审核及整改意见落实，监理部BIM工作落实情况跟踪	审定	审查及评估	—	执行
	22. 施工模型的创建	建模实施方案审核	审定	审查及评估	—	实施
		搭建BIM模型	审定	审查及评估	—	实施
		土方开挖及回填，支护等方案审核	审定	审查及评估	—	实施
	23. 设计BIM模型施工深化	依据标准、施工蓝图、计划等	审定	审查及评估	—	实施
		根据施工进度计划，落实施工BIM工作计划，督促落实	审定	实施	—	执行
施工阶段	24. 施工BIM深化管理	BIM模型审核	审定	审查及评估	—	执行
		根据现场施工阶段、施工工艺工序、节点策划各阶段BIM深化节点模型及模拟；督促施工单位BIM团队落实	审定	审查及评估	—	执行
		BIM模型审核意见以签收单形式下发，明确整改完成时间	审定	实施	—	执行
		收集整理过程管理BIM相关资料	审定	审查及评估	—	执行

续表

工作阶段	工作内容	工作子项	责任矩阵				
			业主	全过程工程咨询单位	设计单位	施工方	
竣工及移交阶段	25. 竣工BIM管理	竣工BIM模型提交、审核、移交	审定	审查及评估	配合	实施	
		BIM工作总结、技术总结	审定	配合	执行	执行	
智慧工地管理		智慧工地实施方案	审定	审查及评估	—	实施	
		智慧工地大屏展示中心方案	审定	审查及评估	—	实施	
	26. 智慧工地实施管理（可选）	智慧工地大屏展示平台网页端搭建	审定	审查及评估	—	实施	
		智慧工地大屏展示中心方案督促及审核现场各模块落地实施	审定	审查及评估	配合	执行	
		智慧工地现场各模块应用后情况的动态实施跟踪汇报	审定	审查及评估	配合	执行	
无人机管理		无人机操作培训及指导	审定	审查及评估	配合	执行	
	27. 无人机实施管理（必选）	无人机航拍、全景球拍及分享	审定	审查及评估	配合	执行	
		监理例会、BIM例会汇报无人机直播展示	审定	审查及评估	配合	执行	
		施工方无人机航拍、全景球制作质量督促及审核	审定	实施	配合	执行	

层管理人员根据规划与分析的成果制定，其中BIM技术应用目标可根据工程项目类型和BIM技术应用阶段进行子目标和分项目标分解。

（1）范围与内容：明确工程项目BIM技术应用范围，该范围宜与工程项目施工范围保持一致；根据BIM技术应用范围明确项目整体BIM工作内容，明确设计阶段、招标阶段、施工阶段和运维阶段的BIM应用点，工程项目各阶段基本BIM应用和可选应用进行搭配。

（2）人力资源配置：实施策划应根据确定的具体BIM工作内容进行BIM工作团队的岗位设置、职责界定、人员配置和团队组建，该团队与规划分析阶段的BIM工作组不同，主要包括完成各项BIM工作的管理人员和技术人员，由高层管理人员直接领导。必要时可根据具体工作内容为团队成员提供必要的培训，以确保项目策划的各项BIM工作顺利实施。

（3）管理体系建设：工程项目的BIM技术实施和管理需要一套完整的管理体系，在项目实施策划中应当对项目整体BIM技术管理体系进行策划和建设，宜明确以下内容：

①管理组织架构；

②管理制度与办法；

③会议机制；

④数据沟通机制；

⑤协调管理机制；

⑥协同工作机制；

⑦模型管理机制。

（4）标准文件编制：工程项目的BIM实施策划应当为项目整体的BIM工作提供一套完整的标准文件体系，宜包括以下两部分内容。

①BIM模型标准：包括工程项目各阶段BIM建模与交付标准、BIM模型应用标准等，不同类型的工程项目可根据项目特点和需求进行补充。其中各阶段BIM建模与交付标准宜包括总则（项目定义、编制依据、适用范围）、建模资源（建模软件、平台）、建模原则（整体性原则、扣减原则等）、建模规则（模型定位、拆分原则、构件命名规则、项目文件夹命名及构架、族文件命名与分类管理、视图和过滤器设置等）和模型深度要求。

②BIM信息标准：包括数据协同与交互标准、设备设施编码标准等，明确模型所包含的信息格式与内容、各阶段BIM软件的选择及交互格式、数据交互方法等内容，确保有效的模型共享与数据交换，可根据工程项目实际情况进行补充和完善。

（5）标准性管理文件：宜包括工作联系单、会议通知、签到表、会议纪要、收发文登记表、文件签收单、成果交付确认单等。

（6）实施流程：BIM实施策划中应对工程项目各阶段的BIM技术应用流程进行策划和编制，作为项目实施过程中工作开展的依据。BIM应用实施流程宜分为整体、阶段和单项三个层次进行策划和编制。

①整体流程：以各参建单位为主体，描述不同阶段BIM工作的任务要求、责任主体以及各任务间的逻辑关系，其中各阶段的BIM工作内容应与项目确定的工作范围和内容保持一致。

②阶段流程：应描述本阶段内BIM应用的详细工作顺序、负责单位、信息交换要求及成果内容，阶段流程中所罗列的各项BIM详细工作不仅包括整体流程中的工作内容，还应包括本项工作的前序准备工作和后续关联工作。

③单项流程：以项目确定的BIM技术应用点为主体，描述单项BIM技术应用工作的参考资料、详细步骤和成果形式。

7.2.2 工作流程

1.方案设计阶段

方案设计阶段的BIM技术应用主要是从项目的需求出发，根据设计条件，研究分析满足项目功能和性能的总体方案，并对项目的总体方案进行初步的评价、优化和确定，主要包括：建筑性能模拟分析、设计方案比选、场地分析、工程造价估算等。

根据项目的实施目标及流程，明确设计阶段各参建单位BIM技术应用的主要工作内容，各参建单位在完成自身的BIM工作的同时，应与其他BIM工作相关方进行积极协作，共同推进BIM工作的实施。

（1）基于场地模型的场地分析

利用相关的场地分析软件，经过项目所处场地分析和场地周边环境分析，为场地规划设计和建筑设计提供可视化的分析数据，以作为评估设计方案选项的依据。

1）工作内容

在进行场地分析时，宜详细分析建筑场地的主要影响因素。具体分析内容如下：

①项目所处场地分析内容：等高线、流域、纵横断面、填挖方、高程、坡度、方向等。

②项目场地周边环境分析内容：物理环境（例如气候、日照、采光、通风等）、出入口位置、车流量、人流量、节能减排等。

③数据准备

a.地勘报告、工程水文资料、现有规划文件、建设地块信息。

b.电子地图（周边地形、建筑属性、道路用地性质等信息）、GIS数据。

c.原始地形点云数据、高精度DEM。（可选）

d.场地既有管网数据、周边主干管网数据。

e.地貌数据，例如高压线，河道等地貌。

2）工作流程

①收集数据，并确保测量勘察数据的准确性。

②建立相应的场地模型，借助软件模拟分析场地数据，如坡度、坡向、高程、纵横断面、填挖量、等高线等。

③根据场地分析结果，评估场地设计方案或工程设计方案的可行性，判断是否需要调整设计方案。模拟分析和设计方案调整是一个需多次推敲的过程，直到最终确定最佳场地设计方案或工程设计方案。

④根据设计方案，分析得出场地数据成果，与模型一并移交至下一阶段。场地分析

BIM应用操作流程如图7-2所示。

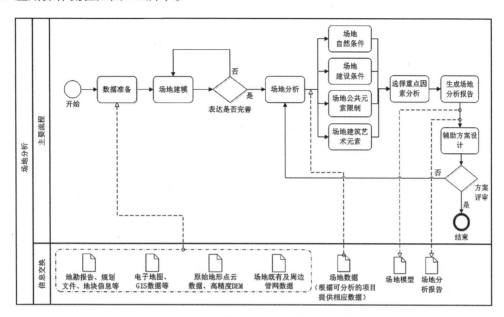

图 7-2 场地分析 BIM 应用操作流程图

3）交付成果

①场地模型：模型（应体现坐标信息）、各类控制线（用地红线、道路红线、建筑控制线）、原始地形表面、场地初步竖向方案、场地道路、场地范围内既有管网、场地周边主干道路、场地周边主管网、三维地质信息等。

②场地分析报告：报告应体现场地模型图像、场地分析结果，以及对场地设计方案或工程设计方案的场地分析数据对比。

（2）建筑性能模拟分析

建筑性能模拟分析是基于方案设计模型，利用专业的性能分析软件，对项目日照、采光、通风、能耗、人员疏散、火灾烟气、声学、结构、碳排放等进行专项模拟分析。在满足建设单位对建筑提出的性能要求的同时，减少相关成本。可借助BIM技术对各种性能指标进行多方案分析模拟，辅助设计人员确定合理的设计方案。

1）工作内容

①遮阳和日照模拟：通过方案设计模型，模拟项目的遮阳和日照效果，收集天空辐射的部分数据进行分析计算，得以确定某时间段自然光对建筑的影响。在满足建筑日照规范的基础上，帮助设计师进行日照方案比对，以达到提升建筑的日照要求，降低对周围建筑物遮阳影响。

②风环境模拟：主要采用CFD（Computational Fluid Dynamics）技术，即计算流体动力学，通过方案设计模型和周边环境模型对风环境进行模拟评价，帮助设计师调整建筑物的体型和布局，并对初步设计方案进行优化，以达到有效改善建筑物周围的风环境的目的。

③室内自然通风模拟：基于集成了地理、气候资料的BIM模型，通过相关模拟分析

软件，如ANSYS，分析相关设计方案，调整通风口位置、尺寸、建筑布局等改善室内流场分布情况，并引导室内气流组织有效地通风换气，改善室内通风情况。

④能耗模拟分析：基于3D可视化信息模型，结合BIM模型数据与外部导入数据，对建筑物的负荷和能耗进行模拟分析，在满足节能标准的各项要求基础上，帮助设计师提供可参考的最低能耗方案，以达到降低建筑能耗的目的。

⑤人员疏散分析：通过BIM模型将突发事件导入其中、与之关联、进行提前预演，及早制定出一套切实可行的方案，保证疏散及时准确，降低人员及财产损失，提高逃生概率。

⑥建筑声环境分析：通过BIM模型配合GIS系统，了解建筑周边的交通状况，居民小区排布，居民居住情况等，通过相关的模拟分析可以最大限度地降低噪声对周边的影响。基于BIM模型能够在短时间内通过材质的变化、房间内部装修的变化，优化设计方案，改善建筑的声学质量。

2）数据准备

建筑信息模型或相应方案设计资料、气象数据、热工参数、突发事件应急预案及其他分析所需数据。

3）工作流程

①确定建筑性能，模拟分析具体专项模拟点，如遮阳和日照模拟、风环境模拟。

②根据确定的专项模拟点收集数据，并确保数据的准确性。

③根据前期数据以及分析软件要求，建立各类分析所需的模型，并将数据导入模型。

④分别获得单项分析数据，综合各项结果反复调整模型，进行评估，寻求建筑综合性能平衡点。

⑤根据分析结果，调整设计方案，选择能够最大化提高建筑物性能的方案。

⑥生成综合评估报告。

⑦建筑性能模拟分析BIM应用操作流程如图7-3所示。

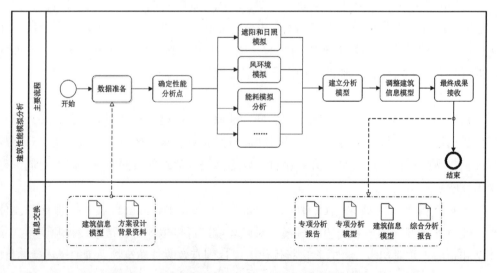

图 7-3　建筑性能模拟分析 BIM 应用操作流程图

4）交付成果

①专项分析模型：不同分析软件对建筑信息模型的深度要求不同，专项分析模型应满足该分析项目的数据要求。模型应能够体现建筑的几何尺寸、位置、朝向，窗洞尺寸和位置，门洞尺寸和位置等基本信息。

②专项模拟分析报告：报告应体现模型图像、软件情况、分析背景、分析方法、输入条件、分析数据结果以及对设计方案的对比说明。

③优化后模型：根据专项分析结果，综合调整优化后模型，能够最大化提高建筑物性能的方案设计模型。

④综合评估报告。（可选）

（3）设计方案比选

设计方案比选的主要目的是选出最佳的设计方案，基于经过优化的初步方案设计模型，形成最佳设计方案，为初步设计阶段提供对应的方案设计模型。通过调整模型，形成多个备选的设计方案，在项目方案的沟通讨论和决策阶段，利用各个备选方案模型进行可视化的三维仿真场景展示，辅助项目设计方案的决策。

1）数据准备

①前期的方案设计模型：包括场地子模型。

②方案设计背景资料：包括地形图、方案设计图、勘察图以及其他设计说明文件。

2）工作流程

①收集数据：主要包括前期的方案设计模型、各种图纸和相关说明文件，并确保数据的准确性。

②调整模型：在前期方案设计模型基础上，根据项目情况，形成多个备选方案模型。

③检查多个备选方案模型的可行性、功能性和美观性等方面，并进行比选，形成相应的方案比选报告，选择最优的设计方案。

④形成最终方案设计模型。设计方案比选BIM应用操作流程如图7-4所示。

3）交付成果

①方案比选报告。报告应包含项目的模型截图、图纸和方案对比分析说明，重点分析功能分区是否合理。

②方案设计模型。模型应体现建筑的基本功能分区、建筑主体外观形状、建筑层数高度、基本面积等。

（4）工程造价估算

工程造价估算基于方案设计模型，估算建设项目的投资造价，反映设计方案的经济合理性，为控制投资规模、设计阶段造价控制提供依据。

1）工程造价估算基础资料

方案设计模型、造价指标或定额、设备材料供应选型及价格等，与本项目具有可比性的已完项目造价资料。

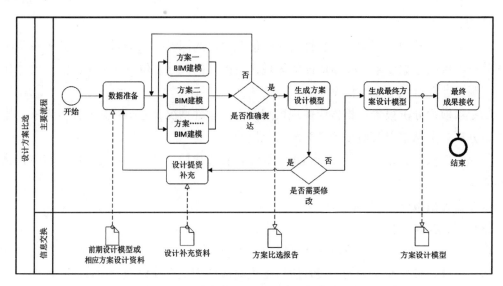

图 7-4　设计方案比选 BIM 应用操作流程图

2）工作流程

①收集资料：与编制项目估算表相关的资料，如工艺设备的型号和价格。

②提取模型工程量：利用 BIM 软件提取优化后模型的工程量。

③编制项目估算表：结合已提取工程量和造价指标、定额以及其他同类项目的造价清单，编制项目估算表。

④最终的方案设计模型：该模型含有工程造价估算信息。

3）交付成果

含有工程造价估算信息的方案设计模型、造价估算编制说明、投资估算分析、总投资估算表、单项工程估算表、主要技术经济指标等。

2.初步设计阶段

初步设计阶段的 BIM 技术应用主要是对方案设计的细化和完善，在项目初步设计过程中，沟通、讨论、决策应当围绕初步设计模型进行，发挥模型可视化、专业协同的优势。该阶段的应用主要包括：综合协调优化设计、性能化分析、工程造价概算等。

根据项目的实施目标及流程，明确设计阶段各参建单位 BIM 技术应用的主要工作内容，各参建单位在完成自身的 BIM 工作的同时，应与其他 BIM 工作相关方进行积极协作，共同推进 BIM 工作的实施。

（1）综合协调优化设计

综合协调优化设计是基于前期的初步设计模型，对各专业模型进行综合协调和优化分析。

数据准备：各专业初步设计模型，各专业图纸。

1）工作流程

①收集数据：根据初步设计图纸创建的模型，主要包括：建筑子模型、结构子模型、

工艺子模型、电气子模型、暖通子模型、自控及仪表子模型。

②整合模型：检查各专业模型，并整合模型，形成一个整体模型。

③检查模型：剖切整合后的模型，检查各专业模型是否一致、空间的合理性以及模型深度是否符合要求，并形成检查报告。

④协调一致：修正各专业模型的错、漏等问题，直至模型正确合理，并将修改的问题，整理形成协调优化报告。

⑤初步设计模型优化。综合协调优化设计BIM应用操作流程如图7-5所示。

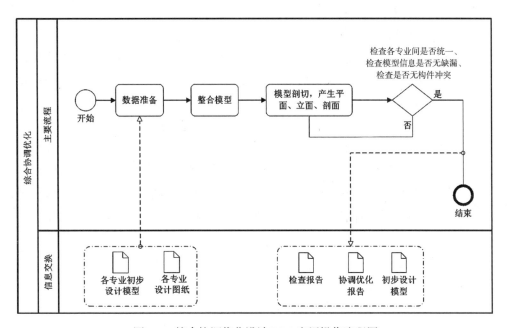

图7-5 综合协调优化设计BIM应用操作流程图

2）交付成果

检查报告、协调优化报告、优化后的初步设计模型。

（2）性能分析

性能分析基于优化后的初步设计模型，数据准备、工作流程和交付成果与方案设计阶段的建筑性能分析基本一致，具体内容参照方案设计阶段性能分析内容。

（3）工程造价概算

工程造价概算基于初步设计模型，是从立项、可行性研究、设计、施工、试运行到竣工验收等的建设资金，用于确定和控制建设项目投资。

1）数据准备

初步设计模型、概算指标、定额、设备材料供应选型及价格等，与本项目具有可比性的已完项目造价资料。

2）工作流程

①收集数据：检查确保资料的准确性，并将数据分类整理。

②提取模型工程量：通过BIM算量软件自动统计并提取模型工程量，并形成工程量统计表。

③编制项目概算表：根据提取的工程量、概算指标和定额等编制项目概算表。

④优化后的初步设计模型：将工程概算相关信息导入或关联到相应的模型，形成含有工程概算价格信息的初步设计模型。

3）交付成果

含有工程造价概算价格信息的初步设计模型、概算编制说明、项目总概算表、单项工程综合概算、单位工程概算等。

3. 施工图设计阶段

施工图设计阶段的BIM技术应用主要是对初步设计各专业模型的完善和优化，辅助完成项目建设批复工作，各专业模型包括建筑、结构、给排水、暖通、电气、自控及仪表专业。在模型的基础上，根据专业设计、施工等知识框架体系进行相关应用，主要包括碰撞检测及三维管线综合、净空优化、虚拟仿真漫游、工程造价预算等。

（1）碰撞检测及三维管线综合

碰撞检测及三维管线综合基于前期的施工图设计模型，通过整合各专业模型，应用BIM三维可视化技术检查施工图设计阶段的碰撞，完成各种管线与建筑、结构平面布置和竖向高程相协调的三维协同设计工作，完善设计，避免施工阶段出现设计错误。

1）数据准备

全专业BIM模型。

2）工作流程

①收集各专业模型：包括建筑、结构、给排水、暖通、电气和自控及仪表模型。

②检查模型：根据施工图检查模型，并确保模型与图纸的一致性、完整性。

③碰撞检测（包含间距复核）及三维管线综合：整合各专业模型，设定碰撞检测及管线综合的基本原则，对机电单专业、机电各专业之间和机电与土建专业之间的碰撞检测、间距复核，并进行三维管线综合。

④碰撞检测报告：根据碰撞检测结果编制碰撞检测报告，该报告中含有碰撞内容、位置、对应构件和统计信息等，并提出优化调整建议。

⑤各专业优化后模型：根据设计调整后的施工图，优化、完善各专业施工图设计模型。碰撞检测及三维管线综合BIM应用的操作流程如图7-6所示。

3）交付成果

①碰撞检测报告：报告中应详细记录调整前各专业模型之间的碰撞，记录碰撞检测及管线综合的基本原则，及冲突和碰撞的解决方案，对空间冲突、管线综合优化前后进行对比说明。

②各专业优化后施工图设计模型：模型精细度和构件要求应符合建模与交付标准中施工图设计阶段各个专业模型内容和基本信息要求。

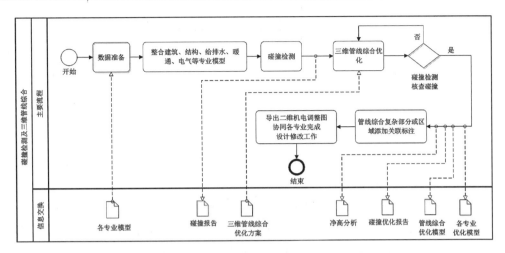

图 7-6　碰撞检测及三维管线综合 BIM 应用的操作流程图

（2）净空优化

净空优化基于各专业优化后的施工图设计模型，在满足规范要求和使用功能的前提下，对建筑物内部设计空间进行检测分析，优化空间布置。

1）数据准备

碰撞检测和三维管线综合调整后的各专业模型、专业设计净高分析图。

2）工作流程

①收集各专业模型，并整合模型，确保模型的准确性。

②检测净高和设备检修空间：利用 BIM 三维可视化技术，调整各专业的管线排布模型和设备布置模型，最大化提升净空高度，并设置合理的设备检修空间。

③优化模型：根据检测结果，调整各专业模型，并确保模型的准确性。

④分析报告：根据检测结果和模型调整情况，生成优化报告、净高分析等文件，并提交建设单位确认。其中，对二维施工图难以直观表达的造型、构件、系统等提供三维透视和轴测图等三维施工图形式辅助表达，为后续深化设计、施工交底提供依据。

3）交付成果

①优化报告：报告含有竖向净空优化的基本原则，对管线和设备布置的前后进行对比说明。

②净高优化分析：净高优化分析以平面或表格形式，标注不同区域此阶段管线优化后所能做到的净高。

③优化后施工图阶段模型：调整后的各专业模型，模型精细度和构件要求应符合建模与交付标准的各专业模型内容及其基本信息要求。

（3）虚拟仿真漫游

虚拟仿真漫游是利用 BIM 软件模拟建筑物的三维空间关系和场景，通过漫游、动画和 VR 等形式提供身临其境的视觉与空间感受，有助于相关人员在方案设计阶段进行方案预览和比选。在初步设计阶段检查建筑结构布置的匹配性、可行性、美观性以及设备主干管排布的合理性，在施工图设计阶段预览全专业设计成果，进一步分析、优化空间等。

1）数据准备

整合后的各专业模型。

2）工作流程

①收集数据，并确保数据的准确性。

②根据建筑项目实际场景情况，赋予模型构件相应的材质。将建筑信息模型导入具有虚拟漫游、动画制作功能的软件。

③设定视点和漫游路径，该漫游路径应能反映建筑物整体布局、主要空间布置以及重要场所设置，以呈现设计表达意图。

④将软件中的漫游文件输出为通用格式的视频文件，并保存原始制作文件，以备后期的调整与修改。

3）交付成果

①动画视频文件：动画视频应能清晰表达建筑物的设计效果，并反映主要空间布置、复杂区域的空间构造等。

②漫游文件：漫游文件中应包含全专业模型、动画视点和漫游路径等。

（4）工程造价预算

工程造价预算基于优化后的施工图设计模型，通过预算定额、费用定额和人、材、机等预算价格，按照规定的计算程序，确定工程造价。

1）数据准备

优化后的施工图阶段各专业BIM模型，已批准的工程概算成果，预算定额，人、材、机等资源预算价格。

2）工作流程

①收集资料：结合工程造价预算的计算规则，深化施工图BIM模型，使其达到进行工程造价预算的要求。BIM预算模型的构件边界、属性、归类以及模型精度等应符合建模与交付标准的规定，并经过复核和批复。

②导出工程量：利用BIM预算软件分类统计各专业模型的工程量，并生成工程量清单。

③生成相关的工程造价预算：结合工程量清单与各专业预算定额和主要设备材料表，根据最新工程费用定额进行汇总计算，形成单位工程施工图工程预算。

④施工图设计模型：将预算信息导入或关联到施工图设计模型，形成含有预算信息的施工图设计模型。

3）交付成果

含预算信息的施工图设计模型、建设项目建安工程总预算、单项工程施工图预算、单位工程施工图预算。

施工阶段的模型应基于设计阶段交付的模型，并根据施工阶段的BIM应用需要，创建形成施工模型、专项施工模型等子模型。

施工阶段的模型维护更新宜包括以下两种组织形式：一种是，施工单位作为模型编辑者负责模型的维护，并定期将维护数据提交其他参建单位。另一种是，委托其他单位负责维护的模型应经施工方确认后，向建设或项目管理单位提交，并发布给其他参建单位。

BIM应用应与施工组织设计方案相结合，并通过BIM应用优化完善施工组织设计方案。施工总承包单位应负责管理专业分包单位的BIM应用，并按照施工组织设计要求整合专业分包施工模型在各个施工阶段的BIM应用，应结合工程实施的需求和不同施工阶段的特点进行。模拟应用应基于施工模型进行，并应与现场实施数据对比分析以确定模拟应用结果的可行性，当设计阶段交付的模型或BIM图纸发生变更时，施工模型应保持同步更新。

施工阶段的BIM技术应用分为施工准备阶段和施工实施阶段的BIM技术应用。施工准备阶段为工程的施工创造必需的技术条件和物质条件，合理组织施工力量、布置施工现场，为工程创建好的施工环境；施工实施阶段是指从工程开工到工程竣工的过程，通过科学有效的工程项目管理，完成指定工程施工内容，顺利完成工程验收和交付目的。

4.施工图深化设计

施工图深化设计主要是协调深化各专业设计以及各专业之间的设计，将施工操作规范与施工工艺融入施工BIM模型，使施工图深化设计满足施工作业指导的需求，确保施工BIM模型的可施工性和可执行性。

（1）数据准备

施工图设计模型、施工图纸、施工操作规范、施工现场条件与设备选型等。

（2）工作流程

①收集数据：主要包括模型、图纸、与施工相关的规范和说明，并确保这些文件的准确性。

②创建施工深化设计模型：施工单位通过施工图纸和施工图设计模型，根据施工特点和现场条件，深化施工图设计模型，模型内材料设备和产品的基本信息均为项目实际采用信息。

③优化施工深化设计模型：BIM技术工程师结合自身专业经验或与施工技术人员配合，对建筑信息模型的施工合理性、可行性进行甄别，并进行相应的调整优化；同时，对优化后的模型实施碰撞检测。

④审核确认：施工深化设计模型通过建设单位、设计单位、相关顾问单位的审核确认，最终生成可指导施工的三维图形文件及二维深化施工图、节点图。施工深化设计BIM应用操作流程如图7-7所示。

（3）交付成果

①施工深化设计模型：模型应包含工程实体的基本信息，并清晰表达关键节点施工方法。

②碰撞分析报告：对初步的施工深化设计模型进行碰撞分析，并根据分析结果编制碰撞分析报告。

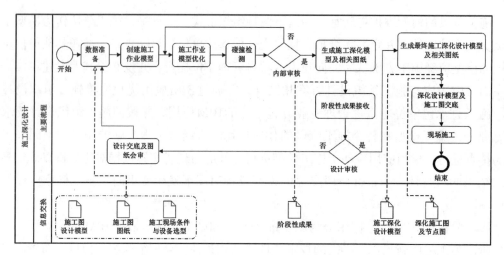

图 7-7　施工深化设计 BIM 应用操作流程图

③深化设计图：施工深化设计图宜由深化设计模型输出，满足施工条件，并符合政府、行业规范及合同的要求。

5.施工场地规划

施工场地规划基于施工深化设计模型和场地布置模型，利用BIM技术的可视化准确表达施工空间冲突，并与施工动态过程相结合，完善、优化场地布局。该场地模型包括场地地形、既有建筑设施、周边环境、施工区域、临时道路、临时设施、加工区域、材料堆场、临水临电、施工机械、安全文明施工设施等内容。

（1）数据准备

包括施工深化设计模型、场地布置模型、与现场施工有关的施工场地和施工机械等数据。

（2）工作流程

①收集数据：主要包括施工深化设计模型和场地布置模型，并确保模型的准确性。

②模拟分析：将施工深化设计模型和场地布置模型添加相关的施工信息，如：场地地形、既有建筑设施、周边环境、施工区域、道路交通、临时设施、加工区域、材料堆场、临水临电、施工机械、安全文明施工设施等，形成施工规划模型，进行经济技术模拟分析。

③最优方案选择：依据模拟分析结果，选择最优施工场地规划方案，生成模拟演示视频并提交施工部门审核。

④技术交底：编制场地规划方案并利用施工深化设计模型、场地布置模型以及演示视频进行可视化技术交底。施工场地规划BIM应用操作流程图如图7-8所示。

（3）交付成果

①施工场地规划模型：模型含有场地地形、既有建筑设施、周边环境、施工区域、临时道路、临时设施、加工区域、材料堆场、临水临电、施工机械、安全文明施工设施等规

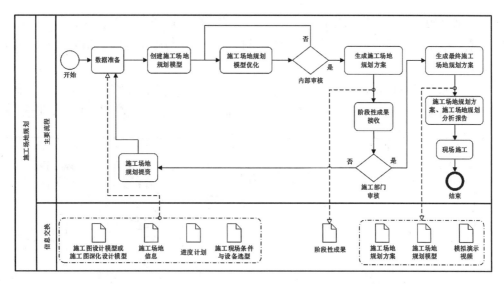

图 7-8　施工场地规划 BIM 应用操作流程图

划布置。

②模拟演示视频：根据施工场地规划模型，生成的动态反映施工各阶段规划布置的视频。

③施工场地规划分析报告：分析报告应包含模拟结果分析、可视化资料等，辅助编制施工场地规划方案。

6.施工方案模拟

施工方案模拟基于施工深化设计模型，在此基础上附加建造过程、施工顺序、施工工艺等信息，对施工方案及相关施工过程进行三维模拟，并充分利用建筑信息模型对方案进行分析和优化，提高方案审核的准确性，实现施工方案的可视化交底。

（1）数据准备

①施工深化设计模型。

②施工方案的文件和资料，一般包括：工程项目设计施工图纸、工程项目的施工进度和要求、主要施工工艺和施工方案、可调配的施工资源概况（如人员、材料和机械设备）、施工现场的自然条件和技术经济资料等。

（2）工作流程

①收集数据：主要是施工深化设计模型和关键施工方案，将收集的数据进行分类整理，并确保数据的准确性。

②施工过程演示模型：根据收集到的相关数据定义施工过程附加信息，并将相关信息添加到施工深化设计模型中，创建施工过程演示模型。该演示模型应表示工程实体和现场施工环境、施工机械的运行方式、施工方法和顺序、所需临时及永久设施安装的位置等。

③施工模拟演示视频：基于施工过程演示模型和施工工艺流程进行施工模拟、优化，选择最优施工方案，生成模拟演示视频并提交施工部门审核。

④重难点施工方案模拟：根据施工区域的复杂情况，选择性地对重难点区域进行施工方案模拟，编制协调各专业分包的施工方案模拟报告，并与施工部门、相关专业分包协调施工方案。

⑤施工方案可行性报告：基于经过优化审核后的施工过程演示模型，生成模拟演示动画视频，编制施工方案可行性报告。施工方案模拟 BIM 应用操作流程图如图 7-9 所示。

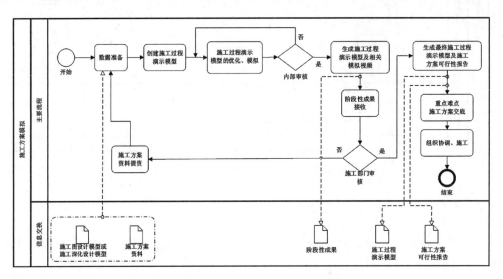

图 7-9　施工方案模拟 BIM 应用操作流程图

（3）交付成果

①施工过程演示模型：模型应表示施工过程中的活动顺序、相互关系及影响、施工资源、措施等施工管理信息。

②施工过程演示动画视频：动画应当能清晰表达施工方案的模拟。

③施工方案可行性报告：报告应通过三维建筑信息模型论证施工方案的可行性，并记录不可行施工方案的缺陷与问题。

7.构件预制加工

构件预制加工是从深化设计模型中获取用于预制加工的数据，将成果信息与模型相关联，并通过条形码将物流运输和安装等信息关联到预制加工模型上。预制加工 BIM 应用宜建立编码体系和工作流程，BIM 软件应具备加工图生成功能，并支持常用数控加工、预制生产控制系统的数据格式。

（1）数据准备

施工深化设计模型、预制厂商产品参数规格和预制加工界面及施工方案。

（2）工作流程

①收集数据，并保证数据的准确性。

②与施工单位确定预制加工界面范围，并协商讨论方案设计、编号顺序等事宜。

③按照预制厂商产品的构件模型或产品的参数规格，创建构件模型库并替代深化设计

模型中的原构件。应采用适当的应用软件进行建模，保证后期可进行必要的数据转换、机械设计和归类标注等工作，便于将模型转化为预制加工设计图纸。

④施工深化模型按照厂家产品库进行分段处理，并复核是否与现场情况一致。

⑤导出构件预制装配模型数据，进行编号标注并生成预制加工图及配件表，经施工单位审定复核后，送厂家加工生产。

⑥施工单位在构件到场前应再次复核施工现场情况，并相应调整存在的偏差。

⑦施工单位依据构件预装配模型、预制加工图进行装配施工。构件预制加工BIM应用的操作流程如图7-10所示。

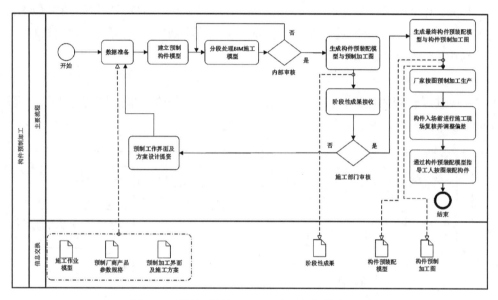

图7-10　构件预制加工BIM应用的操作流程图

（3）交付成果

①施工过程演示模型：模型应表示施工过程中的活动顺序、相互关系及影响、施工资源、措施等施工管理信息。

②施工过程演示动画视频：动画应当能清晰表达施工方案的模拟。

③施工方案可行性报告：报告应通过三维建筑信息模型论证施工方案的可行性，并记录不可行施工方案的缺陷与问题。

8.虚拟进度与实际进度比对

虚拟进度与实际进度比对主要是通过BIM软件模拟施工进度计划，并与实际进度进行对比分析、进度预警、进度偏差分析、进度计划调整等工作，实现对项目进度的合理控制与优化。

（1）数据准备

施工深化设计模型、编制施工进度计划的资料及依据。

（2）工作流程

①收集、整理、统计、分析实际进度的原始数据和施工深化设计模型。

②根据不同深度、不同周期的进度计划要求，创建项目工作分解结构（WBS），并将工作分解结构中的施工段与模型、模型元素或信息相关联，进行模型拆分；拆分后的施工模型应与工程施工的区域划分，与施工流程对应。

③利用拆分后的模型进行可视化施工模拟。检查施工进度计划是否满足约束条件、是否达到最优状况，同时，施工进度计划应依据工程量以及人工、材料、机械设备等因素进行优化，并最终将优化后的进度计划信息附加或关联到模型中。

④将进度对比与现代新技术结合，如：虚拟设计与施工（VDC）、增强现实（AR）、三维激光扫描（LS）、施工监控及可视化中心（CMVC）等技术，实现可视化项目管理，对项目进度实施更有效地跟踪和控制。

⑤根据实际动态的施工情况，对进度偏差进行调整以及更新目标计划，以达到多方平衡，实现进度管理的最终目的，并生成施工进度控制报告。虚拟进度与实际进度比对BIM应用的操作流程如图7-11所示。

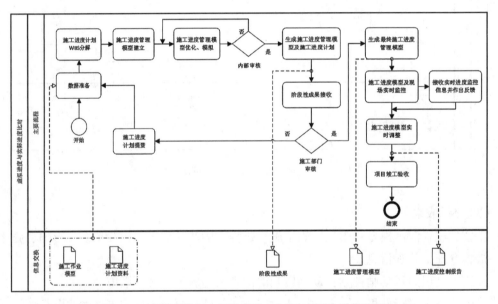

图 7-11　虚拟进度与实际进度比对 BIM 应用的操作流程图

（3）交付成果

①施工进度管理模型：经过拆分后的模型，应能准确表达构件的外表几何信息、施工工序及安装信息等。

②施工进度控制报告：报告应包含一定时间内虚拟模型与实际施工的进度偏差分析。

③进度分析过程文件：进度审批文件、进度预警报告、进度优化与模拟视频、进度计划变更文档。

9.设备与材料管理

设备与材料管理是运用BIM技术达到按施工作业面配料的目的，实现施工过程中设备、材料的有效控制，提高工作效率，减少浪费。

（1）数据准备

施工深化设计模型和设备与材料信息。

（2）工作流程

①收集数据：主要是模型和设备与材料信息，并确保数据的准确性。

②信息添加：将收集的设备与材料信息添加到深化设计模型中，如：楼层信息、构件信息、进度表、报表物流与安装信息等。

③模型信息审核：按作业面划分，从建筑信息模型输出相应的设备、材料信息，通过内部审核后，提交给施工部门审核。

④设备与材料的动态跟踪管理：根据工程进度实时输入变更信息，并与输出所需的设备与材料信息表相结合，按工程实际需求获取已完工程消耗的设备与材料信息，以及下个阶段工程施工所需的设备与材料信息。设备与材料管理BIM应用的操作流程如图7-12所示。

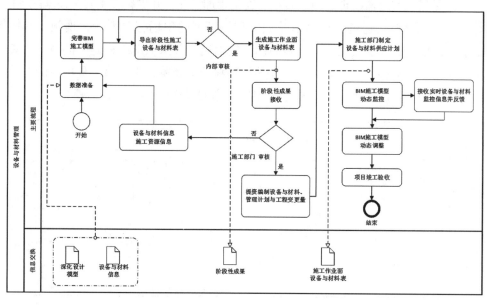

图 7-12　设备与材料管理 BIM 应用的操作流程图

（3）交付成果

①施工设备与材料管理模型：在施工实施过程中，应不断完善模型构件的产品信息及生产、施工、安装信息。

②施工作业面设备与材料表：建筑信息模型可按阶段性、区域性、专业类别等方面输出不同作业面的设备与材料表。

10.质量与安全管理

质量与安全管理是通过现场施工情况与施工阶段模型的比对，提高质量检查的效率与准确性，并有效控制危险源，进而实现项目质量、安全可控的目标。工程项目施工质量管理中的质量验收计划确定、质量验收、质量问题处理、质量问题分析等宜应用BIM。安全管理中的技术措施制定、实施方案策划、实施过程监控及动态管理、安全隐患分析及事故处理等宜应用BIM。

（1）数据准备

施工深化设计模型或预制加工模型，质量、安全相关的管理方案和计划。

（2）工作流程

①收集数据：主要是模型和相关工作计划，并确保数据的准确性。

②施工安全设施配置模型：基于收集的质量、安全相关的管理计划，完善深化设计模型或预制加工模型创建质量管理模型，并附加或关联质量管理信息。

③利用模型进行交底：利用施工安全设备配置模型的可视化功能准确、清晰地向施工人员展示及传递建筑设计意图，帮助施工人员理解、熟悉施工工艺和流程，并识别危险源，避免由于理解偏差造成施工质量与安全问题。

④动态更新：实时监控现场施工质量、安全管理情况，并更新施工安全设施配置模型。

⑤关键问题分析：通过对模型以及关联到模型上的现场相关图像、视频、音频等信息，记录问题出现的部位或工序，分析原因，进而制定并采取解决措施。同时，收集、记录每次问题的相关资料，积累对类似问题的预判和处理经验，为日后工程项目的事前、事中、事后控制提供依据。质量与安全管理BIM应用的操作流程如图7-13所示。

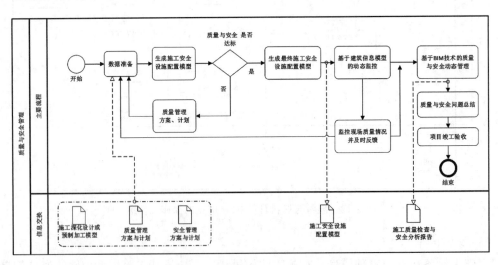

图7-13 质量与安全管理BIM应用的操作流程图

（3）交付成果

①施工安全设施配置模型：模型应准确表达大型机械安全操作半径、洞口临边、高空作业防坠保护措施、现场消防及临水、临电的安全使用措施等。

②施工质量检查与安全分析报告：包含虚拟模型与现场施工情况的一致性比对分析，而施工安全分析报告应记录虚拟施工中发现的危险源与采取的措施，以及结合模型对问题的分析与解决方案。

11.竣工模型构建

竣工模型构建是将竣工验收信息添加到施工过程模型，并根据项目实际情况进行修正，以保证模型与工程实体的一致性，进而形成竣工模型。关联竣工验收相关信息和资料的内容应符合现行国家标准《建筑工程施工质量验收统一标准》GB 50300—2013和现行行业标准《建筑工程资料管理规程》JGJ/T 185—2009等的规定。

（1）数据准备

施工过程模型，施工过程中新增、修改变更资料，验收合格资料以及相关标准和规程。

（2）工作流程

①收集数据，并确保数据的准确性。

②施工单位技术人员在准备竣工验收资料时，应检查施工过程模型是否能准确表达竣工工程实体，如表达不准确或有偏差，应修改并完善建筑信息模型相关信息，以形成竣工模型。

③验收合格资料、相关信息宜关联或附加至竣工模型，最终形成竣工模型。

④竣工验收资料可通过竣工验收模型进行检索、提取。

⑤按照相关要求进行竣工交付。竣工模型创建BIM应用操作流程如图7-14所示。

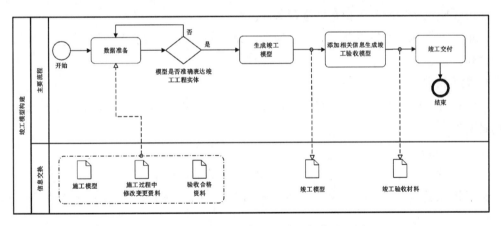

图7-14　竣工模型创建BIM应用操作流程图

（3）交付成果

①竣工模型：模型应准确表达构件的外表几何信息、材质信息、厂家信息以及实际安装的设备几何信息和属性信息等。

②竣工验收资料：包含必要的竣工信息，作为档案管理部门竣工资料的重要参考依据。

12.运维管理模型

运维模型来源于竣工模型，根据运维系统的功能需求和数据格式，将竣工模型转化为运维模型。运维模型应准确表达构件的外表几何信息、运维信息等。对运维无指导意义的内容，应进行轻量化处理，不宜过度建模或过度集成数据。

建设方与运维方应用运维模型实施运维管理应符合以下规定：

①利用建筑信息模型中空间、设备、管道的属性信息和文档监理运维数据库，简化竣工信息交付过程，使建筑物尽快进入有序的运营状态。

②利用运维模型以三维图形方式直观展示建筑的外观、楼层、空间划分、管道布局、设备、家具，实现运维管理的三维可视化。

③将建筑运行的数据导入运维模型中进行性能分析，评估、优化建筑的运行状态。

④将运维模型融合到多种信息化应用中，实现信息集成。

运维管理方宜在项目早期阶段参与建筑信息模型的创建，并提出运维管理要求。工程项目在运维阶段应实现资产的信息化管理，利用运维管理模型，评估、改造和更新资产的费用，并建立与模型关联的资产数据库。辅助建设单位进行投资决策和制定短期、长期的管理计划。

（1）资产管理

资产管理在运维管理平台中应实现以下功能：

完整提取运维管理模型中的资产信息，并导入运维管理平台，形成运维和财务部门需要的可直观理解的资产管理信息源，实时提供有关资产报表。

对导入的运维管理模型资产信息进行统计、分析、编辑和发布等工作，并生成企业的资产财务报告，分析模拟特殊资产更新和替代的成本测算。

通过设施设备编码与模型构件进行关联。

记录运维管理模型的更新，显示相应资产信息的更新、替换或维护过程，并跟踪记录各类变化。

1）数据准备

运维管理模型。该模型载有完整的非几何信息，并可无损转换为运维管理平台的数据库格式文件。

2）工作流程

①通过设施设备编码规则提取运维管理模型中的资产信息。

②对提取的资产信息进行核查，对核查无误后的资产信息进行统一梳理、分类和存储、记录。

③将各类工程资产信息进行编辑、统计、分析、展示和输出，并对运维管理模型进行动态数据的更新、替换和维护。

④发布资产管理报表、资产财务报告等信息，为运维部门和财务部门提供决策依据。

（2）设备设施运维管理

通过将建筑运维管理模型与建筑设备自控（BA）系统、消防（FA）系统、安防（SA）系统及其他智能化系统相结合，形成运维管理平台的设施设备维护管理。

设备设施维护管理在运维管理平台中应实现以下功能：

①设施设备数据管理：将运维管理模型和设备设施技术资料导入运维管理平台，并对

其进行统计、分类、整理，以便快速查询，并对文件数据进行备份管理。

②日常巡检：利用建筑模型和设施设备及系统模型，制定设施设备日常巡检路线；结合智能化监控系统，对设施设备进行可视化监控，减少现场巡检频次，以降低人力成本。

（3）养护管理

利用运维管理模型，结合设备供应使用说明及设备实际使用情况，按养护计划要求对设施设备进行维护保养，确保设施设备始终处于正常状态。

结合故障范围和情况，快速确定故障位置及故障原因，进而及时处理设备运行故障。

系统提示设备设施维护要求，自动根据维护等级发送给相关人员进行现场维护。

及时记录和更新建筑信息模型的运维计划、运维记录（如更新、损坏/老化、替换、保修等）、成本数据、厂商数据和设备功能等其他数据。

1）数据准备

运维管理模型，该模型载有完整的非几何信息，并可无损转换为运维管理平台的数据库格式文件。

2）工作流程

①通过运维管理模型，将设施设备信息输入至运维管理平台，并保证模型数据和属性数据的准确性。

②根据运维管理平台所要求的格式，将运维管理模型转化并加载到运维管理平台。

③在运维管理平台中进行核查，确保数据集成一致性。

④在日常使用中，对设施设备的更新、替换、养护过程等动态数据进行实时更新。

⑤根据不同构件的养护要求，在运维管理平台中设置养护提醒，定期对需要养护的构件进行养护、维修和更换，并做好工作记录。

（4）制定应急预案

利用运维管理模型制定应急预案，开展模拟演练，当突发事件发生时可通过运维管理平台启动相应的应急预案，以控制事态发展，减少突发事件的损失。应急管理在运维管理平台中应实现以下功能：

模拟应急预案：在运维管理平台中导入编制好的应急预案，包括人员疏散路线、管理人员负责区域、消防车、救护车等进场路线等，并基于运维管理模型对应急预案进行模拟演练。

应急事件处置：在发生应急事件时，系统能自动定位到发生应急事件的位置，并进行报警，同时，内置的应急预案可为应急处置提供参考。

1）数据准备

①运维管理模型：应包含水位、管道水压、水泵、电机工作状态、监控系统、通信系统、报警系统、检测仪表信息及各终端点位、系统关联信息等应急处置相关信息，并可无损转换为数据库格式文件。

②应急管理数据：应包含相应的应急处置信息和应急管理预案数据、路线信息、发生位置、处理应急事件相关的设备信息等。

2）工作流程：

①收集数据，并保证事件的准确性。

②将准备数据导入运维管理平台，并将应急点位、系统关联信息与工程建筑信息模型的构件关联。

③模拟各类突发事件，利用系统功能自动或半自动的模拟应急事件，并利用可视化功能展示事件发生的状态，为应急管理提供决策依据。

④结合工程建筑信息模型，统计、分析常规监测数据和应急事件。

（5）能耗分析

利用运维管理模型，结合楼宇计量系统及楼宇相关运行数据，生成按区域、楼层和房间划分的能耗数据，对能耗数据进行分析，发现高耗能位置和原因，并提出针对性的能效管理方案，降低建筑能耗。能源管理在运维管理平台中应实现以下功能：

①数据收集。通过传感器将设备能耗进行实时收集，并将收集到的数据传输至中央数据库进行收集。

②能耗分析。运维系统对中央数据库收集的能耗数据信息进行汇总分析，通过动态图表的形式展示出来，并对能耗异常位置进行定位、提醒。

③智能调节。针对能源使用历史情况，可以自动调节能源使用情况，也可根据预先设置的能源参数进行定时调节，或者根据建筑环境自动调整运行方案。

④能耗预测。根据能耗历史数据预测设备未来一定时间内的能耗使用情况，合理安排设备能源使用计划。

1）数据准备

①运维管理模型：应包含建筑设施设备及系统模型文件和建筑空间及房间的模型文件中关于能源管理的相应设备模型。

②属性数据：能源分类数据，如水、电、煤系统基本信息，以及能源采集所需要的逻辑数据。

2）工作流程

①收集数据，并保证模型数据和属性数据的准确性。

②将运维管理模型中的能源管理相关信息导入运维管理平台，也可直接利用设备维护管理已经加载的模型数据。

③将能源管理的属性数据根据运维系统所要求的格式加载到运维管理平台中。

④数据加载后，在运维系统中进行核查，确保两者集成一致性。

⑤在能耗管理功能的日常使用中，进一步利用数据自动采集功能，将不同分类的能源管理数据通过中央数据库，自动集成到运维管理平台中。

⑥能耗管理数据为运维部门的能源管理工作提供了决策分析依据。

7.2.3 基于BIM的协同管理平台管理工作内容

协同管理平台基于BIM的建筑信息模型和项目建设过程中采集的动态数据，实现各参建单位的项目协同管理。范围可涵盖业主、设计、施工、咨询等参建单位的管理业务，项目参与方可以自身需求和能力建设企业自身的协同管理平台。应制定基于BIM的协同管理平台的实施协同标准（基本工作规则），规范生产活动。提供BIM平台的情况下，BIM实施过程中的文件均在BIM平台中统一存储和管理，并按统一规则命名。应根据各种使用场景及用途，考虑网页端、桌面端及移动端各种终端应用模式；同时应考虑模型调用的及时性，配备相应的软件设施与网络构架。应设置平台负责人，承担BIM平台的实施和维护工作。协同工作的实施主体应根据项目实际情况确定。

根据不同的主体对象划分了4个协同管理平台功能说明，包括业主协同管理、设计协同管理、施工协同管理和咨询顾问协同管理，从不同参建单位的角度说明协同管理平台具备的功能。通过搭建协同管理平台，有助于改善目前业主项目管理工作界面复杂、与参建方信息不对称、建设动态管控困难等一系列问题，为业主多方位、多角度、多层次的项目管理服务提供较好的管理与沟通工具和环境，从而提高项目整体建设水平与管理水平。

1.业主协同管理宜围绕业主管理目标确定协同管理内容

（1）资料管理

实现项目建设全过程的往来文件、图纸、合同、各阶段BIM应用成果等资料的收集、存储、提取及审阅等功能，以便于业主及时掌握项目投资成本、工程进展、建设质量等。

（2）进度与质量管理

及时采集工程项目实际进度信息，并与项目计划进度对比，动态跟踪与分析项目进展情况。同时，对该项目各参建单位所提交阶段性或重要节点的成果文件进行检查与监督，严格管控项目设计质量，施工进度、质量等，从而有效缩短项目整体建设周期，严格控制项目建设质量。

（3）安全管理

应结合施工现场的监控系统，查看现场施工照片和监控视频，及时掌握项目实际施工动态，如实时定位施工人员，对施工现场进行实时监管。同时，应加强项目参与方之间的信息交流、共享与传递及信息的发布，当业主发现施工现场可能存在的施工安全隐患时，能够及时发布安全公告信息，对现场施工行为进行有效监督与管理。

（4）成本管理

将项目的建筑信息模型与工程造价信息进行关联，有效集成项目实际工程量、工程进度计划、工程实际成本等信息，方便建设单位进行动态化的成本核算，及时控制工程的实际投资成本，掌握动态的合同款项支付情况以及实际的工程进展情况，确保项目能够在核准的预算时间内完成既定目标，提升业主对该项目的成本控制能力与管理水平。

（5）可拓展数据接口

基于BIM的建设单位协同管理平台宜具备相应的可拓展功能，可实现与其他新平台、新技术的融合与对接，更好地发挥平台的作用。该平台可拓展功能宜包括以下几个方面：

①与既有的企业OA管理平台、项目建设管理平台等进行对接。

②基于云技术的数据计算与大数据分析。

③云架构管理，实现"互联网+BIM"的架构应用。

④与平板端、VR体感设备等移动端互联。

⑤与GIS、物联网、智能化控制系统、智慧城市管理系统等多源异构系统集成。

⑥模型数据轻量化。

2.设计协同管理

面向设计单位的设计过程管理和工程设计数据管理，从基础资料管理、过程协同管理、设计数据管理、设计变更管理等方面，实现基于项目的资源共享、设计文件全过程管理和协同工作。设计协同管理宜围绕设计管理目标确定管理内容。

（1）资料管理

结合企业BIM设计标准，制定适用于项目特点的文件存储目录，对目录的权限统一授权管理，并设置合理的备份机制，满足企业工程数据管理要求。

（2）协同设计管理

以设计阶段BIM应用内容为主线，建立标准化的BIM应用流程，加强设计阶段BIM应用过程中各参建单位职责和交付成果的规范性。将BIM应用流程内嵌，使得各专业设计能够进行规范化的BIM设计工作，提高协同工作效率。

（3）设计成果审核管理

通过创建设计协同审核流程，对重要节点提交的设计成果进行审核，结合审阅和批注，实现对设计成果的有效审核以及成果质量管控。

（4）设计成果归档管理

建立项目级设计成果归档文件目录，结合企业归档文件编码，对项目工程数据进行有序的归档。

3.施工协同管理

通过标准化项目管理流程，结合移动信息化手段，实现工程信息在各职能角色间高效传递和实时共享，为决策层提供及时的审批及控制方式，提高项目规范化管理水平和质量。施工协同管理宜围绕施工管理目标确定具体管理内容。

（1）设计成果管理。

基于施工深化设计模型，进行多专业碰撞检测和设计优化，提前发现设计问题，减少设计变更，提高深化设计质量；模型可视化表达提高方案论证、技术交底效率，并形成问题跟踪记录。同时，进行设计文件的版本、发布、存档等管理。

（2）进度管理

通过进度模拟评估进度计划的可行性，识别关键控制点；以建筑信息模型为载体集成各类进度跟踪信息，便于全面了解现场信息，客观评价进度执行情况，为进度计划的实时优化和调整提供支持。

（3）合同管理

多个合同主体信息与建筑信息模型集成，便于集中查阅、管理，便于履约过程跟踪；同时，将建筑信息模型与合同清单集成，可以实时跟踪项目收支状况，对比和跟踪合同履约过程信息，及时发现履约异常状态。

（4）成本管理

基于施工信息模型，将成本信息录入并与模型关联，实现快速准确工程量计算，进行不同维度的成本计算分析，有助于成本动态控制；进行多维度成本对比分析，及时发现成本异常并采取纠偏措施。

（5）质量安全管理

基于施工信息模型，进行三维可视化动态漫游、施工方案模拟、进度计划模拟等，预先识别工程质量、安全关键控制点；将质量、安全管理要求集成在模型中，进行质量、安全方面的模拟仿真以及方案优化；依据移动设备搭载的模型进行现场质量安全检查，管理平台与其信息对接，实现对检查验收、跟踪记录和统计分析结果的管理。

4.咨询顾问协同管理

结合相应的协同管理平台，为相关单位提供项目全过程的BIM咨询服务，提高项目咨询服务协同工作效率。咨询顾问协同管理平台可具备如下管理内容：

（1）项目协同

存储项目各方数据文档，并对数据文档进行权限设置，保证各方及时接收到指定的项目资料，同时协同项目建设单位、设计单位、施工单位在相同的三维模型中工作，提高项目各方沟通协调效率，确保模型中反馈的相关设计或施工问题能够得到及时解决。

（2）设计问题跟踪

将建筑信息模型中反映的相关设计问题发送给责任方，并跟踪问题解决情况，确保设计问题能够销项闭环，保证项目设计质量。

（3）施工质量检查

定期对现场进行巡检，核查模型与现场的一致性，监管现场施工，确保现场按图施工。

（4）成本管控

管理现场施工签证流程，降低设计变更频率，保证建设项目完成成本目标，并达到降低项目建设成本的目的。

5.协同管理平台管理要求及控制措施

（1）BIM实施协同标准

BIM平台功能介绍、协同工作方法的具体要求、协同工作角色的职责与义务、BIM平台中相关辅助工具的使用说明。

（2）BIM平台负责人主要职责

文件及数据的存储及备份、账户和权限管理、工作记录、参与协同工作方法的制定、协同规则的执行和监督等。

（3）BIM平台安全措施

采取数据安全措施和制定安全协议，确保文件存储和传输安全，以满足各参建单位的安全需求，并为各参与方访问信息提供安全保障。

（4）协同工作要求

各项协同工作内容实施主体及职责权限可按项目实际情况进行调整。

1）设计阶段BIM协同工作职责

①设计单位负责搭建项目设计阶段BIM模型，在单位内部进行各专业间协同检查，整合好的模型按节点交付BIM成果至BIM平台。

②BIM咨询单位复查设计阶段BIM模型，并将复查结果发布至BIM平台，供建设、设计单位等审查。

③BIM咨询单位定期组织召开BIM协调会议，各方共同协调设计问题，商讨解决方案；设计单位根据协调结果，调整设计，并及时将更新的BIM模型上传至BIM平台，供建设、BIM咨询单位审查。

④设计阶段结束，BIM咨询单位上传设计阶段BIM成果，包括模型、会议纪要、碰撞报告等至BIM平台，并将施工图设计模型移交施工单位。

2）招标投标阶段BIM协同工作

①BIM咨询单位与造价咨询单位，根据项目情况和项目BIM技术标准相关规定，制定投标单位BIM建模范围、投标模型信息深度要求。

②BIM咨询单位利用已有模型对投标单位进行项目介绍，使投标单位能更好地了解项目概况、重点、难点。

③BIM咨询单位对投标单位进行BIM应用要求的介绍，确保投标单位明确项目BIM应用目标。

④BIM咨询单位对投标单位的BIM能力和BIM实施方案进行评估，并提交建设单位。

3）施工及竣工阶段BIM协同工作

①施工单位从BIM平台下载施工图设计阶段交付成果，并根据项目实际情况拆分BIM模型。

②施工单位根据施工进度计划，进行施工进度模拟和重难点施工方案模拟。

③施工单位按照规定的时间节点上传BIM模型及成果，满足施工阶段BIM审核周期和流程。

④建设单位、设计单位、咨询单位、监理单位和BIM咨询单位对上传的模型及成果进行审核。

⑤BIM咨询单位对BIM模型进行审核，辅助建设单位、监理单位进行施工进度计划、重难点施工方案的审核与确认。

⑥BIM咨询单位定期组织召开BIM协调会议，建设单位、设计单位、咨询单位、监理单位等进行共同协调，讨论设计、施工问题的解决方案，发布最终BIM审核意见及解决方案并上传至BIM平台。

⑦施工单位根据BIM协调结果调整施工组织方式及施工方案等，并及时将更新的BIM成果上传至BIM平台，建设单位、设计单位、监理单位和BIM咨询单位等对变更进行确认。

⑧BIM咨询单位根据项目施工进度，辅助建设单位对现场施工进行BIM核查和施工质量管理。施工单位根据BIM现场质量审查结果，调整现场施工及相关BIM模型。

⑨施工单位根据项目实施情况，更新施工阶段BIM应用成果，最终成果应与模型所表达的施工组织设计、施工方案、进度计划、现场实际保持一致。经建设单位、监理单位和BIM咨询单位验收后，形成竣工BIM应用成果并归档。

4）运维阶段BIM协同工作

①BIM咨询单位提取BIM平台上的竣工BIM应用成果，交予运维单位。

②BIM咨询单位根据运维需求，辅助运维单位进行BIM运维信息的提取和运维测试。

③运维单位定期更新运维资料至BIM平台。

7.3　BIM技术应用内容

工程项目全生命周期可分为方案设计阶段、初步设计阶段、施工图设计阶段、招标采购阶段、工程施工阶段以及运维阶段。BIM技术应用一般分为基本应用和可选应用，可选应用由项目相关单位通过合同或者协议等方式确定，BIM技术应用内容可参照表7-2。

BIM技术应用内容总览表　　　　　　　　表 7-2

序号	阶段	应用点	应用内容	说明
1	方案设计阶段	场地分析	创建场地模型，对项目所处场地和场地周边环境进行分析	可选应用
2		建筑性能模拟分析	对项目的可视度、采光、通风、人员疏散、结构、节能减排等进行专项分析	可选应用
3		设计方案比选	创建并整合方案模型和周边场地模型，利用BIM三维可视化的特性展现工程项目设计方案	可选应用
4		可视化应用	方案设计的可视化展示	可选应用
5		工程造价估算	利用方案设计模型提取工程量，估算建设项目的投资造价	可选应用
6	初步设计阶段	综合协调优化设计	检查各专业模型，并整合模型，校核构件平、立、剖面位置是否一致	基本应用
7		性能化分析	对项目的功能需求、能耗、舒适环境、碳排放、消防疏散、人防、交通排放等进行分析	可选应用
8		工程造价概算	通过模型和相关资料确定并控制建设项目投资	可选应用
9	施工图设计阶段	碰撞检测及三维管线综合	通过整合各专业模型，完成各种管线与建筑、结构平面布置和竖向高程相协调的三维协同设计工作	基本应用
10		净空优化	对建筑物内部空间进行检测分析，优化空间布置	基本应用
11		虚拟仿真漫游	通过软件平台的漫游功能，辅助设计评审和优化设计	基本应用
12		工程造价预算	结合模型工程量，套用相关资料，确定工程造价	可选应用
13	招标采购阶段	量化统计及工程量复核	根据工程项目招标分项表，创建符合工程量统计要求的各专业招标工程量数据	可选应用
14		工作界面划分与协调	划分招标界面和工作界面，明确衔接段工作职责	可选应用

序号	阶段	应用点	应用内容	说明
15	工程施工阶段	施工深化设计	深化设计BIM模型，协调深化各专业设计以及各专业之间的设计	基本应用
16		施工场地规划	利用场地布置模型，检查施工空间冲突，完善、优化场地布局	基本应用
17		施工方案模拟	对于重要、复杂的施工节点，在工程BIM模型中添加施工设备信息，结合施工方案进行精细化施工模拟，检查方案可行性	基本应用
18		构件预制加工	从深化设计模型中获取用于预制加工的数据，辅助预制构件加工，并将相关信息关联至BIM模型	可选应用
19		虚拟进度与实际进度比	将施工进度计划整合至工程项目BIM模型中，模拟项目整体施工进度安排，检查施工工序衔接及进度计划的合理性	基本应用
20		设备与材料管理	运用BIM技术达到按施工作业面配料的目的，实现施工过程中设备、材料的有效控制	可选应用
21		质量与安全管理	通过项目BIM平台及移动端应用，采集施工现场施工质量、安全信息，及时发现和处理各类施工质量安全问题	可选应用
22		竣工模型构建	在建筑项目竣工验收时，将竣工验收信息添加到施工过程模型	基本应用
23	运维阶段	资产管理	将工程项目资产信息纳入BIM运维模型和BIM管理平台，统筹管理工程项目的资产信息	基本应用
24		设施设备维护管理	通过与建筑设备自控系统、消防系统、安防系统及其他智能化系统相结合，形成运维管理平台的设施设备维护管理	基本应用
25		应急管理	利用工程BIM模型制定应急预案，通过BIM技术进行应急预案模拟，辅助突发事件发生时的事态控制，同时减少损失	可选应用
26		能源管理	结合楼宇计量系统及楼宇相关运行数据，生成按区域、楼层和房间划分的能耗数据，对能耗数据进行分析，发现高耗能位置和原因，并提出针对性的能效管理方案，降低建筑能耗	可选应用

7.4　优势与常见问题分析及管控措施

BIM技术在建设工程领域已广泛应用，在全过程各阶段的设计技术工作，无论是设计单位还是设计管理单位，对BIM技术均具有巨大的优势。然而当前BIM技术的应用却依然存在"设计冷淡、施工火热"的现象，BIM技术在设计及设计管理工作中的应用存在困难，应用点单一、成果价值不高等问题，本节将对BIM技术在设计管理中的优势及存在问题进行重点分析。

7.4.1　基于BIM技术的优势分析

1.工程管理优势

BIM技术的特点决定了BIM技术在管理中的优势，BIM技术的特点主要包括可视化、可模拟性及协同性。可视化是BIM技术最直观的优势，在工程管理中优势如下：

（1）为各建设单位提供良好的沟通平台，在三维立体模型下，建设单位可以更好地提出使用需求、确定设计方案；设计管理单位能够充分了解设计意图，提供更合理的咨询意见；设计单位能充分表达设计意图，理解建设单位意图。

（2）利用可视化优势，减少错漏碰缺。

（3）可视化优势是建立在丰富及便捷的几何信息基础上，基于几何信息可以审查施工图文件，对标准规范中的几何定位要求进行审查，提供图纸优化意见。

（4）可视化优势便于项目界面划分，辅助编标答疑。

（5）便于设计及施工交底，展示重难点复杂区域。

2.BIM技术的参数化优势

随着对BIM技术研究的逐渐深入，BIM技术由最初以可视化为目的的BIM三维模型，逐步发展到具有属性参数、深入分析参数信息、挖掘参数价值的阶段。对于公共建筑，特别是前期设计阶段，利用各类参数信息，进行功能、流线、性能分析，优化设计方案，提高项目品质。BIM模型存储着庞大的属性信息，包括定位信息、物性参数等，在设计管理中的优势如下：

（1）准确的定位信息为审查设计文件提供便利，包括净空优化和校核是否符合各类规范的相关要求等；

（2）强大的物性参数信息，为模拟分析提供了的条件，便于方案的分析论证。

3.BIM平台的协同性优势

BIM技术的协同性操作是区别于传统工程实施流程的主要特征。通过协同平台，各专业可各自完成各自的任务，既可以实现独立工作，又可以信息共享，实现提高工作效率的目的。特别是大型的公共建筑项目，由于项目复杂、涉及专业多，通过BIM协同平台，各专业、部门、工序之间的信息传递准确性、快速性将极大提升，在设计管理过程中的优势如下：

（1）便于信息提取与分析：设计团队定期将各自的设计成果轻量化模型上传至协同平台，设计管理人员可通过协同平台浏览各专业的轻量化模型，并从轻量化模型提取所需设计信息。

（2）便于设计信息管理：项目在协同平台启动应用后，可按照文档类型、专业、部位提前设定好文件的组织架构，以方便对设计过程文档的版本管理与查找，例如对于图纸版本及设计变更较多的项目。

（3）基于协同平台的设计优化：设计过程中使用设计协同平台后，各专业可将模型成果上传至平台，并自动整合。所有专业设计人员均可登录云平台，对整合模型进行浏览，利用三维可视化辅助图纸问题会审。期间发现的问题可及时保存并在云平台中进行沟通，同时也可创建流程，落实责任人限期协调整改。

4.BIM技术的产品交付形式多样性优势

BIM三维协同设计成果既有二维图纸、表格和文件，还有可视化的全信息三维模型和海量信息的工程数据库。产品的表现、交付形式更加多样化，在设计管理过程中的优势如下：

（1）全信息三维模型成果减少了二维平面图纸的理解难度，复杂空间所见即所得，有利于参建单位对方案及设计细节的优化调整，有利于项目管理的精细化。

（2）多样化的设计成果交付施工单位，施工单位在设计模型基础上进行施工深化设计，有利于施工单位理解设计意图，有利于施工的精细化管理，提升工程实体的品质。

总之，BIM 技术的系统性思维和信息化管理模式，有力地帮助工程建设项目的设计管理从粗放式、低技术含量向精细化、现代化方向改进，其应用推广的意义不仅是在高端、大型项目中解决难点和重点问题，更在于在常规项目中普及使用，进而提升全过程工程咨询的设计管理水平。

7.4.2　基于 BIM 技术咨询与管理的问题

正如上述分析，BIM 技术在工程管理中有巨大优势，然而在管理与技术两个角度均存在应用障碍，致使 BIM 技术在工程管理中的应用未能有效落地，本节将从管理与技术两方面进行阐述。

1.组织结构模式及工作流程问题

BIM 组织模式的割裂是制约着 BIM 技术项目全过程应用的重要因素，当前设计单位、施工单位、第三方 BIM 咨询单位、工程总承包单位均是 BIM 技术实施的重要组成部分。其中由设计单位驱动和施工单位驱动的 BIM 组织模式服务于各自的业务范围，获得业务范围内的管理成效，两种模式泾渭分明，数据信息只能在组织内部传递，无法共享。

第三方 BIM 咨询单位虽然可对项目全过程进行 BIM 应用，但考虑到第三方 BIM 咨询单位不是项目五方责任主体，无法统筹协调设计与施工单位、初步设计单位与工程总承包单位，导致沟通环节过多，且通过 BIM 技术实施获得的管理成效并不能使第三方 BIM 咨询单位受益，不能调动其积极性，因此该模式也不是 BIM 实施的最佳模式。

此外，BIM 技术实施除能够提高各方管理成效外，还可对项目品质的提升、工程的有序推进带来巨大效益，而这部分效益建设单位是最大的受益者。建设单位可整合各参建单位对 BIM 数据的需求，建立以建设单位为中心的项目级 BIM 数据协同管理平台和 BIM 基础数据库，为工程项目设计、造价咨询、施工、运维等各阶段、各参与方提供统一的数据共享和协同工作环境，提高多方协同工作效率，实现 BIM 应用效能最大化。

作为 BIM 技术应用的最大受益者，建设单位牵头的 BIM 组织模式起步最晚，虽然近年来也在快速发展，但由于大部分建设单位缺乏 BIM 应用经验和专业的 BIM 管理人才，无法有效整合设计和施工单位 BIM 资源，一定程度上也制约着 BIM 优势的发挥。

全过程工程咨询单位是建设项目全生命周期提供组织、管理、经济和技术等各方面的工程咨询服务，受建设单位委托管理项目，若以全过程工程咨询单位牵头实施 BIM 的组织模式，将促进项目的 BIM 技术应用。

2.未能有效与工程技术相结合

由于 BIM 软件操作门槛较高且存在工作效率等问题，目前 BIM 技术实施人员主要以软件操作人员为主，对专业技能、规范要求、施工经验均掌握不足，导致 BIM 技术在设

计管理中未能与工程技术相结合,具体表现如下:

(1)BIM技术的可视化是当前在设计管理中的主要应用点,然而仅停留在错、漏、碰、缺的最基础的应用。工程技术及相关规范对尺寸定位要求和面积空间要求提出了大量的规定,众多还是强制性条文,定位尺寸、空间信息是BIM技术的可视化最本质的体现,然而当前除了尚在研发的相关审图系统外,尚无该方面的应用。

(2)BIM技术庞大的物性参数信息,可以为设计提供性能化的模拟分析。在基于BIM技术的模拟分析过程中,未能理解各类模拟分析的原理、未能与项目实际相结合、未能利用规范标准中的规定判断模拟结果的准确性,甚至将基于BIM的模拟分析方案优化工作简单地理解为绿建要求的模拟分析工作。

(3)未能有效地理解设计意图,将设计信息完全传递至BIM模型中,导致设计管理过程中出现差错。

(4)在基于BIM技术的深化设计过程中,深化设计成果不能满足施工工艺要求,甚至优化后的成果不满足规范要求等。

(5)基于BIM的深化设计图纸与原设计施工图蓝图的关系不清,导致BIM深化设计成果不能实际落地。

7.4.3　管控措施

1.建立健全的管理体系

基于落实BIM管理工作的角度,围绕BIM实施目标、BIM应用需求、BIM应用深度,建立健全项目实施期间的各项BIM管理制度、实施方案、流程,以制度管理、目标管理、流程管理、成果管理、协同管理促进项目参建单位工作规范化。

2.审查核验

审查核验参建单位的相关BIM实施方案、BIM各项标准、软硬件配置方案、BIM实施计划、BIM实施成果文件及资料等,提出审核意见,对不符合要求的BIM实施方案、BIM各项标准、软硬件配置方案、BIM实施计划、BIM实施成果文件及资料等,应及时落实参建单位完善后再次报审。

3.过程控制、检查

过程控制和检查应围绕参建单位在项目建设中的职能进行,检查内容针对参建单位应承担的工作职责及应提交工作成果的质量、工作完成时间等。检查主要依据为建设单位与参建单位之间的承包或委托合同、相关行业主管部门的法律法规、规定、规章、技术规范及建设单位内部BIM技术规范标准等,过程控制及检查大致包括以下内容:

(1)参建单位的各项BIM实施资源条件(BIM实施人员、BIM软硬件配置、BIM经费)投入情况是否满足合同要求及实际工作需要。

(2)参建单位实际工作实施与经管理公司批复的BIM实施计划、BIM各专项实施方案是否一致。

(3)参建单位针对BIM管理部签发的各类管理指令的落实情况。

（4）外在环境或客观条件发生变化，是否应调整BIM工作内容和BIM计划等。

（5）参建单位的过程BIM技术服务、BIM各阶段过程成果的质量是否符合合同及相关规范要求。

4.签发管理指令

以各类BIM管理工作联系单、BIM管理实施指令等书面形式及时下达BIM管理任务，针对参建单位履约过程中存在的问题及时落实纠偏。

5.组织BIM专项协调

利用BIM技术交底会议、BIM管理例会、监理例会、BIM专题例会等各类会议、电话沟通、书面指令等，及时分析评价参建单位实际工作质量情况，及时传达有关主管部门的文件和规定，研究贯彻落实的方法，针对存在的问题，提出管理要求，明确工作目标。

6.组织专项检查

围绕参建单位承担的BIM工作职责范围，针对项目建设的关键工作节点、关键阶段及履约过程中存在的问题等开展专项检查，落实整改，促进参建单位的BIM工作履约意识。

7.落实履约质量考核及评价

针对项目的各参建单位，落实过程BIM工作质量考核及最终质量评价，BIM工作考核与评价结论整合至项目最终考核与评价结论。

8.针对特定事件，及时形成专项报告

（1）以BIM管理月报、BIM咨询月报定期向公司、建设单位报告月度BIM管理工作情况。

（2）BIM管理过程中，参建单位存在严重不良履约行为或履约质量严重缺陷时，BIM管理部可以专题报告建设单位和该参建单位的上级主管部门，借助建设单位和上级主管部门的力量促进BIM管理。

9.采用清单销项，管控项目整体运行情况

为规范项目销项管理流程，加强内部控制，提升工作效率，贯彻"准确性、及时性、完整性、有效性"原则，确保销项工作的规范性和有效性。销项清单可参照表7-3某工程项目精细化设计管控BIM应用成果销项清单（范例）。

7.5　工程总承包项目BIM技术咨询有关建议

7.5.1　由全过程工程咨询单位承担BIM技术咨询与管理工作

近年来，多数工程总承包项目在选择全过程工程咨询服务单位时，没有把BIM技术咨询纳入全过程工程咨询服务内容，少数项目也仅把BIM技术应用管理工作交由全过程工程咨询单位实施，造成了BIM技术成果分阶段割裂，不能实现全链条贯通，大大降低了BIM技术应用的效率。

采用包含BIM技术咨询与管理内容的全过程工程咨询服务模式，咨询单位通过对

某工程项目精细化设计管控 BIM 应用成果销项清单（范例）

表 7-3

设计阶段	设计节点	BIM技术专项	落实单位		完成情况（是/否）	是否上传设计管理平台	是否上传工程管理平台	备注
			设计单位	全过程咨询单位				
设计准备阶段	BIM技术应用设计启动	①项目总体BIM实施方案（全过程工程咨询单位）		√	是	是	是	
		②设计BIM实施方案	√		是	是	是	
		③方案设计BIM工作计划	√		是	是	是	
		④BIM设计各单位人员通讯录（全过程工程咨询单位）		√	是	是	是	
方案设计阶段	方案阶段BIM技术应用（25%节点）	①场地分析：场地分析报告及场地模型	√		是	是	是	
		②方案设计模型建立：方案设计模型	√		是	是	是	
		③自然采光模拟：自然采光模拟分析报告及可视化成果	√		是	是	是	
		④自然通风模拟：自然通风模拟分析报告及可视化成果	√		是	是	是	
		⑤交通组织分析：交通组织分析报告及可视化成果	√		是	是	是	
	方案阶段BIM技术应用（50%节点）	①设计方案比选：设计方案比选报告	√		是	是	是	
		②建筑能耗模拟：建筑能耗模拟分析报告及可视化成果	√		是	是	是	
		③视野可视化分析：优化后的方案设计模型	√		是	是	是	
		④虚拟仿真漫游：动画视频文件、漫游成果文件	√		是	是	是	
	方案阶段BIM技术应用（75%节点）	①净空净高控制：净空净高控制图及净空净高控制报告	√		是	是	是	
		②经济技术指标控制：经济技术指标控制（表格）	√		是	是	是	
		③幕墙方案设计：幕墙方案设计模型	√		是	是	是	
	方案设计BIM成果应用（100%节点）	①方案设计BIM成果及自查报告	√		是	是	是	
		②方案设计BIM成果评审报告（全过程工程咨询单位）		√	否	否	否	
		③方案设计BIM实施工作汇报报告	√		是	是	是	
		④方案设计BIM成果评审会会议纪要（全过程工程咨询单位）		√	否	否	否	
初步设计阶段	BIM初步设计启动	初步设计BIM工作计划	√		是	是	是	

续表

设计阶段	设计节点	BIM技术专项	落实单位		完成情况（是/否）	是否上传设计管理平台	是否上传工程管理平台	备注
			设计单位	全过程咨询单位				
初步设计阶段	初步设计BIM技术应用（20%节点）	模型构建及检查优化：初步设计模型（建筑、结构）	√		是	是	是	
	初步设计BIM技术应用（60%节点）	①特定室内通风微环境分析（CFD）：特定室内通风微环境BIM分析（CFD）报告及可视化成果	√		是	是	是	
		②光环境仿真分析：光环境仿真分析报告及可视化成果	√		是	是	是	
		③声环境仿真分析：声环境仿真分析报告及可视化成果	√		是	是	是	
		④热模拟仿真分析：热模拟仿真分析报告及可视化成果	√		否	否	否	
		⑤建筑能耗模拟：建筑能耗模拟报告及可视化成果	√		是	是	是	
		⑥人员疏散模拟：人员疏散模拟报告及可视化成果	√		是	是	是	
	初步设计BIM技术应用（75%节点）	①模型构建及检查优化：初步设计模型（机电）	√		是	是	是	
		②净空净高分析：净空净高分布图及净空净高分析报告	√		是	是	是	
		③机房布局优化：机房布局优化分析报告及优化后的初步设计模型	√		是	是	是	
		④工程量统计分析：工程量统计分析（表格）	√		是	是	是	
		⑤经济技术指标分析：经济技术指标控制（表格）	√		是	是	是	
		⑥虚拟仿真漫游：虚拟仿真漫游（动画视频、漫游文件）	√		是	是	是	
	初步设计阶段BIM技术应用成果备案（100%节点）	①初步设计BIM成果及自查报告	√		是	是	是	
		②初步设计BIM成果评审报告（全过程工程咨询单位）		√	否	否	否	
		③初步设计BIM实施工作汇报报告	√		是	是	是	
		④初步设计BIM成果评审会会议纪要（全过程工程咨询单位）		√	否	否	否	
施工图设计阶段	施工图设计启动	施工图设计BIM工作计划	√		是	是	是	
	施工图设计阶段BIM技术应用（20%节点）	模型构建及检查优化：施工图设计模型（建筑、结构）	√		是	是	是	

续表

设计阶段	设计节点	BIM技术专项	落实单位 设计单位	落实单位 全过程咨询单位	完成情况(是/否)	是否上传设计管理平台	是否上传工程管理平台	备注
施工图设计阶段	施工图设计阶段BIM技术应用（40%节点）	①模型构建及检查优化：施工图设计模型（机电）	√		是	是	是	
		②碰撞检测及三维管线综合：碰撞检测及三维管线综合报告，调整后的各专业施工图设计模型	√		是	是	是	
		③结构预留预埋：预留孔洞图纸、预埋件布置图纸、调整后的结构施工图设计模型	√		是	是	是	
	施工图设计阶段BIM技术应用（60%节点）	施工图设计模型（深化施工图设计成果）	√		是	是	是	
	施工图设计阶段BIM技术应用（80%节点）	①施工图设计模型（幕墙、钢结构、景观、室内装修）	√		是	是	是	
		②施工图辅助设计：各专业施工图图纸	√		否	否	否	
		③虚拟仿真漫游分析：动画视频文件、漫游成果文件	√		是	是	是	
	施工图设计阶段BIM技术应用成果备案（100%节点）	①施工图设计BIM成果及自查报告	√		是	是	是	
		②施工图设计BIM成果评审报告（全过程工程咨询单位）		√	是	是	是	
		③施工图设计BIM实施报告	√		是	是	是	
		④施工图设计BIM成果评审会会议纪要（全过程工程咨询单位）		√	是	是	是	
	施工图设计交底	①施工图设计交底提纲	√		是	是	是	
		②施工图设计BIM成果交底会议纪要（全过程工程咨询单位）		√	是	是	是	
施工配合阶段	深化设计成果备案	①机电深化设计：机电深化设计模型	√		是	是	是	
		②钢结构深化设计：钢结构深化设计模型	√		是	是	是	
		③幕墙深化设计：幕墙深化设计模型	√		是	是	是	
		④室内装修深化设计：室内装修深化设计模型	√		是	是	是	
	现场施工配合	①设计变更模型；②竣工BIM模型与竣工图纸一致性审核报告	√		是	是	是	

BIM技术应用统筹并参与BIM技术咨询工作，一方面可以解除项目实施各阶段之间的信息壁垒，另一方面又反过来推动解决BIM技术落地难的问题。

1.全过程工程咨询单位较早介入工程策划与实施（可行性研究或方案设计阶段），对项目理解及建设单位需求的了解更为透彻，有利于将工程总承包项目实施前期和实施阶段工作内容有效串联。

2.全过程工程咨询在项目前期阶段对项目进行总体策划时，可以统筹考虑BIM技术应用的策划，这种全过程、前瞻性的策划对BIM技术后续顺利实施奠定了基础。

3.工程总承包招标阶段，全过程工程咨询单位可以根据项目实际及具体实施情况编制BIM技术应用标准，减少后期扯皮问题。

4.全过程工程咨询单位可以预先对工程总承包拟选用的BIM应用软件、版本、项目样板提出具体要求，便于设计模型能够顺利流转到施工模型，解决当前不能"一模到底"问题。

5.与第三方BIM咨询团队相比，全过程工程咨询团队一般全程驻场服务，对项目各阶段各方信息均有准确了解，对模型信息录入、后期运营维护提供有力保障。

6.全过程工程咨询单位除了提供项目管理服务外，还提供专业技术支持，可发挥项目的创新性、主动性。

7.5.2 组织结构设置

项目BIM技术组织架构是BIM技术实施的首要问题，全过程工程咨询单位牵头的项目BIM组织架构，建议分为3个层级：建设单位项目管理部为第一层级，主要起到把控整体方向、提出需求任务的作用；全过程工程咨询单位BIM团队为第二层级，主要起到牵头、组织、协调及管理的作用；EPC总承包BIM团队为第三层级，具体负责项目实施。

在EPC总承包合同的约定下，BIM技术应用由全过程工程咨询单位主导实施，由EPC总承包单位的设计单位联合施工方组成BIM技术工作组，共同完成BIM建模工作，并将BIM成果用到项目实施的各个阶段。其他咨询单位和专业承包单位，在全过程工程咨询单位的统筹协调下，借助BIM技术开展有关工作。工程总承包项目BIM工作组织机构框架图（如图7-15所示）。

该模式下各方的工作职责如下：

1.全过程工程咨询单位

全过程工程咨询单位作为建设单位聘请的专业咨询服务单位，是BIM应用的牵头单位，在工程总承包单位实施的模式下，主要职责包括：

（1）结合项目BIM实施需求，编制《BIM总体策划方案》，并对EPC总承包单位实施交底，督促其依据《BIM总体策划方案》编制各自的实施方案。

（2）在工程总承包招标过程中，明确项目BIM技术标准。

（3）组织审查工程总承包单位提交的BIM模型及应用成果。

（4）负责对工程总承包单位进行履约评价。

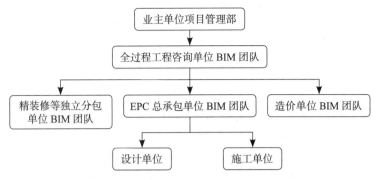

图 7-15　工程总承包项目 BIM 工作组织机构框架图

（5）负责组织本项目 BIM 应用的总结、宣传和交流。

2.工程总承包单位

（1）按照《BIM 总体策划方案》，编制《项目 BIM 实施方案》。

（2）按照设计阶段、施工阶段顺序进行模型搭建及信息录入。

（3）将设计阶段的 BIM 成果反馈设计，辅助设计管理工作。

（4）将施工阶段的 BIM 成果反馈施工，指导现场施工实施。

7.5.3　基于 BIM 技术的机电安装工程深化设计出图方式的建议

《2016—2020 年建筑业信息化发展纲要》指出，"探索基于 BIM 的数字化成果交付、审查和存档管理。开展白图代蓝图和数字化审图试点、示范工作。"为 BIM 深化设计以白图的形式出图提供了依据。因此，建议机电安装工程应以施工图蓝图为施工依据，机电安装工程深化设计以白图的形式表达，即采用"以蓝图为施工依据，以白图辅助施工"的出图方式，白图施工深化设计单位图框，深化设计人员、EPC 现场负责人均需签字确认，并由 EPC 设计单位加盖确认章。

考虑到机电安装工程深化设计工作主要解决管线的标高、尺寸、空间位置关系，建议在白图上标注"本图仅表示管线标高、尺寸、空间位置关系，其余信息以蓝图为准"，因为阀门、风口等管道附件在蓝图中均有统一的表示，且不存在深化设计图纸中图例各异的问题。

对于白图，则需要由 EPC 施工图设计单位及 EPC 现场实施团队进行严格审查。EPC 现场实施团队主要审核内容包括：白图中的管线位置关系、标高能否满足施工及验收规范要求、是否便于施工、是否便于设置支架及抗震支吊架、是否便于检修；施工图设计单位主要审核内容包括：白图中的管线走向是否满足设计规范要求，是否改变了原来的设计意图等。

基于出台的《建筑信息模型设计交付标准》GB/T 51301—2018，鼓励 BIM 技术在设计阶段由"伴随式 BIM 设计"向"BIM 正向设计"转变，设计单位借助具体项目积累企业级的 BIM 正向设计建模标准及出图标准，保障设计 BIM 和施工深化 BIM 的有效衔接，可适度减少 BIM 施工深化出图阶段的工作量，提升深化成果的质量。

第8章 工程造价咨询与管理

工程造价咨询是全过程工程咨询服务的核心内容之一。与传统的施工总承包模式相比，EPC工程总承包模式在计价方式、费用组成、计量方法、设计责任、风险分担等方面都有创新，项目投资控制难度较大。在工程总承包模式下全过程工程咨询单位如何实施项目成本控制、全过程造价管理、提升项目经济效益是工程造价咨询管理的重点，本章从项目决策阶段、勘察设计阶段、招标采购阶段、工程施工阶段、竣工验收阶段、运营维护阶段等探析相应的造价控制方法，以达到有效控制项目投资的目的，确保建设单位投资目标的实现。

8.1 工程造价特点分析

8.1.1 工程总承包费用组成发生变化

随着工程总承包模式的不断推进，工程总承包的费用组成内容也在不断调整变化，以适应市场的变化。与传统工程建设模式相比，工程总承包费用除工程费用外，"工程建设其他费用"中的部分费用纳入工程总承包费用中，不同项目的构成不一致，各地要求也存在差异。

以杭州市《关于印发杭州市房屋建筑和市政基础设施项目工程总承包项目计价指引的通知》（杭建市发〔2022〕27号）为例：工程总承包费用由工程设计费、设备购置费、建筑安装工程费和工程总承包其他费四部分构成，所有费用均为包含税金的全费用。其中，工程总承包其他费包括工程总承包管理费和工程总承包专项费；设备购置费和建筑安装工程费合计为工程费用，是工程总承包管理费的计算基数。

8.1.2 限额设计责任主体发生变化

所谓限额设计，就是要按照批准的设计任务书及投资估算控制初步设计，按照批准的初步设计总概算控制施工图设计。将上阶段设计审定的投资额和工程量先分解到各专业，然后再分解到各单位工程和分部工程。由于设计工作纳入工程总承包的范围，限额设计的主体责任由建设单位转到工程总承包单位，限额设计的管理要求也发生较大变化。

在工程总承包项目中，发包人会在招标文件中明确限额设计的投资目标。从发包人的角度来看，发包内容的不同，项目投资目标参考依据有所不同。在可行性研究报告批准或

160

方案设计后，一般可按投资估算中与发包内容对应的总金额作为投资控制目标。在初步设计批准后，按照设计概算中与发包内容对应的总金额作为投资控制目标。但由于市场竞争原因，总承包企业一般都是以控制工程费用的方式，减去预期的利润和风险费用后，再将差值作为限额设计的目标值。

8.1.3　计价方式多样化

各省市在推行工程总承包模式时，均鼓励工程总承包采用总价合同模式，这与推行工程总承包的初衷相适应。以《建设项目工程总承包计价规范》T/CCEAS 001—2022为例，明确了工程总承包应当采用总价合同，对于双方无法把控的项目可单独采用单价，形成总价+单价合同的计价模式。又以《江苏省房屋建筑和市政基础设施项目工程总承包计价规则（试行）》为例，明确企业投资的工程总承包项目宜采用总价合同；政府投资的工程总承包项目应当合理确定合同价格形式，包括总价合同、单价合同、其他合同价格形式。

在工程总承包项目中，涉及的计价方式较多，如固定总价、单位经济指标包干、全费用综合单价包干、固定下浮率、模拟工程量清单报价等，不管是哪种合同计价方式，都需要根据承发包范围来分摊计价风险，合同价格是固定还是调整，都需要根据合同的具体约定来判断。

8.2　工程造价咨询的内容

工程总承包项目投资控制可以介入项目决策阶段、勘察设计阶段、招标采购阶段、工程施工阶段、竣工验收阶段、运营维护阶段等阶段，全过程工程咨询单位在各阶段应当结合EPC项目的特点，针对性地增加工程造价咨询服务，以满足建设单位的管理需求。

8.2.1　项目决策阶段

在建设项目的决策阶段，项目的各项技术经济决策对建设工程造价以及项目建成后的经济效益有着决定性的影响，是建设工程造价控制的重要阶段。在该阶段编制可行性研究报告，对拟建项目进行经济评估，认真优选技术上可行、经济上合理的建设方案，并在优化建设方案的基础上通过调查研究、分析比较、核算论证，编制工程估算。

1.投资估算编制与审核

投资估算是在对建设地块和地质条件、项目的建设规模、技术方案、设备方案、工程方案及项目实施进度等进行研究并基本确定的基础上，估算项目投入总资金，并测算建设期内分年资金需要量。投资估算一般是制定融资方案、经济评价、编制初步设计概算的依据。

投资估算编制与审核对在方案设计阶段后启动工程总承包招标的项目至关重要。全过程工程咨询单位应当根据同类工程项目的单位造价及本项目的特点，编制方案估算，对方案估算进行分解，编制分部工程或分部分项工程的投资控制指标。

2.项目经济评价报告编制与审核

全过程工程咨询单位应依据委托合同的要求，对建设项目进行经济评价，一般性项目的经济评价无特定要求时仅需进行财务评价。项目决策阶段全过程工程咨询单位中的造价咨询服务团队需要定期与工程设计团队进行沟通交流，当设计方案调整时，及时调整工程项目投资估算以便保持与设计文件的一致，供发包人项目决策参考。

8.2.2 勘察设计阶段

勘察设计阶段是影响造价控制的最重要的阶段，更是工程造价管理及处理工程经济问题的关键阶段。设计是在技术和经济上对拟建工程的实施进行全面的安排，也是对工程建设进行规划的过程。技术先进、经济合理的设计能使项目建设缩短工期，节省投资，提高效率。根据一些项目投资控制统计分析，设计费一般只相当于建设工程全生命周期费用的1%~2%，而这个费用对工程造价的影响度却占75%以上。因为对于一般建设工程，材料和设备选用占工程成本的50%以上，而在设计阶段建筑形式、结构类别、设备和材料已经确定，但在建设后期实施阶段，对工程造价的影响很小（10%以下）。由此可见，设计阶段的造价管理对整个工程建设投资控制至关重要。这个阶段的工程造价咨询的主要服务内容有：

1.设计概算的编制与审核

项目设计概算总投资应包括建设投资、建设期利息、固定资产投资方向调节税及流动资金。设计概算一般由设计单位编制，全过程工程咨询单位负责审核（除已经包括了初步设计的服务内容的全过程工程咨询），对在初步设计阶段完成后启动 EPC 工程承包招标的项目来说，设计概算是工程总承包项目成本管控的来源。

全过程工程咨询单位编审设计概算时，应延续已批准的项目投资估算范围、工程内容和工程标准，并将设计概算控制在已经批准的投资估算范围内。如发现投资估算存在偏差，应在设计概算编审时予以修正和说明。设计概算的编审依据、编审方法、成果文件的格式和质量应符合现行的设计概算编审相关标准规范规程的要求。

2.确定项目限额设计指标

全过程工程咨询单位在项目初步设计阶段可采用合理有效的经济评价指标体系和价值工程、全生命周期成本等分析方法对单项工程或单位工程设计进行多方案经济比选，编制优化设计的方案经济比选报告。应根据经济比选优化后的设计成果编制设计概算，并依次按照项目、单项工程、单位工程、分部分项工程或专业工程进行分解作为深化设计限额。当超过限额时应提出修改设计或相关建设标准的建议，同时修正相应的工程造价至限额以内。

3.对设计文件进行造价测算与经济优化建议

全过程工程咨询单位在编制或审核设计概算时，应比较并分析设计概算费用与对应的投资估算费用组成，提出相应的比较分析意见和建议。优化设计的方案经济比选应包括对范围及内容、依据、方法、相关技术经济指标、结论及建议的优化。

4.施工图预算的编制与审核

根据全过程工程咨询合同的委托内容，全过程工程咨询单位负责编制或审核施工图预算。应根据已批准的项目设计概算的编制范围、工程内容、确定的标准进行编审，将施工图预算值控制在已批准的设计概算范围内。与设计概算存在偏差时，应在施工图预算中予以说明，需调整概算的应告知委托人并报原审批部门核准。

施工图预算的编审依据、编审方法、成果文件的格式和质量应符合现行的施工图预算相关标准规范规程的要求。

5.分析项目投资风险，提出管控措施

项目投资风险包括技术风险、市场风险、资金风险、政策风险。全过程工程咨询单位应当作为牵头单位协调各参建单位编制风险防范方案，提出专业意见，供建设单位参考，并对风险分担提出建议。

8.2.3 招标采购阶段

在工程总承包单位招标阶段，全过程工程咨询单位要站在专业角度，做好招标及合约规划和招标过程服务等咨询，按照建设单位要求对项目目标、范围、设计和其他技术标准进行系统的策划、整理、分析，形成适合EPC项目的造价控制需求，把关招标控制价，建立EPC项目计量计价体系，明确合约中合同价款调整方式，尽量挖掘建设单位需求和风险承受能力，使之能用可描述化、可视化、成本化的方式展现出来，便于减少后期变更。

根据全过程工程咨询合同的委托内容，全过程工程咨询单位负责编制或审核施工图预算，负责招标控制价的编制或审核，部分政府投资项目还会由财政主管部门委托第三方对全过程工程咨询单位审核后的招标控制价进行审核。这个阶段的工程造价咨询主要服务内容有：

1.工程量清单的编制与审核

项目工程量清单应依据相关工程量清单计量标准编制。全部使用国有资金投资或者以国有资金投资为主的项目，应当采用工程量清单计价并符合行业相关规程规定。非国有资金投资的项目，鼓励采用工程量清单计价。

全过程工程咨询单位按照现行《建设工程工程量清单计价规范》GB/T 50500编制工程量清单时，如遇现行计算规范未规定的项目，可按补充项目进行编制。

审核工程量清单时，注意审核图纸说明和各项选用规范是否符合技术要求、主要设备的型号、规格、品牌等要求是否符合要求，重点关注界面划分，是否有漏项或对造价有重大影响的子目等。

2.招标控制价的编制与审核

招标控制价的工程量应依据招标文件发布的工程量清单确定，最高投标限价的单价应采用综合单价，其综合单价应包括人工费、材料费、机械费、管理费、利润、规费和税金。全过程工程咨询单位编制或审核招标控制价时应客观反映市场真实价格，不得随意提高或降低，编制与审核应符合现行的相关标准规范规程等要求。

全过程工程咨询单位应将招标控制价与对应的单项工程综合概算或单位工程概算进行对比，出现实质性偏差时应告知发包人并进行相应调整。

3.编制项目资金使用计划

全过程工程咨询单位应当编制项目资金使用计划，合理地预测各阶段工程造价费用的支出，以便于发包人开展建设资金申请、划拨和监督资金使用情况。

8.2.4　工程施工阶段

施工阶段是把设计图纸、原材料、半成品、设备等变成工程实体的过程，也是建设项目价值实现的主要阶段，因此施工阶段的工程造价控制对提高投资效益也有着十分重要的意义。这个阶段的工程造价咨询主要服务内容有：

1.计算及审核工程预付款和进度款

做好用款计划、月报、年报、年度投资计划等统计工作，负责对承包人报送的完成进度款报表进行审核，并提出当月付款建议书。工程进度款的审核与确定报告应符合施工合同相关支付条款的要求，所套用的计价基础应正确，工程量的核定应与施工进度状况相一致，中期付款报告的签发程序及时间应符合施工合同要求。

2.变更、签证及索赔管理

全过程工程咨询单位应依据全过程工程咨询合同约定处理工程变更、索赔及施工合同争议、解除等事宜。负责审核设计变更及现场签证、隐蔽工程的影像资料留痕等，审核因设计变更、现场签证等发生的费用，相应调整造价控制目标，向发包人提供造价控制动态分析报告，并按照相关规定报审计部门备案。建立分管项目的合同、支付、变更、预结算等各种台账，方便招标人查看。负责相关资料的收集整理以及保管工作。承包方提出索赔时，应根据合同和有关法律、法规，向发包人提供咨询意见。

3.材料、设备的询价，提供核价建议

在工程总承包项目中，会出现大量无价材料，需采用电话询价、市场调查、类似项目同类材料参考、供应商比价的方式确认。全过程工程咨询单位应向建设单位提供设备、材料价格信息，做好过程询价和确认价格等工作，安排专业工程师进行调查，从政府指导价、网上询价、内部招标、市场调研等多渠道收集市场信息，进行筛选整理后报给建设单位，作为核定材料价格的依据。建设单位根据掌握的信息及跟踪审查提供的核价资料核定材料价格，作为结算审核的依据。

4.施工现场造价管理

全过程工程咨询单位负责工程计量和付款签证，由专业监理工程师对承包人在工程款支付报审表中提交的工程量和支付金额进行复核，确定实际完成的工程量，提出到期应支付给承包人的金额，并提出相应的支持性材料。全过程工程咨询部门造价咨询团队对专业监理工程师的审查意见进行审查，经项目负责人确认后报建设单位审批。

5.项目动态造价分析

把合同额作为投资控制的目标，在工程实施中定期地进行计划投资额与实际投资额的比较，发现实际值与目标值之间存在偏差时应及时分析产生偏差的原因，并采取有效措施加以控制，以保证工程形象进度款的合理支付，从而达到投资控制目标的实现。

6.审核及汇总分阶段工程结算

全过程工程咨询单位核定分阶段完成的分部工程结算，对项目工程造价进行经济指标分析，负责提交结算审核事项表，参与结算资料整理归档；负责协调和施工单位有关结算问题的分歧，对监理和施工单位的结算工作进行管理。

7.施工阶段造价风险分析及建议

对可能影响项目投资控制的风险因素进行识别，重点关注可能产生索赔的合同风险、可能被审计关注的制度风险，制定出风险应对措施，减少或消除风险对项目投资的影响。

8.2.5　竣工验收阶段

竣工验收阶段作为工程总承包项目的收尾阶段，若此阶段管理成效不好，工程最终效益与预期将存在较大的出入，工程造价成本难以得到有效控制。全过程工程咨询单位需针对工程建设过程中因变更或其他非人为因素造成的工程造价变化，将相关数据进行整合，全方位集成管理，从而做到对工程结尾阶段有力把控，降低工程建设成本。

这个阶段的工程造价咨询主要服务内容有：按照委托人的要求编制项目总体结算工作方案，针对工程总承包项目特点拟定结算原则、结算方式及结算工作建议，负责竣工结算审核，开展工程技术经济指标分析，组织竣工决算报告的编制或审核，配合完成竣工结算的政府审计，并根据审计结果对工程的最终结算价款进行审定。

8.2.6　运营维护阶段

1.部分项目在运营维护阶段，还需要开展一些货物类、服务类项目的招标，以满足运营需要。这些项目的招标控制价编制及变更审核、工程类项目的结算审核可纳入全过程工程咨询的服务范围。

2.运营维护阶段涉及建筑物的保修、维护、更新、改造，造价工程师应当参与设备设施的巡检、保养维修、故障排除和改善工作，提供优化运营维护流程、控制运营维护成本的专业化建议。

8.2.7　总体要求

全过程工程咨询单位在提供工程造价咨询服务时应坚持合法、独立、客观、公正和诚实信用的原则。应按委托咨询合同要求出具成果文件，并应在成果文件或需其确认的相关文件上签章，承担合同主体责任。造价工程师应在各自完成的成果文件上签章，承担相应责任。全过程工程咨询单位以及承担工程造价咨询业务的工程造价专业人员，不得同时接受利益或利害双方或多方委托进行同一项目、同一阶段中的工程造价咨询业务。造价咨询工作服务于项目整个过程，在服务过程中需要紧密地与全过程工程咨询服务的其他团队相互配合。

8.3 工程造价咨询的具体要点

不同阶段的工程总承包投资控制是从项目发包起始点开始，将工程按照方案设计、初步设计以及施工图设计进行造价评估。

工程总承包项目一般是通过对项目进行大包干的模式进行全面承包，包括了设计、采购、施工、组织和管理等工作，将项目的设计与实施有机贯穿起来。对工程总承包项目进行投资控制之前需先了解建设项目工程总承包费用的组成。

2018年12月12日，住房城乡建设部办公厅发布《住房城乡建设部办公厅关于征求房屋建筑和市政基础设施项目工程总承包计价计量规范（征求意见稿）意见的函》，截至目前，一直未发布正式实施稿，现阶段部分省份发布了类似计价规范，工程总承包费用的构成及计取在各地计价文件中也略有不同。具体详见表8-1。

部分省份工程总承包费用构成一览表

表8-1

序号	政策文件	总承包费用构成		发布部门
1	《建设工程总承包计价规范》	工程费用	主要包含建筑工程费、设备购置费、安装工程费	中国建设工程造价管理协会（该标准为团体标准）
		工程总承包其他费用	建设项目总投资中工程建设其他费中的部分费用，包括勘察费、设计费、工程总承包管理费、研究试验费、土地及占道使用补偿费、场地准备及临时设施费等	
2	《浙江省房屋建筑和市政基础设施项目工程总承包计价规则》	工程费用	设备购置费和建筑安装工程费合计为工程费用，是工程总承包管理费的计算基数	浙江省住房和城乡建设厅、浙江省发展和改革委员会、浙江省财政厅联合发布
		设计费	承包人按合同约定完成建设项目工程设计所发生的费用	
		工程总承包其他费用	包括工程总承包管理费和工程总承包专项费，其中工程总承包专项费包括工程保险费、场地准备及临时设施费、BIM技术使用费、专利及专有技术使用费等	
3	《山东省房屋建筑和市政基础设施项目工程总承包计价规则》	工程费用	包括建筑安装工程费和设备购置费	山东省住房和城乡建设厅
		工程总承包其他费用	包括勘察设计费、研究试验费、工程总承包管理费、土地及占道使用补偿费、工程保险费、场地准备费以及其他专项费等	
		暂列金额	合同签订时尚未确定或不可预见的费用	
4	《江苏省房屋建筑和市政基础设施项目工程总承包计价规则（试行）》	工程费用	包括建筑安装工程费和设备购置费	江苏省住房城乡建设厅
		工程设计费	包括编制方案设计文件、初步设计文件、施工图设计文件、非标准设备设计文件、施工图预算文件、竣工图文件等服务所需的费用	
		工程总承包其他费用	包括工程总承包管理费、试运行服务费和其他费用，其他费含土地租用占道及补偿费、临时设施费、系统集成费、工程保险费等	
		暂列金额	发包人为项目预备的用于项目建设期内不可预见的费用，按暂列金额计列	

工程总承包费用构成的宗旨是在工程建设项目总投资费用中，选出适用于工程总承包的费用项目，以达到合理确定工程总承包计价范围的目的。但在实际操作中，工程总承包其他费用仍存在重复计列、混淆计列、漏计等情况。常见的如，将工程费中属于企业管理费用的材料检验试验费、施工检测费用以及隶属于安全文明施工费中的费用列入工程总承包其他费用。在编制工程总承包招标控制价时，工程总承包管理费往往也会漏算。

因此，为了有效控制EPC项目投资，全过程工程咨询单位投资管理人员对工程总承包费用种类、细分程度等都要有比较深入和全面的认识，还要对设计图纸、设计要求、各专业工程EPC项目总承包合同涵盖的范围有充分认识和正确理解，识别工程费用最容易突破的部分和环节，明确投资管理的重点。

8.3.1　项目决策阶段的工作要点

项目决策阶段的造价管理和控制对整个项目的投资方向应发挥判断和决策作用，对拟建项目的必要性和可行性进行技术经济方面的研究，对建设地点、建设方案、设备选型等要素进行技术经济方面的比较。对于全过程工程咨询单位而言，项目决策阶段的造价管理是体现专业水平的关键。

1.做好造价管理的组织工作，根据项目的性质和复杂程度、项目规模的大小、咨询成果及质量要求、造价咨询执业人员的客观性等因素建立分阶段造价咨询服务团队，选派适合团队配合全过程工程咨询项目负责人编制投资控制策划，制定切实可行的造价咨询实施方案。

2.投资估算的编制或审核是该阶段的工作重点，投资估算编审应内容全面、费用构成完整、计算合理，编制深度应满足项目决策的不同阶段对经济评价的要求，编审依据、编审方法、成果文件的格式和质量应符合现行的有关规定和标准要求。

3.经评审批准后的投资估算应作为编制设计概算的限额指标，投资估算中相关技术经济指标和主要消耗量应作为项目设计限额的重要依据。

8.3.2　勘察设计阶段的工作要点

勘察设计阶段投资的有效控制，是在优化建设方案、设计方案的基础上，在建设程序的各个阶段，采用一定的方法和措施，将工程造价控制在合理的范围与核定的造价限额内。不同的工程总承包项目所包括的设计内容有所不同，应结合发包人需求和限额设计要求开展投资控制。

1.做好概算中漏项项目的审查，各单位工程非常规清单子目的漏项和工程建设其他费用项目的漏项是审查重点。以医院项目为例，应当避免职业病危害、控制放射防护预评价、控制效果评价、辐射环境影响评价等医院项目特有的费用的漏项。

2.对概算文件中的特殊专业及投资占比大的材料设备进行重点审查。以体育场项目为例，应当重点关注钢结构、体育工艺、外立面等专业工程指标的合理性。

3.审核设计方案经济的比选结果，设计方案的选取是工程造价控制的关键，以钢结构工程为例，钢结构工程成本的80%以上都受钢材价格的影响，所以用钢量直接决定了钢结构工程的成本，而最优设计方案往往需要经过详细计算才能得出。

4.根据经济比选优化后的设计成果编制或审核设计概算，并依次按照项目、单项工程、单位工程、分部分项工程或专业工程进行分解作为深化设计限额。当超过限额时应提出修改设计或相关建设标准的建议，同时修正相应的工程造价至限额以内。

5.造价工程师必须直接参与项目设计，从被动按照初步设计、施工图编制概预算转为主动参与设计项目，从提高工程效益、降低工程造价的角度出发，帮助设计师进行设计方案的比选，做到设计师对设计负责、投资管理工程师对造价负责，共同搞好设计，有效控制工程造价。造价工程师要督促、协助设计人员采用限额设计、优化设计及价值工程法等先进的、有利于投资管理和节约项目费用的方法。

6.造价工程师还应当参加图纸审查工作，从投资控制的角度对初步设计、施工图设计进行审核，减少设计图纸错漏现象。

7.在设计进展过程中，当建设单位要求变更设计时，造价工程师要慎重对待，认真分析，充分研究设计变更对投资和进度带来的影响，并向建设单位提出合理的咨询意见，减少建设单位变更对投资管理的不利影响，同时认真做好设计变更记录。当变更累计金额导致超投资风险增大时，要及时警示建设单位及各参建单位，尽量做到非必要不变更。

8.施工图预算编审报告应将施工图预算与对应设计概算的分项费用进行比较和分析，并应根据项目特点和预算项目，计算和分析整个项目、各单项工程和单位工程的主要技术经济指标。

9.审核已发生的财务支出，对即将发生的支出做出预测。

8.3.3　招标采购阶段的工作要点

按有关规定实行公开招标的工程总承包项目，投资管理工程师需要评审初步设计及设计的准确性（适合初步设计完成以后进行工程总承包项目发包的情况）、编制或审查工程量清单与招标控制价、招标文件及相关合同条款，尤其需要关注合同条款中有关价格、变更、结算、违约责任等方面的条款，以及发包人要求与招标控制价的匹配性。

1.招标控制价中的各项费用组成应与招标文件中承包商所需承担的工作内容相一致，针对费用构成和合同主要承包范围，审查招标控制价是否有费用缺失、是否存在界面模糊不清之处，要尽力避免费用缺失情况和界面不清问题引起的合同纠纷和对后续投资控制的不良影响。

2.重点审查招标控制价的编制依据，包括初步设计文件是否完整、计价依据是否正确、标准和规范是否现行在用、信息价时点是否正确、主要材料和设备价格是否与推荐品牌相符合等。

3.审查项目特征和发包人要求是否与费用构成和招标控制价相匹配，选择性地详细分析重点子项的准确性与合理性，如基坑围护工程、桩基工程、土方工程、幕墙工程、精装修工程等。

4.重点审查招标清单的完整性、匹配性以及项目特征描述的准确性。工程量清单是编制招标工程标底价和投标报价的重要依据之一，也是支付工程进度款和办理竣工结算调整工程量，以及工程索赔的重要依据。工程量清单数据要做到准确无误、无漏项、无重复，符合现行编制规定，并要反复核对，确保清单各子项的准确性，以防止投标单位采用技巧性投标，造成中标后的索赔。

5.根据工程总承包项目的特点、发包阶段、工艺技术复杂程度及发包人管理模式提出价格形式的多方案对比，根据不同价格形式如固定总价合同、固定单价合同、费率合同与成本加酬金合同等设置相对应的结算条款，提出合理化建议供发包人参考。

6.参与工程总承包招标策划方案编制，提出专业化建议，明确计价依据，包括适用的定额、规费与税金的费率、人材机价格依据和定价原则、风险范围以及风险分担方式；明确变更估价的原则和变更价款支付方式，明确合理化建议的处理原则和利益分配方法；确定预付款、进度款、结算款的支付方法和原则；明确工程结算的方式和结算金额审定原则，制定结算纠纷解决机制。

7.审核招标文件中与造价控制相关的条款，确保招标文件的条款内容明确、合理、合法、文字周密、详实、规范，特别是招标文件的合同条款中有关双方责任、工期、质量、验收、合同价款定价与支付、材料与设备供应、设计变更与现场签证、竣工结算方法和依据、争议、违约与索赔等。

8.3.4　工程施工阶段的工作要点

施工阶段是形成工程项目实体的阶段，是使用资金量最大的阶段，为严格控制资金的合理运用，达到预期的投资管理目标，需要针对项目投资实施的事前、事中、事后控制进行全面把关。

1.事前控制，计划先行，根据施工总进度计划，编制年度、季度、月度投资计划，计划与实际进行比较，随时纠偏。

2.熟悉总承包单位的投标报价书，对于采用固定单价的投标报价，要审核其工程量清单的准确性，并预测工程量容易发生变动的项目，在实施过程中认真加强监测；对于固定总价的投标报价，要明确总价包括的范围、界面和风险承担方式，重点区分清楚合同外项目。对于固定费率，依据计价规则按实结算的项目，要区分费率适用范围，对于不适用费率下浮的部分如无价材料和设备签证价、现场临时签证、变更签证等要慎重对待、严格把关。对于成本加酬金合同，一定要明确成本的构成，严格控制总承包单位按照合同约定的规模、标准和功能实施，避免为了提高成本和酬金总额，盲目扩大范围和提高建设标准的行为。

3.工程开工前组织好图纸会审工作，尽量避免事后变更造成的返工损失，组织审核总承包单位上报的施工组织设计和施工方案，对主要施工方案进行技术经济分析。

4.按工程总承包合同要求及时协调处理各种影响施工的事宜，使总承包单位均能如期收到开工指令、基础资料和各种批文，按期进场施工，避免工期和费用索赔。

5.开工前，根据工程投标文件及工程合同情况，制定投资管理工作流程，与总承包单位明确工程计量、工程价款支付和工程变更费用等审批程序和使用表格。

6.编制资金使用计划、协助建设单位做好资金筹备和运行工作，以满足工程进度对资金的需求，并为后期进行项目投资实际支出与目标支出情况进行对比分析做好准备。掌握总承包单位工程量形成和累积的过程，根据施工进度计划审核项目用款计划是否正确反映项目进展情况，特别是对照现场情况，预测和估计可能发生的工程变更，作好与资金总控制计划的协调，督促总承包单位按合同工期组织安排施工。

7.有效控制各类变更。严格制定设计变更、现场签证管理制度，明确项目管理架构变更签证的权限范围，实行分级控制、限额签证，减少变更的随意性。

8.做好无价材料询价定价。不少EPC项目是公共建筑项目，工艺复杂，无定额套用，出现大量无价材料，采用电话询价、市场调查、类似项目同类材料参考、供应商比价方式确认。

9.关注深化设计导致的费用增加。EPC项目中特殊工艺、设备、钢结构、精装修等工程需二次深化设计，易增加造价。处理此类问题，要区分是属于设计变更还是图纸深化，如果属于图纸深化则已包含在投标单价中，由此产生的造价不予计量。

10.对总承包单位在实施过程中出现的违约情况，会同监理单位保留记录，代表建设单位及时对总承包单位提出索赔。对总承包单位提出的索赔和合理化建议等及时处理，做好索赔处理、反索赔应对和合理化建议的同意或反对工作。

11.完善台账管理机制。针对EPC项目建立招标、合同、工程变更、结算、投资控制动态表等台账。

8.3.5 竣工验收阶段的工作要点

工程项目的竣工验收、工程竣工结算是工程总承包项目建设阶段投资管理的最后一个工作环节，一经审定，即是本工程资金支付的依据，所以应认真审核竣工验收资料，严格把关工程竣工结算，并做好反索赔工作。

1.竣工结算是否符合建设项目实施程序、结算与承包合同是否一致，应严格按照工程总承包合同约定的结算方法、计价依据、取费标准、材料价格和优惠条款等对工程竣工结算进行审查。

2.审查所确认的隐蔽工程记录是否经现场工程师签证确认，确认隐蔽工程已验收并手续完整、其工程量与竣工图一致，方可列入结算范围。

3.结算阶段要高度重视工程变更，按照《建设项目工程总承包合同（示范文本）》GF—2020—0216，第13条有关[变更与调整]的约定，变更是指经指示或批准对《发包人要求》或工程所做的改变。在工程总承包模式下不再直接约定工程变更的情形和范围，而通过发包人行使变更权、接受承包商的合理化建议、发出变更指示等程序要件，界定是否构成变更。工程变更必须按照规定的程序进行，变更改变原建设标准和功能或批准的建设规模时，应报规划管理部门和其他有关部门重新审查批准。

需要注意的是，工程总承包单位不得对原工程进行变更，因承包商擅自变更导致的费用和由此给发包人带来的直接损失，由承包商承担，延误的工期不予顺延。承包商提出的合理化建议经同意后按照变更流程执行，发生的费用和获得的收益，由发包人与承包商另行约定分担或分享；未经同意擅自更改或换用时，承包商承担由此发生的费用，并赔偿发包人的有关损失，延误的工期不予顺延。

严格按照工程总承包合同约定的计价条款、计价方式或招标文件规定的计价计量原则、最终的竣工图、工程变更和现场签证等进行结算审查；在此基础上，协助建设单位编制竣工决算，配合审计单位对项目进行审计，做出正式决算文件，并进行项目的经济后评价和资产价值的分类及确定等。

8.3.6 运营维护阶段的工作要点

运营维护阶段的工程造价管理是指在保证建筑物质量目标和安全目标的前提下，通过制定合理的运营及维护方案，运用现代经营手段和修缮技术，按合同对已投入使用的各类设施实施多功能、全方位的统一管理，为设施的产权人和使用人提供高效、周到的服务，以提高设施的经济价值和实用价值，降低运营和维护成本。

8.3.7 典型案例

某学校项目中有16栋建筑单体采用EPC总承包模式，主要建筑功能为宿舍和食堂，建设面积36万平方米。本项目与一般项目相比，投资控制难度大，主要集中在以下方面：

1.前期存在部分设计需求不明确，无法准确估计等。如实验室工艺，概算时未将此部分内容列出概算中。

2.本项目土石方工程量巨大，原始地貌标高测量复杂，建筑高低错落，环山傍水而建，具有多处高边坡、深基坑，边坡最高处达55米，对投资影响很大。

3.实验室工艺设备等有特殊的工艺要求，因各设备市场价格不透明、竞争性不强、涉及专利权等各种因素，使投资控制难度加大。

4.施工作业面跨度大，基础设施尚未完善。本项目总占地面积为144.82公顷，建设用地原为果林、工厂等，周边市政管网设施尚未完善，校区建设过程中还需要建设大量的临时建筑、临时道路，除此之外还需要统一规划建设校内市政道路、地下综合管廊等。

5.机电设备的选型、装修材料品牌控制是投资控制的重点。全过程工程咨询单位在招标、合同签订以及整个过程中通过提前策划、科学合理地组织、管理，采取先进技术和经济措施，有效控制了本工程的投资。

该项目招标策划时，对工程总承包不同发包条件下的计价模式进行了充分分析，现初步设计完成后，主要工程量可以按照初步设计文件计算，主要材料设备技术要求、参数等均在设计文件中体现，其他相关要求也通过发包人要求予以明确。项目通过对单位经济指标包干、固定总价、固定下浮率、模拟工程量清单报价等多种计价模式进行分析，结合发包工程特点和类似项目造价管理经验，该工程总承包工程综合多种计价方式，适应不同情形下的造价风险控制：

1.单位经济指标包干。建筑、结构、机电系统需承包人在施工图阶段深化至设计深度，发挥承包人设计积极性，可采用单位经济指标包干计价。

2.固定总价包干。对于已有施工图深度且后续不再变更的基坑支护等分项工程，采用固定总价包干计价。

3.固定下浮率。对于设计费、BIM技术应用费属于工程建设其他费范围的费用，采用固定下浮率计价。

4.模拟工程量清单计价。对于装修面层、机电末端等可能会按使用单位要求变更的分项工程，按照模拟工程量清单方式计价。

工程采用工程总承包模式，需要合理确定招标控制价，根据工程特点选用适用的合同计价方式，除了考虑施工期间人材机价格的变动外，还要特别考虑由于建设单位原因导致的工程费用和工期变化。同时，在合同文件中要求设计单位严格按照限额设计的要求进行设计。

针对非实体项目必须明确工作内容和具体要求，比如本项目要求的BIM、措施性费用、总包管理费、林地砍伐、工程设计等内容。

针对工程量清单计价部分必须严格控制变更，工程变更严格按照工程变更管理办法和程序执行。

针对按面积包干项目必须明确约定面积的计算规则和标准，应清晰地描述每一项经济指标所对应"计量单位"的定义和计算规则，避免产生歧义。也可直接约定以《工程规划许可证》所标注的建筑面积或竣工测绘报告计算的建筑面积，避免合同履行过程中导致合同纠纷，对工程投资的控制造成不可控的影响。

另外还要强化工程量清单复核工作。如在本项目中依据合同约定，合同签订后组织承包人按照招标文件规定的商务原则对承包范围内的工程内容、工作内容进行复核，与造价咨询编制的工程量清单对比差异。清单复核过程中，发现建筑面积计算差异较大，经复核为工程量清单编制阶段对设计图纸构造和建筑面积计算规则理解不透彻导致建筑面积计算过多，清单复核过程中对多计算的建筑面积予以核减，其他工程量偏差较小，误差在允许范围以内。

鉴于该工程投资控制中存在的诸多难点，项目在全生命周期，采用BIM技术，建立BIM实施体系，探索项目BIM管理机制的创新，将管控BIM与技术BIM深度结合，通过关键节点的管控，实现技术BIM的全程可控；在设计阶段，运用BIM技术进行三维协同设计，借助可视化的设计沟通，减少错漏碰缺，提高图纸的设计质量；在施工过程中，推进信息化工作落地应用，解决现场的具体问题，体现BIM的真正价值。借助协同管理平台，将模型和现场进行结合，实现BIM管理工作的线上运转，提高工作效率，增强各方联动，节约时间成本。与此同时，基于"BIM+GIS"监管平台、无人机摄影、数字化监控、安全体验馆等信息化手段，实现项目的智慧化建设。

该项目在建设全过程采用BIM技术，基于BIM模型、深化图纸、应用、智慧建造手段服务施工现场，产生了良好的经济效益（表8-2），为项目提高了决策效率、减少了工程过程中的冲突碰撞和图纸变更，增强了建筑的可持续性。

成本节约效益一览表 表8-2

序号	应用点	效益体现	成本节约
1	地下室机电套管预留	实现套管预留500个，开凿的机械费和人工费160元/个	8万元
2	机电深化图纸	管线优化，节约了机电管道约3100米，综合按160元/米考虑；通过模型深化，避免机电安装返工，节约约950名人工，按1名人工300元/天	78.1万元
3	PC深化	直接在PC构件上预留洞口及线管，节省套管约10000个，线管约2500米	285万元
4	方案交底	方案交底40余次，节约人工175个，按1个人工300元/天	5.25万元
5	宿舍标准层管线深化	总计约省管线10000米	5.5万元
6	进度把控	通过进度把控，避免窝工，节约人工11天，现场按80个工人来算，1个人工300元/天	26.4万元
7	平台协同管理	节省沟通成本	5万元
	合计		413.25万元

本项目总共需要生产约31000块PC构件，数量众多，原始设计图纸无法满足管线孔洞精确预留，PC构件涉及电气、风管、给排水多个专业需要预制洞口，设计前期通过BIM模拟在生产时将孔洞提前做好预留，减少了大量的时间、人力及材料成本。

8.4 工程造价咨询的风险及对策

8.4.1 发包人需求变化

在项目决策阶段和招标采购阶段，工程总承包项目发包人通常只提供一个总体的建设目标和使用需求。若发包人在项目实施过程中提高建设标准，新增、改变使用需求，均有可能导致项目投资增加，但由于项目总价限定，导致投资控制压力倍增。

针对这种情况，首先考虑利用投资动态控制理论论证是否有通过调整设计方案进行内部动态调整而不增加总投资的可能性。如果在保证需求的情况下无法将投资控制在项目总价之内，则考虑使用项目暂列金额。因此，在EPC项目前期策划、招标投标及合同签订过程中要严格约定项目暂列金额的使用条件，只有满足条件时才能申请使用项目暂列金额。这样既能提高工程总承包单位投资控制的积极性和主动性，也能体现设置项目暂列金额的价值。

8.4.2 人工、材料市场价格变化

传统的承发包模式一般由设计单位承担施工图设计的工作任务，发包人委托咨询人编

制招标清单与控制价，一般编制招标控制价与开工之间不会有太长的时间间隔，其施工期间的人工、材料市场价格变化幅度相对较为平缓。由于 EPC 项目在没有详细的设计图纸情况下，通常以编制的工程估算或设计概算为基础编制招标控制价，再加上工程总承包项目体量较大、施工周期跨度长，往往导致项目实施期间人工、材料价格大幅变化的可能性更高，增加了投资控制风险。

因此，在编制工程总承包项目招标控制价时，需合理考虑因人工、材料价格上涨而导致的投资增加，并在设计中落实限额设计理念，增强设计人员的造价控制主动性。各专业应按限额设计思路进行设计，若存在超投资的设计内容应尽量在本专业内部平衡投资增加额，促使各专业设计负责人对本专业的设计质量和造价控制承担应有的责任。

8.4.3　承包人投资管理水平有限

现市场上大部分施工单位不具备相应的设计资质，通常工程总承包项目承包人为勘察、设计、施工三家单位组成的联合体。但由于设计单位对现场施工技术等不熟悉，施工单位对设计标准等不熟悉，导致没有起到联合承包的相应作用，联合体未形成有机整体，无相应牵头单位和造价团队，各自作战。而工程总承包项目的投资管控主要责任在工程总承包联合体承包人，往往致使整个项目的投资管控可能全程处于失控状态。

因此，在招标阶段，应根据项目的特点设置合理的投标条件，同时要求投标人提供投资管控措施方案作为技术标的一部分，筛选出有能力的承包人，积极主动承担项目的投资管控责任。

8.4.4　设计变更的风险

控制在施工过程中的设计变更是施工阶段对工程投资控制的主要工作之一，它不仅关系到施工进度和工程质量，对项目工程造价的控制也有着直接关系。建设工程设计变更风险控制应从限额设计、价值工程、对功能需求进行调查、设计变更控制程序等方面着手。无论哪一方提出的工程变更，都应从变更的技术可行性、变更费用、变更对工期和质量的影响等方面对工程变更进行综合评价。对综合评价可行的工程变更按工程总承包合同的规定，就工程变更的质量、费用和工期方面与承包单位进行协商，经协商达成一致后报建设单位审批，按照相关程序组织实施。

8.4.5　工程量清单漏项的风险

在招标投标过程中，经常发生工程量清单报价的争议问题，大多是工程量清单漏项、少算的原因。招标时造价咨询单位要认真核对施工图，确保工程量计算要准确无误，项目特征描述要准确、全面、没有歧义，专业工程划分清楚明确，措施费用考虑充分，并通过与类似工程的数据对比分析，寻找差异。在编制商务标时应采取"背对背"的方法，由两名以上预算员同时计算或审核工程量，以便及时发现工程量漏算和错算之处。

8.4.6　前期论证不充分的风险

做好项目准备工作，广泛调查和收集基础资料，认真进行现场踏勘，清晰了解项目建设用地和规划设计条件，深入研究使用需求，明确项目建设规模、建设内容、建设标准以及边界条件，对建设方案进行技术经济比选和经济优化，合理控制工程投资。同时，依据相关收费标准和估算指标组织编制可行性研究报告，避免建设内容和投资估算出现重大缺项以及工程数量或单位造价指标编制出现重大偏差，确保估算总投资科学合理，保障经济与技术相适应、投资与标准相匹配，从而实现项目投资控制和建设目标。

8.4.7　施工资料不完整的风险

许多工程总承包项目压缩工期，在实施过程中重视进度，忽视了工程资料的收集、存档。由于施工资料不完整，计价依据不充分，从而影响工程结算价格的确认，造成结算工作无法推进。因此在施工过程中要督促施工单位及时上报签证及工程变更，并留存工程影像及纸质资料，平时做好造价资料的收集整理工作，为结算做准备。

8.5　工程造价咨询的相关建议

8.5.1　提前预判，明确约定

工程总承包项目前期要经过策划、可研及初步设计文件或设计任务书编制，明确工程所需的投资及各项结构形式、使用功能、装修效果、指标条件等相关标准，而后的招标文件、工程量清单及控制价编制是投资控制的重点和难点，要避免投资浪费及承包商的投机行为，减少实施阶段造价的争议或推诿扯皮事项，达到物有所值的效果。

由于利益关系，工程总承包模式易发生承包商的施工图设计对发包人需求的减配，承包范围界面不清，招标文件相关要求或工程量清单项目特征描述不清等问题，这势必导致增加无效的投资或推诿扯皮。因此，应在招标文件或相关附件中列明影响投资控制的各个方面，来有效指导工程量清单及招标控制价编制、承包商投标报价、工程结算等。

8.5.2　明确责任，严控变更

工程总承包模式的设计变更极易发生矛盾争议及责任不清，对投资控制影响较大，所以对变更的处理应结合工程量清单设置形式和施工图设计，由承包商负责的原则来进行，需要在承包合同中设置明确划分责任和价款调整的针对性条款，为此可设置两类变更。

1.可以调整合同价款的变更

（1）发包人提出的，相对初步设计、工程技术规范和要求，建设规模、建设标准发生变化的变更。

（2）发包人提出的，相对初步设计、工程技术规范和要求，单体建筑功能发生变化的变更。

（3）政策性文件调整，经发包人确认的变更。

2.不调整合同价款的变更

（1）为满足招标文件要求，各参建单位提出的承包人需对施工图的设计、采购、施工、竣工试验、竣工后试验存在的缺陷进行的修正、调整和完善。

（2）施工图经发包人确认后，承包人对自身施工图设计文件的错、漏、碰、缺的修正，或承包人对发包人新发现的施工图设计文件的错、漏、碰、缺的修正。

（3）装修材料依据发包人定样确定颜色、纹理、款式等。

（4）使用单位基于某些不稳定的特殊工艺需求，要求承包人配合对特定区域各功能分区的平面调整、装修范围调整、机电系统调整，如厨房工艺等。

3.调差测算、风险共担

为体现合同公平性，按照风险合理分担原则，在合同履行过程中，人工、钢筋、商品混凝土、PC构件价格比截标期信息价格涨落超过 ±5%（不含本数）时，其超过部分的人工、材料价格可给予调整。因受EPC工程总承包计价方式影响，招标时无法准确地计算人工、材料的具体数量，而实施阶段由于施工图设计深化，相关工程量风险为承包人风险范围，故不能按照通常调价模式。可以参考类似项目结算指标和设计单位设计常数，合理确定人工、调差材料占合同价比重，以此套用调差公式执行调差约定。

8.5.3 建议强化工程跟踪咨询，保证审核质量

为了有效控制工程造价，提高工程投资效益，从下述建设工程过程中六个关口切入进行全过程跟踪咨询，既能及时发现问题、减少损失、规范工程建设行为，又能全面掌握工程建设实情，确保工程审核质量。

1.把握好施工图纸设计审计关

一是要求建设单位对工程实施过程推行限额设计，减少施工过程中重要变更的发生；二是要求建设单位与图纸设计单位签订合同，对因设计缺陷引起的设计变更，制定惩罚措施，有效控制设计单位的设计缺陷。

2.把握好工程招标投标审计关

一是制定完善的建设工程标底保密措施并实行全过程监督，严禁标底泄漏；二是与建设单位一起对投标单位的资质、信誉及所做的工程质量等方面进行调查考核，对围标行为进行有效控制；三是对开标、评标、定标过程实行监督，防止舞弊现象的发生。

3.把握好工程合同签订审计关

主要是帮助建设单位控制合同缺陷，使合同文件规定严谨周密、无遗漏差错之处、补充合同与主合同无矛盾之处等。

4.把握好工程施工质量验收审计关

审计人员要深入现场，对工程施工过程中的重要环节进行监督。这样既能要求施工单位严格按施工图纸、变更要求等施工到位，又能督促建设单位、施工单位与监理单位一起

及时如实做好隐蔽工程、工程变更等方面的验收签证工作，保证了工程施工的质量，同时也使审计人员及时掌握和了解隐蔽工程、工程变更等方面的施工情况，熟知了施工中的工程量、施工程序，为保证审核质量掌握了第一手材料。

5.把握好材料质量价格审计关

工程材料价格占工程造价的70%左右，材料价款的高低直接影响工程造价的大小，为此，一是，要严格监督工程材料的品牌、规格、质量是否符合设计图纸及招标文件的要求；二是，对工程材料价格进行对比分析，价格与其质量是否相符合，是否符合市场价格行情；三是，要求建设单位如实做好材料价格的签证工作。

6.把握好工程进度付款审计关

主要是对建设单位支付工程价款账目不定期抽检，监督建设单位严格按照合同、工程形象进度付款，不得以变更为由超付工程款。工程付款（含建设单位所供材料款）在工程竣工决算审计前不得超过工程中标价的80%，避免出现因工程价款超付，施工单位在工程竣工结算和决算审计时不配合的现象或因工程价款超付所引起的工程结算民事纠纷问题。

8.5.4　建议工程结算和决算审核要抓住重点、突破难点、确保建设项目咨询质量

建议在进行工程造价结算和决算审计时，既要采取全面逐项核实的方法，又要抓住重点，讲究实效，保证审核质量，还要体现公正公平。具体做法如下：

1.抓住审计重点

包括对工程建设质量的审计、对安全生产管理的审计、对工期进度的审计、对建设程序的审计、对投资确定的审计、对招标投标程序的审计、对建设资金使用及相应财务管理的审计。

2.突破审计难点

（1）准确认定增减变更部分

在认定增减变更部分时，要抓住以下两点：

一是，以工程项目招标投标文件、施工图纸、施工图纸答疑、施工合同等为依据，对照工程结算中的每一项进行核对，初步确认增减变更部分。

二是，在初步确认增减变更部分的基础上进行两对照。

对照施工技术资料进行分析认定，第一种情况是既有设计单位的变更通知单，又有建设单位、监理单位据实签证的部分可以认可；第二种情况是只有监理单位出具的变更通知单和建设单位、监理单位的据实签证，必须经严格核实变更部分的必要性、科学性、适应性的前提下，方可认定。

对照工程竣工现场观察实测的情况进行对照分析认定，主要是看工程施工是否按施工图纸、变更资料要求等做到位。

（2）严格遵循法律政策依据

审核人员首先要吃透法律政策依据，准确掌握工程量计算规则，对有争议的难点和疑

点问题要求审核人员及时汇报，并请有关的权威部门专业人员答疑解惑，消除法律政策上的盲区点。然后本着客观公正、实事求是的原则，以维护建设单位、施工单位的合法经济权益为出发点、以事实为依据、以法律政策为准绳核定工程量；要依据工程类别、工程性质，严格审查定额套项及取费情况，防止高套、重套、错套、提高计费标准、扩大取费范围及重复计算的情况发生。

（3）严格把握材料价格核定关

目前材料价格在市场经济环境下比较复杂，给工程造价认定工作带来了一定的难度，若把关不严不实，直接关系到工程总造价的大小，关系到建设单位的合法经济利益受到侵害。为此，在审核中对材料价格的认定要抓住以下两点，以求公正公平。

一是，对建设单位指定或参与直接购买的材料价格，经施工单位同意，且符合当地同期市场价格的，可作为工程结算依据。对超过当地同期价，且在质量上也没有特别之处的，要严格调查，按实核定。

二是，对建设单位指定或未参与的，施工单位也未经发包人认定或直接购买的材料价格，以合同约定或当地同期建设部门工程造价信息中的指导价为依据结算工程价款；对与同期工程造价信息中的材料在厂家、品牌、规格质量上有明显出入的以当地同期调查核实价为结算依据；对同期工程造价信息上没有的材料价格以建设单位、施工单位、审计单位的同地同期、同品牌规格质量的市场调查价的平均值或最低价为结算依据。

第9章 合约咨询与管理

9.1 工程总承包项目合约概述

工程总承包项目合约是发包人与工程总承包人签订的工程项目承包合同，合同中约定发包人将建设工程的设计、采购、施工整体发包给具备工程总承包资质条件的工程总承包商承担，并明确工程总承包商对建设工程的质量、安全、工期、造价全面负责，在最终达到发包人要求验收后，整体向发包人移交的工程项目建设合同模式。

工程总承包项目合约的建立从法律层面上严格定义了发包人与工程总承包单位之间的责、权、利，为工程项目克服设计、采购、施工等相互脱节的弊病，集中技术和管理优势对项目实施全过程进行合理、交叉和动态的管理提供了有力的支撑保障。

9.1.1 工程总承包项目合约类型

国际咨询工程师联合会（FIDIC）出版有下列四份合同标准格式：

1.施工合同条件（Conditions of Contract for Construction）——FIDIC红皮书

《施工合同条件》推荐用于由雇主或其代表工程师设计的建筑或工程项目。这种合同的通常情况是，由承包商按照雇主提供的设计进行工程施工。但该工程可以包含由承包商设计的土木、机械、电气和（或）构筑物的某些部分。内容包括施工合同的通用条件和专用条件，附有争端裁决协议书一般条件、各担保函格式以及投标函、合同协议书和争端裁决协议书格式。

2.生产设备和设计—施工合同条件（Conditions of Contract for Plant and Design-Build）——FIDIC黄皮书

《生产设备和设计—施工合同条件》推荐适用于电气和（或）机械设备供货以及建筑或工程的设计和施工。新黄皮书由通用条件、专用条件编写指南和投标函、合同协议书及争议裁决协议书格式三部分组成。

3.设计采购施工（EPC）/交钥匙工程合同条件（Conditions of Contract for EPC/Turnkey Project Contract Conditions）——FIDIC银皮书

适用于在交钥匙的基础上进行的工厂或其他类似设施的加工或能源设备的提供，或基础设施项目和其他类型的开发项目的实施，这种合同条件所适用的项目对最终价格和施工时间的确定性要求较高，承包商完全负责项目的设计和施工，雇主基本不参与工作。在交钥匙项目中，一般情况下由承包商实施所有的设计、采购和建造工作，即在"交钥匙"

时，提供一个配备完善、可以运行的设施。

4.简明合同格式（Short Form of Contract）——FIDIC绿皮书

推荐用于价值相对较低的建筑或工程。根据工程的类型和具体条件的不同，此格式也适用于价值较高的工程，特别是较简单的，或重复性的，或工期短的工程。在这种合同形式下，一般都是由承包商按照雇主或其代表工程师提供的设计实施工程，但对于部分或完全由承包商设计的土木、机械、电力和建造工程的合同也同样适用。

9.1.2 工程总承包项目合约特点

1.工程总承包的法律性质

承包商与发包人之间的法律关系，即建设工程合同关系。《中华人民共和国建筑法》第二十四条规定："提倡对建筑工程实行总承包，禁止将建筑工程直接发包。建筑工程的发包单位可以将建筑工程的勘察、设计、施工、设备采购一并发包给一个工程总承包单位"。《中华人民共和国合同法》第二百六十九条规定："建设工程合同是承包人进行工程建设，发包人支付价款的合同。建设工程合同包括工程勘察、设计、施工合同"。

承包商与分包商之间的法律关系，即建设工程施工合同关系。《中华人民共和国建筑法》第二十九条规定："施工总承包的，建筑工程主体结构的施工必须由总承包单位自行完成。"施工合同准许将部分专业技术工程分包，但是，除总承包合同中约定的分包外，必须经建设单位认可。

2.合同主体的特定性

在EPC模式下，承包商的工作范围包括设计（Engineering）、工程材料和机械设备的采购（Procurement）以及工程施工（Construction），直至最后竣工，在交付发包人时可以立即使用。因此，该合同主要适用于专业性强、技术含量高、施工工艺较为复杂、一次性投资较大的建设项目，如承建工厂、发电厂、石油开发以及基础设施项目等。

3."发包人委托的咨询单位"取代"工程师"的法律地位

依据《发包人要求》来界定承包商与发包人之间的权利和义务。该合同项下的工程管理由发包人委托的咨询单位具体执行，替代了在FIDIC其他版本中是由有相对独立的第三方"工程师"行使发包人代理、证明人及第一裁决人的职能。

4.固定总价的交钥匙合同并按里程碑方式支付工程进度款

EPC通用条款第14.1款约定为固定总价合同，即中标合同金额。通用条款第14.3款、14.4款、14.6款、14.7款对工程进度款的申请与支付进行了约定。一般情况下，工程进度款的计算方法在通用条款第14.4款的"支付表"中会明确约定。

5.承包商承担较大风险

与FIDIC《施工合同条件》相比，承包商承担更大的风险，尤其体现在以下方面：

（1）审核发包人提供现场数据的风险：EPC/Turnkey通用条款第4.10款约定承包商应负责审查和解释发包人提供的现场数据，发包人对此类数据的准确性、充分性和完整性不承担责任（第5.1款"设计义务一般要求"提出的情况除外）。

（2）不可预见的困难：EPC/Turnkey通用条款第4.12款对"不可预见的困难"的约定，承包商必须承担"外部条件"的风险，包括气候、地质等在工程实施中特别容易出现问题的情况。

（3）发包人的风险转嫁给承包商：FIDIC《施工合同条件》通用条款中第17.3款"发包人的风险"中的"（f）除合同规定以外雇主使用或者占有的永久工程的任何部分；（g）由雇主人员或雇主对其负责的其他人员所做的工程任何部分的设计；（h）不可预见的或不能合理预期一个有经验的承包商已采取适宜预防措施的任何自然力的作用。"在EPC模式中全部由承包商承担。

6.承包商承担较大质量和工期责任

（1）质量方面：建立一套质量保证体系（第4.9款"质量保证"）；提供竣工文件（第5.6款"竣工文件"）；提供操作和维修手册（第5.7款"操作和维修手册"）；提供样品（第7.2款"样品"）；发包人可随时进入现场检查（第7.3款"检验"）；实施竣工检验（第9条"竣工检验"）；实施竣工后试验（第12条"竣工后试验"）。

（2）工期方面：苛刻的工期顺延条款（第8.4款"竣工时间的延长"），与FIDIC其他版本相比，承包商在"异常恶劣的气候条件"和"在流行病或政府当局原因导致无法预见的人员或物品的短缺"的情形下，不能要求工期顺延和工期索赔。

9.1.3　工程总承包合同范本

在国际上，国际咨询工程师联合会（FIDIC）于2017年12月更新了《设计采购施工（EPC）/交钥匙工程合同条件》（Conditions of Contract for EPC/Turnkey）——银皮书（Silver Book），简称2017版银皮书，以此作为EPC项目建设合同的订立模板。

在我国，住房和城乡建设部、市场监管总局正式印发《建设项目工程总承包合同（示范文本）》GF—2020—0216（下称"2020版《示范文本》"），自2021年1月1日起执行。目前国内大多数企业均以此为模板进行EPC项目合同起草与签订。

2020版《示范文本》中EPC合同内容主要分为合同协议书、通用合同条件和专用合同条件三部分：

1.合同协议书

主要包括：工程概况、合同工期、质量标准、签约合同价与合同价格形式、工程总承包项目经理、合同文件构成、承诺、订立时间、订立地点、合同生效和合同份数，集中约定了合同当事人基本的合同权利义务。

2.通用合同条件

通用合同条件是合同当事人根据《中华人民共和国民法典》《中华人民共和国建筑法》等法律法规的规定，就工程总承包项目的实施及相关事项，对合同当事人的权利义务作出的原则性约定。通用合同条件共计20条，具体条款如表9-1所示。

表9-1中所述条款安排既考虑了现行法律法规对工程总承包活动的有关要求，也考虑了工程总承包项目管理的实际需要。

通用合同条件内容一览表　　　　　　　　　　　　　　　表 9-1

序号	内容	序号	内容	序号	内容	序号	内容
1	一般约定	6	材料、工程设备	11	缺陷责任与保修	16	合同解除
2	发包人	7	施工	12	竣工后试验	17	不可抗力
3	发包人的管理	8	工期和进度	13	变更与调整	18	保险
4	承包人	9	竣工试验	14	合同价格与支付	19	索赔
5	设计	10	验收和工程接收	15	违约	20	争议解决

3.专用合同条件

专用合同条件是合同当事人根据不同建设项目的特点及具体情况，通过双方的谈判、协商对通用合同条件原则性约定细化、完善、补充、修改或另行约定的合同条件。

9.2　合约咨询与管理要点

全过程工程咨询单位应协助发包人采用适当的管理方式，建立健全合同管理体系以实施全面的合约咨询和合同管理，确保建设项目有序进行。全过程工程咨询单位进场后应当建立标准合同管理程序，明确合同相关各方的工作职责、权限和工作流程，明确合同工期、造价、质量、安全等事项的管理流程与时限。

建设项目合约咨询与管理包括合同签订前的管理与合同签订后的管理。合同签订前的管理包括：合约策划、合同条款的拟定与审核、合同组卷与签订；合同签订后的管理包括：合同交底、合同台账管理、合同履约过程动态管理、合同争议管理、合同违约管理、合同终止管理；不少项目还开展合同履约评价，需要全过程工程咨询单位协助发包人对承包人进行履约考核评价。

9.2.1　合同签订前的管理

1.合约策划

项目合同策划是指项目合同关系确定、合同体系构建、合同种系选择、合同条件选择以及重要合同条款的确定等一系列构思、规划、计划、决策安排活动过程。一般而言，项目合同策划主要解决如下问题：合同规模和合同范围的确定、合同形式和合同种类的选择、合同条件的拟定、重要合同条款的选择。

（1）合约策划前应当充分了解建设项目中发包人的主要合同关系，合约管理贯穿项目的全过程，对整个项目的顺利实施和项目目标的顺利实现起控制与保障作用，是项目管理与控制的核心内容。

（2）协助发包人进行项目合约策划

明确合同范围，构建合约管理体系。合同范围指合同所涉及的项目内容、规模。项目合同的范围取决于项目的分标范围，是由项目的分标策划确定的。正确的分标和合同策划能摆正项目过程中的各有关方的责、权、利和法律关系，从而保证项目的顺利实施。

（3）协助发包人进行合同种类的选择

按合同的计价方式把合同分为单价合同、固定总价合同、成本加酬金合同及目标合同等四类。不同类型的合同有不同的应用条件、不同的权力和责任分配、不同的付款方式以及不同的风险承担，在合同类型选择时应视项目的具体情况而慎重选择。

2. 合同条款的拟定与审核

在招标前，全过程工程咨询单位要帮助发包人做好合同管理的预控工作，认真分析项目背景，充分研究已有的勘察资料，判断项目风险，必要时还应进行现场踏勘与市场调研。全面完善和把控合同主要条款，将可能造成施工争议的条款预先完善和说明，在合同签订前最大限度地规避合同风险。合同条款中，以下几点需特别注意：

（1）合同范围划分要准确

合同范围和工作界面划分的合同的主要条款，是发包人编制招标控制价、承包人编制投标报价的主要依据，也是界定设计变更归属责任主体的依据。但实践中，因合同范围约定不清引起的争议越来越多，常见的有未约定设计范围或漏项、只约定建筑物的EPC而遗漏掉室外工程、智能化和装饰装修工程，或只约定施工承包范围而未约定设计范围，发包人起草合同时加入"不限于"无限责任条款等，造成合同履行过程中变更过多或承包人无偿承担合同外责任，给工程质量带来极大风险，甚至造成合同无法履行。

因此，全过程工程咨询单位在招标投标阶段拟定或审查合同条款时，应严格按照初步设计文件或可行性研究报告及项目的总体合约规划编制合同范围，详细填写工程的设计、采购和施工界面，不应表述含糊或含有无限责任条款，应详尽到每项单位工程，避免遗漏构筑物、室外工程等附属建筑。同时，在进行EPC合约界面划分时，应注意厘清工程总承包与暂估价工程（含材料、货物）、发包人平行发包工程的设计、采购和施工工作界面，避免重复或漏项。

（2）合同工期的约定

合同工期的起止时间及工期日历天的约定是工程实施过程中界定违约方责任和量化总工期或节点工期是否延误的重要评判标准。有些EPC招标文件中，对工期未能依据相关定额科学测算，造成工期不合理压缩。因工期属实质性内容，投标时承包人已在投标函中作出承诺，加之招标投标时间短、投标人急于中选等多种因素，造成合同工期不科学，在实施过程中承发包双方很容易因工期约定问题产生争议，造成工程停滞、工程质量难以保障以及合同难以履行等现象发生。

因此全过程工程咨询单位在招标投标阶段拟定合同工期时，对于工期起止时间，可根据相关工期定额或历史数据经计算后确定。对工期紧的工程，在制定最高招标控制价时，应综合考虑增加赶工费，坚持优质优价原则，并在招标文件中明确上述内容；另外工期总日历天数的计算还要与计划开始和竣工日期保持一致。

（3）签约合同价

基于我国国情、项目建设自身特点及发包人对风险承担的主观意愿，在工程实践过中合同计价模式呈多元的发展趋势，目前工程总承包合同价格形式主要有总价合同、单价合同、费率下浮合同等。2020版《示范文本》通用合同条件以总价合同作为价格形式进行了约定，可以看出，工程总承包项目鼓励使用总价合同。

《建设项目工程总承包计价规范》T/CCEAS 001—2022把总价合同分为3类：

①以施工图纸为基础承发包的总价合同。若合同价款是依据发包人提供的工程量清单确定时，承发包双方应依据承包人最终实际完成的工程量（包括工程变更，工程量清单错、漏项等）调整确定合同价款，即发包人承担工程量的风险。这对总价合同的结算及审核非常有借鉴意义。

②以发包人要求和初步设计图为基础承发包的总价合同。

③以发包人要求和可行性研究报告为基础承发包的总价合同。

（4）变更估价

在拟定合同条款时还要注意变更估价的约定，尽量避免使用"双方另行协商"等类似敞口协议。因此，应按2020版《示范文本》的通用合同条件给出的变更估价原则，并结合项目的具体情况，在专用合同条件中予以详细约定：如有《价格清单》且有相同或类似的，参照其执行；无类似或无《价格清单》的，按成本加利润进行调整。对于变更的责任划分，也应高度重视。常规除承包人原因外的变更以及发包人承担的风险引起的价格调整，承包人才可获得索赔；因承包人自行设计或施工原因造成的变更，一般不予补偿。这是工程总承包模式风险互担的体现，也激励工程总承包单位通过优化设计和采用先进的施工方法来获得更多的利润。

（5）税率

因工程总承包项目既有服务，也有货物和工程，故适用的税率也不尽相同，按相关通知和规定，属于"营改增"范畴。现阶段关于EPC项目如何计算缴纳增值税，存在两种观点：一种观点是按"兼营"处理，即按三种税率分别计取；另一种观点是按"混合销售"处理，即按一种综合税率计取。因各地政策不同，全过程工程咨询相关管理人员在招标前应咨询当地税务主管部门，做到有的放矢。从2020版《示范文本》所列需填项可以看出，其提倡按"兼营"处理，但前提是能清晰地分别计算出设计、施工和采购的详细金额，而现实管控中往往不容易划清边界。

（6）担保

对于担保，也应予以重视。工程总承包合同中一般涉及支付担保、履约担保、预付款担保和工程质量担保，其中支付担保是由发包人向承包人提供，其他三种担保均由承包人根据担保的用途向发包人提供。担保可采用银行保函或担保公司担保等形式，可根据项目具体情况选择，以"见索即付银行保函"最为常见，即发包人向担保人发出符合保函条款规定的索赔书时，担保人直接向发包人付索赔金。

目前工程总承包项目大多采用联合体方式，如何将履约担保与各成员方的责任与违约行为进行挂钩，也是一个需要重点关注的问题。在工程总承包项目实施过程中，若发现联合体、牵头方、成员方没有按照合同约定执行合同，甚至已经发生违约行为时，若未采取有效的履约担保方式,易使发包人陷入难以管理、难以问责、难以索赔的尴尬境地。

(7)缺陷责任

工程总承包合同一般会规定在缺陷责任期内,由工程总承包原因造成的缺陷,总包单位应负责维修,并承担鉴定及维修费用。若总包单位不维修也不承担费用,发包人可按合同约定从保证金或银行保函中扣除,费用超出保证金额的,发包人可按合同约定向总包单位进行索赔。总包单位维修并承担相应费用后,不免除对工程的损失赔偿责任。

其次,部分工程总承包合同中会规定如果在缺陷责任期内出现缺陷影响了工程使用,则缺陷责任期会延长。这里需要注意的是,只有当缺陷造成工程或工程相关部分无法按原有功能使用时,缺陷责任期才能延长,所延长的期限也只能是工程或工程相关部分不能使用的期限。缺陷责任期从缺陷得到修复之日起重新起算,并且缺陷责任期的延长应当有一个最高限制。

3.合同组卷与签订

工程总承包合同涉及设计、材料设备的采购以及工程施工等更多的合同内容,且具有规模大、时间长、涉及层面多、合同总价固定以及风险系数高等特点,因此在合同签订前,全过程工程咨询单位协助发包人开展合同谈判是合同签订阶段的工作重点。

(1)深入研究合同文本内容

在合同签订前,全过程工程咨询单位组织各部门专业人员成立评审小组,详细、深入地研究合同条款,如仔细阅读合同文本,核查合同各项条款用词是否准确,合同双方的义务、责任及权利划分是否清楚,尽量将合同条款中存在的漏洞全部在审查阶段解决。在此过程中要特别留意合同中对工作范围、供货范围、工程量计量方法、工程款支付、总体进度要求、工程及合同变更、不可抗力、保险等方面的规定。特别是对出现的重大事故与安全隐患,导致项目成本大幅增加和项目工期严重滞后的问题,需要双方根据合同的工作内容分工与责任划分,确定问题的责任方,明确工程总承包的工作内容,以此来对产生的问题进行责任认定,预防后期项目实施中出现的争议问题。

全过程工程咨询单位作为专业化的公司,必须发挥专业化的优势,协助发包人尽快熟悉、使用这些法律、法规,维护发包人的合法权益问题。通过培训、工作交流等方式,使发包人能在合同谈判中依法合理确定双方的权利和义务,使合同履行风险降到最低。

(2)协助发包人建立合同谈判团队

在工程总承包合同文件中,专用条款作为对通用条款的修订和完善,其内容较多、信息量庞大,涵盖了工程总承包项目管理中的大部分工作内容,包括发包人的义务、承包商的责任、履约担保、设计、承包商文件、设备材料及工艺、合同工期、误期损害赔偿、竣工试验、发包人接收、价值工程、法律变更、合同价格、工程款支付、合同终止、风险、责任限度、保险、不可抗力以及争端解决等,都是EPC项目合同谈判关注的内容。因此全过程工程咨询单位根据发包人的需求,派遣部分专业人员进入合同谈判团队,协助发包人进行合同谈判工作。

（3）做好合同谈判前的准备工作

①协助发包人做好资料收集工作。谈判准备工作中最不可少的任务就是要收集整理有关合同双方及项目的各种基础资料和背景材料。这些资料的体现形式可以是通过合法调查手段获得的信息，也可以是前期接触过程中已经达成的意向书、会议纪要、备忘录、合同等。

②协助发包人评审参建单位的实力。对参建单位的实力了解主要指的是对对方资信、技术、物力、财力等状况的分析。

③协助发包人对合同谈判目标进行可行性分析。分析设置的谈判目标是否正确合理、是否切合实际、是否能为对方接受以及接受的程度。同时要注意工程总承包单位设置的谈判目标是否正确合理以及发包人的接受程度等。

（4）重要合同的谈判应当拟定谈判方案

由于工程总承包单位需要全面负责项目的设计、采购与施工工作，因此合同内容的完整性、合同条款的公平合理性、合同各方的责权利清晰性以及合同风险分担的模糊不清需要前期澄清与商榷的内容都成为影响承包商签约后项目实施中各种问题承担责任比例划分的法律基础及依据。因此需对合同条款进行综合分析，要考虑合同可能面临的风险、双方的共同利益、双方的利益冲突，进一步拟订合同谈判方案。谈判方案中要注意尽可能地将双方能取得一致的内容列出，还要尽可能地列出双方在哪些问题还存在着分歧甚至原则性的分歧问题，从而拟订谈判的初步方案，决定谈判的重点和难点，从而有针对性地运用谈判策略和技巧，获得谈判的成功。

9.2.2 合同签订后的管理

合约咨询与管理已不再是简单的要约、承诺、签约等内容，而是一种全过程、全方位、科学的管理。作为全过程工程咨询单位，不仅要重视签订前的管理，更要重视签订后的管理。只有对依法规范的合同履行管理，全面履行合同，注重履约全过程的情况变化，特别要掌握对发包人不利的变化，及时对合同进行修改、变更、补充或中止和终止，才可以维护发包人权益、合理规避市场风险。

1.合同交底

合同管理工程师协助发包人的合同管理人员向参建单位进行合同交底，合同交底内容主要包括工程概况、各参建单位项目承包方式、承包范围及界面划分、履约保证金金额及提供日期、有无工程预付款、工程款支付时间节点及方式、工期约定、质保金及缺陷责任期限，保险种类及办理方式，争议解决方式等。

合同管理工程师必须积极主动地学习合同条款，熟悉合同的主要内容、双方的权利和义务，分析各种违约的法律后果，有效利用合同保护发包人的利益、限制和制约对方的违约行为，按照合同约定全面履行。

2.合同台账管理

（1）建立合同管理台账。对项目所签订的全部合同分类登记，及时记载合同订立和履行情况，以便随时掌握和了解合同履行中出现的问题，并进行信息反馈。合同台账可以根据实际需要来设置，有的可设综合台账，有的可设分类的台账。

（2）建立信息汇报反馈制度。全过程工程咨询单位应建立信息汇报和反馈的制度和流程，对合同对方的合同履行情况实施有效监控，一旦发现有违约可能或违约行为，应当及时提示风险。

3.合同履约过程动态管理

（1）组织与制度管理

合同的履约就是交易的双方全面地、适当地完成合同的义务、实现合同的权利，首先应当从组织与制度的角度出发，包括：

①健全合同跟踪管理机构。全过程工程咨询部设置专职的合同履约人员，负责各种合同资料和相关资料的收集、整理和保存，建立报告和行文制度。

②完善合同履约管理制度。不断地修订、补充、健全合同履约制度，可使其涵盖合同履行的全过程，减少死角，在客观上为顺利履行合同提供安全保障。

③建立合同实施的保证体系。在合同实施过程中，要协调好各方面关系，使合同的实施工作程序化、规范化，按质量保证体系进行工作。

④提高各参建单位的法制观念。做好合同履行管理工作，还需要提高各参建单位对合同履约工作的重视程度，通过合同跟踪、会议宣传等方式提高参建单位的现代法制观念。

（2）合同履约的监督管理

对合同履约实施监督是指对合同履行情况进行的检查与监督，合同实施监督是合同顺利实现的保证，包括：

①落实合约管理实施计划，为实施部门提供必要的条件；及时发现和解决合同执行过程中出现的问题，如合同责任争执、项目活动在空间、时间和资源条件上的冲突等。

②监督合同条款执行的情况，对违约情况提出事前、事中或事后的警告，直至采取必要措施。

③对项目承包方的项目施工质量、成本、进度等进行监督检查。

④收集、保管及处理合同和有关合同变更、执行、检查的一切文件资料。

⑤审核及处理有关合同执行中的索赔事项，研究反索赔措施与策略。

4.合同争议管理

由于工程总承包合同履行周期较长，涉及法律关系多，很容易造成各种各样的合同争议。对于建设工程合同来说，合同争议的标的往往金额巨大，因此，合同争议是否能及时和恰当地解决，直接关系到合同双方的经济利益，决定着建设工程合同目的能否最终实现。工程建设过程中常见的合同争议包括：

（1）范围不明确争议

工程承包范围是承包方投标报价的基础，也是承包方向发包人交付工程建设成果的界定，是双方签订合同的基础。工程总承包合同的范围通常会在发包人要求中予以说明，但是发包人的要求文件一般比较简洁，而且在合同文件中，发包人要求是优先招标投标文件的，当发包人要求与招标投标文件有不一样的地方，又或是要求不明确时，双方对EPC合同的范围就容易产生争议。再加上有时工程总承包模式中，部分设计工作已经由发包人在项目前期进行了，由此也会致使合同范围的界定不清楚。工程总承包合同中发包人要求也会发生变化，当发包人和承包商理解不一致时，也容易产生争议。

设计范围的不明确也是范围争议的一个主要部分。在工程总承包合同中，发包人所能做到的只是初步设计，通常情况下仅能用于估价，具体的设计工作还是由承包商来承担。但是，在工程总承包合同中对工作范围的描述仅是对项目的重要部分进行界定，缺乏对细节部分的说明，这时就需要承包商在进行详细设计时加以考虑。一般情况下，承包商很难做到准确理解类似"满足项目的使用和功能要求"这类笼统的描述，容易导致双方对设计范围理解不同，从而引发争议。

（2）工期拖延争议

由于某些原因引起的工期拖延会导致发包人和承包商在责任划分上出现意见分歧，即工期拖延争议。

工期拖延通常会由多种原因造成，根据引起原因的不同，工期拖延可以分为两种：

①由非承包方过错引起的工期拖延。承包方虽然不一定能够得到经济上的补偿，但承包商有权获准延长合同完成的时间。如不可抗力引起的延误、不利自然条件或客观障碍引起的延误、发包人或发包人代表原因导致的延误等。

②由承包商自己过错引起的延误。如果没有发包人或其代理人的不当行为，承包商就需要无条件地按照合同规定的时间完成任务，而无权获准延长工期，否则就构成违约。

工程实践中引起工期拖延的原因是多方面的，尽管在工程总承包合同中通常会对承包方原因造成工期拖延的责任做出规定，也会对非承包方原因引起的工期拖延适当予以延长。但实际情况是，尽管合同中有详尽的规定，当工期拖延时，当事双方就可能会寻找各种理由，来指责是对方的过错，以此来逃避承担责任或改变计算方法和标准来减少赔偿金额，工期拖延争议从而产生。

（3）采购争议

采购争议是指承包商在负责采购完成工程所必需的设备、材料、备件在内的一切物资过程中，因设备和材料的质量、价格以及试验等方面发生的争议。采购设备和材料的价格以及质量对工程总承包项目有着重大的影响。实践中，经常发生的是承包商在采购时利用合同文件中"满足发包人要求"这一笼统规定，以次充好来赚取更多的利润。这种情况发生时若发包人不接受，则会要求承包商更换符合质量标准的设备和材料；若发包人接受这种情况，但会相应降低合同价格。

工程总承包合同通常对整个工程采用的技术标准和规范都有明确规定，包括重要设备的制造标准。但实践中常发生的情况是，承包商从发包人指定的厂家采购某一设备，但该厂家在制造该设备时无法采用项目规定的制造标准，而是采用自己的标准，比如工程总承包合同中规定的是英国标准，但承包商在发包人指定的厂家中选择了日本厂家，而日本厂家的制造标准与工程总承包合同要求的不一致，这时工程总承包合同对此又没有明确规定时，合同双方就会产生争议。

采购的设备和材料的试验是承包商交付工程所不可缺少的，当发包人按照合同规定进行试验时，承包商应给予配合。在试验过程中因发包人改变试验方法和地点而需要增加试验费用时，这部分费用由谁承担也是争议产生的潜在因素。

（4）合同文件表述错误争议

合同文件表述错误争议，是指由于合同文件表述错误而出现的双方责任无法界定而引发的争议。表述错误通常包括两种情况：

第一种情况是发包人的表述错误或不明确容易引起承包商误解，并且这种表述错误是承包商不容易发现的。当承包商按照错误的表述进行工程建设遭受损失时，发包人往往引用EPC合同条款中规定的，承包商应负责审查发包人提供的数据为由，拒绝补偿承包商的损失。但是，从承包商方面来讲，其是按照合同规定来进行工程建设的，损失不应由其承担，因此会不可避免产生争议。

第二种情况是发包人有意隐瞒本应向承包商提供的数据，当承包商根据自己的经验或者其他途径获取的信息仍无法对合同做出准确理解而造成损失时，这部分损失应该由谁来承担，以及承担份额的分配也会引发合同争议。

5.合同违约管理

对于合同当事人的违约行为，当事人的另一方应及时主张合同条款赋予的主张赔偿的权益，依据对合同违约条款的相应约定提出索赔要求并正式递交书面索赔通知书。

工程总承包合同涉及设计、材料设备的采购以及工程施工等内容，具有规模大、时间长、涉及层面多等特点，在执行过程中不可避免会产生各种索赔和反索赔。因此，全过程工程咨询单位加强索赔管理，应熟悉合同条件、掌握大量有说服力的证据，编好索赔文件，使索赔建立在证据充分、详实、合情合理、难以反驳的基础上，依据合同文件解释顺序和相关法律法规的适用、合同条款的约定和双方各自的权利和义务等进行。

6.合同终止管理

终止合同是一种非常严重的行为，任何一方终止合同都会严重损害合同另一方的利益，因而终止合同引发的争议也是最多的。但是，终止合同有时是在某种特殊情况下为避免更大损失而采取的必要补救方法。因此，双方当事人应该事先在合同中规定终止合同时各方的权利和义务，以便合理解决争议。

（1）承包商责任引起的合同终止。例如，承包商严重拖延工程，并已被证明无能力改变这种局面；承包商破产或严重负债而无力偿还，已致使工程停滞等。当这种情况发生时，如果合同中没有明确规定，发包人将要求承包商赔偿因工程终止造成的损失；承包商则会要求发包人对其已完成的工程付款，并要求补偿已运到现场的材料、设备和各种设施费用等，由此引发争议。

（2）发包人责任引起的合同终止。例如，发包人不履行合同约定，拖延付款并被证明无力偿还欠款、无力清偿其他债务或者破产，而且已经影响了承包商的正常工作等。承包商要求发包人赔偿因终止合同而遭受的严重损失。

（3）不属于任何一方责任引起的合同终止。例如，不可抗力所造成的合同终止。如果合同中没有明确约定可以免除受不可抗力影响的一方对不履行合同所造成损失承担责任，将会引起争议。

（4）其他原因引起的合同终止。例如，发包人因改变设计方案通知承包商终止合同，发包人同意给予承包商适当补偿，但承包商认为补偿不足或要求赔偿利润损失和丧失其他工程承包机会而造成的损失，由此引发争议。

一种争议解决方式是，合同双方应通过友好协商，解决在合同执行中所发生的和合同有关的一切争端。若协商不成，一方可向合同履行地的人民法院提起诉讼。

协商主要包括和解和调解，即在合同当事人发生争议后，自行或在第三人主持下，根据事实和法律，互谅互让，自愿达成协议，从而公平、合理地解决纠纷的一种方式。

另一种争议解决方式是，合同当事人通过向合同履行地的人民法院提起诉讼，依据民事诉讼法进行各种诉讼活动，以及由此产生的各种诉讼关系的总和。

9.2.3　合同履约评价管理要点

全过程工程咨询单位应当协助发包人开展EPC合同履约评价工作，建议以实体检查与行为监督并重、诚信激励与失信惩戒并行的原则，对参建单位进行动态评价。

1.全过程工程咨询单位开展合同履约评价工作的重点

（1）协助发包人制定履约评价管理办法。

（2）制定实施细则，并向参建单位宣传和贯彻合同履约评价制度。

（3）定期组织对各参建单位的履约评价工作，并汇总分析履约评价得分，上报发包人。

（4）协助发包人完成合同履约评价结果的编制。

（5）妥善使用履约评价结果，提升履约评价工作的效果。

2.工程总承包单位的考评重点

全过程工程咨询单位制定履约评价办法和履约评价细则，主要对以下几方面进行考评：

（1）安全生产管理和施工质量管理

组织机构及人员的评价，主要包括并不限于：项目经理、项目总工、主管副经理、部门负责人、主要管理人员的资格资历、进场更换、月度考勤、工作水平等。

（2）风险监控管理的评价，主要包括并不限于：环境调查及评估、监测及巡视、视频监控、信息平台、预警及响应组织机构等。

（3）施工进度管理的评价，主要包括并不限于：施工资源配置情况、进度管理体系运行情况和形象进度完成情况等。

（4）文明环保管理的评价，主要包括并不限于：现场总体封闭管理、生活区部分（生活设施、职工宿舍、食堂、厕所、淋浴间、开水房和盥洗设施）、生产区部分（施工场地、材料堆放、现场防火、保健急救）、周边环境保护等。

（5）工程费用管理的评价，主要包括并不限于：工程量清单管理、计量支付、变更洽商、工程资金管理等。

（6）合同履约管理的评价，主要包括并不限于：施工单位承诺内容、合同约定内容、违约情况、索赔情况等。

（7）总包管理的评价，主要包括并不限于：对各专业分包的管理情况、总包服务情况、前期工作配合情况等。

第10章 信息与档案咨询与管理

全过程工程咨询服务的成果包括各类策划方案、各类咨询或审查报告、咨询意见或建议、阶段或技术分析与总结、汇总的项目信息与档案等。工程总承包项目中，由于参建单位的特殊性，如何规范、科学地进行信息与档案管理，对项目实施有效推进、验收移交、项目创优等起着关键作用。随着工程总承包项目规模的扩大和复杂程度的增加，项目建设过程产生的信息和资料也日益庞大，这就需要全过程工程咨询单位进行统一策划、科学组织，以避免项目信息与档案的混乱和缺失，保障项目顺利实施、正常验收和平稳移交。

10.1 信息与档案咨询与管理服务内容

全过程工程咨询对工程总承包项目的信息与档案咨询与管理，就是在项目建设全阶段，有效、有序、有组织地对项目相关方形成的工程资料和档案进行管理，对不满足规范或归档要求的信息资料的产生单位或人员进行指导，并处理好项目的文件、报告、合约、照片、图纸、录像等各种各样的信息，建立完善的项目档案管理体系，明确参建方的档案管理职责，统一管理标准。利用信息化管理平台，对项目全过程所产生的各种项目信息进行收集、处理、检查和审核，汇总、整理、传输和应用，必要时进行沟通与协调，形成完整、真实、有效、准确的档案资料，最后进行归类存档、规范移交。

根据项目各方信息需求，采用多媒体应用和现代化通信手段实时、高效、不限地理位置地收集、传递各种基础信息，并通过对信息的归类、分析、共享，将各类信息分级传递至项目各方，共享相关信息，促使项目各方对工程有整体动态的了解。

全过程工程咨询信息与档案咨询与管理服务主要包括：

1. 利用计算机、互联网通信技术将信息管理贯穿工程总承包项目实施全过程。

2. 负责对勘察、设计、监理、施工单位工程档案的编制工作进行指导，督促各单位编制合格的竣工资料，负责本项目所有竣工资料的收集、整理、汇编，并负责通过档案资料的竣工验收以及移交。

3. 借助先进的信息管理软件或信息技术平台，对工程建设过程中如质量、安全、文明施工等信息进行高效地分享、传递、监督、反馈、管理。

4. 按照合同约定及职责，做好工程相关文档资料的收集与整理工作等。

5. 保证项目信息及时、正确的收集、传播、存储以及提取、处置。确保项目建设信息流通畅、及时和准确、具有可追溯性。

10.2　管理制度与流程

10.2.1　项目信息编码制度

工程总承包项目在实施的过程中产生的信息既丰富又多样，因此工程文档信息有多种形式。工程文档分类的目的在于能够运用计算机及其网络技术等工具，适时地描述工程进展的状况，为项目管理者提供服务。

项目文档分类的要求所提供的信息能够反映出时间段、信息的内容、信息的载体文件的类型，把各个层面的文档分类编码，对文档的编码集成，确定各个层面编码之间的关系，这样就形成了工程文档信息编码的目录层次结构。查找文件时，从文档目录的上层开始，顺序为项目分解结构、项目的实施阶段、文档内容、文档文件类型、文档顺序。

根据时间、内容、文件类型对文档进行分类、编码，形成集成的文档目录。在计算机网络中形成统一管理的文件清单，也便于项目统一编码和管理。

以某工程总承包学校项目为例，全过程工程咨询在项目实施初期，为项目信息与档案管理策划了一套文件编码系统，本系统的编码规则适用于业主、全过程工程咨询单位以及EPC总承包单位编写的文件，包括图纸和信函等各类项目文件，摘录部分内容供参考。

1.文件编码系统

（1）与政府管理部门的往来文件编码格式

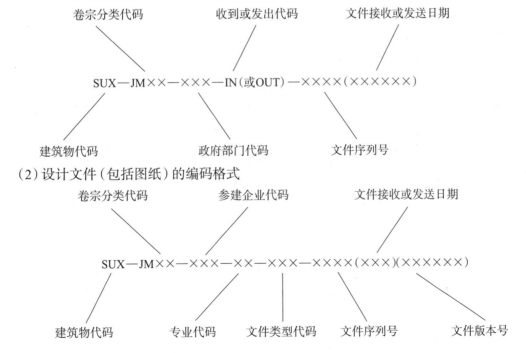

（2）设计文件（包括图纸）的编码格式

（3）除上述两类文件以外的其他所有文件的编码格式

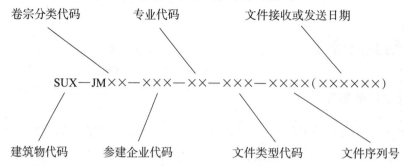

（4）编码格式中各字段说明

建筑物代码SUX：SU表式××的大学项目，即××大学××校区；X：为建筑物代码数字，详见本节建筑物代码一览表（表10-1）。

卷宗分类代码JMXX：JM表示卷宗目录；××为数字，代表不同的卷宗分类，详见本节卷宗分类代码一览表（表10-2）。

政府部门代码：详见本节政府部门代码一览表（表10-3）。

参建企业代码：代表文件的发出方或编制方，详见本节参建企业代码一览表（表10-4）。

专业代码：详见本节专业代码一览表（表10-5）。

文件类型代码：详见本节文件类型代码一览表（表10-6）。

文件序列号：按文件类型，从0001起始，顺序增加，数字编号长度为4位。

文件版本号：方案设计版本采用S01、S02等；初步设计版本采用C01、C02等；施工图设计版本采用S01、S02等；竣工图版本采用J01、J02等。

文件接收或发送日期：××××××分别用两位数字表示年、月、日，例如2016年9月18日表示为160918。

2.建筑物代码，如表10-1所示。

建筑物代码一览表　　　　　　　　　　　　　　　　　　　　　　表10-1

代码	中文描述	代码	中文描述	代码	中文描述
0	适用所有建筑，指整个工程	10	公共实验室楼	20	学生宿舍
1	适用公共建筑（多建筑群）	11	危险品仓库	21	辅导员宿舍
2	适用医科组团（多建筑群）	12	图书馆	22	师生活动用房
3	适用工科组团（多建筑群）	13	校行政与公共服务中心	23	学生食堂
4	适用文科组团（多建筑群）	14	大礼堂	24	网络数据中心
5	适用理科组团（多建筑群）	15	综合体育馆	25	校门诊部
6	适用架空及连廊	16	篮球馆	26	学生综合服务中心
7	适用地下室	17	网球馆	27	教工综合服务中心
8	适用室外总体	18	游泳馆	28	邮局、银行
9	公共教学楼	19	国际学术交流中心		

此表根据项目实际情况更新，如相同类型建筑，则在建筑代码后增加"（ ）"并顺序编列阿拉伯数字。举例：学生宿舍1号楼：20（1）。

3.卷宗分类代码，如表10-2所示。

卷宗分类代码一览表

表10-2

代码	中文描述	说明
JM01	与政府部门的往来文件	全过程工程咨询公司（现场管理部）与某市相关政府部门的各种往来文件，包括各类批文、证书等
JM02	设计文件	包括项目规范、图纸、材料清单等
JM03	招标投标文件（包括合同）	包括招标投标文件、资格预审文件和投标书、合同等
JM04	成本及财务文件	包括项目预算、成本报告、付款申请、结算、决算等
JM05	项目指令	业主及全过程工程咨询公司（现场管理部）发给各承包单位的工作指令
JM06	项目变更	设计、施工及费用变更的文件
JM07	往来信函	全过程工程咨询公司（现场管理部）与项目建设各参与单位的往来信函、包括传真、信件、电子邮件等
JM08	会议纪要	各类会议邀请、签到表、会议纪要等
JM09	报告	项目策划文件、计划、各类项目管理报告、照片视频影像资料等
JM10	其他	以上九卷以外的其他项目文件

此表根据项目实际情况对需单独进行卷宗分类的文件进行更新。

4.政府部门代码，如表10-3所示。

政府部门代码一览表

表10-3

代码	中文描述	代码	中文描述	代码	中文描述
GWS	工程管理站	HBJ	环保局	YDG	移动公司
JYJ	教育局	GAJ	公安局	LTG	联通公司
SYU	**大学	AJJ	安监局	GSG	供水公司
GHJ	规划局	GDG	供电公司	RQG	燃气公司
ZJJ	质监局	DXG	电信公司	QTB	其他政府部门

此表根据项目实际情况更新。

5.参建企业代码，如表10-4所示。

参建企业代码一览表

表10-4

代码	中文描述
JNPM	浙江江南工程管理股份有限公司
QZEC	********工程咨询有限公司
……	……

此表根据项目实际情况更新。

6. 专业代码，如表10-5所示。

专业代码一览表 表10-5

代码	中文描述	代码	中文描述	代码	中文描述
GN	通用，适用于各专业	DQ	电气	SW	室外工程
ZT	总图	MQ	幕墙	LH	园林绿化
JZ	建筑	XF	消防	TG	体育工艺
JG	结构	RQ	燃气	TX	通信
RF	人防	WH	危化（危险化学品）	GP	给水排水
TJ	土建	NT	暖通	LJ	绿色建筑
ZS	装饰	YB	仪表	ZN	智能化

此表根据项目实际情况更新。

7. 文件类型代码，如表10-6所示。

文件类型代码一览表 表10-6

代码	中文描述	代码	中文描述	代码	中文描述
TZ	图纸	HPG	供应商事后评估	BHG	不合格项报告
SBQD	设备清单	HT	合同	ZGTZ	整改通知单
CLQD	材料清单	ZBTZ	中标通知书	YZHY	业主会议纪要
MX	模型	CLCG	材料采购单	GLHY	项目管理会议纪要
GF	规范	CLGG	材料采购规格书	SJHY	设计会议纪要
BWL	项目重要事项备忘录	FKSQ	付款申请	CCHY	采购及成本会议纪要
ZXJH	项目执行计划	FKPZ	付款批准书	SGHY	施工管理会议纪要
GLCX	项目管理程序	ZGYS	承包商/供应商资格预审	ZTHY	专题会议纪要
XMYB	项目月报	ZBWJ	招标文件（投标邀请）	QTHY	其他会议纪要
ZLJH	项目质量计划	TBWJ	投标文件	SEQD	收文清单
ZJJH	资金使用计划	WXD	供应商问询单	FWQD	发文清单
GLZL	项目管理指令	FYBG	费用报告	SGZL	施工指令
XMZB	项目周报	FFPG	费用及方案评估	SGBG	施工报告
JDJH	进度计划	YSWJ	预算文件（工程）	SJBG	设计变更单
JSD	技术联系单	SGBG	事故报告	ZFWJ	政府文件
PBJL	评标记录	XCJC	现场检查报告	QTWJ	其他文件

10.2.2　项目信息管理有关要求

1. 项目文件的整理要求

（1）工程总承包项目所形成的全部项目文件在归档前应根据国家有关规定，并按档案管理的要求，由文件形成单位进行整理。

（2）项目管理单位各机构形成或收到的有关工程总承包项目的前期文件、设备技术文件、竣工试运行文件及验收文件，应根据文件的性质、内容分别按年度、项目的单项或单位工程整理。

（3）勘察、设计单位形成的基础材料和项目设计文件，应按项目或专业整理。

（4）施工技术文件应按单项工程的专业、阶段整理；检查验收记录、质量评定及监理文件按单位工程整理。

（5）设备、技术、工艺、专利及商检索赔文件应由承办单位整理；现场使用的译文及安装调试形成的非标准图、竣工图、设计变更、试运行及维护中形成的文件，以及工程事故处理文件由施工单位整理。

2.项目文件的组卷要求

（1）组卷要遵循项目文件的形成规律和成套性特点，保持卷内文件的有机联系；分类科学，组卷合理；法律性文件手续齐备，符合档案管理要求。

（2）项目施工文件按单项工程、单位工程或装置、阶段、结构、专业组卷；项目竣工图按建筑、结构、水电、暖通、电梯、消防、环保等专业组卷；设备文件按专业、台件等组卷；管理性文件按问题、时间或项目依据性、基础性、竣工验收文件组卷；监理文件按文种组卷；原材料试验按单项工程、单位工程组卷。

（3）案卷及卷内文件不重份；同一卷内有不同保管期限的文件，该卷保管期限从长。

3.案卷与卷内文件的排列要求

（1）管理性文件按问题、时间或重要程度排列。同一事项的请示与批复，批复在前，请示在后；函与复函，复函在前，函在后。

（2）施工文件按管理、依据、建筑、安装、检测实验记录、评定、验收顺序排列。

（3）设备文件按依据性、开箱验收、随机图样、安装调试和运行维修等顺序排列。

（4）竣工图按专业、图号排列。

（5）卷内文件一般文字在前，图样在后；译文在前，原文在后；正件在前，附件在后；印件在前，定稿在后。

4.卷内编目、装订必须符合规定要求。

5.声像材料整理时应附文字说明，对事由、时间、地点、人物、作者等内容进行著录。

6.项目文件的归档要求

（1）项目建设单位各机构、各施工承包单位、监理单位应在项目建设完成后，将经整理和编目后所形成的项目文件，按合同协议规定的要求，向项目建设单位的档案管理机构归档。

（2）根据基本建设程序和项目特点，归档可按阶段分期进行，也可在单项工程或单位工程完成并通过竣工验收后一并归档。

（3）归档文件应完整、成套、系统。应记述和反映建设项目的规划、设计、施工及竣工验收的全过程；应真实记录和准确反映项目建设过程和竣工的实际情况，图物相符，技术数据可靠，签字手续完备；文件质量应符合项目文件质量的规定。

（4）勘察、设计、施工及监理单位需向档案馆归档的文件，应按国家有关档案管理的规定单独立卷归档。

（5）外文资料应将题名、卷内章节目录译成中文，经翻译人、审校人签署的译文稿应与原文一起归档。

7.项目文件的编制、整理和归档。应依次由文件的编制方、质监部门、监理部门对文件的完整、准确情况和案卷质量进行审查或三方会审，经建设单位确认并办理交接手续后连同审查记录全部交建设单位档案管理机构。

10.2.3　项目档案的整理与移交

1.项目档案的整理

项目建设单位的项目部负责或组织工程总承包项目全部档案资料的汇总和整理工作，其内容包括：

（1）根据专业主管部门的建设项目档案分类编号规则以及项目的实际情况，设计、制定统一的项目档案分类编号体系。小型项目直接按项目、结构或专业分类；大中型项目按工程或专业分类，下设属类。

（2）依据项目档案分类编号体系对全部项目档案进行统一的分类和编号；生产使用单位需要按企业档案统一进行分类和编号的，项目管理单位（并责成设计、施工及监理单位）可用铅笔临时填写档案号。

（3）对全部项目档案进行清点、编目，并编制项目档案的案卷目录及档案整理情况说明。

（4）负责贯彻实行国家及本行业的技术规范和各种技术文件表格。

2.项目档案的移交

项目档案验收合格后，建设单位应按合同及规定的要求，在项目正式通过竣工验收后三个月内，向生产使用单位及其他有关单位办理档案移交。凡是分期或分机组的项目，应在每期或每机组正式通过竣工验收后办理档案移交。

建设单位与业主单位（若有）、生产使用单位（若有）及其他有关单位应办理项目档案移交手续，明确档案移交的内容、案卷数、图纸张数等，并有完备的清点、签字等交接手续；建设单位转为生产单位的，按企业档案管理要求办理。

竣工验收以后，建设单位应在6个月内向城市建设档案接收单位报送与城市规划、建设及其管理有关的项目档案。

10.2.4　信息与档案管理流程

建设工程的信息与档案管理贯穿建设工程全过程，衔接于工程建设各个阶段、各个参建单位和各个方面，其基本环节包括：信息的收集、传递、加工、整理、检索、分发、存储等。

1.信息的收集

信息收集具有来源多、范围广、时间长等特点，应根据项目特性分阶段、分单位、分类型进行区分收集。具体收集的管理可按照编码体系进行不同内容的收集。

2.信息的传递

信息传递按照传递主体分为对整个项目外部、对项目部外部（但在整个项目部内）、对项目部本单位内部进行传递。

信息传递按照传递途径分为书面版、电子版传递。

信息传递按照传递客体可分为政府往来文件、建设单位往来文件、服务类单位往来文件、施工类单位往来文件。

3.信息的加工和整理

根据信息的直观反馈，分门别类，确定下一步该以何种方式流转何处。

根据有关信息反馈给对应人员，应保证选择依据的时效性、准确性、完整性。

4.信息的分发

（1）明确使用部门（人）的使用目的、使用周期、使用频率、得到时间、数据的安全要求。

（2）决定分发的项目、内容、分发量、范围、数据来源。

（3）决定分发信息和数据的结构、类型、来源。

（4）决定提供的信息和数据介质（纸张、光盘、机械硬盘或其他介质）。

5.信息的检索

（1）允许检索的范围、检索的密级划分、密码的管理。

（2）检索的信息和数据能否及时、快速地提供，采用什么手段实现（网络、通信、计算机系统）。

（3）提供检索需要的数据和信息输出形式，能否根据关键字实现智能检索。

6.信息的存储

（1）按照工程进行组织，同一工程按照投资、进度、质量、合同的角度组织，各类进一步按照具体情况细化。

（2）文件名规范化，以定长的字符串作为文件名。

（3）各参建方协调统一存储方式，尽量采用统一代码。

（4）建议通过网络数据库形式存储数据，达到各参建方数据共享，减少数据冗余，保证数据的唯一性。

10.3 基于BIM技术的信息管理系统

传统的建设工程项目信息管理系统，由于工程管理涉及的单位和部门众多，信息输入只能停留在本部门或者单体工程的界面，常常出现滞后现象，难以及时进行整体工程的相互传输，阻碍了整个工程的信息汇总，必然形成信息孤岛现象。基于BIM技术构建的工程项目信息管理系统除了具有传统信息管理系统的特征和优势外，还能满足以下要求：

1.信息集成管理要求。随着工程总承包模式的不断推广和运用，人们越来越强调项目的集成化管理，同时对信息管理系统的要求也越来越高。如：将项目的目标设计、可行性研究、决策、设计和计划、供应、实施控制、运行管理等综合起来，形成一体化的管理过程；将项目管理的各种职能，如成本管理、进度管理、质量管理、合同管理、信息管理等综合起来，形成一个有机的整体。

2.全寿命周期管理要求。全寿命管理理念就是要求工程项目的建设和管理要在考虑工程项目全寿命过程的平台上进行，在工程项目全寿命期内综合考虑工程项目建设的各种问题，使得工程项目的总体目标达到最优。反映在信息管理系统建设上，就是信息管理系统的建设不仅仅是为了工程项目实施过程，同时应考虑在工程竣工后纳入企业运行阶段的应用，这样既可以满足业主实际工作的需要，又为业主、最终用户、承包商、分包商、全过程工程咨询方、施工方等提供了一些后期总结数据。

10.3.1　BIM信息管理系统平台概况

1.平台介绍

BIM信息管理系统平台是面向工程项目各参建方协同管理的信息化管理平台。它是一套覆盖项目前期管理、中期施工管理、后期竣工管理的工程总承包项目全过程信息化管理系统，以模块化、表单化、流程化、标准化为原则，以优化项目协同管理为核心，通过信息化手段，合理安排进度计划的相关资源与活动，严格高效地把控工程建设质量安全。通过提高工作中的沟通效率，优化安排协同工作，从而在工程项目上达到降本增效的成果。

BIM信息管理系统平台以工程项目BIM模型为基础，各参建方（建设单位、咨询单位、工程总承包单位、分包单位、设备供应商等）的工作通过BIM信息管理系统平台连接起来，形成一个互相连接、互动的信息系统，在BIM信息管理系统平台上进行合同、进度、质量、安全的管理；并利用物联网技术，形成虚实结合的项目管控系统；建立以可视化模型为载体，以过程控制原始资料为基础的文档控制管理体系，以协作的创建、交流、执行、闭环为主线，合理、优化地安排相关的人、财、物资源，将传统的被动沟通转变为积极主动的预防性协作，可以实时与数据采集系统集成。

2.平台目标

（1）各方高效协同

通过BIM信息管理系统平台打造一套标准管理流程体系，各方参建人员通过无纸化办公模式随时随地进行问题处理和签批，提升项目管理效率，提高工程建设进度。

（2）真正实现BIM技术落地

BIM信息管理系统平台以BIM模型为核心，项目管理过程中的所有数据均可与模型进行关联，在轻量化浏览模型技术的基础上提升数据的更大价值。

（3）提升项目质量

通过信息自动化管理和监测，提高现场实施人员的操作规范度和重视度，关键质量把控全部流程化，确保每一道控制点均严格检查过关。

（4）远程项目管理

通过BIM信息管理系统平台实现远程项目管理控制，现场问题同步推送所有相关人员，避免人员操作出现的重大问题隐瞒等影响工程质量的问题出现。

（5）打造智慧信息化系统

通过BIM信息管理系统平台将零散的数据进行集成整合，智能分类、搜索等，所有数据分析均由一个系统管理，提高数据集中度。

（6）形成先进管理标准

通过各阶段的实施，不断深化BIM信息管理系统平台集成度，融合项目在实践过程中不断优化的管理经验，最终形成独具特色的先进管理标准和技术方法。

3.平台开发原则

（1）标准化

设计及实施按照国家和地方的有关标准执行。

（2）先进性

所采用的软件不仅成熟而且能代表当今世界的技术水平。

（3）合理性和经济性

在保证先进性，满足用户需求的同时，以提高工作效率、节省人力和各种资源为目标进行设计，充分考虑系统的实用、适用和效益。

（4）结构化

系统的总体结构将是结构化和模块化的，具有很好的兼容性和可扩充性，使系统能在日后方便扩充。

（5）可扩展性

显示系统可以根据需求任意添加功能。当新的功能加入后，对以往的功能不产生影响，这就使得更多的子系统能够接入到平台当中。

（6）互联性

平台确保了系统间可集成性，提供了准确的通信协议和开放的数据库接口，各子系统可实现信息和数据库共享；同时考虑未来发展的需求，能与未来扩展子系统具有互联性和互操作性。系统在数据转发、接收方面均采用国家标准化协议。

（7）可靠性

平台是一个可靠性和容错性极高的系统，系统能不间断正常运行和有足够的延时来处理系统的故障，确保在发生意外故障和突发事件时，系统都能保持正常运行。

（8）管理简单

全面综合优化优选，强调以人为本，系统易学易用，实现现代化管理。

4.平台维护

自BIM信息管理系统平台上线使用至约定的维护期内，专业技术人员应担任系统的系统管理员。在项目实施过程中，完成服务器、客户端的环境准备，解决系统运行所必需的网络、设备问题以及系统升级更新及数据备份等。

测试版平台初上线后，技术人员应调整目录架构、修改细节问题；测试版平台试运行时，技术人员应持续跟进使用人员，收集反馈意见，进行功能维护并提供平台使用手册；正式版平台上线后，技术人员应根据项目实际进展和业主需求，解决使用中的技术问题，如有必要亦可二次开发所需的功能或插件，通过测试后完成平台发布。

5.平台功能架构

BIM信息管理系统平台采用"集中后台+应用前端"的架构（如图10-1所示），以建筑数据为载体、工程进度为主线、投资管理为核心，通过以进度控制、成本控制、质量控制、风险管理为目标的工程项目总控管理，实现对目标工程现场的精细化管理。

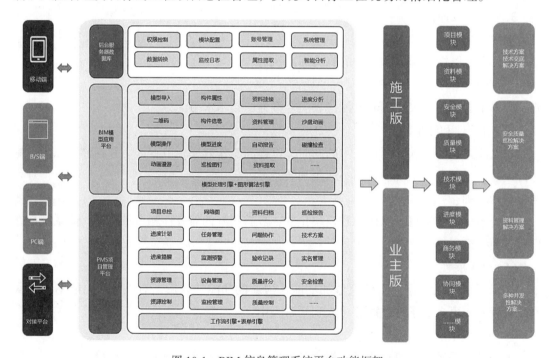

图 10-1　BIM 信息管理系统平台功能框架

BIM信息管理系统平台由电脑Web端基础页面、数据开发平台、前端客户端三部分构建而成，形成基本建设项目数据统计报表存储、常规日志和任务派送、基本建设项目档案及实时消息传输等主数据库和从数据库，依托安全运维防火墙系统，实现基本建设项目信息化系统的安全运维和远程监控。

平台采取各种信息化手段，由大数据分析平台、企业人力资源管理形式、电子信息通信系统等多重信息系统集成构成；使用Web云端服务器进行存储，形成智能设备、移动APP、BIM模型以及物联网数据；建立文档资料库，对系统产生的所有文档进行归集，提供多种视图，并与档案系统进行接口集成以便归档；实现现代电子化移动办公，应用手机端即时对相应业务流程移动办公，有效、便捷，提高了项目部协同办公项目管理的能力。

10.3.2 平台功能介绍

1.后台管理

后台管理可以对项目组织架构管理、用户管理、目录管理、权限管理、系统日志管理、密码管理、个人工作台等进行设置。系统管理员可快速配置各人员、角色的系统菜单权限、操作权限。

2.资料管理

平台上线前由平台管理人员根据项目实际需求，在后台中设置项目资料目录文件夹及相关文件模板。

平台支持DWG、WORD、EXCEL、PPT、PDF、JPG等日常办公常用不同格式的文件以及轻量化Revit模型的上传、保存、在线浏览、批注、在线编辑、下载等功能，并于后台进行版本管理，同文件名文件上传后自动生成版本号。用户可基于前端进行内容检索，通过关键字搜索相关的资料。

3.流程管理

平台上线前由平台管理人员根据项目实际需求，整理相关工作流程和流程模板文档，将其统一嵌入平台中，实现管理流程电子化，并且本功能模块应具备一定的灵活性，支持流程的自定义。

在实现对所有业务统一进行流程规划的基础上，通过业务流程自动化，每天都将需要处理的业务主动推送到每个参与者的桌面或消息中心上，让他们实时了解项目的动态，提醒和督促相关人员加快处理各类事务，极大地提高了组织内外的协同效率，从而加快项目推进。

4.数据分析

基于平台前端的应用模块中录入的数据、模型信息等对各项数据和指标进行后台统计分析，包括项目的KPI、计划进度执行情况、流程监控情况、设计成果、质量问题、分析报表等，并按需求进行选择，呈现在前端项目驾驶舱中。所有分析数据可导出EXCEL或者PDF格式文件。

5.项目概况

（1）项目信息

项目信息是对当前项目进行简单介绍，主要包括项目名称、项目地址、项目各参建单位、项目概述以及项目效果图等信息，根据后台设置的项目信息表单样式进行内容填写。

（2）驾驶舱

项目的综合数据可通过数据库于平台后台进行提取和分析，根据业主管理需求可定制各种数据展示形式，更加快速直观地展现项目的各种综合管理数据。如某大学项目信息管理综合驾驶舱数据总览界面如图10-2所示。

图 10-2　驾驶舱数据总览界面

（3）项目通讯录

可上传、编辑参建单位人员信息，主要包括姓名、所属单位、项目职责、手机号、电子邮箱，自动形成项目通讯录并支持多种条件检索查询。

6.个人工作台

个人工作台主要用于集中式地查看项目的最新工作情况，包括数据图表分析、个人协作流程审批、最新资料查阅、项目进度照片等内容，便于项目管理人员快速获取到该项目的最新资讯（如图10-3所示）。

图 10-3　个人工作台界面

7.造价管理

（1）造价管理文档

项目实施过程中的造价管理文档（如图10-4所示）包括工程概算、工程造价（标底）、投标报价、工程结算，需按平台设置的目录上传并保存，形成造价管理数据库。文档管理模块可上传、保存、浏览、下载DWG、WORD、EXCEL、PPT、PDF、JPG等日常办公常用不同格式的文件。

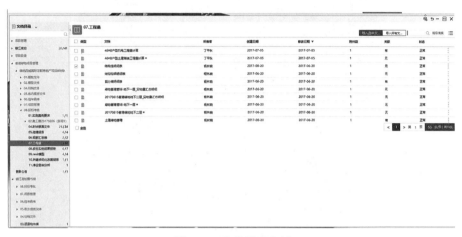

图10-4　造价管理文档

平台支持将造价管理资料进行统一化管理，造价管理成果通过平台后台的文档、流程模块结合，将投资管理的审核、变更、签证、结算等工作在平台上进行过程监控和成果归档管理。

（2）工程量统计

通过移动端扫描二维码进行已完工工程量的确认，并将完工信息与BIM模型构件关联，由BIM模型快速导出实际发生工程量，反馈实际工作完成工程量，并进行工程量统计。

（3）变更管理

基于BIM信息管理系统平台的变更管理，可规范工程变更管理流程，维护业主及各参建单位的相关利益。

根据平台后台功能中设置的变更流程及模板格式，相关人员可在线发起变更流程，附设计变更图纸、相关预算清单等附件，平台自动通知相应的负责人进行审批，直至形成闭环，由平台自动保存过程文档。平台也支持变更管理文档与BIM模型进行关联和反查，方便审核人员复核工程量成果时直观地进行查看。

8.质量管理

（1）质量规范

平台可上传、保存和浏览实际项目中所需要的质量方面的相关国家、行业现行标准、规范，可根据施工图说明及水厂施工将用到的相关验收标准进行挑选。

质量控制重点区域模型可与相对应的质量规范进行关联，方便后续质量验收资料查阅。

（2）二维码现场管理

现场管理与BIM模型的结合需要通过二维码快速定位，平台支持通过批量选择构件的方式一键生成二维码，粘贴到现场对应位置后可以实现现场人员手持移动端扫码，在平台BIM模型快速定位查询信息和反馈工作内容的操作（如图10-5所示）。

图 10-5　现场扫码定位模型

（3）质量验收

在质量验收时，通过移动端将验收情况（可选择预设的验收选项）与BIM构件关联，并根据验收规范创建验收台账，附相关文档、图片等证明文件，并在平台上发起质量验收流程，平台自动通知相应负责人执行验收，直至闭环。

（4）质量巡检

现场管理人员通过移动端，将现场质量巡检发现的问题与BIM模型、构件或视点关联，按预设的质量问题选项，上传至BIM平台，可附质量问题的图片或描述，并发起质量问题流程（如图10-6、10-7所示），平台自动通知相应的负责人进行问题处理、审查，直至形成闭环并自动保存。

图 10-6　质量巡检

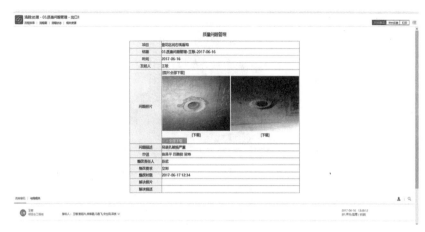

图 10-7　质量问题流程处理

（5）质量问题整改

发生质量问题后，可在线发起问题并进行整改追踪直至问题闭环。整改单将由平台自动形成台账，质量问题整改单可与模型、构件进行关联，实现模型与整改单相互调用、查看。

根据质量问题台账，平台支持根据标段、施工部位或施工类别进行统计分析，形成质量管理周报、月报等，并存储至相应文件夹中。

（6）质量文档

项目实施过程中与BIM模型关联的质量文档，包括材料报批、进场报验、质量验收、质量问题流程等自动形成文档保存，构建质量管理数据库。

文档管理模块可上传、保存、浏览、下载DWG、WORD、EXCEL、PPT、PDF、JPG等日常办公常用不同格式的文件。

9.进度管理

（1）进度文档

进度文档均应按照平台后台中预先设定的目录上传至平台，主要包括：进度计划、进度偏差分析报告、施工日志等。

文档管理模块可上传、保存、浏览、下载DWG、WORD、EXCEL、PPT、PDF、JPG等日常办公常用不同格式的文件。

（2）进度计划管理

平台可实现进度计划的在线编制、执行、调整，将进度计划与BIM模型构件进行挂接，展现构件与工程计划开始完成时间、绝对工期、前后置关系、责任人、完成状态、实际开始完成时间关联，形成计划关联模型，并基于此模型进行4D进度模拟（如图10-8所示）。同时平台也支持Project等进度软件的外部导入，与模型进行关联，后续可在平台中进行进度计划的编辑。

（3）里程碑日历

基于进度计划，生成里程碑日历，并根据项目实际进度情况，记录里程碑实际完成时间，可以直观查看项目里程碑节点计划和完成情况。

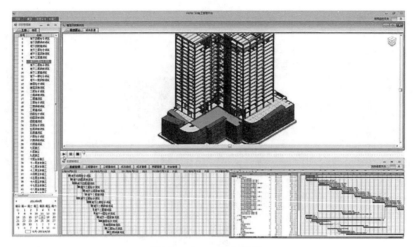

图 10-8　4D 进度模拟

（4）实际进度与计划进度对比

通过 BIM 平台阶段性展现项目计划进度与实际进度的对比，展示三维可视化监控进度进展，提前发现问题，保证项目工期。对于关键线路上施工进度提前或者延误的地方用不同颜色高亮显示进行进度预警，由平台自动发送通知给相关负责人。利用随项目进展持续更新的 BIM 模型，根据项目施工计划和实际完成进度，用 4D 模拟的方式进行动态施工进度模拟，并上传至 BIM 平台，便于各参建方直观了解项目进度，与计划 4D 进度模拟进行对比分析，编制进度差异报告。

（5）形象进度

利用无人机定期拍摄工程全貌照片并上传，方便随时调阅，直观了解项目进度并辅助项目形象进度汇报。通过无人机技术，高效真实还原现场情况，提高项目管理质量和效率。

10.安全管理

（1）安全巡检

现场管理人员通过移动端，将安全文明巡检发现的问题与 BIM 模型、构件或视点关联，上报预制的安全文明问题选项，并可上传图片或描述安全问题，并发起安全问题流程，平台自动通知相应的负责人进行问题处理、整改安全隐患、检查，直至形成闭环，平台将持续对安全问题流程进行监控及存档。

（2）安全问题整改

发生安全问题或发现安全隐患后，可在线发起问题并进行整改追踪直至问题闭环。整改单将由平台自动形成安全问题台账，安全问题整改单可与模型、构件进行关联，实现模型与整改单相互调用、查看。

根据安全问题台账，平台支持根据标段、施工部位或施工类别进行统计分析，形成安全管理周报、月报等，并存储至相应文件夹中。

（3）实时监测

平台集成第三方实时监测信号，并可以设置报警值，相关人员可以远程查看实时监测信息和历史记录，并能够及时接收平台推送的报警信息，利用BIM模型可清晰显示报警点位置。

（4）安全管理文档

各项安全管理的资料均应按照预先设定的台账目录上传至平台，安全过程咨询资料按照安全台账分类标准，主要包括十类：安全来文、安全检查、应急预案、事故分析处理、重大危险源管理、防汛防台、安全措施费、安全交底、安全生产规章制度、安全"三同时"。

文档管理模块可上传、保存、浏览、下载DWG、WORD、EXCEL、PPT、PDF、JPG等日常办公常用不同格式的文件。

11.设备管理

（1）采购计划

平台可实现采购进度计划的在线编制、执行、调整，将采购进度计划与设备设施的BIM模型进行挂接，展现设备设施的出厂时间、进场时间、安装时间、前后置关系、责任人、完成状态、实际开始完成时间。同时平台也支持Project等进度软件的外部导入，与模型进行关联，后续可在平台中进行进度计划的编辑。

（2）设备信息录入

平台支持导入设备生产施工信息，包括厂商名称、联系电话、规格等，根据预设的规则与设备、阀组等构件进行关联。在施工过程中，用户可以将施工时间、质检记录等关联到构件上。

通过批量选择平台BIM模型中设备的方式一键生成二维码，粘贴到对应设施设备上，扫描二维码可知设备定位、尺寸、安装时间、厂商等基础数据和信息，为项目后期运维提供数据基础。

（3）设备管理资料

基于平台资料管理功能，可以对各设备供应商的信息进行统一化管理，包括设备族文件及供应商提供的安装图纸。设备管理相关资料按目录上传至平台后，其他人员可进行浏览、下载。

同时，文档管理模块可上传、保存、在线浏览、下载DWG、WORD、EXCEL、PPT、PDF、JPG等日常办公常用不同格式的文件。

12.综合管理

（1）日志周报

根据平台后台中设置的日志、周报的目录及模板，可定期进行施工日志和周报的编制、上传、保存，相关人员可进行查询、在线浏览及下载。由后台功能对日志及周报中的数据进行统计分析，分析结果自动发送至相关负责人。

（2）视频监控

平台集成项目现场重点管理区域视频监控信号，可远程查看视频监控画面，当发生违章作业、安全事故时可快速准确定位，对危险性较大分部分项工程重点监控，起到防控作用。

（3）建造文档管理

建造过程中各个阶段的文档资料均应按照平台后台中预先设定的目录上传至平台，主要包括：规划、设计、施工各个阶段文档，如合同、报建资料、施工方案、审查文件、建立文件、安全会议、会议纪要等。平台中上传的文档如有必要可与相关模型、图纸、标准、流程、问题等进行关联。

文档管理模块可上传、保存、在线浏览、下载 DWG、WORD、EXCEL、PPT、PDF、JPG 等日常办公常用不同格式的文件。

基于 BIM 技术的信息管理系统平台有利于提高管控力度，降低管理成本，有效控制投资，提高管理和运营水平；BIM 信息管理系统平台以流程规范化、数据规范化和审批控制等方式手段，对项目的关键环节进行辅助控制，实现在工程投资建设过程中的风险管控，包括投资决策风险、资金风险、投资控制风险、工期和工程质量风险等。

10.4　各阶段咨询管理要点

10.4.1　项目前期阶段信息管理内容

因项目决策对建设工程的效益影响最大，全过程工程咨询部应重视项目前期信息的收集与整理，在信息收集方面应包括外部宏观信息，要收集历史、现在和未来三个时态的信息，具有较多的不确定性。该阶段信息收集主要包括以下方面（如表 10-7 所示）。

前期阶段信息收集一览表　　　　　　　　　　　表 10-7

序号	内容
1	项目相关市场方面的信息：如项目投入使用后的市场运营预测、社会需求等
2	项目资源方面的信息：如资金、劳动力、水、电、气供应等
3	自然环境相关方面的信息：如城市交通、运输、气象、地质等
4	新技术、新设备、新工艺、新材料，专业配套能力方面的信息
5	政治环境，社会治安状况，当地法律、政策、教育等信息

上述信息的收集是为了帮助避免决策失误，以进一步开展调查和投资机会研究，进行投资估算和工程建设经济评价。

10.4.2　初步设计阶段的信息管理

初步设计阶段是工程建设的重要阶段，在初步设计阶段决定了工程规模、建筑形式、工程的概算、技术先进性和适用性、标准化程度等一系列具体的要素。在初步设计阶段，全过程工程咨询部主要收集以下信息（如表 10-8 所示）。

初步设计阶段信息收集一览表　　　　　　表10-8

序号	内容
1	可行性研究报告，前期相关文件资料，存在的疑点和建设单位的意图，建设单位前期准备和项目审批完成的情况
2	同类工程相关信息
3	工程所在地相关水文地质、交通等信息
4	勘察、测量、设计单位相关信息
5	工程所在地政府政策、法律、法规、规范、环保政策、政府服务和限制等
6	设计中的设计进度计划，设计质量保证体系，设计合同执行情况等

　　EPC项目初步设计阶段信息的收集范围广泛、来源较多、不确定因素较多、外部信息较多、难度较大，全过程工程咨询单位项目部需配备具有较高技术水平和较广知识面的信息管理工程师，以及具有一定设计相关经验、投资管理能力和信息综合处理能力的专家作为技术支持，以完成该阶段的信息管理。

10.4.3　招标投标阶段的信息管理

　　在招标投标阶段的信息收集，有助于编写好招标书，有助于选择好工程总承包单位和项目经理、项目班子，有利于签订好工程总承包合同，为保证施工阶段管理目标的实现打下良好基础。工程总承包招标投标阶段信息收集从以下几方面进行（如表10-9所示）：

招标投标阶段信息收集一览表　　　　　　表10-9

序号	内容
1	工程地质、水文地质勘察报告，施工图设计及施工图预算、设计概算，设计、地质勘察、测绘的审批报告等方面的信息，特别是该建设工程有别于其他同类工程的技术要求、材料、设备、工艺、质量要求的有关信息
2	建设单位建设前期报审文件：立项文件，建设用地、征地、拆迁文件
3	工程造价的市场变化规律及所在地区的材料、构件、设备、劳动力差异
4	国内工程总承包单位管理水平，质量保证体系、施工质量、设备、机具能力
5	本工程适用的规范、规程、标准，特别是强制性规范
6	所在地关于招标投标有关法规、规定，国际招标、国际贷款指定适用的范本，本工程适用的建筑施工合同范本及特殊条款精髓内容
7	所在地招标投标代理机构能力、特点，所在地招标投标管理机构及管理程序
8	该建设工程采用的新技术、新设备、新材料、新工艺，投标单位对"四新"的处理能力和了解程度、经验、措施

　　在工程总承包单位招标投标阶段，信息管理工程师将充分了解施工设计和施工图预算，熟悉法律、法规，熟悉当地招标投标程序、合同范本，重点了解工程特点，对工程量进行合理地分解。

10.4.4 施工阶段的信息收集

施工阶段信息管理相关规范比较成熟，但因为现场施工管理水平参差不齐，项目管理部将力求施工信息的标准化和规范化。

1. 施工准备期的信息收集（如表10-10所示）

施工准备期的信息收集一览表　　　　　　　表10-10

序号	内容
1	项目管理大纲；施工图设计及施工图预算，特别要掌握结构特点，掌握工程难点、要点、特点，掌握工程的工艺流程特点、设备特点，了解工程预算体系(按单位工程、分部工程、分项工程分解)；了解施工合同
2	监理单位项目监理部组成，进场人员资质；监理单位的监理规划及监理细则
3	施工单位项目管理部组成，进场人员资质；进场设备的规格型号、保修记录；施工场地的准备情况；施工单位质量保证体系及施工单位的施工组织设计，特殊工程的技术方案，施工进度网络计划图表；进场材料、构件管理制度；安全防护措施；数据和信息管理制度；检测和检验、试验程序和设备；承包单位和分包单位的资质等施工单位信息
4	建设工程场地的地质、水文、测量、气象数据；地上、地下管线，地下洞室，地上原有建筑物及周围建筑物、树木、道路；建筑红线，标高、坐标；水、电、气管道的标志；地质勘察报告、地形测量图及标桩等环境信息
5	施工图的会审和交底记录；开工前的管理交底记录；对施工单位提交的施工组织设计按照工程监理部要求进行修改的情况；施工单位提交的开工报告及实际准备情况
6	工程需遵循的相关建筑法律、法规和规范、规程，有关质量检验、控制的技术法规和质量验收标准

在施工准备期，信息的来源较多、较杂，由于各参建方的关系正处于协调、磨合期，信息渠道还未正式建立，因此，项目管理部将尽快组建工程信息的合理流程，确定可靠的信息源，规范各方的信息行为，建立必要的信息秩序。

2. 施工实施期的信息收集

这一阶段信息来源相对比较稳定，收集的关键是施工单位和监理单位、项目管理单位、建设单位在信息形式上和汇总上的统一。因此，统一各参建方的信息格式，实现标准化、代码化、规范化是本阶段必须解决的问题。本阶段收集的信息有以下几方面（如表10-11所示）。

施工实施期的信息收集一览表　　　　　　　表10-11

序号	内容
1	监理单位和施工单位的人员、设备、水、电、气等能源的动态信息
2	施工期气象的中长期趋势及同期历史数据，每天不同时段动态信息，特别在气候对施工质量影响较大的情况下，更要加强收集气象数据
3	建筑原材料、半成品、成品、构配件等工程物资的进场、加工、保管、使用等信息
4	项目管理部管理程序；质量、进度、投资的事前、事中、事后控制措施；数据采集来源及采集、处理、存储、传递方式；工序间交接制度；事故处理制度；施工组织设计及技术方案执行的情况；工地文明施工及安全措施等

序号	内容
5	施工需要执行的国家和地方规范、规程、标准；施工合同执行情况
6	施工中发生的工程数据：如地基验槽及处理记录，工序间交接记录，隐蔽工程检查记录等
7	建筑材料必试项目有关信息：如水泥、砖、砂石、钢筋、外加剂、混凝土、防水材料、回填土、饰面板、玻璃幕墙等
8	设备安装的试运行和测试项目有关信息：如电气接地电阻、绝缘电阻测试，管道通水、通气、通风试验，电梯施工试验，消防报警、自动喷淋系统联动试验等
9	施工索赔相关信息：索赔程序，索赔依据，索赔证据，索赔处理意见等

3.竣工保修期的信息收集

竣工保修期的信息收集是建立在施工期日常信息积累基础上，要求数据实时记录，真实反映施工过程，真正做到积累在平时，该阶段只是各参建方资料信息最后的汇总和总结。该阶段要收集的信息有以下几方面（如表10-12所示）。

竣工保修期的信息收集一览表　　　　表10-12

序号	类别	内容	
1	准备阶段文件	立项文件；建设用地、征地、拆迁文件；开工审批文件等；勘察、测绘、设计文件；招标投标及合同文件；财务文件；建设、施工、管理机构及负责人等信息	
2	监理文件	监理规划、监理实施细则、有关质量问题和质量事故的相关记录、监理工作总结以及监理过程中各种控制和审批文件等	
3	施工资料	建筑与结构工程	施工技术准备文件
			施工现场准备
			地基处理记录
			工程图纸变更记录
			施工材料预制构件质量证明文件及复试试验报告
			施工试验记录
			隐蔽工程检查记录
			施工记录
			工程质量事故处理记录
			工程质量检验记录
		机电工程（包括电气、给排水、消防、供暖、通风、空调、燃气、建筑智能化、电梯工程）	一般施工记录
			图纸变更记录
			设备、产品质量检查、安装记录：设备、产品质量合格证、质量保证书，设备装箱单、商检证明和说明书、开箱报告，设备安装记录，设备试运行记录，设备明细表
			预检记录
			隐蔽工程检查记录

续表

序号	类别	内容		
3	施工资料	机电工程（包括电气、给水排水、消防、供暖、通风、空调、燃气、建筑智能化、电梯工程）	施工试验记录	
			质量事故处理记录	
			工程质量检验记录	
		室外工程	室外安装（给水、雨水、污水、热力、燃气、电信、电力、照明、电视、消防等）施工文件	
			室外建筑环境（建筑小品、水景、道路、园林绿化等）施工文件	
4	竣工图	包括综合竣工图和专业竣工图两大类		
5	竣工验收资料	工程竣工总结，竣工验收记录，财务文件，声像、缩微、电子档案		

在竣工保修期，项目经理部按照现行《建设工程文件归档规范（2019年版）》GB/T 50328—2014收集项目管理文件并督促施工单位完善资料的收集、汇总和归类整理。

10.4.5 信息的分发、检索和存储

1.信息分发主要应明确以下内容：

（1）明确使用部门（人）的使用目的、使用周期、使用频率、得到时间、数据的安全等要求。

（2）决定分发的项目、内容、分发量、范围、数据来源。

（3）决定分发信息和数据的结构、类型、来源。

（4）决定提供的信息和数据介质（纸张、光盘、机械硬盘或其他介质）。

2.检索设计时则要考虑：

（1）允许检索的范围、检索的密级划分、密码的管理。

（2）检索的信息和数据能否及时、快速地提供，采用什么手段实现（网络、通信、计算机系统）。

（3）提供检索需要的数据和信息输出形式，能否根据关键字实现智能检索。

3.信息的存储：

（1）按照工程进行组织，同一工程按照投资、进度、质量、合同的角度组织，各类进一步按照具体情况细化。

（2）文件名规范化，以定长的字符串作为文件名。

（3）各参建方协调统一存储方式，尽量采用统一代码。

（4）建议通过网络数据库形式存储数据，达到各参建方数据共享，减少数据冗余，保证数据的唯一性。

10.5　常见问题与意见建议

10.5.1　常见问题分析与管控措施

1.工程总承包模式与其他建设模式的信息与档案管理侧重点把握的问题

对应管控措施：不管模式形式，资料内容要求是一致的。EPC总承包模式属于交钥匙，是拿初步设计进行深化和施工，造价信息过于笼统，在最终交钥匙验收和竣工结算时更侧重于对合同条款的响应与完成度分析，这就要求对设计和造价部分的资料管理更严格。

2.全过程工程咨询介入较晚，没有在决策阶段进行跟踪管理，对应前期的信息不完整，形成不对称信息差的问题

对应管控措施：进场后及时对缺少的信息内容进行梳理、列清单，要求建设单位提供或找对应的参建单位收集。

3.设计文件与造价文件资料较多，不清楚重点的问题

对应管控措施：理清设计文件、造价文件常规项目的资料内容，针对每一个内容从源头开始进行逐个提问（谁？何时？何地？为何？提出何种要求？最终是否满足？）、收集成套、存档管理。

4.施工阶段信息太多，涉及单位多，管理困难的问题

对应管控措施：根据全过程咨询合同工作内容进行管理。首先区分合同中各个阶段涉及单位的资料内容，提前对资料内容熟悉、梳理、评估，编制对应的信息档案管理项目实施细则，区分出重点关注资料、次关注资料和无关紧要资料；然后对重点关注资料及时跟踪、收集、整理、分发、归档，对次关注资料定时、定期进行跟踪处理，对无关紧要资料可集中放置、待空闲时处理。最后及时利用年中、年末或是各重要工程里程碑节点等时间对本时期的管理进行总结。

5.信息档案管理人员更换频繁，资料繁多、杂乱的问题

对应管控措施：

（1）书面版档案盒的标签、目录齐全，档案盒也须编号，便于查找。

（2）电子版文件使用网盘或大硬盘存储，做到电子版与书面版一一对应放置。

（3）办理移交工作时需要将所有资料一一说明，若未能办理移交，接手时需要将所有资料翻看一遍，做到心中有数。

10.5.2　意见建议

1.信息与档案管理人员需固定，尽量减少人员更换频率，以免因人员更换而找不到对应资料。

2.信息与档案管理人员需熟悉合同主要条款（如合同双方、合同范围、奖罚条款等），需具备必要的财务知识，以便在管理时做到专业性、针对性。

3.尽量所有资料能在一个平台（内网、建设单位网、云盘、BIM平台等）找到，以免因设备出问题而所有资料都无法调用。

4.信息与档案管理成果展现时，需充分利用各个平台的信息，多给出汇总型数据，对比性分析，做到依据真实充分、结论公正。

5.充分利用BIM技术，使用其信息管理系统平台有利于提高管控力度，降低管理成本，有效控制投资，提高管理和运营水平；BIM信息管理系统以流程规范化、数据规范化和审批控制等方式手段，对项目的关键环节进行辅助控制，实现在工程投资建设过程中的风险管控，包括投资决策风险、资金风险、投资控制风险、工期和工程质量风险等。

第11章 竣工验收咨询与管理

竣工验收是工程总承包项目建设的收尾阶段，是在分项、分部和单位工程验收的基础上进行的，是全面考核项目建设工作，检查是否符合设计要求和工程质量的必要环节。规模较大、较复杂的项目，应先进行初步验收，然后进行全部工程的竣工验收；规模较小、较简单的项目，可以一次性进行全部工程的竣工验收。全过程工程咨询单位在项目竣工验收阶段，应充分发挥监督、统筹与协调作用，做好验收策划与组织工作，并对验收过程及时总结，对存在的问题监督整改落实。

11.1 竣工验收管理目标

按照全过程工程咨询合同约定的管理目标，全过程工程咨询单位对照目标开展考核与评价，竣工验收管理目标具体可以参考：

1.确保工程总承包项目按期交付：确保工程总承包项目在合同规定的时间内完成，并满足竣工验收的条件。

2.保证工程总承包项目工程质量：确保所有建设内容符合设计要求和标准，满足功能性、安全性、经济性、美观性等方面的质量要求。

3.完善工程总承包项目工程资料：负责整理和归档工程建设的所有资料，包括设计文件、施工记录、检验报告等，以备竣工验收使用。

4.协助业主通过验收：协助建设单位完成竣工验收的所有程序，确保项目顺利通过验收。

5.提高工程总承包项目管理效率：通过专业的咨询服务，提高项目管理的效率，确保项目在成本、时间和质量上的可控。

6.优化工程总承包项目投资效益：通过有效的管理，确保项目的投资效益最大化，提高项目的投资回报率。

7.保障工程总承包项目工程安全与环保：确保工程建设过程中和建成后，符合国家安全和环保标准，不对环境和公众安全造成影响。

8.遵循相关法律、法规：在竣工验收过程中，确保所有工作符合国家相关法律、法规的要求。

9.提升工程总承包项目管理水平：通过竣工验收管理，总结经验，提升项目管理水平和能力，为未来的项目提供参考。

10.维护公共利益：确保工程建设符合公共利益，满足需求，提升公共服务水平。

11.2　竣工验收管理工作内容

根据国家相关建设工程竣工验收规范及以往工程总承包项目管理经验，项目竣工验收和移交工作按子项目（单位工程）开展。

竣工验收及移交工作包括如下环节：各分部（子分部）工程完成后及时组织各分部（子分部）工程的验收工作；分部工程验收完毕，由监理部牵头组织预（初步）验收，预（初步）验收过程需要使用单位（或接收单位）参与，各单位在验收后形成验收整改意见；预（初步）验收过程中，专项（如消防、规划、节能、环保、防雷等）验收同步进行；两次验收意见与问题整改完成或基本整改完毕后，协同委托单位组织竣工验收，项目使用说明书在竣工验收完毕、工程移交前基本完成；工程移交（包括各类文档资料、工程承包合同内需要完成的实物内容、使用说明书等）。

11.2.1　初步验收

问题整改完成或基本整改完毕后，协同委托单位组织竣工验收，项目使用说明书在竣工验收完毕、工程移交前基本完成；工程移交（包括各类文档资料、工程承包合同内需要完成的实物内容、使用说明书等）。

项目在竣工验收之前，由工程监理组织进行初步验收。

1.初步验收的工作内容

（1）实物与设计相对照，是否按设计图纸及已批准的设计变更，全部完成了施工和安装。

（2）检查环境保护、劳动安全卫生、消防等专项验收情况。

（3）检查竣工决算及审计完成情况。

（4）检查竣工资料和竣工验收文件的编制情况。

2.初步验收的程序

（1）在项目按合同和设计要求完成施工后，达到竣工验收标准时，EPC总承包单位应按照国家、行业及总承包企业的有关规定，整理好管理文件、技术资料等有关竣工资料，经监理单位审查后向业主提出初步验收申请。

（2）验收申请通过审核后，业主组织召开初步验收预备会议，协商成立初步验收委员会（或初步验收小组），制定初步验收工作日程。

（3）初步验收委员会（或初步验收小组）进行初步验收。对发现的问题提出整改要求，明确分工，落实整改措施并限定完成时间。

（4）初步验收委员会（或初步验收小组）编写初步验收报告。

11.2.2 竣工验收

全部工程完成后，经过各单项工程的验收和初步验收，符合设计要求，并具备竣工报告、施工资料、评估报告等必要文件资料，由业主向国家有关主管部门提出竣工验收申请。

1.竣工验收条件

依据各地政府颁布的"建设项目（工程）竣工验收办法"中有关竣工验收的文件。如《浙江省政府投资项目竣工验收管理办法》中对项目竣工验收条件的内容如下：

（1）主体工程和主要辅助工程已按批准的设计文件全部建成，工程重大设计变更已完成变更审批手续。

（2）已按规定完成项目涉及的水土保持、环境保护、消防、人民防空、安全生产、建设档案等专项验收，各专项验收意见均有明确的可以通过竣工验收的结论。

（3）项目经试运行，试运行考核各项指标已达到设计能力，在工程试运行阶段没有发生生产安全事故或质量事故，或发生事故后事故原因已查出和隐患问题完全解决。

（4）已提交工程质量和安全监督工作报告，工程质量达到合格标准。

（5）投资概算在项目批复的范围内。如概算调增幅度超过原批复10%的，应当由项目审批部门重新批复。

（6）竣工财务决算已经财政部门或主管部门审核。重大项目的预（概）算执行情况和决算已经审计机关审计。

（7）竣工验收资料已准备就绪。

（8）符合其他有关规定。

2.规划建筑验收报送材料

（1）消防验收报告。

（2）建筑工程竣工验收图。

（3）建筑工程规划平面图。

（4）规划建筑工程许可证（复印件）。

（5）建筑用地许可证（复印件）。

（6）规划建设地形图（建筑红线地界复印件）。

（7）当地省建筑工程竣工验收规划验收申请表（一式两份）。

（8）建筑工程施工图（一份）。

3.工程竣工验收申请条件（当地有关主管部门提供）

（1）完成工程设计和合同约定的各项内容。

（2）施工单位提出《工程竣工报告》。

（3）监理单位提出《工程质量评估报告》。

（4）勘察设计单位提出《质量检查报告》。

（5）有完整的技术档案、施工管理资料和主要建筑材料、构配件及设备进场试验报告。

（6）有施工单位签署的工程质量保修书。

（7）符合规划、消防、环保部门验收规定。

（8）工程质量监督机构责令整改的问题全部整改完毕。

（9）施工单位承建该工程的完税证明函（地方规定）。

4.验收的主要依据

（1）国家有关法律、法规及行业有关规定、规程、规范和技术标准。

（2）项目可行性研究报告、初步设计、概算调整等审批文件及相关支撑性文件。

（3）工程建设有关招标文件、合同文件及合同中明确采用的质量标准和技术文件等。

（4）有关竣工验收的其他规定。

5.竣工验收程序

EPC项目业主一般应在项目建设完工转入试运行1年内及时完成各专项验收后，向项目审批部门报送工程竣工验收申请。

项目业主需递交的主要申请资料：

（1）竣工总结报告。由项目业主提交，包括建设工程总结、试生产报告、工程决算报告以及国土、规划、环保、消防、质量和安全、人防、职业卫生、防疫、档案等专项内容。

（2）设计、施工、监理、调试和质检等单位的总结报告和意见。

（3）各专项验收报告和结论。

（4）完整的技术档案和施工管理资料。

（5）工程其他需要说明的资料。

县级以上人民政府发展改革行政主管部门在接到项目建设单位竣工验收申请后，应及时组织竣工验收委员会开展竣工验收工作。

竣工验收委员会由发展改革行政主管部门、有关地方人民政府、行政和行业主管部门、项目运行管理单位和专家等组成。竣工验收委员会主任委员由发展改革行政主管部门代表担任，各有关部门和单位代表担任委员。

竣工验收委员会通过听取各有关单位的工作报告，审阅工程档案资料、数据和凭证，实地查验工程，召开竣工验收审查会议等方式开展竣工验收工作。对技术要求较高的建设项目，必要时可组织专家和相关专业技术人员现场检查和技术预验收，并出具专家验收审查意见。项目业主及建设、设计、施工、监理、调试和生产等工程参建单位应积极配合竣工验收委员会开展有关工作。

6.验收的主要内容

（1）检查工程是否按批准的设计文件施工建设，配套工程和辅助工程是否与主体工程同步建成。

（2）检查工程质量是否符合国家颁布的相关设计规范及工程施工质量验收标准。

（3）检查工程设备配套及设备安装、调试情况。

（4）检查环保、水土保持、劳动安全、职业卫生、消防、防灾安全监控系统、安全防护、应急疏散通道、办公生产生活房屋等设施是否按批准的设计文件建成，地质灾害整治及建筑抗震设防是否符合规定。

（5）检查概算执行情况及竣工决算编制、审计情况。

（6）检查工程竣工文件编制完成情况，竣工文件是否齐全、准确。

7.竣工验收审查会议由竣工验收委员会主任委员主持召开，主要议程：

（1）听取项目业主和各参建单位工程总结汇报。

（2）听取各专项验收部门或单位意见。

（3）听取地方政府和相关部门意见。

（4）审查竣工验收有关材料。

（5）讨论和通过竣工验收总结报告或竣工验收审查会议纪要。

竣工验收委员会在完成竣工验收后，应当及时向建设主管部门提交工程竣工验收总结报告。竣工验收总结报告应包括项目基本情况，各专项验收意见，遗留单项工程的竣工验收计划安排和验收结论等。验收结论应当明确提出工程是否通过竣工验收的倾向性意见。竣工验收总结报告也可以竣工验收审查会议纪要的方式体现。

11.3　竣工验收管理工作要点

工程总承包项目的竣工验收是全面检验工程建设是否符合设计要求和施工质量的重要环节，也是检查全过程工程咨询单位及其承包商合同履行情况的重要参考标准，对促进建设项目及时运营、发挥投资效果，具有重要意义。建设单位是工程竣工验收的主体，全过程工程咨询单位协助建设单位（委托人）在建设项目竣工验收过程中，严格标准、规范程序、完整档案、接受监督，根据相关主管部门要求以及项目实际，做好竣工验收阶段管理控制。

1.专项验收管理要点

（1）在专项验收之前，对现场工作进行检查，将剩余工作和质量缺陷进行统计，列表落实责任人，同时编制项目专项工程验收计划和竣工验收方案等。

（2）项目专项验收工作一般包含电梯、消防、人防、节能、环保、气象防雷、规划、卫生防疫、交通组织、市政绿化、档案预验收。

（3）竣工验收与移交组织原则：按照招标文件要求，项目竣工验收和移交工作由全过程工程咨询单位项目负责人总体把控，总监理工程师全面负责项目（单位工程）的竣工验收与移交相关工作。

2.竣工验收管理要点

（1）项目竣工验收前提条件

①施工单位完成工程设计和合同约定的各项内容。施工单位在工程完工后对工程质量进行检查，确认工程质量符合相关法律、法规和工程建设强制性标准，符合设计文件及合同要求，并提出工程竣工报告。工程竣工报告必须经项目经理和施工单位负责人审核签字。

②工程监理对工程进行质量评估，具有完整的监理资料，并提出工程质量评估报告。

工程质量评估报告必须经总监理工程师和单位负责人审核签字。

③勘察、设计单位对勘察、设计文件及施工过程中由设计单位签署的设计变更通知书进行检查，并提出质量检查报告。质量检查报告必须经勘察、设计负责人和勘察、设计单位负责人审核签字。

④具有完整的技术档案和施工管理资料，工程使用的主体建筑材料，建筑构配件和设备进场试验报告，以及施工单位签署的工程质量保修书。

⑤建筑各系统联动调试合格。

⑥消防、环保等部门出具准许使用文件，各用房获得室内空气环境质量检测合格文件。

⑦建设行政主管部门及其委托的工程质量监督机构等有关部门责令整改的问题全部整改完毕。

（2）竣工验收现场及资料检查

竣工验收人员可分为四个小组：建筑结构组、机电组、专项工艺组、资料组。四个小组可按以下分工开展工作：

①建筑结构组。主要负责地基与基础、主体结构、建筑室内、外装饰装修（含标志标识）、室外景观照明、道路、市政绿化等内容的检查。项目工程质量应符合国家和地区的相关法律、法规及工程建设强制性标准，符合设计文件的验收要求。

②机电组。主要负责电气、给排水、供暖、通风空调、智能化、电梯、消防系统等内容的检查，项目应完成变配电系统、空调系统、锅炉系统、压力管道及污水处理系统等联动调试，并验收合格。水、电、气、通信等市政配套工程安装到位，并通过调试、验收。安防系统必须安装到位，通过内部调试、验收且正常运行。

③专项工艺组。负责检查相关设备必须安装到位并通过调试、验收。

④资料组。负责审查质量验收、消防验收、环保验收、卫生验收、道路及交通验收、防雷验收、电梯验收、锅炉验收、空调验收、建筑节能备案、人防验收等所有报告资料。

3.竣工资料归档移交

（1）制定归档计划：在项目初期，制定详细的竣工资料归档计划，明确归档的时间节点、责任人、归档内容和格式要求。

（2）资料收集与整理：按照归档计划，全面收集项目过程中的所有资料，包括设计文件、施工记录、检验报告、会议纪要等，并进行分类、整理和编号。

（3）资料审核与验证：对收集的资料进行审核，确保所有资料的完整性、准确性和有效性，验证资料是否符合相关标准和法规要求。

（4）数字化管理：将竣工资料进行数字化管理，建立电子档案，便于存储、检索和长期保存。

（5）编制归档目录：编制详细的归档目录，标明每份资料的名称、编号、类别、提交人、提交时间等信息，便于查阅和管理。

（6）质量控制：建立质量控制体系，对归档资料的质量进行把控，确保归档资料的准确性和完整性。

（7）培训与指导：对项目团队成员进行归档资料管理的培训和指导，确保团队成员了解归档要求和归档管理流程。

（8）移交程序：明确竣工资料的移交程序，包括交接仪式、签字确认、移交清单等，确保资料移交的正式性和记录的完整性。

（9）资料保管与维护：对归档后的资料进行妥善保管，采取必要的措施防止资料的丢失、损坏或泄露。

（10）后续服务：提供竣工资料查询、借阅、复制等服务，协助业主单位在后续的使用和管理中能够方便地获取所需信息。

（11）合规性检查：在归档移交过程中，确保所有工作符合国家及地方的法律、法规和政策要求。

（12）反馈与改进：在归档移交过程中，及时收集反馈意见，对归档移交的管理流程进行持续改进，提升管理水平。

4.工程竣工档案移交清单

（1）发改等部门文件

（2）征地位置图、规划图

（3）土地征用材料、使用证

（4）建设工程规划许可证

（5）建设用地规划许可证

（6）岩土工程勘察报告

（7）建设工程施工合同

（8）建设工程设计合同

（9）建设工程勘察合同

（10）建设工程施工许可证

（11）施工图审查合格书

（12）企业法人营业执照

（13）竣工验收备案表

（14）设计文件检查报告

（15）质量监督申请受理书

（16）建设工程委托监理合同

（17）中标通知书

（18）建设工程消防验收意见

（19）建筑工程规划验收证书

（20）工程质量评估报告

（21）工程竣工验收报告

（22）房屋建筑工程质量保修书

（23）竣工图纸

（24）竣工地形图

（25）房屋测算面积书

（26）技术资料

（27）管理资料（环保、市政、园林）

5.竣工验收备案管理的要点

（1）了解备案要求：熟悉国家及地方竣工验收备案的相关法律、法规和政策要求，明确备案所需材料、流程和时间节点。

（2）准备备案材料：根据备案要求，准备竣工验收报告、设计文件、施工记录、检验报告、工程质量保证书等所有必要的备案材料。

（3）资料整理与审核：对准备好的备案材料进行整理、分类和审核，确保所有材料的完整性和准确性。

（4）数字化备案：将所有备案材料进行数字化处理，便于在线提交和长期保存。

（5）协助业主单位提交备案：帮助业主单位完成备案材料的在线提交或纸质提交，确保备案过程的顺利进行。

（6）跟进备案进度：与相关部门保持沟通，及时了解备案进度，解决可能出现的问题，确保备案成功。

（7）资料归档：在备案完成后，将所有备案材料归档，便于今后的查阅和使用。

（8）提供咨询服务：在竣工验收备案过程中，为业主单位提供专业的咨询服务，解答相关疑问。

（9）培训与指导：对业主单位的相关人员进行竣工验收备案的培训和指导，提升其备案能力。

（10）合规性检查：在备案过程中，确保所有工作符合国家及地方的法律、法规和政策要求。

（11）反馈与改进：在备案过程中，及时收集反馈意见，对备案管理流程进行持续改进，提升管理水平。

6.申请《工程竣工验收备案》需提交

（1）质量监督报告（当地质监站）。

（2）工程竣工验收报告（自备）。

（3）工程施工许可证或开工报告（当地城建局）。

（4）施工图设计文件审查意见书（当地审图机构）。

（5）单位工程质量综合验收文件（自备）包括：

地基与基础验收文件、地基与基础结构验收评定记录及检测报告、主体结构验收评定记录及检测报告、施工单位签署的工程竣工评估报告、监理单位签署的工程质量评估报告，以及勘察、设计单位签署的工程质量评估报告。

7.房屋建筑和市政基础设施工程质量鉴定和功能性试验资料（检测机构）。

11.4　竣工验收管理常见问题及应对措施

11.4.1　因验收文件规定、程序问题影响验收进程

比如有些行政主管部门要求无障碍设施、节能专项验收合格后，才具备竣工验收资格。因此，全过程工程咨询单位应在前期项目策划时，提醒工程总承包单位搜集项目所在地关于验收的相关文件规定，超前谋划各项工作，确保竣工验收工作顺利、按时完成。

11.4.2　关于竣工验收时间节点问题

有很多建筑行政主管部门及行业协会组织的建设工程安全、质量评选对项目竣工时间是有要求的，比如当年参评浙江省"钱江杯"的项目应在上一年6月30日前竣工并完成竣工备案，否则只能在下一年度申请评奖。因此，对于每年6月30日左右完成竣工验收的项目，如有计划参评奖项，应在前期就提前准备，倒排工期，确保在文件规定时间内完成相关验收工作。

11.4.3　关于竣工备案时间及资料问题

《建设工程质量管理条例》规定建设工程竣工验收合格15日内，应向相关主管部门办理竣工备案。因此在前期竣工验收备案时，详细了解竣工备案资料要求，并在施工过程中及时按要求做好相关资料，并在竣工验收合格后15日内，到相关部门完成竣工备案。

有些地方城建档案馆要求项目竣工资料包含建筑单体从正负零开始每个阶段施工过程的照片，由于这些照片后期不可补，因此要求在项目前期策划时，详细了解档案归档资料的要求，按照要求在每个施工阶段收集、归档相关影像资料。

11.5　竣工验收管理建议

工程总承包项目的竣工验收与施工总承包项目的竣工验收程序、流程、主要内容等基本相同，但通常工程总承包项目的总包合同中约定竣工验收工作更多是总包单位在承担，而国内工程总承包项目一般工期紧，设计方案变更较多，总包单位将更多的精力投入在施工中，往往在施工过程资料收集上不是很重视，造成后期竣工验收、备案时困难重重。因此，作为全过程工程咨询单位，在项目前期策划中，一定要做好竣工验收相关策划工作，并在施工过程中，在各个阶段不断监督相关单位做好竣工验收准备工作，确保按计划完成竣工验收及备案工作。

第12章　项目后评估咨询与管理

项目后评估是全过程工程咨询管理的一项重要内容，也是对投资活动进行监管的重要手段。在工程总承包项目建成并运营一段时间后，运用规范、科学、系统的评价方法与指标，对其可研、立项、决策、勘测、设计、招标投标、施工、竣工验收、结算等不同阶段的实际效果进行评价，提出相应结论、对策和建议，并反馈给项目有关单位。通过工程总承包项目后评价反馈的信息，可以发现项目决策与实施过程中的问题与不足，吸取经验教训，提高项目决策和建设管理水平。

12.1　项目后评价管理的要求

12.1.1　项目后评价的分类

依据后评价的深度不同，项目后评价分为一般后评价和详细后评价。一般后评价仅概要性描述评价内容、以图表格式简明扼要地展示评价结论；详细后评价需对评价内容实施详细、具体的分析和评价，并在系统分析的基础上，对项目管理、项目运营、投资方向、产业调整等提出建设性意见和建议。

12.1.2　进行项目后评价的时间点

工程总承包项目后评价工作，是在项目建成和竣工验收之后所进行的评价，其后评价的时间为项目完成竣工验收、决算并投产运营后的1~2年内，需要对已完工项目实施全面系统的评价。

12.1.3　项目后评价原则

项目后评价工作应坚持目标导向、问题导向，遵循独立、客观、科学、公正的原则，建立顺畅的信息沟通和反馈机制。

12.1.4　项目后评价的要求

根据《政府投资条例》《中央政府投资项目后评价管理办法》等有关规定，需要进行后评价的项目为：

1.在国家战略方面发挥重要作用，对推动高质量发展有重大指导作用和借鉴意义的项目。

2.对行业和区域发展、产业结构调整有重大影响的项目。

3.对资源节约集约利用、生态环保、科技创新、促进社会发展、维护国家安全有重大影响的项目。

4.采用新技术、新工艺、新设备、新材料、新型投融资和建设运营模式，以及其他具有特殊示范意义的项目。

5.工期长、投资大、建设条件复杂，项目建设方案、项目总概算等发生重大调整或者结（决）算严重滞后的项目。

6.征地拆迁等规模较大、可能对弱势群体影响较大的，特别是在实施过程中发生过社会稳定事件的项目。

7.重大社会民生项目。

8.社会舆论普遍关注的项目。

9.其他需要进行后评价的项目。

工程总承包项目的一般后评价报告可由项目所属单位自行组织编制；工程总承包项目的详细后评价报告应委托有相应等级资质的第三方咨询机构承担，并遵循项目详细后评价的基本原则，独立自主、认真负责地开展后评价工作。

项目后评价内容包括但不限于：

（1）项目总体回顾与评价。

（2）项目前期研究决策过程评价。

（3）项目实施过程评价。

（4）项目生产运营情况评价。

（5）项目经济性评价。

（6）项目竞争力评价（若有）。

（7）项目影响性评价。

（8）经验教训与对策建议。

12.1.5　后评价报告的编制依据

工程总承包项目后评价的调查工作和报告编制工作主要依据项目立项报告、可行性研究报告、初步设计（基础设计）文件、政府对项目的批复文件、审计报告、竣工决算报告、竣工验收报告，以及项目运行的实际数据和依据项目实际运行结果预测的数据等。

1.项目前期文件

项目建议书（或项目申请报告）、环境影响评价报告、项目可行性研究报告、项目评估报告，以及相关的批复文件。

2.项目实施文件

初步设计文件、开工报告、招标投标文件、主要合同、工程概算调整报告、监理报告、竣工验收报告及其相关的批复文件与资料。

3.项目自我总结评价报告，其内容一般包括：

（1）项目概况。包括项目目标、建设内容、投资估算、资金来源及到位情况、实施进度、概算批复及执行情况等。

（2）项目前期决策过程总结。包括项目建议书、规划选址、用地、环保、节能、重大项目社会稳定风险评估、可行性研究报告、初步设计概算等审批情况。

（3）项目建设实施过程总结。包括前期准备、建设过程（含投资、质量和工期控制等情况）、合同管理、组织管理、工程验收、信息档案管理等。

（4）项目运营过程总结。包括运营准备、运营管理、仪器设备运转情况、项目运营后服务规模和服务水平等与预期差异情况等。

（5）项目实施效果。包括社会效益、经济效益（直接经济效益、财政收支情况、对地方经济增长促进程度、对产业行业促进程度等）、技术效益、环境效益（资源节约、环境保护、节能减排等）。

（6）项目目标实现情况。包括项目工程建设目标、技术能力目标、社会效益目标、经济效益目标等的实现程度，分析目标实现与预期的差距和原因等。

（7）项目可持续性。包括项目可改造能力、可维护能力、财务可持续性、风险控制能力等。

（8）项目建设的主要经验教训和相关建议。

4.其他资料

项目运行和企业生产经营情况、财务报表以及其他相关资料等；与项目有关的审计报告、稽查报告和统计资料等。

12.1.6 项目后评价方法

1.项目后评价应遵循的方法原则为：

（1）动态分析与静态分析相结合，以动态分析为主。

（2）综合分析与单项分析相结合，以综合分析为主。

（3）定量分析与定性分析相结合，以定量分析为主。

（4）既要重视工程总承包项目决策效果评价，又要重视工程总承包项目实施效果评价。

2.项目后评价的主要方法包括：逻辑框架法、对比法、项目调查法。

3.项目后评价指标。包括工程咨询评价常用的各类指标，主要有：工程技术指标、财务和经济指标、环境和社会影响指标、管理效能指标等。不同类型项目后评价应选用不同的重点评价指标。

12.2 项目后评价的工作程序

工程总承包项目由于工程投资、建设内容、建设规模等不同，其项目后评价的工作程序也有所差异，但大致要经过以下几个方面的步骤：

1.确定过程后评价计划

制定必要的计划是工程总承包项目建设过程后评价的首要工作。全过程工程咨询单位应当根据工程总承包项目的具体特点，确定项目过程后评价的具体对象、范围、目标（具体详见表12-1所示），据此制定必要的过程后评价计划。项目建设过程后评价计划的主要内容包括组织后评价小组、配备有关人员、时间进度安排、确定后评价的内容与范围、选择后评价所采用的方法等。

项目过程后评价内容一览表　　　　　　　表12-1

评价阶段	分项内容	评价任务	所需信息资源
项目前期决策阶段	项目建议书	①立项理由与依据是否充分 ②建设目标与目的是否明确	①建议书 ②建议书评估 ③建议书批复
	项目可行性研究	①项目建设的必要性，目标和目的 ②可研报告内容是否符合规定要求 ③可研报告深度是否符合规定要求 ④项目的效果和效益是否实现 ⑤可研报告结论是否正确	①可研报告 ②可研报告主要内容 ③可研报告上报文件
	项目可研报告评估审查	①"评估审查报告"的深度与质量 ②对项目决策的建议等	①可研"评估审查报告" ②"评估审查报告"主要内容
	项目可研报告批复（核准、备案）	①对项目决策理由和决策目标进行再确认 ②对立项决策程序的完备性和手续的齐全程度进行再检验	①可研报告批复文件 ②批复主要内容
项目准备阶段	项目单位组织管理	①项目组织结构是否完整 ②项目专业管理人员是否配置齐全	①项目法人组建情况 ②主要建设管理人员简历
	工程设计管理	①勘察深度与质量 ②设计深度与质量 ③设计技术水平 ④设计优化情况	①勘察设计单位的选择 ②勘察资料 ③初步设计方案审查文件 ④初设审批文件 ⑤施工图审查文件 ⑥工艺设备运转操作状况
	项目资金筹措管理	①资金筹措情况 ②投资预算 ③资金使用情况分析	①可研报告及其批复 ②资金使用估算 ③投资及融资筹措渠道
	采购招标管理	①招标活动的合法、合规性 ②招标评标与定标工作的合规性 ③采购招标竞争力度 ④采购招标效果（目的）的实现程度	①采用的招标方式 ②招标组织形式 ③招标范围 ④招标方案的报备手续和监督机制 ⑤招标投标工作程序 ⑥招标效果 ⑦抽查部分招标文件

续表

评价阶段	分项内容	评价任务	所需信息资源
项目准备阶段	合同谈判和签订管理	①合同签订的依据和签订程序的合法、合规性 ②合同文本是否完善，合同条款是否合理 ③合同谈判、签订过程中的监督机制	①了解合同的法律依据 ②了解合同谈判、审批、签订程序 ③抽查合同文本 ④核对合同审查意见的执行度
	开工准备	①开工各项准备工作是否充分 ②各项报批手续是否齐全，程序是否符合规定 ③征地拆迁、移民安置工作是否妥善	①各种批复文件 ②项目建设计划 ③征地拆迁与移民安置 ④"四通一平"情况 ⑤施工组织设计 ⑥工程进度计划 ⑦资金使用计划
项目建设实施阶段	合同与执行管理	①合同执行的严谨性 ②业主执行与管理合同的能力、经验和教训	①了解合同种类与总体执行情况 ②项目业主合同管理措施与效果 ③业主各部门在合同管理与执行中的流程 ④重大合同违约事件原因、责任及处理情况
	设计现场管理	①设计现场服务 ②业主设计管理 ③重大设计变更的合理性 ④重大设计变更的合法性 ⑤重大设计变更对项目效果与效益的影响	①了解设计现场服务情况 ②项目业主设计管理 ③重大设计变更的原因、数量及投资数额 ④重大设计变更的提出、审查与批准手续 ⑤查阅重大设计变更资料
	工程实施期间的四大控制与管理	①四大目标实现值与原定值的差异及原因 ②总结业主四大控制的经验与教训 ③评价业主的组织能力与管理水平	①查阅有关报告资料 ②四大控制的措施、效果，问题及原因
	资金支付和使用管理	①资金实际来源与成本的差异及原因 ②资金管理合规性，支付程序与制度严谨性 ③资金到位情况与供应的适时、适度性	①财务管理机构与支付制度 ②资金支付管理程序 ③资金实际来源结构与决策时资金来源方案 ④各渠道资金供应到位的时间 ⑤项目结算报告及项目财务资金拨付、使用情况
	项目监督	①项目实施过程中接受内外部监督的情况 ②监督机制在项目建设实施过程中的作用	①内部与外部监督机构与机制 ②查阅监理报告（记录） ③利益相关群体监督机制 ④法律允许的其他监督
	建设实施期间的组织管理	①管理模式的适应性 ②管理体制与机制的先进性 ③管理机构的健全性和有效性 ④规章制度的完善性和科学合理性 ⑤管理工作运作程序的规范性	①管理体制 ②管理模式 ③管理机制 ④管理机构 ⑤管理规章制度 ⑥管理工作程序

评价阶段	分项内容	评价任务	所需信息资源
项目竣工验收阶段	竣工验收管理	①竣工验收程序合规性和验收条件充分性 ②竣工验收内容的完整性及遗留尾工情况 ③专项验收情况及是否取得合格证书或批准文件 ④安全、环保"三同时"建设情况	①项目完工情况 ②竣工验收情况 ③竣工验收总结报告 ④专项验收报告及批复文件 ⑤安全、环保验收合格文件
	工程资料档案管理	①资料档案的完整性、准确性和系统性 ②档案分类的合理性、有序性 ③提档使用的便捷性	①档案专项验收结论 ②查阅资料档案现实情况 ③资料档案管理制度
	项目结算管理	①过程审核和竣工结算审核资料的完整性、准确性 ②项目结算方式和时间要求 ③工程结算内部程序要求	①项目招标投标文件、招标答疑、中标通知书 ②施工图纸、设计变更图纸、设计变更通知单、竣工图 ③施工合同、补充协议 ④隐蔽工程签证单、甲供材料签证单、调价部分材料消耗计算明细表 ⑤预算书、结算书

2.工程总承包项目建设自评阶段

项目建设单位应在收到全过程工程咨询单位编制的后评价安排计划后，成立后评价配合实施小组，并按后评价相关要求先进行项目的自我评价等工作安排。

3.收集与整理查阅项目有关资料

根据制定的计划，过程后评价人员应制定详细的调查提纲，确定调查的对象与调查所用的方法，收集有关资料。

4.阅读分析自评报告

根据制定的计划，过程后评价人员应阅读分析项目建设单位提交的项目建设过程自评报告。

5.查看现场与座谈

根据制定的计划，过程后评价人员应详细查看项目建设现场，并组织相关建设单位人员进行座谈。

6.编制项目建设过程后评价报告

项目建设过程后评价报告是项目建设过程后评价的最终成果，是反馈经验教训的重要文件。报告的编制必须坚持客观、公正和科学的原则，反映真实情况；报告的文字要准确、简要，尽可能不用过分生疏的专业化词汇；报告内容的结论要和问题分析相对应，并把评价结果与将来规划和政策的制定、修改相联系。

12.3　项目后评价管理报告分析

12.3.1　工程总承包项目概况

1.项目基本情况。对项目建设地点、项目业主、项目性质、特点（或功能定位）、项目开工和竣工、投入运营（行）时间进行概要描述。

2.项目决策理由与目标。概述项目决策的依据、背景、理由和预期目标（宏观目标和实施目标）。

3.项目建设内容及规模。项目经批准的建设内容、建设规模（或生产能力），实际建成的建设规模（或生产能力）；项目主要实施过程，并简要说明变化内容及原因；项目经批准的建设周期和实际建设周期。

4.项目投资情况。项目经批准的投资估算、初步设计概算及调整概算、竣工决算。

5.项目资金到位情况。项目经批准的资金来源，资金到位情况，竣工决算资金来源及不同来源资金所占比重。

6.项目运营（行）及效益现状。项目运营（行）现状，生产能力（或系统功能）实现现状，项目财务及经济效益现状，社会效益现状。

7.项目自我总结评价报告情况及主要结论。

8.项目后评价依据、主要内容和基础资料。

12.3.2　工程总承包项目全过程总结与评价

1.项目前期决策总结与评价

（1）项目建议书主要内容及批复意见。

（2）可行性研究报告主要内容及批复意见。

（3）项目初步设计（含概算）主要内容及批复意见（大型项目应在初步设计前增加总体设计阶段）。主要包括：工程特点、工程规模、主要技术标准、主要技术方案、初步设计批复意见。

（4）项目前期决策评价。主要包括项目审批依据是否充分，是否依法履行了审批程序，是否依法附具了土地、环评、规划等相关手续。

2.项目实施准备、实施总结与评价

（1）项目实施准备

①项目实施准备组织管理及其评价。组织形式及机构设置，管理制度的建立，勘察设计、咨询、强审等建设参与方的引入方式及程序，各参建方资质及工作职责情况。

②项目施工图设计情况。施工图设计的主要内容，以及施工图设计审查意见执行情况。

③各阶段与可行性研究报告相比主要变化及原因分析。根据项目设计完成情况，可以选取包括初步设计（大型项目应在初步设计前增加总体设计阶段）、施工图设计等各设计

阶段与可行性研究报告相比的主要变化，并进行主要原因分析。

对比的内容主要包括：工程规模、主要技术标准、主要技术方案及运营管理方案、工程投资、建设工期。

④项目勘察设计工作评价。主要包括：勘察设计单位及工作内容，勘察设计单位的资质等级是否符合国家有关规定的评价，勘察设计工作成果内容、深度全面性及合理性评价，以及相关审批程序符合国家及地方有关规定的评价。

⑤征地拆迁工作情况及评价。

⑥项目招标投标工作情况及评价。

⑦项目资金落实情况及评价。

⑧项目开工程序执行情况。主要包括：开工手续落实情况，实际开工时间，存在问题及评价。

（2）项目实施组织与管理

①项目管理组织机构。

②项目的管理模式。

③参与单位的名称及组织机构。

④管理制度的制定及运行情况。

⑤对项目组织与管理的评价（针对项目的特点分别对管理主体及组织机构的适宜性、管理有效性、管理模式合理性、管理制度的完备性以及管理效率进行评价）。

（3）合同执行与管理

①项目合同清单（包括正式合同及其附件，并进行合同的分类、分级）。

②主要合同的执行情况。

③合同重大变更、违约情况及原因。

④合同管理的评价。

（4）信息管理

①信息管理的机制。

②信息管理的制度。

③信息管理系统的运行情况。

④信息管理的评价。

（5）控制管理

①进度控制管理。

②质量控制管理。

③投资控制管理。

④安全、卫生、环保管理。

（6）重大设计变更情况

（7）资金使用管理

（8）工程管理情况

（9）新技术、新工艺、新材料、新设备的运用情况

（10）竣工验收情况

（11）项目试运营（行）情况

3.项目运营（行）总结与评价

（1）项目运营（行）概况

①运营（行）期限。项目运营（行）考核期的时间跨度和起始时刻的界定。

②运营（行）效果。项目投产（或运营）后，产品的产量、种类和质量（或服务的规模和服务水平）情况及其增长规律。

③运营（行）水平。项目投产（或运营）后，各分项目、子系统的运转是否达到预期的设计标准；各子系统、分项目、生产（或服务）各环节间的合作、配合是否和谐、正常。

④技术及管理水平。项目在运营（行）期间的表现，反映出项目主体处于什么技术水平和管理水平。

⑤运营（行）中存在的问题。生产项目的总平面布置、工艺流程及主要生产设施（服务类项目的总体规模、主要子系统的选择、设计和建设）是否存在问题，属什么性质的问题；项目的配套工程及辅助设施的建设是否必要和适宜；配套工程及辅助设施的建设有无延误，原因是什么，产生什么副作用。

（2）项目运营（行）状况评价

①项目能力评价。项目是否具备预期功能，达到预定的产量、质量（服务规模、服务水平）。如未达到，差距多大。

②运营（行）现状评价。项目投产（或运营）后，产品的产量、种类和质量（或服务的规模和服务水平）与预期存在的差异，产生上述差异的原因分析。

③达到预期目标可能性分析。项目投产（或运营）后，产品的产量、种类和质量（或服务的规模和服务水平）增长规律总结，项目达到预期目标的可能性分析。

12.3.3 EPC 项目效果和效益评价

1.项目技术水平评价

（1）项目技术效果评价。主要内容包括：

①技术水平。项目的技术前瞻性，是否达到了国内（国际）先进水平。

②产业政策。是否符合国家产业政策。

③节能环保。节能环保措施是否落实，相关指标是否达标，是否达到国内（国际）先进水平。

④设计能力。是否达到了设计能力，运营（行）后是否达到了预期效果。

⑤设备、工艺、功能及辅助配套水平。是否满足运营（行）、生产需要。

⑥设计方案、设备选择是否符合我国国情（包括技术发展方向、技术水平和管理水平）。

（2）项目技术标准评价。主要内容包括：

①采用的技术标准是否满足国家或行业标准的要求。

②采用的技术标准是否与可研批复的标准吻合。

③工艺技术、设备参数是否先进、合理、适用，符合国情。

④对采用的新技术、新工艺、新材料的先进性、经济性、安全性和可靠性进行评价。

⑤工艺流程、运营（行）管理模式等是否满足实际要求。

⑥项目采取的技术措施在本工程的适应性。

（3）项目技术方案评价。主要内容包括：

①设计指导思想是否先进，是否进行多方案比选后选择了最优方案。

②是否符合各阶段批复意见。

③技术方案是否经济合理、可操作性强。

④设备配备、工艺、功能布局等是否满足运营、生产需求。

⑤辅助配套设施是否齐全。

⑥运营（行）主要技术指标对比。

（4）项目技术创新评价。主要内容包括：

①项目的科研、获奖情况。

②本项目的技术创新产生的社会经济效益评价。

③技术创新在国内、国际的领先水平评价。

④分析技术创新的适应性及对工程质量、投资、进度等产生的影响等。

⑤对新技术是否在同行业等相关领域具有可推广性进行评价。

⑥新技术、新工艺、新材料、新设备的使用效果，以及对技术进步的影响。

⑦项目取得的知识产权情况。

⑧项目团队建设及人才培养情况。

2.项目财务及经济效益评价

（1）竣工决算与可研报告的投资对比分析评价。主要包括：分年度工程建设投资，建设期贷款利息等其他投资。

（2）资金筹措与可研报告对比分析评价。主要包括：资本金比例，资本金筹措，贷款资金筹措等。

（3）运营（行）收入与可研报告对比分析评价。主要包括：分年度实际收入，以后年度预测收入。

（4）项目成本与可研报告对比分析评价。主要包括：分年度运营（行）支出，以后年度预测成本。

（5）财务评价与可研报告对比分析评价。主要包括：财务评价参数，评价指标。

（6）国民经济评价与可研报告对比分析评价。主要包括：国民经济评价参数，评价指标。

（7）其他财务、效益相关分析评价。比如，项目单位财务状况分析与评价。

3.项目经营管理评价

（1）经营管理机构设置与可研报告对比分析评价。

（2）人员配备与可研报告对比分析评价。

（3）经营管理目标。

（4）运营（行）管理评价。

4.项目资源环境效益评价

（1）项目环境保护合规性。

（2）环保设施设置情况。项目环境保护设施落实环境影响报告书及前期设计情况、差异原因。

（3）项目环境保护效果、影响及评价。

（4）公众参与调查与评价。

（5）项目环境保护措施建议。

（6）环境影响评价结论。

（7）节能效果评价。项目落实节能评估报告及能评批复意见情况，差异原因，以及项目实际能源利用效率。

5.项目社会效益评价

（1）利益相关者分析

①识别利益相关者。可以分为直接利益相关者和间接利益相关者。

②分析利益相关者的利益构成。

③分析利益相关者的影响力。

④项目实际利益相关者与可行性研究对比的差异。

（2）社会影响分析

①项目对所在地区居民收入的影响。

②项目对所在地区居民生活水平、生活质量的影响。

③项目对所在地区居民就业的影响。

④项目对所在地区不同利益相关者的影响。

⑤项目对所在地区弱势群体利益的影响。

⑥项目对所在地区文化、教育、卫生的影响。

⑦项目对当地基础设施、社会服务容量和城市化进程的影响。

⑧项目对所在地区少数民族风俗习惯和宗教的影响。

⑨社会影响后评价结论。

（3）互适应性分析

①不同利益相关者的态度。

②当地社会组织的态度。

③当地社会环境条件。

④互适应性后评价结论。

（4）社会稳定风险分析

①移民安置问题。

②民族、宗教问题。

③弱势群体支持问题。

④受损补偿问题。

⑤社会风险后评价结论。

12.3.4 EPC项目目标和可持续性评价

1.项目目标评价

（1）项目的工程建设目标。

（2）总体及分系统技术目标。

（3）总体功能及分系统功能目标。

（4）投资控制目标。

（5）经济目标。对经济分析及财务分析主要指标、运营成本、投资效益等是否达到决策目标的评价。

（6）项目影响目标。项目实现的社会经济影响，项目对自然资源综合利用和生态环境的影响以及对相关利益群体的影响等是否达到决策目标。

2.项目可持续性评价

（1）项目的经济效益。主要包括：项目全生命周期的经济效益，项目的间接经济效益。

（2）项目资源利用情况

①项目建设期资源利用情况

②项目运营（行）期资源利用情况。主要包括：项目运营（行）所需资源，项目运营（行）产生的废弃物处理和利用情况，项目报废后资源再利用情况。

③项目的可改造性。主要包括：改造的经济可能性和技术可能性。

④项目环境影响。主要包括：对自然环境的影响，对社会环境的影响，对生态环境的影响。

⑤项目科技进步性。主要包括：项目设计的先进性，技术的先进性。

⑥项目的可维护性。

12.3.5 工程总承包项目后评价结论和主要经验教训

1.后评价主要内容和结论

（1）过程总结与评价。根据对项目决策、实施、运营阶段的回顾分析，归纳总结评价结论。

（2）效果、目标总结与评价。根据对项目经济效益、外部影响、持续性的回顾分析，归纳总结评价结论。

（3）综合评价。

2.主要经验和教训

按照决策和管理部门所关心的问题的重要程度，主要从决策和前期工作评价、建设目标评价、建设实施评价、征地拆迁评价、经济评价、环境影响评价、社会评价、可持续性评价等方面进行评述。

12.3.6　对策建议

1.宏观建议。对国家、行业及地方政府的建议。

2.微观建议。对企业（单位）及项目的建议。

第4篇

工程总承包项目全过程工程咨询实践案例

本篇选取作者单位已经完工的和正在实施的若干工程总承包项目作为案例，对其全过程工程咨询管理实施情况、取得成效和经验教训等进行重点论述。通过对各个项目不同阶段的咨询管理成效和经验教训进行总结，可以使读者更加深入地了解不同类型工程总承包项目全过程工程咨询的实施方法、工作重点及改进方向，更加能够在实际运用的过程中发挥全过程工程咨询的成效。

第13章　浙江省某文化中心项目案例

13.1　项目概况

13.1.1　项目背景

项目是省内体量最大，集自然、人文、艺术、生态于一体的现代复合文化综合体，是全新文化地标的建筑；以"国际一流、中国特色、浙江元素"为理念，目标是打造一个标杆性、聚人气、促消费、有机活态的新型文化综合体。

13.1.2　项目规模

项目属于大型文化综合项目，集图书馆新馆、博物馆新馆、非物质文化遗产馆、文学馆、公共服务设施等多功能空间于一体，其中博物馆设计使用年限为100年，其余建筑单体使用年限为50年。总建筑面积约32万平方米，其中地上建筑面积约16.8万平方米，地下建筑面积约15.2万平方米。

13.1.3　重难点分析

1.项目体量庞大、功能复杂、建设工期短、质量要求高。

2.采用工程总承包带方案招标模式，设计任务书对部分功能及设备选型未明确，后期设计变更多。

3.采用固定总价工程总承包管理模式，设计富余系数小，固定总价合同下，限额设计容易导致建设标准或装修标准下降。

4.专项设计要求高：本项目涉及舞台、展陈、景观照明等专项设计。

5.结构设计使用年限及耐久性年限：除公共服务中心结构设计使用年限为50年、耐久性年限为100年外，其余四馆均为双100年。

6.地下室面积大、基坑围护形式复杂：地下室总建筑面积约15.5万平方米，基坑围护形式为排桩+混凝土支撑支护、排桩+预应力锚杆等支护方式，施工难度高、质量要求高、现场管理难度大。

7.钢结构滑移、提升施工管理难度大：提升的钢结构连廊重达1800吨，提升高度40米、纵宽68米，该连廊横跨52米联结两座结构。为提高承载能力，高空牛腿对接节点全部采用刚接节点，需要高空对接的节点高达40个，极大地增加了管理难度和施工难度。

13.1.4　全过程工程咨询服务范围和内容

1.全过程工程咨询服务范围包括（不限于）：

（1）项目实施策划

（2）报批报建报验管理

（3）设计与技术管理

（4）造价管理

（5）合同管理

（6）施工阶段工程管理（含施工监理）

（7）验收移交项目后评价

2.全过程工程咨询服务具体内容包括（不限于）：

（1）项目实施策划

①目标策划，确定项目建设的各项目标，如质量、进度、投资、安全等方面。

②管理组织结构策划，确定项目建设的管理组织结构。

③项目建设管理制度及管理流程的策划。

④技术策划，对项目建设管理拟采用的新技术进行策划，如BIM技术、装配式建筑设计等。

（2）报批报建报验管理

①具体协助办理项目立项直至施工许可期间的所有报批报建手续，包括环评批复、国有土地使用权证、建设用地规划许可证、初步设计批复、施工图审合格证、消防设计审核意见书、建设工程规划许可证、建设工程施工许可证等。

②协助办理施工临时用电、用水等手续。

③协助办理自来水、煤气、室外排污、周边道路、电力外线、有线电视、宽带、移动通信、电话的室外管网施工审批手续。

④协助办理合同、质量监督、安全监督手续等相关审批或备案工作。

⑤协助办理竣工验收手续，包括消防、人防、规划、节能等各专项验收。

⑥协助办理竣工档案向相关部门移交手续。

（3）设计与技术管理

①设计需求管理：协助委托人完成对项目功能需求和质量档次的定位，编制设计任务书。

②设计进度管理：根据项目进度总控计划和设计合同，监督管理设计单位，确保其按时提交设计成果。

③设计质量管理：审查设计成果文件，检查设计文件是否符合规定的设计深度要求、是否符合设计任务书及设计合同的要求等，对设计文件中存在的问题形成审查报告。

④设计投资管理：督促设计单位做好限额设计，协助委托人组织材料、设备调研选型及确定工作，提出优化方案。

⑤施工过程中，控制并管理设计变更。

⑥设计过程中新技术的应用管理，如BIM技术等。

（4）造价管理

①初步设计阶段，对设计单位编制的工程概算进行重点审查，必要时，应根据委托人要求进行全面审查。

②施工图完成后，负责审查工程预算书，进行无价材料的询价工作。

③对工程变更、签证严格按管理流程执行，对工程进度款支付严格把关，协助处理相关索赔事宜等。

④结算阶段，及时组织已完工程的结算工作，确定结算原则，对上报的工程结算书进行初审，并配合审计单位的结算审计工作等。

⑤对前期第三方中介机构工作进行审核确认。

（5）合同管理

①合同策划：招标工作开展前，在招标文件中设定全面、合理且有针对性的合同条款。

②合同签订：中标通知书发放后，根据招标文件中的合同条款，结合投标文件内容，组织起草合同文件初稿，督促、落实合同乙方提交履约担保。协助委托人完成合同的洽商、签订、备案等工作。

③合同履约管理：定期对项目合同乙方的义务履行情况进行检查、考核和评估，针对履约不到位的情况，协助委托人做好违约责任认定及处罚工作。协助委托人履行合同义务，做好合同支付的管理工作。

④合同风险管理：按照工作流程，严格做好合同变更管理的工作，降低合同价款调整的风险。针对合同乙方违约行为，协助委托人做好索赔工作；同时做好被索赔的预防工作。对合同履约过程中出现的合同纠纷及时查明原因，协助委托人解决。

⑤妥善保存所有合同及与合同有关的一切资料，在合同履行完毕后将与项目有关的所有合同及有关资料移交给委托人。

（6）施工阶段工程管理（含施工监理）

①协助办理征地拆迁政策处理遗留问题，平整场地，落实场地建设准备工作。

②负责协调完成项目场地测绘、场地移交等工作。

③负责各参建单位进场施工的统筹协调工作。

④协助或代表委托人召开第一次工地例会，施工过程中主持或参与各项工程管理会议。

⑤协助委托人完成项目建设需同步实施的其他各项建设单位管理工作。

⑥按照国家建设工程监理规范开展工程监理工作。

（7）验收移交项目后评价

①组织项目专项验收、竣工预验收工作。

②组织竣工收尾整改工作。

③完成竣工资料验收及档案验收。

④协助委托人组织竣工验收，并办理竣工验收备案。

⑤组织项目回访保修。

⑥完成项目后评估工作。

13.1.5 项目实施组织模式

1.参建单位组织协同关系（如图13-1所示）

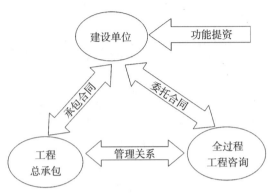

图13-1 参建单位组织协同关系

项目采用工程总承包和全过程工程咨询的建设组织模式，全过程工程咨询服务期从初步设计开始至项目交付。

建设工程指挥部代表项目建设单位为项目建设作出决策、给出方向引导；指挥部各部门主要负责项目建设过程中的外部协调、内部沟通及监督检查，并对全过程工程咨询单位进行授权与考核。

全过程工程咨询单位主要对建设单位提供服务与项目建议，做好统筹策划、建设管理、执行总控、解决内部问题等咨询管理工作。

2.项目总体组织架构

本项目采取EPC（设计—采购—施工）总承包建设和全过程工程咨询的管理模式，并由省审计厅确定为全过程跟踪审计重点工程。项目总体组织架构如图13-2所示。

3.全过程工程咨询单位的组织机构

全过程工程咨询单位依据《委托合同》约定，代表建设单位全面行使对本项目参建单位的监督及管理权利，并承担相应管理责任及风险。全过程工程咨询单位的项目部组织机构如图13-3所示。

4.全过程工程咨询管理思路

遵循公司"以设计管理为龙头，以全过程投资控制为核心，以合同管理为重点，以现场精细化管理为基础"的"四以"发展理念，围绕项目总体目标，以项目的总体策划为抓手，在项目决策、准备、施工、竣工验收各个阶段按照内部融合和外部融合的"融合"实施路径，统筹安排项目管理、设计及技术管理、施工现场管理及造价咨询等具体工作，协同工程总承包单位、分包及第三方检测单位，实现项目质量、工期、安全和投资控制目标。

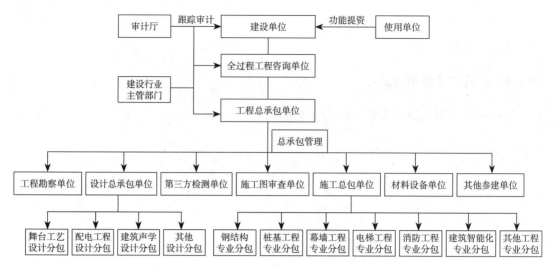

图 13-2　项目总体组织架构

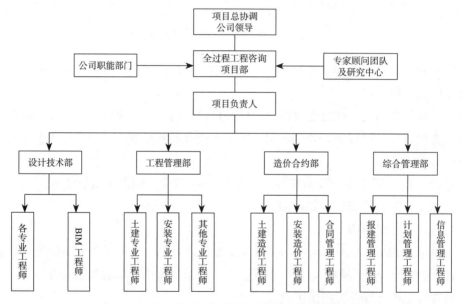

图 13-3　全过程工程咨询单位的项目部组织机构图

（1）工作思路：全过程工程咨询精细化管理主要强调管理制度中的"精"和"细"，具体做法为：

①以合同管理为核心，做到精准定位

精准定位就是指对每个岗位的职责都要定位准确，对每个系统的各个工作环节都要规范清晰，把以人为本的思想渗透到精细化管理工作的全过程。建立以合同管理为核心的全过程工程咨询体系，优化合同管理流程，细化合同审核标准，完善合同归档管理。本项目采用工程总承包+全过程工程咨询的建设模式，合同形式包括全过程工程咨询合同和工程总承包合同，两份合同相辅相成，相互促进。

工程总承包单位与建设单位签订承包合同，有效地利用其在多领域技术上的专业优势和管理上的丰富经验，使项目按时、保质、保量地完成；全过程工程咨询单位在建设单位的委托下，利用自身在管理、技术、法律等方面的专业知识，通过对工程总承包单位的监督、管理和咨询服务，使项目高效运转，达到三大建设目标。

②以设计管理为重点，实现精细化管理

精细化管理要求以专业化为前提，系统化为保证，数据化为标准，信息化为手段。做好精细化管理，须先从设计开始。由于设计的龙头作用，项目品质及工程造价主要取决于设计阶段，因此设计管理是全过程工程咨询的重点。全过程工程咨询团队不仅要审核设计方案，同时还要提供技术指导，目的是为工程项目提供高质量的服务，从而真正达到节约投资的目的。本项目由于带方案招标及未参与前期的方案阶段，管理重点主要放在投标方案的审核、设计任务书比对、设计阶段图纸审核和优化、设计变更审核和优化等。

③以BIM技术为创新，保证工程质量

BIM技术是目前建筑业重要的创新手段，对于本项目而言，除了以可视化、空间信息为基础的管线综合、净高分析等传统的应用点外，文化场馆类项目有其特有的应用点。由于本项目前期未参与方案设计，因此对BIM技术在扩初设计阶段进行了重点应用，主要包括场馆布局与流线模拟、外立面随机开窗分析、展厅消防疏散模拟、舞台气流组织模拟等应用，验证了设计方案，提高了设计品质。此外，考虑到项目施工中将会遇到的重难点，策划了在施工阶段的应用点。

④以确保投资效益为目的，实现各项目标

严格控制项目按已批准的323665万元概算指标进行建设，督促工程总承包单位做好限额设计，各单体、各专业预算均不得突破概算，严格按合同进行计量、计价、变更确认及竣工决算的审核，确保投资控制在概算范围内。

（2）工作重点：策划先行，以制度规范管理，以技术与经济相结合确保投资控制效益。

①策划先行

为促进全体参建单位高度紧密配合，提高参建单位的责任意识，约束参建单位全面履行合同约定的各项义务，以不同阶段、不同专业为节点，层层分解总目标，步步执行分目标，做到工作有任务，前行有方向，行动有制度，风险有防范，是全过程工程咨询管理的核心。为确保工程建设期间本工程的各项管理工作规范、有序，制定了《建设工程全过程咨询策划方案》《建设工程投资管理实施细则》《建设工程设计管理实施细则》《建设工程综合管理实施细则》等项目管理文件，并在内部及参建单位交底学习。

②以制度规范管理

项目实施过程中，为规范项目建设过程中的各项工作，明确各参建单位的工作职责，强化质量、安全、进度及材料管理，结合工程实际情况，项目部编制了《建设工程现场管理制度》，做到操作流程清晰，工作路径合理，责任与义务明确，奖励与惩罚并行。经建设单位审核批准，该制度作为工程总承包单位合同的补充协议附件，对承包单位的现场施工行为起到较好的约束作用，为各项目标的实现提供了有力保障。

③以技术与经济相结合确保投资控制效益

实施全过程工程咨询对工程造价控制的作用是显而易见的。全过程工程咨询实施的是全过程控制，即从初步设计阶段可着手进行工程造价控制。

严格限额设计。本项目为限额设计项目，初步设计须严格按照方案估算，分单体、分工种限额设计，施工图须严格按照有关部门审批通过的概算分单体、分工种限额设计。不得漏项，不得擅自调整各部分资金分配比例，单项工程之间不得调剂使用控制指标。

严格规范变更行为，实行审批制。严格按照批准的工程范围及内容、建设规模、功能及用途、建设标准、工程特征及做法，以及估算、概算和预算等，全面组织实施，保证建设工程步步走向深化，严禁未经批准擅自变更并施工的行为。

严格实行材料品牌报审制度。主要建筑、安装材料（设备）须按双方约定的品牌、系列、规格并经发包人书面同意封样后方可订货。原材料进场应提供进场计划并进行品牌报审，报审通过后方可采购原材料，避免材料进场后因品牌问题导致材料退场。

造价管理全过程动态跟踪。建设项目进入初步设计阶段，造价咨询的主要工作是审核设计概算，并从工程造价咨询的角度对设计提出评价意见。施工图设计阶段，造价咨询的重点是对设计范围内的施工图进行全面量价核算，保证预算准确度，同时做好预算指标分析，为招标投标阶段的各方提供极为重要的投标报价及评标依据。施工阶段的造价工作主要是工程造价现场跟踪，包括进度款支付审核、工程设计变更及工程签证引起工程造价变化的审核、索赔及反索赔造价咨询。

咨询合同规定的其他造价咨询工作。审核进度款的关键是在确保预算准确的前提下，以预算为主要依据，结合形象进度及工程承包合同规定的付款比例及其他规定审核进度款的支付金额，确保不发生超付。此外，设计变更及工程签证造价审核要及时、准确，做到对工程造价变化的动态控制。在各项工程竣工后，依据工程竣工图纸、设计变更洽商、有关索赔文件和工程合同条款，组织由造价控制工程师负责以及各专业工程师参加的结算审核小组，增强对现场情况的了解的同时运用自身专业技术力量、及时准确、科学合理地进行结算审核工作，按分项编制竣工结算审核报告。

13.2　启动管理

13.2.1　发起阶段

项目为带方案招标的工程总承包模式，在项目方案阶段启动的工程总承包的招标。

13.2.2　工程总承包的承包内容及适用条件分析

项目采用EPC（设计—采购—施工）总承包模式，以邀请招标的方式，择优确定省级国有建设投资企业负责建设实施。在项目可研批复后采用带方案的EPC（设计—采购—施工）总承包招标投标，将工程设计的建筑方案、初步设计和施工图设计一并纳入招标范围。

带方案招标的工程总承包模式，对招标文件及设计任务书编制要求较高，很难具体细化建设规模和建设标准，再加上选定的工程总承包单位先于全过程工程咨询单位进场，工程总承包建设模式启动阶段未涉及全过程工程咨询的精细化管理。

13.3　招标管理

13.3.1　EPC总承包招标工作的开展

1.工程总承包招标范围

本项目的工程总承包范围包括本工程设计、采购、施工、验收及保修服务等所涉及的所有内容。

2.投标报价方式

按照招标文件提供的工程投资总额表进行报价，投标单位的报价须有详尽的明细表。其中：

（1）工程建安费用须按单体分列。单体按土建工程（基础、基坑、土方、土建、幕墙等）、安装工程（水、电、风、消防、弱电、变配电、电梯等）、精装修工程、景观及总图工程等。漏报少报按优惠计。

（2）工程建设其他费用，须分列各项名目及费用。同时注明不包含在报价内的名目及费用，漏报少报按优惠计；预备费不得竞争。投标报价包含建安工程费用、工程建设其他费、预备费、税金等整体完工移交的该项目一切费用。

3.项目价款结算方式

竣工结算价由合同总价（扣除预备费）、变更价款、人工材料涨跌引起的变更费用、其他经审计确定实际发生的预备费和其他奖罚费用组成。

施工图预算按照国有投资项目招标控制价的口径编制。施工图工程量清单及预算编制依据：《建设工程工程量清单计价规范》GB 50500—2013、《浙江省建设工程计价规则》（2018版）、《浙江省房屋建筑与装饰工程预算定额》（2018版）、《浙江省通用安装工程预算定额》（2018版）、《浙江省市政工程预算定额》（2018版）、《浙江省园林绿化及仿古建筑工程预算定额》（2018版）、《浙江省建设工程施工机械台班费用定额》（2018版）及有关补充文件；主要材料及设备价格按照投标截止日当月信息价，无信息价的材料、设备暂以市场询价计入预算，人工价格按照投标截止日当月信息价。

合同价格调整：本工程在施工过程中市场价格波动不影响合同价格（除钢材、水泥、商品混凝土、预拌砂浆、砌块、电线电缆、不锈钢管、铜管外）合同价格不予调整，允许调价的材料单种规格材料价格风险幅度为10%，人工费的风险幅度为6%。

4.评标办法

投标评审除了标书符合性审查外，其评标采用综合评估法，投标文件的综合评分为投标文件的资信标评分（0～5分）、技术标评分（10～47分）、商务标评分（30～48分）的总和。最终由评标委员会按得分高低顺序推荐中标候选人。

5. 计价方式

项目采用固定总价合同计价方式。

13.3.2　工程总承包招标结果

最终确定的中标人：省某建筑设计研究院（EPC牵头单位）、省某建工集团有限责任公司（EPC成员单位）。

中标工期：1095日历天。

中标价：260866.87万元（招标最高投标限价为：270511万元）。

13.3.3　工程总承包主要工作内容

项目工程总承包范围包括本工程设计、采购、施工、验收及保修服务等所涉及的所有内容。主要包括以下内容：

1. 包含工程规划红线范围内的地质勘察、物探、方案设计及优化、初步设计、施工图设计、各专项设计、报批后修改部分设计和施工过程中发包人提出的变更设计等内容。

2. 包含所有前期报批报建工作，取得规划、消防、人防、环保、水保、卫生防疫、园林绿化、交通等各职能部门的施工图审查意见，办理工程规划许可证、施工许可证等。

3. 包含但不限于本工程设计范围内建筑、结构、给排水、暖通、电气、外立面、精装修、建筑智能化、消防、景观绿化、室外市政道路、综合管线、机电抗震设施、电梯、空调、燃气工程、配电工程、装配式工程等涉及的所有主体工程、专项工程和附属工程，以及质保服务等所有内容。

4. 包含与工程相关的主要设备及材料的采购、保管、安装及调试。

5. 工程所需的各类检测及其他费用，包含但不限于全过程BIM咨询、勘察外业见证、桩基检测基坑检测、消防检测、防雷检测、空气检测、门窗幕墙检测、自来水检测、竣工绿化测绘、档案管理、相关评审检测费等。

6. 工程竣工验收备案及移交等，包含但不限于环保、规划、消防等职能部门的验收、移交，结算审计，竣工图制作，竣工资料城建归档，工程备案；以及质保期的保修服务等。

7. 包含但不限于基坑围护设计、危险性较大的分部分项工程专家论证。

因本项目工程总承包单位先于全过程工程咨询单位招标和进场，在工程总承包招标阶段，全过程工程咨询涉及的管理比较少，全过程工程咨询的精细化管理主要集中在设计阶段和施工阶段。

13.4　设计管理

工作细化是精细化管理的前提。工作细化就是将工作标准和创新技术的应用相结合，通过制定合理的工作目标和管理措施，保证各项目标的实现。

设计阶段的精细化管理就是通过设计管理、组织及控制，保证设计文件质量、进度、投资实现项目立项时确定的既定目标。设计管理的各项目标及措施如表13-1所示。

设计管理的各项目标及措施一览表　　　　　　　　　　　　　　　表13-1

内容	管理目标	管理任务	管理措施
设计质量管理	①符合规范及审批要求 ②达到《建筑工程设计文件编制深度规定(2016年版)》的要求 ③限额设计的同时不得降低建设单位要求的使用功能和建筑标准	①审核设计文件，确保设计成果符合设计任务书和规范要求 ②审核设计文件，确保设计成果按建设主体要求以及相关部门审批意见进行设计	①强化需求管理，组织设计与使用单位对接 ②启用BIM技术，组织专业间条件确认，对界面专项检查 ③对照标准重点检查 ④做好设计交底和图纸会审
设计进度管理	①2019年3月31日，方案设计定稿 ②2019年6月30日，初步设计及概算审批完成 ③2019年8月12日，地下室施工图设计及图审完成 ④2019年10月15日，施工图设计及图审完成	①根据项目进度总控计划和设计合同，监督管理设计单位，确保其按时提交设计成果 ②督促和检查设计进度，确保符合总进度要求和报建要求	①重大技术方案、重要设备选型、重要部位装饰效果及早确定 ②启用BIM技术，加强冲突碰撞检测 ③提前确定工艺设计分包
设计投资管理	①投资估算：323,665万元 ②设计概算：不超估算 ③施工图预算：不超概算 ④竣工结算：不超施工图预算	①督促设计单位做好限额设计，协助委托人组织材料设备调研选型及确定工作，提出优化方案 ②施工过程中，控制并管理设计变更	①复核设计成果，组织技术及经济比选 ②严格控制设计变更，杜绝先施工后补手续 ③施工图开始前二次征求使用部门意见

13.4.1　初步设计阶段管理

设计管理以BIM信息化为核心，打造高度信息化集成的项目管理模式。初步设计阶段BIM技术的应用主要以优化设计为前提，推进各项工作进度为要求，实现精细化管理的核心目标。

在扩初设计阶段创建模型深度LOD200的BIM模型，对本项目的四大馆及公共服务中心内部功能划分及空间情况进行统计分析，并形成扩初文本BIM设计专篇。

如初设阶段，基于LOD200的BIM模型对各馆各楼层进行三维轴侧空间分析，更直观地体现空间分布及面积使用（如图13-4所示）。

再如，本项目各单体建筑造型各具特色，各单体外立面石材幕墙均采用了不规则开洞效果，形成凹下与凸起的肌理。外立面的不规则造型在设计上增加了不小难度，因此拟采用BIM参数化设计进行外立面方案设计，以非遗馆为例采用犀牛软件进行外立面开窗形式方案设计及分析（如图13-5所示）。

另外还通过BIM技术进行疏散模拟分析，有效改进了初步设计文件的质量。如以图书馆为例，进行人员疏散模拟分析，综合考虑人员数量、性别、年龄，分别设定人物移动速度，通过模拟得出行走速度分布、各出口流量、疏散时间等数据，分析最佳疏散路

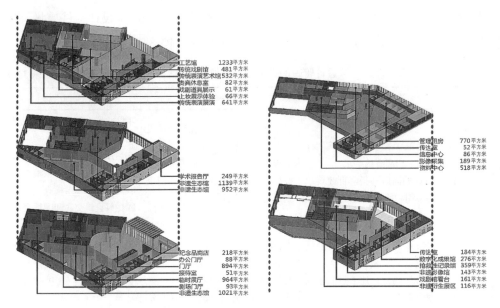

图 13-4　各馆三维轴侧空间分析

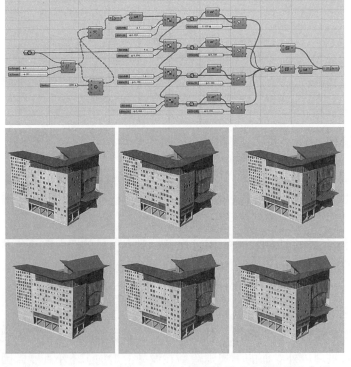

通过参数化控制变量
生成多种立面开窗形式
选取最优方案

图 13-5　外立面开窗形式方案设计及分析

线（如图 13-6 所示）。

初步设计阶段 BIM 技术主要是优化建筑功能和建筑形体细化，进行结构分析，确定主要构件断面并进行性能分析等，通过 BIM 模型直观反映设计理念，快速捕捉业主设想，并结合后期施工及成本，确定最佳初步设计方案。

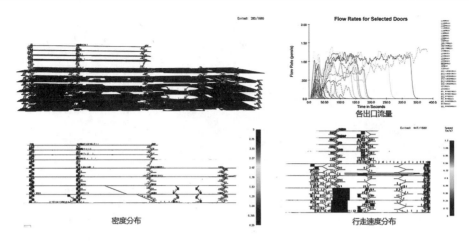

图 13-6　图书馆人员疏散模拟分析

全过程工程咨询项目部通过BIM技术对初步设计进行审核，提出初步设计优化建议247条，内容涉及建筑、结构、暖通、装修、电气、给水排水、幕墙等多个专业，快速推进项目整体进程。

13.4.2　施工图设计阶段管理

BIM技术在施工图设计阶段最突出的特点是虚拟碰撞检查，利用BIM模型进行图纸审核，将各单位工程放在一起可清晰明了地发现图纸中存在的问题，减少后期由于图纸设计问题带来的设计变更等问题，最终实现对工程造价的把控，有效节约成本。

本项目施工图设计阶段的BIM应用，主要采用了传统的应用点，包括模型创建、管线综合、净高分析、图纸校核等工作，包括图纸初审、各专业BIM模型建立、碰撞检查、管线综合优化、出具BIM审图报告，通过BIM模型发现的图纸问题及时反馈给甲方、设计院，组织相关人员对复杂问题进行会议讨论，优化设计图纸，确保以正确的施工图指导施工。

1.土建专业BIM技术应用

根据施工图纸创建建筑结构模型，模型建立过程同时也是图纸审查的过程，对图纸的完整性、一致性、设计合理性进行检查，同时基于各专业BIM模型快速查找专业间碰撞问题，并提出图纸审查报告（如图13-7、13-8所示）。

2.机电专业BIM技术的应用

创建机电BIM模型，模型建立的过程同时也是图纸问题的梳理过程。在根据施工图建模的过程中，利用BIM软件三维可视化以及专业知识进行直观的机电系统分析，检查各专业系统的完整性，提前发现设计问题并提出相应的问题报告（如图13-9、13-10所示）。

项目设计管理难度大，全过程工程咨询团队的现场设计管理人员及公司后台专家，借助BIM技术对设计文件的合规性、可实施性、是否满足设计任务书的需求、是否方便业主后期运营维护等方面进行了重点审核，得到了业主的认可，同时对各阶段的设计进度及

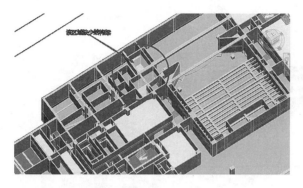

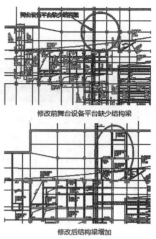

修改前舞台设备平台缺少结构梁

修改后结构梁增加

问题描述：图书馆地下夹层舞台设备平台缺少结构梁

解决方案：完善图书馆夹层结构梁布置。

图 13-7　图纸完整性审查

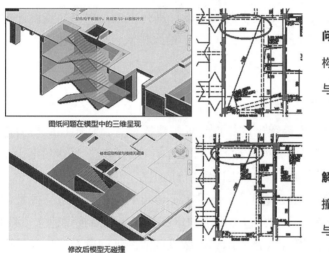

图纸问题在模型中的三维呈现

修改后模型无碰撞

问题描述：部分楼梯与结构梁碰撞（建筑楼梯洞口与结构楼梯洞不一致）

解决方案：移动与楼梯碰撞的梁，使结构楼梯洞口与建筑楼梯洞口保持一致。

图 13-8　图纸碰撞性审查

限额设计方面进行全过程的动态控制，确保了项目施工与设计的衔接及做到不因设计原因影响施工进度。成果如下：

（1）2019年6月19日完成初步设计优化，共提供初步设计优化建议247条，分建筑、结构、暖通、装修、电气、给排水、幕墙等专业。

（2）2019年9月24日完成对已出施工图的审查，共提供施工图审查意见210条，分建筑、结构、给排水、暖通、电气等专业。

（3）2019年12月20日完成对11月30日版图纸的审核，共提供施工图审查意见560条，分建筑、结构、给排水、暖通、电气等专业。

（4）2020年6月12日完成对3月6日版施工图与招标投标文件及设计任务书的核对工作，并提出200余条未响应招标投标文件、设计任务书要求及不满足相关规范、标准的审核意见。

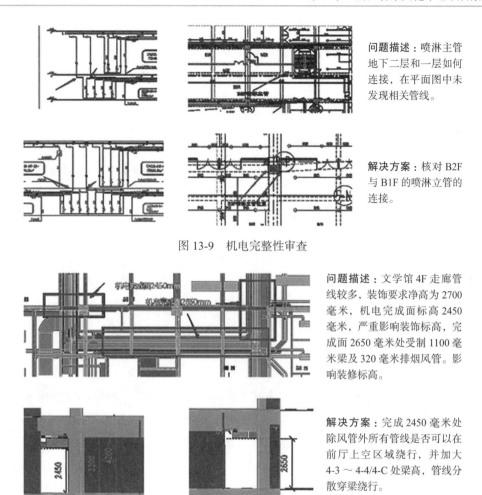

问题描述：喷淋主管地下二层和一层如何连接，在平面图中未发现相关管线。

解决方案：核对 B2F 与 B1F 的喷淋立管的连接。

图 13-9 机电完整性审查

问题描述：文学馆 4F 走廊管线较多，装饰要求净高为 2700 毫米，机电完成面标高 2450 毫米，严重影响装饰标高，完成面 2650 毫米处受制 1100 毫米梁及 320 毫米排烟风管。影响装修标高。

解决方案：完成 2450 毫米处除风管外所有管线是否可以在前厅上空区域绕行，并加大 4-3 ～ 4-4/4-C 处梁高，管线分散穿梁绕行。

图 13-10 机电净高不足审查

（5）完成对设计BIM实施方案、施工BIM实施方案、设计阶段及施工阶段模型、设计阶段BIM成果文件的审核，提出优化建议200余条。

（6）2020年10月21日完成对8月5日版施工图与招标投标文件及设计任务书的核对工作，并提出100余条未响应招标投标文件、设计任务书要求及不满足相关规范、标准的审核意见。

13.4.3 施工期间设计管理

1.图纸管理

为保证图纸管理口径一致，所有设计图纸及变更全部经建设单位授权，由项目管理公司统一收发、归档，保证所有参建单位获取的设计文件同步、同版，避免图纸混乱造成现场施工与设计不能有效衔接。所有蓝图均保证由设计院统一提供，禁止施工单位不按蓝图施工。

2.设计交底

组织相关专业设计师对各自专业设计图纸进行详细交底，以利于监理工程师和施工单位技术人员快速准确理解设计意图，合理组织专业人员审查图纸，必要时可分阶段多次进行设计交底。

3.图纸会审

正式施工前，项目管理公司组织监理单位、施工单位进行图纸会审。图纸会审要打破常规思路，一方面，要充分调动监理单位、施工单位审图的积极性，充分审图；另一方面，要调动造价咨询单位、项目管理公司设计管理工程师参与图纸会审，多方位、多角度审核图纸，保证图纸会审质量和成效。

4.设计变更

严格控制设计变更的提出和审批程序，对任何设计变更都要求在提出设计变更的同时，说明变更原因、对相关专业影响、变更预算、是否会发生连锁签证及其费用等，项目管理公司组织初步审核评估并提出意见，上报建设单位审定。杜绝先施工后补手续。

13.4.4　竣工验收阶段设计管理

1.竣工图编制及审核

竣工图一般采用施工图加变更标注方式，由施工单位负责。如果施工期间部分图纸出现设计变更量较大，不宜用施工图作为竣工图时，则需要重新绘制竣工图。重新绘制竣工图由施工单位负责，监理单位负责对施工单位重新出具的竣工图进行审核。如因施工单位没有出图资质，仍需要设计院对该图纸加盖出图章并会签，但是设计院因没有审核竣工图的义务，一般情况下不愿意加盖竣工图章。上述情形，建议一方面施工单位要认真如实绘制竣工图，另一方面监理公司要严格审查竣工图，确保竣工图纸质量，让设计院放心；同时，建议提前在招标阶段进行约定以免后期协调困难。

2.竣工验收

设计工作的最后环节是竣工验收，设计单位要在竣工验收记录单上签字盖章。施工期间有些施工内容在满足规范及使用功能情况下并不能保证完全按照施工图施工，很多情况可能影响设计效果，设计单位参加验收的人员可能借故不予签字，导致工程验收不能顺利推进。此时需要建设单位发挥协调作用并采取一定经济措施，保证竣工验收工作顺利推进。

13.4.5　设计信息管理

项目设计信息管理是对建设项目设计阶段及其后续阶段设计信息的收集、整理、处理、存储、传递和应用等活动的总称。项目设计信息管理作为项目信息管理的组成部分，其主要作用是通过及时、动态的信息处理和有组织的信息流通，为项目组织内部各级项目管理人员及时提供全面、可靠、准确的设计动态信息，作为正确的设计管理等项目管理活动的科学依据。

1.制定项目设计信息管理制度，并按项目进展有计划地控制其执行，满足项目设计的需要。

2.运用计算机和网络系统作为项目设计信息管理的手段，使用统一、规范的形式或格式，按项目部的工程信息编码体系，建立项目设计信息数据库系统。

3.及时收集、整理项目设计阶段及其后续阶段的各类项目设计信息，并采用适宜的载体方式表示和分类存档。

4.对项目设计信息进行分析与评估，确保信息的真实、准确、完整和安全，并具有可追溯性。

5.建立适应设计沟通管理需要的项目设计信息记录、整理、分析、传递和反馈的项目设计信息交流机制。

6.按项目设计管理需要，填写项目设计管理记录，编制设计管理工作报表和报告，按时向项目组织内部提供项目设计及其管理的各类信息。

7.及时、准确、完整地向设计单位及相关外部组织提供有关项目设计需要的基础与依据资料以及设计管理、设计沟通管理需要的各种相关信息，并取得反馈信息。

8.督促监控设计单位提供设计合同约定的项目各阶段设计文件及相关工程设计技术、经济资料和设计进度、质量、投资目标控制等信息；整理提供相关文件资料、档案。

9.建立项目设计管理资料文档管理制度。规范、科学地管理设计文件及其管理资料文档（包括CAD电子文件与电子档案）以及设计文件的分发管理。

10.建立有关会议制度并整理会议记录，收集、整理设计后续阶段设计服务中的相关原始记录，提供修改设计、变更设计和竣工图等相关文件资料。

11.按国家建设工程文件归档整理（包括建设电子文件与电子档案管理）规范有关规定，完成所有项目设计文档的整理和归档，确保真实、有效和完整。

13.5　投资管理

全过程工程咨询团队专门设立了造价合约部，常驻服务并与建设单位同台办公，随时解决建设单位提出的工程造价问题，严格控制项目按已批准的323665万元概算指标进行建设，督促工程总承包单位做好限额设计，各单体各专业预算均不得突破概算，严格按合同进行计量、计价、变更确认及竣工决算的审核，确保投资控制在概算范围内。

13.5.1　项目前期阶段投资控制

全过程工程咨询造价合约部审核项目投资估算，对项目成本进行分析。将项目成本分解为工程费（工程总承包合同内的一期工程和二期工程以及工程总承包合同外的舞台、充电桩、建筑泛光照明等）、建设工程其他费、预备费等。根据建设标准及公司积累的类似项目数据对项目目标成本进行分解。

根据分解的目标成本，对各项目标进行细化。以工程费为例，将图书馆新馆、博物馆新馆、非遗馆、文学馆及公共服务中心等，根据建设标准及公司积累的类似项目数据对

"四馆一中心"的建筑安装工程费逐个进行分解细化。

根据细化的经济指标，确定相关工程量指标。以主体结构为例，根据已有资料及我公司积累的类似项目的测算数据，对项目目标成本进行详细测算。保证不漏项、不重项、不多项以及概算投资的经济合理性。

寻求项目成本的可优化空间，对可压缩空间大、变动金额大的部分，作为后期成本把控的重点。

13.5.2 项目招标阶段投资控制

因就目前工程单位的架构配置及专业覆盖范围而言，可能还无法独立把项目全专业的方案与造价把控到位，这就需要提前采购专业分包，提前配合前期的交付标准、清单核价等工作，全过程工程咨询项目部在招标采购管理工作中，打破传统有图条件下的清单报价模式，实现无图或仅有方案及建设功能目标条件下的分包招标，同时根据设计资源的采购方式及特点，尽快确定专项设计分包及施工分包。

招采前移是当前工程总承包造价控制的最有效途径之一，设计及相关分包确定得越晚，对项目的造价控制越不利。合理地切分各专业限额设计，避免部分专业造价不合理，造成未来发包困难，牺牲总包方利益予以补贴的局面。

此外，本项目为带方案招标的工程总承包模式，方案阶段招标，对招标文件及设计任务书编制要求较高，即要求招标文件及设计任务书中对各种装饰面材的材质种类、规格和品牌档次，机电系统包含的类别、机电设备材料的主要参数、指标和品牌档次，各区域末端设施的密度等，均需描述具体、清晰，但项目实际设计任务书中未具体细化建设规模和建设标准，对项目实施过程的造价管理难度较大。由此采取的主要措施为：根据项目的特有模式，制定《工程总承包材料（设备）采购、专业分包项目招标采购实施管理办法》及《无价材料（设备）选型及定价实施细则》等文件。

13.5.3 全过程参与施工阶段管理

1.“四馆一中心”体量大，项目材料、设备管理难度大

项目“四馆一中心”体量大，涉及的无价材料、设备较多，设计任务书很难对所有功能及设备选型一一明确，项目实施管理难度大。主要采取的措施为：严格落实品牌报审流程。主要建筑、安装材料（设备）须按双方约定的品牌、系列、规格并经发包人书面同意封样后方可订货，否则引起的损失由承包人承担。未明确品牌、系列的材料，发包人对承包人提供的样品不能满足设计要求或式样、颜色不满意或价格不合理（指市场的实际价格和承包人所报价或与承包人投标时所报价相差较大），发包人有权要求承包人调换，直至发包人满意为止。

2.部分合同条款不适用本项目，对进度款支付、设备选型、计价体系约定不明确

项目为固定总价合同模式，设计任务书对部分功能及设备选型未明确，承发包方对设计施工图品质要求不一致，设计施工图确定难度较大，故施工图预算无法在开工建设前全

部编制、审核完成。由于部分合同条款不适用本项目，对进度款支付、设备选型、计价体系约定不明确。全过程工程咨询项目部主要采取的措施为：协助业主完成工程总承包合同补充协议的商签，对于存在争议部分重新进行约定。

3.按计划进行施工合同中有关造价条款的交底，规范计量计价与工程款申报用表，严格执行合同中计量、计价约定，开展造价控制精细化管理。

项目实施阶段的造价控制是以设计概算为上限，以施工合同为依据，进行精细化管理。包括：编制项目资金使用计划；工程计量和工程款审核；主要材料或新型材料、设备、机械及专业工程等市场价格的咨询工作，并应出具相应的价格咨询报告或审核意见；施工合同约定对工程变更、工程索赔和工程签证进行审核。

13.5.4　项目验收移交及结算阶段

该阶段是项目完成工程竣工实体验收并移交业主方或使用方的阶段，业主方组织相关单位对照合同约定的建设目标和各种项目计划与要求，对项目进行全方位检查与验收，检查内容不仅限于已完成的建筑、装饰、消防、人防、水电、绿化等实体硬件，还包括工程资料和费用结算等软件，对于在检查中发现的缺陷，就需要施工单位进行修改完善至规定标准。当工程竣工验收手续全部办理完成并移交后，项目进入竣工结算审核阶段，业主方组织审查施工单位所报送资料的真实性、有效性和完整性，注重提高工程结算审计质量，为业主方节约成本、提高收益。

工程结算采用全面审核法，即对合同约定范围内全部工程量做到逐项认真审查，对容易被工程总承包单位高估冒算的风险部分（如土方、消防、市政管网、景观铺装等）进行重点审查，审查工程结算资料和招标投标文件、总承包合同条款是否吻合，细致查验现场，掌握完工现状，并比对竣工图纸，结合工程相关竣工技术资料，扣减未施工内容，必要时，对隐蔽工程进行抽验，以确定其与提供的竣工资料是否相符。

具体审查内容包括：送审工程量计算底稿，定额套用是否正确，所计取材料市场指导价格的时效性，经业主方确认的主材价是否除税，是否存在甲供材料领用超支现象，是否按照规定计算各种配合费用等。

工程变更是工程结算审查的重点，需审查新增合同外工程变更签证部分内容中工程量计算的准确性及定额套项的合理性，审查价款调整是否符合合同约定及国家法律法规和政策文件要求，针对已发现的问题应及时整改、调整结算，以最终实现项目管理目标。

13.6　施工管理

13.6.1　进度管理

项目总建筑面积32万平方米左右，合同工期1095日历天，体量大，工期紧。全过程工程咨询单位进行动态跟踪，围绕总进度计划，每天形成日报，反馈设计和施工进度；

每周形成周报，对比进度计划，审核劳动力和机械是否和工程进度匹配。跟踪对比进度计划，一旦偏离进度计划及时督促施工单位采取有效措施进行纠偏。

全过程工程咨询单位依据项目实施总控节点计划对施工计划、施工组织设计，组织进行审查，审查上述计划与施工组织设计的符合性、实操性及保证措施。

全过程工程咨询单位专人负责按月、季度、年及大节点等定期对施工单位的施工进度计划的执行情况进行核对评估，对项目进展节点进行数据比对，分析偏差原因，督促落实施工单位进度纠偏的措施。

全过程工程咨询单位每月对施工进度计划执行情况进行考核，对施工进度进行趋势预测及警示，并采取进度推进会、专题会、进度评比、宣贯会等保证施工进度的有效纠偏措施。如本项目在基础施工阶段中，土方外运进度缓慢，影响施工进度。场地内需外运土方120余万方，受土方消纳场地、码头的限制，每日外运土方量无法满足计划要求，导致现场实际进度与总进度计划有所滞后。采取的对策如下：

1.利用建设单位的特殊优势，积极与市渣土办及富阳城管沟通，增加土方消纳场渣土消纳指标，与交警大队沟通，增加土方外运出入口。

2.如遇土方消纳场所、码头进行土方外运无法满足施工进度要求，在关键工序、关键节点工作，要求施工总承包单位利用现有场地条件或临时堆场进行土方短驳。

3.要求施工总承包单位加强自检，减少返工，全过程工程咨询单位将加强巡查力度与频次，提前介入隐蔽工程验收，缩短验收时间，确保施工进度与质量。

4.确保安全的前提下，要求施工总承包单位调整施工工序，争抢关键线路，如先施工各单体主楼混凝土工程，后施工公共服务中心等非关键线路。

5.针对夏季高温施工，要求施工总承包单位合理调整高温期间的施工生产，做好防暑降温工作，防止高温天气引发工人中暑或各类安全生产事故而降低施工工效。

6.要求施工总承包单位加大人员、施工机械的投入，有工作面后马上组织人员投入施工，合理安排现场施工，确保各工序施工紧凑严密，流水推进，以保证总进度目标的实现。

13.6.2　安全管理

结合项目建设实际情况及项目所在市相关规范规定，编制完成本项目安全生产与文明施工管理总策划、制定项目总体安全文明施工管理组织方案计划。督促现场参建各方安全管理体系的建立和有效运行，形成"PDCA"良性循环。建立项目安全生产及文明施工管理制度，各参建单位均需严格遵守本制度规定。

按照住房和城乡建设部31号令、37号令的相关要求，对危险性较大的分部分项工程的专项施工方案实施风险管控；项目部推行周联合大检查、日常巡查、不定期检查制度等，做到及时发现安全隐患，及时通知施工单位落实整改，严格复查整改落实情况；落实"管生产必须管安全""谁主管谁负责"的安全管理精神，对相关人员进行履职评估。

项目通过了省建筑业绿色施工及安全文明标准化施工示范工程中期检查，获得2020年度省"文明现场、和谐工地"竞赛先进工地等荣誉称号及2021年度"红色工地"省级示范项目。

13.6.3　质量管理

本项目实行样板引路及材料封样制度，如：地板砖、墙砖铺设、幕墙施工及材料选择、装修施工及材料选择、墙体砌筑及抹灰过程等。对施工过程中存在的问题，组织建设单位、总包单位召开专题例会，对施工工程中存在的质量问题，现场落实责任、要求整改，并以书面形式回复整改情况。

建立项目工程质量管理制度，拟定罚款条款，要求各参建单位均须严格遵守本制度规定。实施举牌验收制度，对原材料进场、关键工序、关键节点进行现场举牌拍照验收，保留影像资料，以便具有可追溯性。

实行材料品牌报审制度，原材料进场应提供进场计划并进行品牌报审，报审通过后方可采购原材料，避免材料进场后因品牌问题导致材料退场。

13.6.4　组织协调管理

对项目实施过程中存在问题采用推进会、专题会或组织专家讨论解决，书面发送工作联系单等方法。如本项目博物馆的钢结构连廊整体提升工程，本次提升的钢结构连廊重达1800吨，提升高度40米，纵宽68米，该连廊横跨52米联结两座结构。为提高承载能力，高空牛腿对接节点全部采用刚接节点，需要高空对接的节点高达40个，极大地增加了管理难度和施工难度。我方组织相关专家，召开各参建单位参加的专题会进行讨论解决，根据最终的方案结果，进行跟踪，并监督落实，提升工程得以顺利完成。

13.7　经验总结

13.7.1　招标阶段经验总结

全过程工程咨询单位招标是在工程总承包单位之后，工程总承包单位先于全过程工程咨询单位进场。虽然咨询团队在建设单位与工程总承包合同签订时提供了不少合同管理优化建议，但由于项目介入时间较晚，全过程工程咨询单位的进场时间后于EPC单位，无法对招标文件中的合同条款进行较大的修改，导致目前工程总承包合同仍存在不合理之处，为后续项目实施埋下了隐患。

因此，建议全过程工程咨询单位在EPC单位进场前完成招标，一方面，可以利用全过程工程咨询单位的工程经验和技术力量，使设计任务书更为完善，建设单位的使用需求能够更合理的体现，减少后期的设计变更和造价的不可控性；另一方面，全过程工程咨询单位具有较强的合同管理和招标管理能力，可以在招标文件及合同条款编制中植入全过程工程咨询项目管理的各项管理制度、管理流程、工艺工法和质量标准，提早进行业务内部信息沟通与传递，优化合约规划过程，为建设单位在签订工程总承包合同过程中提供较多的有效建议，使项目实施更为有序、有规可循。

全过程工程咨询单位早介入除可以协助业主进行组织部署、计划决策、目标分析论证等工作外，还可以对设计实施早期管理，这对项目目标顺利实现至关重要。

13.7.2　设计管理经验总结

1.工程总承包模式项目，设计与施工需高度融合。由于我国长期以来实行的都是设计与施工分离的管理模式，设计单位都习惯于设计阶段无其他单位的参与或者干涉，以设计单位牵头的工程总承包更容易造成设计与施工的分离，由于设计单位成本意识普遍较低，限额设计难以落地，而施工成本都要施工单位承担，最终导致的结果是联合体双方的矛盾较多，影响项目的顺利推进，从而失去采用工程总承包模式的意义。

2.工程总承包模式应在初步设计审批后发包。本项目为带方案招标的工程总承包模式，方案阶段招标，对招标文件及设计任务书编制要求较高，很难具体细化建设规模和建设标准，对项目实施过程的造价管理难度较大，之后根据《住房和城乡建设部　国家发展改革委关于印发房屋建筑和市政基础设施项目工程总承包管理办法的通知》（建市规〔2019〕12号），采用工程总承包方式的政府投资项目，原则上应当在初步设计审批完成后进行工程总承包项目发包。

3.使用单位全过程参与项目建设。为了减少项目的变更，做好使用需求管理至关重要。要想做好使用需求管理，就应当让使用单位全过程参与，包括让使用单位参与编制设计任务书、方案设计及初步设计讨论会等。设计成果文件如方案设计、初步设计、施工图设计应当经过使用单位确认，主要装修材料样板以及装修样板间应当经过使用单位确认。

13.7.3　投资控制经验总结

加强对设计单位的管控，让限额设计落到实处。大型设计单位有多年的设计经验积淀，在规划、方案设计或某些特殊功能与业态的建筑方面优势明显，含方案设计招标的EPC牵头单位会联合知名设计院组成联合体，以确保中标概率最大化。

从对设计单位的管控体验来看，由于传统观念的影响，设计单位总希望主导设计，从而谋求自身更大的利益。如某些设计单位透过技术参数锁定设备供应商，通过方案到施工图的全过程锁定材料品牌，或是为了追求艺术效果突破专业设计限额，为了平衡总额又削减其他专项设计的份额、删减配置等，过程中相关利益由设计单位占有，而所有交付风险最终由总包单位承担。本应利益共享、风险共担的合作模式却变成利益由设计占有，而风险不管的畸形合作模式。特别是施工总包与外部设计院以联合体模式承揽的项目，几乎承担了全部的项目风险，却没有享有应得的利益。

第14章　浙江省某高等学校项目

14.1　项目概况

14.1.1　项目基本情况

工程位于浙江省某地级市经济开发区，是浙江省重点建设项目之一。项目用地分南北两个地块，总用地面积约500亩，总建筑面积约20万平方米，是包括教学楼、行政楼、图书馆、实训用房、学生活动中心、体育馆、教室公寓、学生宿舍、食堂、孵化楼等多种功能的群体建筑，以及需要同步完成的实训设施、水电配套、校园道路、广场、景观绿化、运动场地、综合管线等配套设施的建设。项目总工期2年，自2018年9月开始，2020年8月竣工验收并达到办学条件，概算总投资约12亿元。

项目以工程总承包模式建设，具体内容包括：项目的勘察（初勘、详勘等）；设计（方案设计、初步设计、施工图设计等）；设计范围的所有建安工程施工、验收、移交、备案、工程缺陷责任期内的缺陷修复、保修服务、负责管理协调各分包单位及供应商的配合等工作。

14.1.2　项目重难点分析

高校工程总承包项目的全过程工程咨询相对其他业态项目在设计、采购、施工、新技术应用、投资控制等方面更复杂，管理要求更高，是一个群体类、多功能、多标段、多专业协作的复杂项目管理。下面从四个方面对高校工程总承包项目的管理特点进行分析。

1.本项目为浙江省某高校的异地新校区，功能结构分为五大区：

（1）学院教学区：由会议中心与四组学院组成，是风格明显的村落式布局、山水大学。

（2）实训与校园公共服务区：包括实训中心、行政办公、图书馆、体育中心、400米田径场、篮球、排球等室外运动场地，各建筑之间既相互独立，又通过长廊相连，交融渗透、有机共生。

（3）生活服务区：由7幢独立的学生宿舍、学生活动中心、食堂与后勤用房等组成。

（4）对外交流区：包括国际交流中心及人才培训中心、产教融合中心，简练大气，为该区域的标志性建筑。

（5）教师公寓与预留发展区：包含一组教师公寓与预留发展用房。

项目体量大，功能全，规划设计起点高，从校园品质、项目布局、愿景上都提出了很高的要求，要求全过程工程咨询单位从设计管理、施工管理、采购管理、新技术运用以及现场标准化管理上严谨策划、精细管理，为建设单位把好质量、工期和成本关。

2.高校工程总承包项目功能分区多，涉及建筑、结构类型多且复杂、造型多变，专业需求齐。

（1）项目五大功能分区中，教师宿舍、教学楼等采用混凝土框架结构，体育会堂、体育中心采用钢框架结构，校园公共服务区采用混凝土结构与钢结构相结合的复杂结构。装配式结构有预制混凝土装配式、钢结构装配式、钢混组合装配式等。

（2）建筑外形有科技感十足的现代风格，也有传统江南书院韵味的新中式风格。

（3）涉及的专业多，需要多专业协同设计，除建筑、结构、给排水、电气、暖通、弱电、人防等主专业外，还包括幕墙、室内装修、景观，岩土等多种辅专业。对于这种多功能、多专业的复杂建筑项目工程管理，需要强大而又稳定的项目管理团队。

3.项目不仅结构类型多、外立面新异复杂，运用的新技术也很多，除了有结构装配式以外，还有精装修工厂化加工现场装配，另外还引进绿色节能建筑技术、海绵校园技术等。

相较于住宅小区或中、小学校园工程总承包项目，高校工程总承包项目具有建筑物业形态多、结构类型复杂、建筑设计更新型和新技术运用多等特点，必定涉及更多的专业管理人员、更重的专业协调和更高效的管理组织，对全过程工程咨询单位管理能力要求更高。

项目时间紧、任务重，需要在700个日历天内完成项目的勘察（初勘、详勘等）、设计（方案设计、初步设计、施工图设计等）、设计范围的所有建安工程施工、验收、移交、备案、工程缺陷责任期内的缺陷修复、保修服务，工期相当紧张。

高校工程总承包项目的建设工期有非常严格时间节点，一旦工期延误将会影响学校在开学季中数以千计的学生的使用，建设工期各项里程碑的制定和实施是本项目的重中之重，必须由优秀的项目管理团队对承包商提出的进度计划进行审核、优化和监督管理，确保按期优质完成项目合同任务。

14.2　启动管理

项目源于当地政府为了吸引人才、促进当地经济技术发展，与省内某高校签署的校地合作战略协议，根据协议，由当地政府投资建设校舍，无偿移交给该高校作为新校区使用。为了落实该合作协议，当地政府成立建设平台公司（以下称建设单位）负责项目建设一揽子事项。项目启动阶段主要由建设单位或上级主管部门进行各项项目启动区的工作，包括需求调研和分析、可行性研究、前期手续审批、勘察、确定招标模式和招标阶段等方面的工作。在此阶段，工作头绪多、需要对接的部门杂、事情不确定性高，往往由建设单位自己进行或委托专业单位阶段性地进行相关工作。

14.2.1　立项报批等相关工作

2018年年初，建设单位开始委托编制项目建议书与可行性研究报告，以合作协议为基础，通过调研使用需求，分析论证项目功能、规模和建设标准等方案构想，编制项目投资估算和建设进度计划，策划建设组织安排和招标方式，论证项目的必要性与可行性，进行立项报批，同年3月初取得项目建议书批复，7月取得可行性研究报告批复，项目正式立项。

在可行性研究报告编审的过程中，同步组织专业机构进行环境影响分析并上报，取得环境影响文件评审意见；与国土、规划等政府主管部门沟通选址，办理建设项目土地预审意见和项目选址意见书等项目建设初期必须的各项审批手续；同时，委托专业的勘察单位根据可研方案对项目现场进行初步勘察并出具项目地块勘察报告。

14.2.2　确定招标模式

根据校地合作协议，项目建设需要满足2020年秋季开学的要求，因而项目在2020年8月前必须完成建设和移交。由于项目的工期紧、任务重，当项目根据竣工时间倒排建设进度时，发现采用传统的设计、施工平行承发包模式基本上无法满足项目的工期目标，因此工程总承包模式以有效节省工期的特点成为建设单位的首选最优模式。

按照《住房城乡建设部关于进一步推进工程总承包发展的若干意见》（建市〔2016〕93号）的文件精神："建设单位在选择建设项目组织实施方式时，应当本着质量可靠、效率优先的原则，优先采用工程总承包模式。政府投资项目和装配式建筑应当积极采用工程总承包模式。"本项目为政府投资的装配式建筑项目，属于应当积极采用工程总承包模式的项目范畴，具有采用工程总承包模式的政策依据。2014年8月，住房城乡建设部批准浙江省为全国首个工程总承包试点省份，浙江省已经积累了一定的工程总承包实践经验和教训，为项目在工程总承包模式下实施奠定了基础。

另外，本项目建安投资9.85亿元，单位建筑面积造价不足5000元/平方米，明显低于省内普通高等院校的单位面积造价指标。为了充分发挥设计院在工程总承包项目上的限额设计优势，加强设计师对设计和施工质量的把控力度，有效控制工程造价、保证工程质量，经过多方比较和考察后，更倾向采用设计牵头的工程总承包模式。

14.2.3　确定招标阶段

根据《住房城乡建设部关于进一步推进工程总承包发展的若干意见》（建市〔2016〕93号）的文件精神："建设单位可以根据项目特点，在可行性研究、方案设计或者初步设计完成后，按照确定的建设规模、建设标准、投资限额、工程质量和进度要求等进行工程总承包项目发包。"结合项目工期紧的特点，采用了在可行性研究完成后进行项目的工程总承包发包。需要说明的是，在《住房和城乡建设部 国家发展改革委关于印发房屋建筑和市政基础设施项目工程总承包管理办法的通知》（建市规〔2019〕12号）（以下简称《总承包管理办法》)出台后，对于采用工程总承包模式的政府投资项目，原则上应当在初步设计审批完成后进行工程总承包项目发包；要在可行性研究完成后或方案批复完成后进行工程总承包的发包已经不太行得通，需要走很多特批流程才能实现。另外，在初步设计完成之前进行工程总承包发包，项目不确定性更高、各参建方面临的风险更大，在项目建设管理中存在更多的纠纷和扯皮，不利于项目的整体推进。

14.3 招标管理

建设单位在本项目可行性研究报告未获批之前，已开始准备后续的工程招标工作，首先，通过公开招标确定了招标代理公司，然后，由招标代理公司组织项目的全过程工程咨询招标和工程总承包招标。本项目工程总承包招标是通过对工程项目的设计、采购、施工、试运行等进行总承包的招标管理过程，目的是通过市场竞争择优选择工程总承包单位，保证项目的质量、进度、安全和成本目标的实现。

在工程总承包招标阶段的主要工作包括招标文件（含合同）的编审、发布招标公告、组织开标评标、发布中标通知书等。其中招标文件（含合同）作为要约邀请，其合理性直接影响项目招标、实施及验收的全过程，是处理工程项目推进过程中任何纠纷与矛盾的主要依据，需要慎重对待和谨慎处理。因此，在招标文件起草过程中，需要特别关注的重点工作环节包括：投标人资格条件的设置、发包人要求的编写、招标控制价的确定、评标办法以及合同条款设置等。招标文件（含合同）编审完成后，按照国家和地方有关规定处理好开标、评标等招标流程，保证过程的合法合规和结果的公正公平。

14.3.1 投标人资格条件的设置

工程总承包项目招标需要设计、施工实力雄厚且具有一定规模工程总承包业绩的单位来应标，因此，投标人资格一般从设计资质、施工资质和业绩三方面考察。本项目最终按照以下三方面进行考察：

（1）以设计业绩投标的投标人，需具有设计综合甲级或建筑甲级资质，项目负责人具有一级注册建筑师或一级注册结构师资格。

（2）以施工业绩投标的投标人，需具有建筑工程施工总承包一级及以上资质，项目负责人具有一级注册建造师及"三类"人员B类证书。

（3）投标人要求承接过单个合同建筑面积在5万平方米以上的工程总承包项目等。

本项目发包时，《总承包管理办法》尚未出台，工程总承包单位无须同时具有设计资质和施工资质，凡具有与工程规模相适应的设计资质或施工总承包资质的单位都可以承接工程总承包项目，因此，项目资格条件的设置中对于以设计或以施工身份投标均予以认可。最终由省内一家实力很强的设计单位中标，该中标单位以背靠背的合同条款将施工部分全部发包给甲施工总承包单位，由甲施工单位负责本项目的施工建设，中标设计院负责设计、工程总承包管理、报批报建等工作。但在项目实施过程中，专业分包到底算不算二次分包、是否违背了《中华人民共和国建筑法》中不得转包和二次分包的有关规定，此类审计问责和司法讨论一直困扰着参建各方。随着《总承包管理办法》的发布，对"双资质"进行明确，才从源头上避免了"转包"和"二次分包"等不利于工程总承包的法理悖论与实践障碍。

14.3.2 发包人要求的编审

2018年，《建设项目工程总承包合同（示范文本）》GF—2020—0216还没有出台，也没有《发包人要求》这个文件概念和相应的编写规范。本项目发包人要求的编写是由建设单位及其主管部门、全过程工程咨询单位和招标代理单位分别针对设计要求和施工要求进行编制。设计方面仅对总体设计要求、建设规模、单体功能以及校园网络要求进行了约定，而其他的如结构安全等级、装修标准、主要材料和设备标准、水电暖等普通安装工程均没有详细提及相关要求；施工方面主要提及了要遵守的国家或地方有关规范和标准。这样的《发包人要求》由于交付标准不明、实施界面不清、工程范围模糊、信息量小、不确定性高，对承包商的约束力相应较小，项目建设的好坏更多地依赖于中标方案和中标人的社会责任感及专业度，因此，导致项目在后续的设计、施工过程中出现了大量扯皮和纠纷。

14.3.3 合同价格形式和招标控制价的编审

本项目有教学楼、行政楼、图书馆、实验室、会议中心、体育馆、公寓等多种不同功能类型，在可行性研究报告完成后进行发包，用于成本测算的资料只有可行性研究报告和初步勘察报告。按照面积指标法估算确定造价，会产生±10%范围内的计算精度误差，因此，造价的不确定性较大，不适合采用固定总价模式，也无法编制工程量模拟清单采用固定单价模式。最终，本项目选择采用费率下浮形式进行招标。根据可行性研究报告等资料编制招标控制价，工程费用、设计费用和管理费用的最高投标限价分别为99500万元、1800万元和2800万元。招标文件明确指出，工程费用仅作为报价口径确定下浮率的计算依据，不作为结算的任何直接依据，最终合同价格以审计审定的预算金额为基数乘以下浮率确定。

在可行性研究阶段，投资估算指标参考的是两年前当地同类型项目的造价指标，既没有充分考虑钢材、混凝土等建材价格和人工价格的上涨，也没有充分考虑标准规范如装配率、绿建二星等要求导致的造价增加，招标控制价整体偏低。项目中标后无论是初步设计概算，还是施工图预算均超出了投资估算，成本控制成为难题，给项目顺利实施带来了很大的障碍和挑战。因此，与建设标准相对应的高精确程度招标控制价是项目顺利实施的前提条件。

在招标控制价编审过程中，要注意依据正确、充分考虑市场人材机价格行情、标准规范要求、建设标准、建筑造型、地质条件、结构形式和场地状态，以及不确定性风险因素等对工程造价的影响。不确定性风险因素在项目的初期阶段对工程造价影响最大，随着基本建设流程的推进，项目的不确定风险因素会逐渐降低，项目的造价会越来越精确。

14.3.4 评标办法的确定

评标办法的设置要充分考虑建设单位的建设需求和市场状况，遵循公平、公正、科学和择优的原则，最终目的是以合理的价格选择到满足建设需求的合格承包商。本项目采用综合评分法，总分由资信分、技术分和商务报价分三部分组成。

1. 资信分设置

资信分设置主要从投标人的工程总承包业绩、设计业绩、项目负责人的业绩以及人员配备的完整性等方面考察投标人的综合实力水平。

2. 技术分设置

技术分设置主要从设计方案、工程总承包管理方案和施工方案三个纬度考察方案的合理性、美观性、先进性、可行性和可靠性等。

3. 商务报价分设置

为防止恶性竞争、低价冲标，以及不同投标人之间联合围标、抬高报价，本项目采用按照一定规则计算的算术平均值下浮一定比例后作为最优基准价，比基准价高或低都会有不同程度的扣分，由此引导投标人往合理方向报价，以达到建设单位合理节约资金的目的，同时也最大限度地降低了被联合围标的风险。依据项目的特点和要求，本项目采用专业化的方法和标准，有利于选择有能力、有经验、有信誉的承包商，确保项目的顺利实施。

14.3.5 合同主要条款的设置

2018年起草本项目工程总承包合同文件时，遇到的第一个问题是没有合适的合同版本，当时仅有2011年11月住房和城乡建设部 国家工商行政总局联合制定的《建设项目工程总承包合同示范文本（试行）》GF—2011—0216的合同文本可供选择，项目部在参考《住房城乡建设部 工商总局关于印发建设工程施工合同（示范文本）的通知》（建市〔2017〕214号）和2012版九部委下发的《标准设计施工总承包招标文件的合同文本》的基础上，最终选择了更接近于工程总承包模式的2012版九部委下发的《标准设计施工总承包招标文件的合同文本》，并针对专用条款和合同协议书做了较多的具体规定。

由于九部委合同示范文本中很多条款借鉴了施工合同示范文本，在针对具体工程总承包项目编写合同条文的时候，要注意通用合同条款、专用合同条款与合同协议书三者要保持一致，避免造成合同矛盾和争议。例如，表14-1中所示，本项目对合同文件的解释顺序在通用条款、专用条款和合同协议书中不一致，导致出现合同争议的时候，文件的优先解释权出现混乱不清。

事实上，在项目实施过程中，确实出现过类似"建设标准以招标文件的要求为准，还是以投标文件的方案建议为准"等的争议，给承发包双方和建设主管部门造成了比较多的管理困境。

本项目不同合同条款中的合同文件解释顺序对比表　　　　表14-1

文件	合同协议书	专用条款	通用条款
解释顺序	①法规及条例 ②补充合同 ③本合同 ④招标投标文件 ⑤造价增减变更签证 ⑥施工签证单、技术变更单及图纸 ⑦施工组织设计及方案与技术资料 ⑧会议纪要 ⑨工程施工预算和结算	①合同协议书及合同执行过程中的补充协议（如有） ②中标通知书 ③专用合同条款及附件 ④通用合同条款 ⑤招标投标文件及附件 ⑥发包人要求 ⑦价格清单 ⑧标准、规范及有关技术文件 ⑨经发包人批准的设计文件、资料和图纸	①合同协议书 ②中标通知书 ③投标函和投标函附录 ④专用合同条款及附件 ⑤通用合同条款 ⑥发包人要求 ⑦投标人建议书 ⑧价格清单 ⑨其他合同文件

本项目合同协议书简要列明了主要工作内容、规模、质量标准、工期要求以及合同价格。专用合同条款是对通用合同条款的细化和补充，重点补充明确承包商的其他各项主要义务、地下障碍物的处理原则、变更的处理、合同价格确定及调整方法、进度款支付方式、结算的编制原则等方面。

本项目为固定下浮率按合同约定的规则按实结算合同，所以专用合同条款中对合同价格的确定做了较大篇幅的描述，包括要采用的定额和政府文件、费率、信息价、下浮计算方法以及限额设计要求等，这对指导施工图预算的编制和审定、合理确定合同价格起到了关键作用。

专用合同条款的起草和审定注意保持前后一致，尽量避免模糊不清的描述，在关键实质性条款上出现前后不一致或矛盾条款会对合同的履行、结算产生很大的障碍。例如：本项目结算条款中明确人工费增减超过±5%以外部分的给予调差，在价格变更条款中仅规定了部分材料和机械可以调差，对人工费调差没有规定。同一份合同文件对调差规定的不一致导致结算产生了500余万元的费用纠纷。另外，预算编制口径中明确采用的信息价为该市信息价，由于该市发布的造价信息中不仅包括该市的信息价，还有下属各区县的信息价，本项目位于该市下属区县，关于"信息价应该采用该市还是下属区县"这一问题，承发包双方展开激烈讨论，此项争议涉及300余万元的费用纠纷。

在合同起草过程中承发包双方责任、权利、义务要清晰，工程总承包服务范围及内容要具体，合同价款及风险范围以外费用调整方式要合理，开工、竣工日期及合同工期约定要明确，质量标准要列明，进度款的申请划拨流程要清晰，考勤变更违约责任的处理等流程要具有可操作性。对于争议的解决，在合同中应当明确约定一种争议解决方式。具体、明确、完善的合同条款，可以保证各方的责任和义务，规范各方的行为，提高招标管理的效率和效果。

14.3.6　招标投标流程管理

在项目的招标采购过程中要时刻坚持公开、透明、平等、竞争的原则，保证所有参与者的合法权益，防止任何形式的不正当行为。确定项目的招标管理机构、人员和职能，制定各方的沟通协调机制和责任分配。制定合理的招标管理流程和时间计划表，将复杂的项目招标管理过程进行纵向分解，按照发布招标公告、对投标人进行资格预审、出售标书、组织标前的考察和答疑、召开标前会议、评标、决标、授标等流程有序开展工作，招标结束后，应及时进行总结和评价，并对相关文件和记录进行归档和保管。

1.招标文件的编制：招标代理公司根据建设单位的需求和项目的特点，编制符合法律法规和行业规范的招标文件，包括招标公告、招标书、评标办法、合同范本等，并征求建设单位和相关部门的意见，进行修改完善。

2.招标公告的发布：招标代理公司根据招标文件的要求，选择合适的媒体和渠道，发布招标公告，向社会公开项目的基本信息、招标条件、投标要求、评标办法等，并及时回复潜在投标人的咨询。

3.投标人的资格审查：招标代理公司根据招标文件的规定，对投标人提交的资格证明文件进行审查，确认投标人是否具备参与项目招标的资格，如资质等级、信誉状况、业绩情况等，并形成资格审查报告。

4.投标文件的评审：招标代理公司根据评标办法，对投标人提交的技术方案、商务报价等投标文件进行评审，比较各个投标方案在设计水平、工程质量、工期安排、造价控制等方面的优劣，按照评分或排序方式确定中标候选人，并形成评审报告。

5.中标候选人的确定：招标代理公司根据评审报告，向建设单位推荐中标候选人，并协助建设单位与中标候选人进行谈判，解决可能存在的分歧或争议，并最终确定中标人。

6.合同的签订：招标代理公司根据合同范本，协助建设单位签订合同，并对合同条款进行解释说明，确保双方对合同内容有清楚且一致的理解，以保证双方按照合同约定履行各自的义务。

7.文件和记录的归档和保管：招标代理公司对项目招标过程中产生的所有文件和记录进行归档和保管，包括但不限于招标文件、投标文件、评审报告、谈判纪要、合同文本等。

工程总承包项目全过程工程咨询的招标管理是一项复杂而重要的工作，良好的招标管理工作不仅可以提高项目的效率和效益，还可以为促进项目各方的合作和信任提供帮助。

14.4 设计管理

在本项目全过程管理过程中，设计管理是关键环节，它直接影响项目的质量、进度、成本和安全。

14.4.1 设计前期的准备管理工作

本项目设计前期的工作包括明确设计目标、范围、标准和要求，制定设计计划和组织架构，分配设计资源和责任，建立设计沟通和协调机制，以及进行设计风险分析和控制。

本项目设计前期的准备管理工作包括以下几个方面：

1.招标阶段

由于本项目体量较大，进度要求高，在项目使用方的需求不甚明确的情况下，设计工作成为关键。建设单位对设计要求高，拟采用以设计院为牵头单位的工程总承包模式，因此，在招标文件中项目设计方案分数占比高，借鉴方案竞赛模式组织招标公告、答疑、开标、评标等环节，由此确定中标单位。

2.方案形成阶段

根据学校的发展规划和教育教学需求，在确定项目的使用目标、内容、投资估算和可行性分析的过程中，全过程工程咨询单位为确定具体方案做出了以下几点优化：

（1）可行性研究的方案设计阶段，原方案图书馆设置在项目中轴线位置作为学校的标志性建筑。为加强图书馆的使用功能，充分发挥图书馆的作用，全过程工程咨询单位设计管理人员与建设单位、使用单位和当地政府共同研究后决定，放弃原有方案，将图书馆设置在主干道上；另外，学校图书馆与当地市区图书馆建立长期合作，通过整合两馆的图书和数字资源，既可以增加学校学生的知识扩展面，也有利于为当地居民提供更多的学习资源，收获了不错的效果。

（2）在中标后的方案设计阶段，考虑到学校体育馆和田径场位于行政组团的角落位置，与学生出入频繁的生活组团距离较远，学生参加体育运动极其不方便。为了改善学生的体育锻炼环境，全过程工程咨询单位建议将学校体育馆和田径场移到距离学生宿舍较近的地方，方便学生进行体育锻炼。

3.合同签订阶段

根据招标结果与中标单位签订工程总承包合同，明确双方的权利和义务，约定工程初步设计、施工图设计及各专项设计的节点等事项。

4.设计前期阶段

根据本项目单体多、建筑类型多样、造型复杂、规模大等特点，以及使用单位要求，依据招标投标文件、工程总承包合同、项目的有关批准文件、项目总体计划、国家或公司的有关规定和要求等内容，明确项目设计目标和工作范围，分析项目风险和应对措施，确定限额设计要求和各项设计管理原则，编制设计管控要点，审核设计进度计划，审核采购、施工和试运行的设计配合服务计划。

14.4.2　设计过程的控制和监督管理

设计过程中，本项目的设计管理重点是在设计方案的审批、设计变更管理、设计进度控制、设计质量的检查和评价、设计优化、设计成果的移交和保存几方面进行控制和监督。

1.设计方案审批

审批的参与方包括建设单位、EPC设计单位和政府相关部门。本项目方案上报规委会评审时，规划对方案进行了相当大的调整，主要建筑位置发生了变化（如图14-1、14-2所示），因此需调整控规。

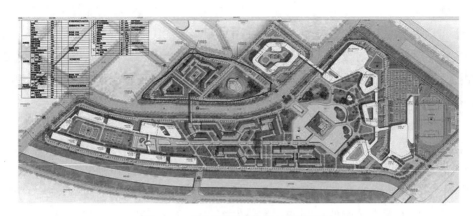

图 14-1　规划调整前的项目总平面图

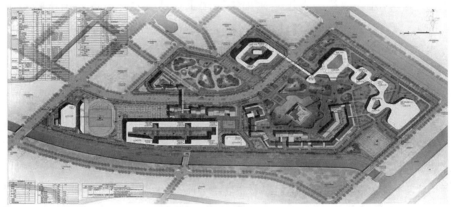

图 14-2　规划调整后的项目总平面图

全过程工程咨询单位的设计管理团队充分发挥专业特长，在项目规划调整过程中提出许多宝贵意见，同时积极协助工程总承包设计单位与政府主管部门的沟通，对设计方案的规划调整和审批发挥了重要作用。需要注意的是，在规划调整和方案审批的过程中，要严格遵守国土资源和区域整体规划，严格把关，不得突破各项控规指标。

另外，由于本项目的建设单位实际上为当地政府组建的投资平台，在审批中遇到障碍的时候，多与建设单位沟通，充分调动建设单位的力量，有助于更快地解决问题。

2.设计变更管理

在设计过程中，可能会出现因为各种原因导致的设计变更，全过程工程咨询单位需要认真分析变更产生的原因和责任归属，按照设计变更的责任归属将变更分类管理。本项目变更分为三类：第一类是，由于建设单位原因或其他应由建设单位承担责任的原因引起的设计变更，此类变更需要结合建设单位或使用单位的需求，分析其必要性、测算变更引起的工期和费用变化，确实需要变更的，按照约定的程序下发变更指令函和进行变更签证工作。第二类是，由工程总承包单位提出的，由于市场行情、施工工艺或设计优化等导致的变更，此类变更属于工程总承包范围内的变更，建设单位不承担工期和费用责任，此类变更主要审查变更的合理性，对于严重损害建设单位利益或工程利益的变更不予通过，其他允许的合理变更经建设单位同意后按相关规定执行。第三类是，工程总承包单位提出的合理化建议，要仔细分析该建议的合理性和经济性，经建设单位同意后按照第一类变更流程执行，不合理或成本工期代价太高的合理化建议不予采纳。

本项目较大的一项合理化建议是学生宿舍的结构形式改变。在可行性研究报告中，学生宿舍采用的是装配式混凝土结构体系，因受到高压线迁移的影响，学生宿舍开工时间延后了将近6个月，让本已紧张的工期更是雪上加霜，按期完工已成为不可能完成的任务。因此，工程总承包单位提出了将7栋学生宿舍由装配式混凝土结构体系改为钢结构体系的合理化建议，该建议可以节约工期5个月，但是会增加结构造价约3000万元。由于该合理化建议涉及大金额的费用增加，全过程工程咨询单位对结构变更的费用进行了详细复核测算，并召开专家评审会谨慎评估了工期影响，得出了不改变结构形式确实难以完成工期任务和保证学校按时开学的建设目标结论。经建设单位会议决策后同意了此项合理化建议，同时要求工程总承包单位严格进行成本控制，通过其他途径优化增加的造价。

3.设计进度控制

全过程工程咨询单位督促工程总承包单位编制合理、可控的设计进度计划表并负责对其进行审核。设计管理团队负责对工程总承包设计单位执行的项目进度计划进行跟踪和监督，确保项目设计阶段各专业设计节点的进度。对于因客观原因无法完成原计划的情况，应重新制定进度计划，并提交相关方认可。审核要点主要包含以下内容：

（1）设计启动会的时间节点。

（2）评审、图审等重要时间节点。

（3）满足施工图预算要求的设计文件的提交时间。

（4）各专业关键技术难点的提交时间。

（5）关键设备和材料采购文件的提交时间。

（6）工程总承包单位内部的设计进度监督和纠偏机制。

根据本工程进度要求高、项目单体楼层较低、结构造型较为复杂的情况，在初步设计的同时，对结构较为复杂的礼堂和图书馆同步开始施工图设计。施工图阶段先集中精力完成桩基和基础施工图，申请桩基先行手续。在桩基施工过程中，同步进行五大专业的施工图设计，然后申请办理施工许可证；在五大专业施工过程中，同步进行景观、精装修的设计。通过设计和施工的搭接进行，极大地缩短了设计时间，为后续项目施工争取了宝贵时间。

4.设计质量的检查和评价

在设计过程中，定期和不定期地对设计质量进行检查和评价，发现并及时纠正存在的问题和缺陷。制定和实施设计质量管理体系、设计质量监督体系、设计质量考核体系、设计技术管控要点等，确保工程总承包单位提供的各阶段设计文件均符合国家及地方现行技术规范、规程、标准、政策要求，以及满足各阶段设计深度要求。由于EPC项目工期较紧，EPC模式的前期设计时间与传统施工总承包模式的相比明显缩短，且边设计边施工会造成前期施工图质量下降，需要通过后续实施过程中图纸会审、技术核定等形式进行完善，在必要时进行二次图审，以保证设计文件的完整性、准确性和一致性。主要包括以下内容：

（1）审查主要设计负责人和设计人的资格。

（2）审批主要设计负责人的人员变动。

（3）审核EPC设计单位提交的统一技术措施。

（4）审查设计输出文件与招标文件设计任务书的一致性。

（5）审查EPC设计单位在设计文件输出前对限额设计及相关部门审核意见的落实情况。

（6）编制设计质量报告书。

5.设计优化

本项目在施工图预算初稿完成后发现项目存在严重超过限额设计的情况，全过程工程咨询单位及时召集了工程总承包单位的成本、设计管理及各专业设计人员，要求其在原基础上进行设计优化，保证项目功能、规模不变，建设标准与招标文件对标，各专业进行了大量的方案比选和技术优化，如表14-2所示。在项目优化过程中，全过程工程咨询单位充分发挥专业咨询的优势，既考虑各优化措施的可行性以及可能给建设单位带来的不利影响，保障建设目标的实现，又综合评估项目的成本情况，做好限额设计管控，保证了投资控制的有效性。

项目的部分设计优化成果列表　　　　　　　　　　　　　　表14-2

序号	专业	项目
1	建筑	优化外立面做法，外墙涂料与幕墙装修的有机结合
		天窗面积优化减少
		外挑檐造型调整，工程量减少
		天桥造型调整，取消屋盖
		宿舍各单体之间的空中连廊优化取消
		根据装配式建筑的评分标准，优化调整装配率措施项
2	结构	进行配筋优化，减少钢筋含量
		梁柱截面尺寸优化，减少混凝土用量
3	电气	核实调整室外强电保护管径
		大空间照明的开关面板形式调整
		检查调整单体建筑的线缆规格、型号
4	给水排水	优化给水排水管材、管径
		进行热水复核计算，按需配备
5	暖通	优化调整空调水系统水管壁厚和管材
		优化VRF系统的室外机拖带率和同时使用情况

序号	专业	项目
5	暖通	择优选择消防风管的法兰形式
		核对优化厨房排烟、净化设备的风量和净化率
6	弱电	继续核对招标文件及相关规范，取消冗余功能
7	景观	优化树种和灌木种类
		优化室外道路广场的材质，尽量因地制宜选择地方性材料
8	室内	按照满足办学要求、保障重点区域的装修效果，重新核定其他普通区域的装修标准
9	幕墙	铝合金格栅的表面喷涂形式
		优化铝单板（金属屋面出挑的底板及侧板）厚度
		减少外立面格栅、格构工程量
10	其他	严格按照合同约定核对工程范围和施工图预算

6.设计成果的移交和保存

包括对设计成果进行完整的归档和保存，以及对设计成果进行反馈，总结设计经验和教训，提出改进建议。

全过程工程咨询单位的设计管理团队负责接收工程总承包单位在初步设计阶段、施工图设计阶段提交的设计成果文件，组织内部各专业人员从质量和经济等方面对设计成果文件进行审核，出具图纸审核意见表，并督促工程总承包单位逐条落实审核意见。

根据项目特点，收集、整理项目实施过程中与设计管理有关的记录文件，全过程工程咨询单位编制项目设计管理记录文件总目录并存档。在项目设计阶段结束后，组织工程总承包单位将设计成果按照合同约定的内容、形式和时间，交付给建设单位，并进行相关的技术交底和文件移交。

14.5 投资管理

项目投资管理是指在进行EPC（工程—采购—施工）模式的项目建设时，对项目的投资进行有效的规划、控制和监督，以保证项目的质量、进度和成本符合预期目标。本工程投资管理的主要过程包括：前期阶段、招标投标阶段、合同签订阶段、方案和初步设计阶段、施工图设计阶段、施工阶段、结算阶段和投资评价阶段。

14.5.1 前期阶段

本项目可行性研究报告于2018年7月完成审批，项目批复总投资为12亿元，其中工程费用为10亿元。在可行性研究报告编制及审查过程中，发现了项目总投资偏紧、与建设单位对项目的定位不匹配，但由于各方面原因，最终项目总投资无法调整。

14.5.2 招标投标阶段投资管理

全过程工程咨询单位深入研究了招标文件中的设计方案及相关要求，认为工程费用确实非常紧张，项目实施难度大，但是作为政府投资项目又不能突破可研估算，因此，招标控制价以可研批复造价为上限。由于招标控制价偏低，为了保障项目顺利进行，避免部分投标人不合理的低价冲标、钓鱼投标，对于报价分的设置，采用了比算术平均值略低一定比例的方式作为最优报价的策略。经过激烈的竞争，最终中标价为8.85亿元，即下浮率为11.5%。

14.5.3 合同签订阶段投资管理

项目中标后，承包商就合同签订事宜与建设单位沟通，全过程工程咨询单位全程参与合同谈判和沟通过程，承包商明确提出项目工程费用与建设标准要求不相匹配的情况，建议建设单位在合同中进一步明确合同范围、标准和合同价格上限等内容。全过程工程咨询单位充分和建设单位讨论后，认为在已经完成招标的情况下，现阶段不能修改合同实质性条款；作为下浮率合同，可以在不超概算的情况下按实结算（概算不超可研估算），相当于下浮的金额可以用于项目建设，这使得在可研估算范围内实现建设标准是可行的。

事实上，在项目实践过程中，因为对合同价格的描述不准确，一方面，建安费为8.85亿元，为限额总价合同；另一方面，指出结算价不超过概算价（10亿元）。由于合同签订阶段没有对合同价格上限进行明确说明，导致合同上限是8.85亿元还是10亿元存在很大争议。

14.5.4 方案和初步设计阶段投资管理

工程总承包合同签订后，由工程承包单位组织进行方案设计和初步设计，于2018年10月完成方案设计并报规，2018年12月基本完成初步设计初稿和概算初稿，初步确定总投资为12.5亿元，其中不包含教育设备投资、办公及教学家具购置、软件安装、智能化终端设备、机房工程、餐厨设备、实训用房工艺设备、分体式空调、红线外电缆引入等费用的建安造价为10.5亿元（如果全部包含约为11.8亿元）。

由于概算超限，建设单位组织相关单位进行了专题研究会议，会议达成以下三方面共识：

1.同意合理划分工程总承包的界面，将智能化移动终端、分体式空调、体育工艺、舞台机械和报告厅座椅、厨房设备、黑板、热水控制系统、室外体育照明、燃气、泛光、场地准备费和红线外管线等原合同中未明确提到的内容单列或甩项，不作为工程总承包单位的实施范围。

2.工程总承包范围内的费用直接按照下浮11.5%计入概算，经计算单列部分为0.8亿元、甩项0.6亿元，下浮后工程总承包范围内工程费用为9.2亿元。

3.要求工程总承包单位在施工图阶段要加强设计管理、集中力量进行设计优化，确保工程总承包范围内工程预算价不突破8.85亿元。

14.5.5　施工图设计阶段投资管理

2019年4月，工程总承包单位按照初步设计概算的界面划分口径，上报工程总承包范围内的施工图预算初稿，以及单列与甩项部分预算初稿，经全过程工程咨询单位审核后两者之和为11.2亿元，建设单位及其政府主管部门认为单列和甩项存在巨大的审计风险，要求工程总承包单位和全过程工程咨询单位对施工图进行大规模优化，不得已情况下可以降标，但是不得甩项。

因此，全过程工程咨询单位和工程总承包单位分别组织各专业设计和成本管理人员进行设计优化，同时对于界面不清晰、后续新增和地质条件变化等导致的费用新增，组织各方商务和律师进行分析讨论，进一步明确合同范围，对于明显不属于工程总承包合同范围的内容通过变更签证等手续予以确认。2019年8月，经过参建各方的共同努力，合同范围内的工程费用预算金额基本上控制在了8.9亿，争议项0.3亿元，合同范围外新增0.3亿元，总建安造价9.5亿元。

14.5.6　施工阶段投资管理

为了规范使用政府财政资金，提高政府投资效益，结合本项目的特点及风险情况，项目实施中对投资进行全过程、连续有效、系统动态地管理与控制，对过程中产生的偏差及时纠正。

1.日常管理

在编制进度计划的同时编制资金使用计划，合理配置资源，多方案比选，优化项目实施方案，实时测算设计优化成本，加强合同管理，严格控制工程投资，每月严格审计进度申请，统计完成的产值，及时核算月度投资。

2.支付管理

加强账务成本管理，降低资金使用成本，提高资金使用效率，避免资金紧张影响项目的实施，严格按合同的约定加强支付管理，支付工作实行专人负责、多部门监督。

（1）保证年度完成的产值与年度资金使用计划相一致，有力推动支付工作按计划进行，降低资金的使用成本。

（2）按照工程的进度收集、完善相关资料，及时与工程总承包单位核对工程量，准确地完成项目的计量工作。

（3）支付进度款前完善材料设备询价、变更签证、工程计量等工作，保证了支付核定工作的顺利进行。

（4）监督、审查工程总承包单位的进度执行情况，确保建设单位和进度计划要求的各项工作顺利完成，保证资金及时支付到位。

（5）加强对工程总承包单位支付的管理，实行专款专用，建立分包工程款支付管理制度，严格审查工程总承包单位实际支付给分包商的款项，防止超付或支付不平衡，督促工程总承包单位按约定及时支付分包进度款；加强对农民工专用账户的管理，严禁非法套取农民工资，提高项目的信誉度，有效降低了农民工讨薪等不必要的社会经济纠纷。

3.变更签证管理

项目为固定费率按实结算的工程总承包模式，变更签证管理的好坏影响项目总投资，通过全过程、全方位的变更签证管理，保证了变更签证的真实性、合理性、有效性。

（1）变更程序：严格按照合同约定的程序进行变更签证，为建设单位要求的变更出具变更意向书或变更指令，变更实施结束后及时办理费用和工期签证。对于工程总承包单位自己提出的变更，变更产生的费用和工期由工程总承包单位承担，不予签证。

（2）加强对变更签证的审核：包括对变更签证的程序、变更签证的依据、变更签证的内容、变更签证的费用工期以及签证的完整性等进行审核。

（3）分析工程总承包单位提出的合理化建议：论证其合理性和必要性，以及对工期和费用的影响，从而给建设单位提出采纳或拒绝或优化的建议。

（4）建立变更签证台账：为了便于变更签证的管理，对所有的变更签证均建立台账，台账包括变更签证编号、内容、费用、工期、时间及责任主体等。

（5）定时核算变更签证的投资：按月核算变更签证投资，并分析对项目总投资的影响。

4.优化管理

由于项目工期短，施工阶段几乎与设计优化阶段同步开展，边施工边设计修改给项目管理和成本管理带来了一定的不良影响，有些设计优化意见晚于现场施工，导致无法落实。因此，对投资优化的建议更多地体现在后续施工工艺，如幕墙、精装修、智能化、景观园林等方面，本项目最终经全过程工程咨询单位审核、建设单位同意，项目共优化了1.2亿元。项目的优化管理贯穿施工全过程，是投资控制的关键工作。

5.索赔管理

评价合同相关条款，掌握国家及地方政策性文件，收集相关资料，按照合同约定的程序，及时处理工程总承包单位提出的索赔。项目施工期间停电及台风等事件的影响导致产生额外的费用及工期，对于合理的索赔，全过程工程咨询单位进行了索赔与反索赔方面的专业技术支持与管理。

14.5.7　结算阶段投资管理

本项目初期建安费预算造价严重超过合同控制价，结算管控工作尤为重要，为此，全过程工程咨询单位制定了结算审核方案，并驻地项目现场配合和参与财政审计单位对结算的审核，审核过程中，秉承公平、公正、合理、实事求是的原则，严禁高估冒算，也不少算漏算。

1.计价程序

要求规范编制结算，结算的计价办法、执行标准、调整范围等严格按照合同及相关法律法规的规定执行。

2.资料的审核

对所有的结算资料进行规范编码，严格审核资料的有效性、真实性及完整性，对存在缺陷的资料要求重新汇集、整理、完善，保证了造价成果文件有据可查。

3.工程量计取

严格按照施工图、设计变更、现场签证及合同要求计取，查阅隐蔽验收记录，进行现场实测。设计及合同等有要求的而现场未实施的以及设计及合同等未作要求的而EPC施工单位自行施工增加的均不予计量。未达到设计及合同等要求的，在不影响质量安全及使用功能的情况下，经设计和建设单位确认，按照现场实际完成的情况合理计取；超过设计及合同等要求的，按设计及合同等要求计取。

4.材料及设备的价格

根据合同及设计对材料设备的要求，并结合实际进场材料设备的性能、参数及品牌等，有信息价的参照约定的信息价，无信息价的由工程总承包单位、审计单位与建设单位共同询价，确定合理价格。

5.工程总承包单位自行修改图纸及施工工艺项目的价格

全面核对施工资料、设计文件、合同文件、规范要求及现场实际施工做法，在不影响质量安全及使用功能的情况下，经设计和建设单位确认，按现场实际做法计取，现场实际做法的造价超过按设计及合同等要求的，则按设计及合同等要求的价格计取。

6.争议性项目的价格

先组织工程总承包单位、审计单位和建设单位协商解决，意见无法达成一致的，共同咨询造价站解决。

7.其他方面

（1）工程总承包以赚取利润为目的，而按照不合理的组织程序进行施工的，或毫无根据地要求设计人员调整设计的，导致产生的不合理工作量不予以认可。

（2）审核过程中随时与项目管理人员、设计人员保持沟通、联系，确保相关数据及信息的准确性。

（3）对于报审的结算存在少计、漏算的内容给予合理的增补和调整。

（4）对于合同上限的争议，经过多次组织承发包律师研究、探讨，为避免日后的审计风险，最终确定合同范围内建安费用预算以8.85亿为上限，再加其他合同外费用、变更和调差等，最终结算额不突破批复概算的原则。

目前结算的审核工作已完成，结算工作正在办理过程中，项目造价已基本控制在合同限额范围内。

8.本项目投资管理总体分析评价

（1）项目前期要及早介入，如果能在项目立项决策阶段就介入费用测算，更有助于项目在决策阶段形成一个合理投资额。

（2）招标文件中对合同价格的构成要表述清楚、无异议，这样可以减少后期纠纷和大量的补丁管理工作。

（3）严格要求工程总承包单位按照合同目标进行限额设计，审核限额设计分解指标，督促工程总承包单位内部实施分块控制，更有利于限额设计目标的达成和投资控制。

（4）要全过程、全方位的进行投资管理，严格控制变更，科学、合理地进行变更签证管理。

（5）加强结算审核管理，保证结算的公平公正和实事求是。

14.5.8　投资评价阶段

在项目竣工后，对项目的投资进行综合评价，检验项目的质量、进度和成本是否达到预期目标，评估项目的经济效果、社会效果和环境效果，总结项目的经验教训和改进建议。项目投资评价管理的主要内容包括：

1.目标：明确项目的投资目的、范围、标准和期限，确定项目的投资效益指标和评价方法。

2.过程：按照项目的前期可行性研究、招标投标、合同签订、设计施工、竣工验收等阶段，分别进行投资评价，形成投资评价报告。

3.结果：综合分析项目的投资效益、风险、可行性等，给出项目的投资评价等级和建议，为项目的决策、实施和监督提供依据和参考。

4.管理：建立和完善项目的投资评价管理制度，明确投资评价管理的组织机构、职责分工、流程规范、信息系统等，确保投资评价管理的有效性和规范性。

14.6　工程项目管理

科学、合理的工程总承包项目管理可以提高工程质量、降低成本、缩短工期、减少风险，本EPC工程项目管理关键阶段包括施工准备阶段、采购阶段、施工阶段和运行维护阶段。

14.6.1　施工前准备阶段

1.建立项目组织

根据本项目规模大、单体数量多，复杂度高的特点，确定了项目的管理层级、职责分工、沟通机制等，以及与建设单位、工程总承包单位等相关方的协调方式。

（1）确定项目组织的目标和职能。为了实现合同约定的工程目标，满足建设单位的需求和期望，提高项目的效益和竞争力，协调各参与方的关系，统筹各单位、各专业的工作，解决项目中出现的问题，监督和控制项目的进度、质量、成本和安全。

（2）确定项目组织的形式。根据项目的规模、复杂度、特点和风险，本项目选择矩阵式组织管理形式。

（3）确定项目组织的人员配置和分工。根据项目的技术要求、管理要求和人力资源情况，合理配置了咨询项目负责人、设计管理、成本管理、项目管理工程师、资料员等岗位，明确各岗位的分工和职责，制定相应的考核和激励机制。

（4）建立项目组织的运行机制和规范。制定项目组织的运行机制，如决策机制、沟通机制、协调机制、控制机制等，保证了项目组织的高效运作，同时，制定项目组织管理的规范制度，如管理制度、操作流程、质量标准、安全规范等，以保证项目组织的规范执行和流程合规。

2.制定项目计划

项目计划是指导项目实施和管理的基础，作为以学校为使用单位的工程总承包项目，如何制定项目计划是一个重要的问题。

（1）确定项目目标和范围。项目目标是指项目要达到的预期效果，本项目的目标是合理控制投资、满足学校办学功能。项目范围是指项目合同范围要涵盖的工作内容和交付物，包含建筑设计、设备采购、施工安装、保修等。

（2）制定项目进度计划。确定项目的起止日期、各个阶段的时间要求和关键节点。制定项目进度计划，按照时间顺序排列项目工作活动和里程碑事件，包含设计审批、采购合同签订、施工开工等。

本项目在实施过程中遇到的困难及解决措施主要有：

（1）规委会对项目方案提出了较大的修改意见，用地红线调整和相应的项目总平面图修改，让本就紧张的工期面临更加严峻的形势。

（2）项目前期"三通一平"没有到位，在实施过程中场地条件面临许多不确定性，特别是高压线横穿场地内学生宿舍上空迟迟没有完成迁移，处在关键线路上的学生宿舍直接影响项目的整体交付时间。为保证项目如期交付，通过多方研究和协调，将学生宿舍的结构形式由装配式混凝土结构改成了钢结构，最大限度地缩短在关键线路上的工期，保证项目的交付和投入使用时间。

3.制定项目投资计划。预估和控制项目所需的资金投入，包含设计费用、采购费用、施工费用等。制定项目各单体、各专业的成本计划，是为了保证项目总体在预算内完成，以及优化资源分配和利用。本项目在初步设计阶段出现成本超合同限价情况较严重，整体超过合同限价10%，给后续的项目实施造成了较大困难。在此情况下，全过程工程咨询单位责令工程总承包单位在满足招标投标文件要求的前提下加强限额设计和设计优化，同时召集成本管理、设计管理、专业设计人员等进一步讨论和审核工程总承包单位的优化措施，以达到投资控制的目标。

4.制定项目质量计划。为了提高项目的可靠性，满足建设单位和使用单位的需求，确保项目建设符合相关标准和规范要求，应根据项目的质量标准和验收条件，制定项目的质量目标和策略，建立项目的质量管理体系和流程，包括质量计划、质量控制、质量检验、质量改进等。本项目单体多、占地大、造型复杂，对质量管理提出了更高的要求，例如：行政组团（如图14-3所示）整体弧度较多，礼堂（如图14-4所示）结构复杂，进一步增加了项目的质量管理难度。针对此类情况，全过程工程咨询单位通过增加质量人员数量、加强项目的质量巡查频率等措施来保证项目的质量。

图 14-3　行政组团

图 14-4　礼堂外部及内部

5.制定项目沟通计划。项目沟通计划是指规定各方之间信息交流的目的、内容、方式、频率和责任人，例如会议记录、报告编制、问题反馈等。制定项目沟通计划，是为了促进信息共享和协作，及时解决问题和冲突。

6.制定其他计划。根据具体情况，还可以制定其他相关计划，例如安全计划、变更管理计划等。本项目总工期700日历天（包含方案论证，初步设计，施工图设计及施工），设计和施工周期都非常紧。项目从2019年5月取得施工许可证到2020年9月18日竣工，施工周期不到500日历天，工期紧张，用地面积大而散。为了防范安全事故的发生，全过程工程咨询单位建议，在原四名安全员就满足基本要求的基础上增加到七名，以增强对现场"三宝、四口、五临边"等的系统督查和安全措施的落地力度。

14.6.2　采购阶段

本项目采购阶段的管理内容主要包括以下几个方面：

1.要求工程总承包单位制定采购计划。根据项目的进度、质量、成本和风险要求，确定采购的范围、时间、方式。

2.采购合同的管理。对合同的履行情况进行监督和控制，包括合同变更、索赔、争议解决等。采购合同的管理要保证合同的有效性、完整性和可追溯性，同时维护双方的合法权益，促进双方的良好合作。该项目由于前期准备比较仓促，在招标文件及合同中争议和自我矛盾比较多，特别是对合同限价的理解有很大的争议，全过程工程咨询单位通过深入与各方交流、律师介入理解和原招标代理对限价解释等方式，最终促进各方对限价达成了共识。

3.采购风险的管理。对项目必须使用的钢筋、混凝土、钢结构钢材等进行厂家调研，组织建设单位、监理团队、工程总承包单位进行实地考察，选择规模大、实力强的企业，保证材料的及时供应，虽然价格相对较高，但避免了小企业存在的生产能力不足、供货不及时引起的耽误工期、质量得不到保证的问题。

4.采购信息和文件的管理。采购信息和文件的管理是指对采购信息和文件进行收集、整理、存储、传递和使用等活动。采购信息和文件的管理要保证信息和文件的准确性、及时性和安全性，同时满足项目内部和外部各方的信息需求，支持项目决策和沟通。

由于本项目无价材料较多，特别是弱电工程，由于弱电设备等价格相对不透明，且设备又比较多，涉及金额较大，审计单位询价、定价困难。通过全过程工程咨询单位综合考虑，工程总承包单位申请，并与建设单位、跟踪审计单位等协商，决定弱电设备由工程总承包单位在公共平台进行公开招标，通过市场公开竞争，一方面，降低了项目弱电设备的采购成本，另一方面，解决了弱电无价材料和设备的认价难问题。

14.6.3 施工阶段

本项目施工阶段是指从施工图设计完成到工程竣工验收的阶段，这个阶段的工作是工程总承包单位项目管理的核心和重点。

1.施工组织管理

全过程工程咨询单位根据施工图设计、合同要求和现场条件，协助EPC单位制定施工组织设计、施工进度计划、施工资源配置、施工质量控制、施工安全保障等方案，并督促EPC单位组织实施。施工组织管理的目的是保证施工顺利进行，按时、按质、按量完成工程任务，需要做到以下几方面：

（1）以合同为依据，按照设计图纸和技术规范执行，保证工程质量和安全；以进度为导向，合理安排施工资源，优化施工方案，提高施工效率和效益。

（2）以沟通为手段，建立有效的信息传递和反馈机制，及时协调各方关系，解决施工中的问题和冲突。

（3）以控制为目标，建立完善的施工管理制度和考核机制，监督和评价施工过程和结果，及时纠正偏差和不足。

具体来说，本项目的施工组织管理可以分为以下几个步骤：

①施工前准备：包括编制施工组织设计、施工计划、施工预算、质量计划、安全计划等资料，确定施工人员、设备、材料等资源需求，办理相关审批和手续，进行现场勘察和测量等。本项目在施工组织设计编制时，充分考虑了现场高压线穿过区域的影响，施工

周期从原先计划的约500日历天压缩至380日历天（包含期间对学生宿舍的床、电脑桌等校方提供的家具进行安装）。由于项目前期施工图出图的时间原因，项目在桩基图纸完成的情况下，不能及时进行申领施工许可证，经过建设单位努力，通过区政府工作会议的协调，进行了桩基先行的会议批复，节约了30天工期。

②施工实施：包括按照施工计划进行土建、安装、景观等各项施工活动，实行现场管理和监督，记录进度报告，对现场可能发生的索赔等事宜进行记录。

③施工总结：包括审查竣工报告、结算报告、保修书等资料，整理归档资料，总结经验教训和改进措施等。

2.项目现场管理

全过程工程咨询单位对施工现场的人员、设备、材料、环境等进行有效的监督，以记录现场施工质量、安全和进度的过程。

（1）施工组织设计。施工组织设计是指根据项目的特点和要求，制定施工方案、进度计划、资源配置、质量控制、安全保障等方面的具体措施，以指导和规范施工现场的各项活动。施工组织设计应在项目开工前完成，并根据实际情况进行动态调整。

（2）施工现场布置。本项目为浙江省重点建设项目，在施工过程中文明标化建设是项目形象的一个重点，在过程中全过程工程咨询单位督促工程总承包单位对安全文明措施费进行有效利用，合理布置临时宿舍等，做到整洁美观；定期进行巡查，并按照"省标化"的要求做好项目现场临时道路硬化、楼层标识等。本项目施工现场布置总平面图如图14-5所示。

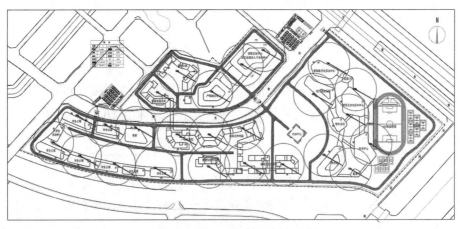

图14-5　施工现场布置总平面图

3.施工质量管理

施工质量管理是指通过制定质量标准和规范，实行质量检验和监督，采取质量预防和改进措施，以保证施工成果符合设计要求和合同规定，满足建设单位的期望和需求。施工质量管理应遵循"预防为主，全过程控制"的原则，并建立健全的质量体系和质量文件，参与项目从前期方案到后期服务的全过程。其主要职责是：

（1）全面掌握项目整体信息及内部协调工作。

（2）与建设单位沟通协调，准确理解建设单位意图，明确技术及时间要求等，及时传达给承包商各专业负责人。

（3）检查承包商的质量保证条款和质量管理体系。

（4）监督检查材料、构配件和设备质量控制及审核有关材料、半成品的质量检验报告。

（5）审核有关工序交接检查，分部、分项工程质量检查报告。

（6）审核设计变更、修改图纸和技术核定书。

（7）审核有关质量问题的处理报告。

（8）审核有关应用新技术、新工艺、新结构、新材料的技术鉴定书。

（9）审核有关分部、分项完工验收，中间验收，调试结果等文件。

（10）加强质量教育，完善质量体系，实施质量责任制考核，对工程实行全方位、全过程的质量监督、管理、计量与检验试验，加强工程质量的审核和工程资料的管理。

4.项目进度管理

项目现场施工进度管理的内容包括以下几个方面：

（1）制定施工进度计划。根据合同要求、设计图纸、资源条件和现场情况，按照施工的总体目标、范围、分工、里程碑和关键节点，审查施工进度计划表和施工进度网络图、各项活动的先后顺序、关键路线和资源需求的合理性，以及施工方案的合理性和可执行性。本项目总进度计划主要控制节点时间如下：

①领取中标通知书后 15 天内签订工程总承包合同。

②签订合同之日起 80 日历天内完成施工图审查。

③签订合同之日起 105 日历天内完成所有前期阶段报批审查工作并正式开工。

④签订合同之日起 240 日历天内完成地下室以及 ±0.000 工程。

⑤签订合同之日起 300 日历天内完成主体结顶。

⑥签订合同之日起 570 日历天内完成全部专项工程施工。

⑦签订合同之日起 700 日历天内完成后续所有验收及办证工作。

（2）实施施工进度控制。根据施工进度计划，对实际施工过程进行监督和检查，收集和分析施工进度数据，比较计划与实际的差异，评估项目的进展情况和风险状况，及时发现并处理偏差，采取必要的纠正和预防措施，保证项目按计划进行。

（3）调整施工进度计划。由于EPC项目的复杂性和不确定性，过程中出现了现场高压线未能按时拆除，规划方案反复论证导致前期勘察设计时间延长等情况。针对这些情况及时与相关方沟通协商，根据合同条款和变更管理程序，对施工进度计划进行必要的调整，重新分配资源和责任，更新施工进度表和网络图，确保项目能够按照新的计划完成。

（4）审核施工进度报告。为了向建设单位和其他相关方报告项目的实际情况，需要定期检查工程总承包单位提交的施工进度报告，根据项目的完成情况和存在问题，指导工程总承包单位采取措施并进行下一步计划。

5.项目安全管理

施工安全管理的内容包括以下几个方面:

（1）在项目启动阶段，督促EPC施工单位制定施工安全规划，明确施工安全目标、策略、组织、职责、流程、措施以及应急预案和风险管理计划。施工安全规划应与设计、采购、施工和调试等环节相协调，形成一个完整的项目管理体系。

（2）在项目实施阶段，对所有参与施工的人员进行施工安全培训，提高安全意识和技能，施工安全培训应根据不同的岗位和专业要求，采用不同的形式和方法，定期进行复训和考核，并督促定期进行消防演练等。

（3）审查项目安全管理实施计划、重特大事故紧急处理预案、特殊施工工艺或新工艺施工组织设计或施工方案，以及所有施工组织设计和施工方案。特别是现场施工中结构复杂、施工难度大、专业性强的单位工程或分部、分项工程的安全施工措施，高空作业、打桩作业、有害有毒作业、特种机械作业等施工作业，以及从事电气、起重机、金属焊接、机动车驾驶等特殊工种作业的单项安全技术方案和措施。

（4）工程开工前组织安全管理主管部门向项目全体成员进行安全交底，并做好交底记录；建立和执行安全检查制度和现场检查制度。根据工程进展情况，定时组织召开一般安全会议、专项安全会议、特殊安全会议等。对于各专业单位的安全管理执行情况，建议建设单位制定合理的奖惩措施。

6.项目合同管理

项目合同管理主要是指对EPC单位以及通过公开招标确定的各类合同，进行签订、履行、变更、索赔和结算等活动过程的管理。合同管理的目的是保护各方合法权益，避免或减少合同纠纷，保证项目的顺利推进。

项目合同管理是本项目的重要组成部分，涉及项目的成本、进度、质量、安全和风险等方面。为了保证本项目的顺利实施，全过程工程咨询单位进行的项目合同管理，主要包括以下几个方面:

（1）前期阶段：全过程工程咨询单位协助工程总承包单位明确分包项目的目标、范围、投资估算、风险评估等，制定合理的合同模式和条款，为后续的招标和签约奠定基础。

（2）招标代理阶段：全过程工程咨询单位协助建设单位和承包商制定招标文件，组织招标活动，评审投标文件，协助双方进行谈判和确定中标人，确保招标过程的公开、公平、公正。

（3）合同签订阶段：全过程工程咨询单位协助建设单位和承包商审查合同文本，解释合同条款，指导双方签署合同，建立合同管理制度和机制，为后续的履约提供保障。

（4）施工监理阶段：全过程工程咨询单位协助建设单位和承包商监督和控制项目的进度、质量、成本和安全等方面，协调双方的沟通和协作，处理合同变更、索赔和争议等问题，保证项目按照合同要求顺利完成。

（5）竣工验收阶段：全过程工程咨询单位协助建设单位和承包商组织竣工验收活动，审核竣工文件，确认工程量和结算价款，评估项目的绩效和效果，完成合同结算和移交。

（6）后期运维阶段：全过程工程咨询单位协助承包商制定运维计划和方案，提供运维培训和指导，监测运维情况和效果，处理运维期间的合同问题，实现项目的可持续发展。

7.项目风险管理

全过程工程咨询单位在施工风险管理方面的内容包括风险识别、风险分析、风险规避、风险转移和风险控制等。本项目在施工过程中面临着各种风险，如项目施工图预算超概情况、后续设计变更的合理性、周边管廊同时施工的环境影响、合同矛盾争议等。

为了避免或减轻这些风险，本项目需要全过程、全方位地为设计优化、采购策略、施工方案、合同管理、监理监督等提供咨询服务，帮助本项目各方主体进行风险识别和风险分析，制定和执行风险应对措施，监督和评估风险管理效果，协助建设单位提高项目的可控性和成功率。

14.6.4　运营维护阶段

本项目运行维护阶段包括竣工验收、移交交付、运行测试、维修保养等，完成工程的交付和移交，确保工程符合设计要求和使用功能，并提供运行维护服务，保证工程的正常运行。

本项目运行维护阶段的管理内容主要包括以下几个方面：

1.运行监测。全过程工程咨询单位对项目的各项运行参数进行实时或定期的检测、记录和分析，以评估项目的运行状况和效能，发现潜在的问题和风险，并提出改进措施。运行监测的内容包括设备性能、能耗、环境影响、用户满意度等方面。

2.维修保养。全过程工程咨询单位协助建设单位对项目的各项设备和系统进行定期或不定期的检查，督促工程总承包单位组织维修保养团队定期对设备设施进行清洁、润滑、更换、调整等操作，提高设备可靠性，降低故障率和维修成本。

3.故障排除。全过程工程咨询单位对项目发生的各种故障进行及时、有效和安全的诊断、处理和恢复，以减少故障对项目运行和用户服务的影响，避免或减轻损失和责任。故障排除的内容包括故障报告、故障分析、故障处理和故障总结等方面。

4.技术支持。技术支持是指对项目的各项技术问题和需求提供专业的咨询、指导和协助，以提高项目的技术水平和创新能力，满足用户不断变化的需求和期望。技术支持的内容包括技术培训、技术改进、技术更新和技术交流等方面。

本项目竣工移交已经2年有余，切实做好运行维护阶段的管理工作是保证项目长期稳定运行和持续创造价值的重要环节，需要承包商与建设单位及相关方密切合作，建立有效的沟通机制和协调机制，制定合理的运行维护计划和标准，实施严格的运行维护控制和监督，不断优化运行维护过程和方法，提高运行维护效率和质量。

14.7　经验总结

本项目工程总承包单位的项目管理由工程总承包单位负责工程设计、采购、施工和调试等工作，并对工程质量、进度和成本进行统一管理和负责。根据本项目规模较大，单体多，涉及多方利益相关者，需要考虑教学和学生安全等各方面因素，全过程工程咨询单位有以下几点需要特别注意：

1.切实做好前期的可行性研究和方案设计。在项目启动前，要充分了解建设单位的需求，进行充分的沟通和协商，明确项目的目标、范围和定位，分析项目的技术难点和风险，为建设单位提供方案优选和决策依据，提高项目建议书和可行性研究报告的编制质量，保证建设方案、规模、标准和投资与建设单位或使用单位的功能需求相匹配，这是后续工作的基础，要高度重视。

2.合理选择招标模式和招标阶段。根据项目的性质、特点、建设方案、工期要求和成本情况以及建设单位的管理能力和意向，选择合理的分包模式和发包阶段，是项目决策阶段的重要事项。一般而言，建设内容明确、技术方案成熟的政府投资项目建议采用工程总承包模式，且原则上应当在初步设计审批完成后进行工程总承包项目发包。

3.保证发包程序的公开、公平、公正。工程总承包项目的发包要特别重视《发包人要求》，严格按照《建设项目工程总承包合同（示范文本）》GF—2020—0216进行细化编写，应清晰明确规定其产能、功能、用途、质量、环境、安全等具体要求，避免交付标准不明、实施界面不清、工程范围模糊、信息量小、不确定性高等问题。切实做好投资估算、初设概算和招标控制价的编制与审核工作，保证招标控制价与《发包人要求》相匹配。制定公平、合理的招标文件与合同条款，保障承发包双方的责任、权利、义务清晰匹配。公平公正地组织和执行招标程序，选择合格承包商和供应商。

4.建立有效的组织结构和沟通机制。在项目实施过程中，要明确各个部门及岗位的职责和权限，建立适合项目特点的组织结构，如项目经理部、设计部、采购部、施工部等。同时，要建立有效的沟通机制，定期召开项目会议，及时汇报项目进展和问题，与建设单位、承包商、供应商等各方保持良好的合作关系，及时解决各种问题和冲突。

5.严格控制工程质量、进度和成本。要实施有效的质量控制、进度控制、成本控制、风险管理、变更管理等措施，确保项目按时、按质、按量完成。在项目执行过程中，要按照合同约定和相关标准规范监督检查工程设计、采购、施工和调试等工作，确保工程质量符合要求。同时，要制定合理的进度检查计划，并根据实际情况进行动态调整，避免出现滞后或超前的情况。另外，要做好成本核算和控制，合理使用材料和人力资源，减少浪费和损失。

6.工程总承包项目要特别重视成本管理和设计管理工作。确保承包商提供的设计文件满足建设需求且符合法律法规的要求，确保限额设计的落实和完成，重视设计优化在质量、工期和成本控制中的重要作用。同时精确把握建设单位的需求，严格做好变更管理工作，合理控制工程总承包工程成本和造价，严格控制工程费用不超概算。

7.在项目验收交付阶段，要组织和参与各项验收测试和试运行，检查并确认各项工作成果和文件资料，处理并结算各项索赔和争议，完成并移交各项责任和义务，为建设单位提供完善的售后服务和技术支持。

8.不断总结和改进。在项目完成后，要对项目进行总结评价，分析项目的优点和不足，提出改进措施和建议，并将经验教训运用到下一个项目中，不断提高工程总承包项目管理全过程工程咨询的水平和能力。

全过程工程咨询管理是一项复杂而专业的工作，需要具备丰富的经验和知识，以及良好的沟通能力和协调能力。通过本项目全过程工程咨询管理实践，可以进一步提高全过程工程咨询管理能力，为后续更多项目提供优质高效的管理服务，促进项目成功实施。

第15章 绍兴市某智慧快速路

15.1 项目概况

15.1.1 项目建设背景

城市建设，道路先行。在打造综合交通枢纽的进程中，城市快速路对提高整个城市的交通安全和运输效率、有效缓解城市内部交通拥堵、拓展城市发展空间等具有重要意义。

本项目所在城市形态为带状组群的形式，城市空间上各个片区间留有一定的距离，为适应城市发展的需求，应考虑用高等级道路将各个片区联系起来。采用纵横交错的快速路网，有利于将城市各个片区快速联系起来，与城市的整体发展方向和空间形态相一致，是形成"一核两片，一轴两带"的城市空间结构的重要基础（图15-1）。

图 15-1　工程路线图

15.1.2 项目建设规模

道路全长约6.2千米，高架段标准横断面宽度约为25.5米，地面段标准横断面宽度约为66米，地道敞口段标准横断面宽度约为16.75米，地道暗埋段标准横断面宽度约为38.5米，采用"高架＋地面＋地道"组合形式。主线建设标准为城市快速路，设计车速80千米/时，采用双向4～6车道；辅道建设标准为城市主干路，设计车速50千米/时，采用双向4车道；设置平行式匝道及立交匝道连通主线快速路与地面辅道，设计车速50千米/时。工程总投资约33.4580亿元。

15.1.3 项目重难点分析

1.本项目工程规模大，建设内容多

本项目工程规模大，建设内容多，包括道路工程、桥梁工程、地道工程、管线综合及给排水工程、附属工程、智慧化工程，交通环卫配套设施、交通导改等。同时还存在与地铁在建项目及周边项目施工单位相互干扰等不利因素，工期紧，管理难度大。

2.工程复杂性高，安全风险控制难度大

现状二环南路是本市重要运输动脉，来往车辆较多，交通导改难度大；管线迁改工程量大；不良工程地质及特殊岩性，给高架桥桩基承台施工及地道基坑施工增加难度。

主线高架及匝道桥梁标准段上部结构采用预制简支变连续小箱梁；变宽段上部结构采用预制简支小箱梁。跨越路口及河道、节点桥梁，跨径＞35米采用钢混叠合梁或连续钢箱梁；下部结构采用预制盖梁，预制立柱，吊装作业多。桩顶与立柱用承台连接、基础采用钻孔灌注桩，起重吊装作业多，安全风险控制难度大。地道工程基坑开挖最大深度约16米，属于深基坑工程，开挖和支护施工安全控制风险高。

3.工程接口管理多，协调工作量大

本工程项目实施过程中，存在设计与施工以及各专业的深度协作和各施工工序的有序衔接，内外部接口协调管理工作量大。本工程主要交叉作业点在于路基填筑施工和综合管线的施工，各专业之间搭接和衔接带来交叉施工的协调难度比较大。

4.标杆工程，社会影响力大

本项目为亚运会的配套工程，是省市重大项目，施工要求及品质要求高，目标定位为"浙江省建筑施工安全生产标准化管理优良工地"，致力打造"基于BIM数字化技术的竣工交付应用示范项目""市政工程BIM+智慧工地应用标杆项目"等。

5.图纸多、技术难度高

项目面积大、专业多，如果依据以往的作业方式（二维蓝图交互、交底、审核），一是，工作量巨大，二是，图纸错误非常多且事前很难发现，造成返工、成本增加、损失工期。通过BIM技术进行施工模拟、碰撞检查，才能提前快速预见问题，整体控制项目实施风险。

6.质量与安全管理难度大

项目本身对施工质量要求高，对施工安全风险因素控制严格。但本项目由于工程的特殊性，涉及施工专业多，涉及施工队伍多，涉及施工机械多，影响施工质量与风险的因素多，要做到事前预防、事中控制、事后总结。

15.1.4 全过程工程咨询服务内容

本项目为监理、全过程造价控制、项目管理工程建设全过程工程咨询服务。主要内容如下：

1. 工程监理

主要内容包括配合开展施工前准备工作、施工阶段全过程监理、配合结算审核及保修阶段的监理，包括施工管理及移交管理，对整个工程建设的质量、进度、投资、安全、合同、信息及组织协调所有方面进行全面控制和管理、工程保修期内的缺陷修复督促管理。

具体监理工作按《建设工程监理规范》GB 50319—2013、《房屋建筑和市政基础设施工程竣工验收规定》及《房屋建筑工程施工旁站监理管理办法（试行）》组织实施。

2. 全过程造价控制

（1）进行施工图清单预算编制；（2）与工程总承包单位进行核对，并配合财政审查；（3）根据承包合同、进度计划编制用款计划书；（4）参与造价控制有关的工程会议；（5）负责对承包人报送的每月（期）完成进度款月报表进行审核，并提出当月（期）付款建议书；（6）承发包方提出索赔时，依据合同和有关法律、法规，提供咨询意见；（7）协助发包人及时审核因设计变更、现场签证等发生的费用，相应调整造价控制目标，并向发包人提供造价控制动态分析报告；（8）提供与造价控制相关的人工、材料、设备等造价信息和其他咨询服务；（9）负责建设项目工程造价相关合同履行过程的管理，提出工程设计、施工方案的优化建议，各方案工程造价的编制与比选；（10）通过对工程项目前期阶段、施工阶段的现场跟踪，就工程项目实施过程中的合同管理、工程变更、现场签证、材料价格及形象进度等涉及工程费用方面的问题配合发包人提供咨询和控制；（11）咨询人负责前期工作所有专业的设计概预算审核（如有）。根据设计文件编制深度规定及初步设计图纸，相应的建设工程法律、法规、标准规范与概预算定额，对工程量计算、定额套用、费率计取进行确定或核对，完成概预算文件的审核；对审核有问题的概预算进行补充、调整和完善；出具编制或审核报告；（12）参与建设项目前期财务审计、建设期财务跟踪审计和竣工财务决算，并配合工程总承包项目竣工结算审核；（13）跟踪审计需符合《浙江省审计厅关于印发〈浙江省政府投资项目跟踪审计实施细则〉和〈浙江省政府投资项目竣工决算审计实施细则〉的通知》（浙审投〔2014〕27号）的要求；（14）管线迁移、绿化迁移、拆迁合同签订、交通安全设施迁改等前期业主要求的其他咨询事项；（15）核定分阶段完工的分部工程结算（初审）；（16）管线迁改、征地拆迁、绿化迁改等除EPC总承包工程外其他工程的预算审核和合同审核等前期事项及工程结算审计；（17）其他以上内容不包括的全过程造价控制工作内容。

3. 项目管理

招标人的授权范围内履行工程项目建设管理的义务，工作内容包括但不限于以下内容：

（1）协助建设单位进行项目前期策划、经济分析、投资确定；（2）协助办理有关手续（包含土地征用、规划许可、质安监手续、施工许可、档案归档、竣工备案等）；（3）协助建设单位签订合同并监督实施；（4）督促工程总承包单位完成施工图报审、预算送审；（5）负责项目全过程施工管理直至项目竣工验收、竣工备案、档案归档、整体移交等。

15.1.5 全过程工程咨询组织架构

本工程总承包项目建设内容多，包括道路工程、桥梁工程、地道工程、管线综合及给排水工程、海绵城市附属工程、智慧化工程，交通环卫配套设施、交通导改等，全过程工程咨询项目部职能部门设置应与合同约定的全过程工程咨询职责对应，即设立监理管理部、造价咨询管理部、项目管理部三个职能部门。

同时考虑本项目技术工艺复杂、建设管理难点众多，我司根据项目工艺特点组建专家顾问团队，全程为全过程工程咨询团队提供专业咨询及技术支持，协助项目总负责人把控项目整体方向及全局性事务，把握项目建设重点、难点，及时协调解决制约项目进展的有关事项，保证项目顺利推进。全过程工程咨询项目部组织架构如图15-2所示。

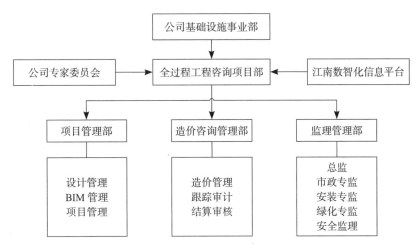

图 15-2 全过程工程咨询项目部组织架构图

15.1.6 基于BIM技术的全过程工程管控

本项目具有施工技术复杂，建设线路长，协调工作量大，管控难度大等特点。因此全过程工程咨询团队进场后对本项目管理进行的总体策划，运用BIM技术和工程总承包单位的智慧工地信息平台对本项目进行全过程的管控，让建设项目各阶段的信息无缝传递，各参与方协同管理，打破信息孤岛的弊端，实现设计、采购、施工深度融合，有效缩短工期、提高设计质量、降低投资风险等，从而让全过程工程咨询的管理和技术水平大幅度提升，实现进度控制、质量控制、安全控制、投资控制的精细化管理。

从项目伊始建立项目级BIM技术实施策划方案及项目级BIM标准，对项目的BIM应用进行了总体策划，明确了项目各参建方的BIM应用目标、标准和BIM能力要求。

本项目是通过BIM管理协同平台，三方组成在线会议，以实时的调配模型进行讨论，因此对工作节点的掌控细致、具体，尤其是重大方案的讨论，打破了专业的界限，改变了传统各自为政的工作模式，让各方专业知识互相融合。BIM管理协同平台工作流程图如图15-3所示。

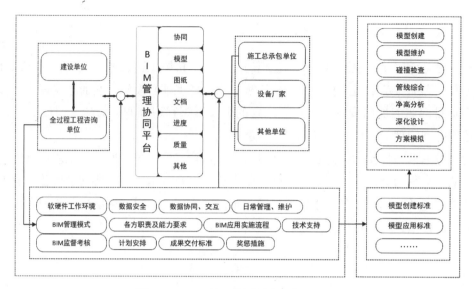

图 15-3　BIM 管理协同平台工作流程图

BIM技术的运用将覆盖本工程项目管理的各个环节，包括模型移交、深化设计管理、施工组织管理、进度管理、成本管理、质量监控等。从建筑的全生命周期管理角度出发，借助BIM技术在图纸会审、设计变更、方案论证、管线碰撞、施工模拟等方面的作用，辅助项目成功实施，并为业主和运营方提供更好的售后服务，实现项目全生命周期内的技术和经济指标最优化。

15.2　启动及招标管理

本项目于2020年7月中旬启动工程总承包招标，招标时已完成地质勘察、交评、稳评、环评等前期审批工作，初步设计也已批复，全过程工程咨询单位已进场，在此阶段组织工程总承包招标的风险基本可控。

结合本项目实际情况，全过程工程咨询项目部编制招标策划方案，明确招标模式、招标范围和招标计划。按照建设单位要求所包含的项目目标、范围、设计和其他技术标准，进行系统地策划、整理、分析，形成适合的招标范围，对建设项目选择承包人的条件、资质、能力等进行策划管理。

基于本项目工程总承包实施风险类型和特征，结合招标阶段承发包市场情况、本项目影响力和建设要求，以优选中标人为原则采用综合评标法进行评标，其中商务报价部分占比40%，技术和资信部分占比60%。技术方案主要从工程总承包管理、初步设计优化及施工图设计、施工组织方案、BIM技术方案、材料设备采购安装方案、项目团队人员构成等方面进行评审，资信部分主要从投标人资质、承担项目的业绩及获奖情况、项目负责人业绩及荣誉、项目负责人资质等方面进行评审。最终由评标委员会推荐排名第一的为中标候选人，招标人依据评标委员会推荐的中标候选人确定中标人，充分发挥了综合评分法

"科学、择优"的原则。

在项目招标策划时，对工程总承包不同发包条件下的计价模式进行了充分分析，现初步设计完成后，主要工程量可以按照初步设计文件计算，主要材料设备技术要求、参数等均在设计文件中体现，其他相关要求也通过发包人要求予以明确。本项目通过对全费用综合单价、综合单价、经济指标、工程量清单等多种计价模式进行分析，结合发包工程特点和类似项目造价管理经验，采用工程总承包投标人以下浮率的高低进行竞标，发包人综合评估投标人报价的下浮费率、企业资质、技术标文件等确定中标人并签订合同；合同实施过程中承包人按合同约定编制施工图预算并提交发包人审核，经审核的施工图预算金额按中标下浮率下浮后作为合同金额。

2020年8月，通过公开招标的方式确定工程总承包中标单位是中铁十一局集团有限公司（联合体：上海市政工程设计研究总院（集团）有限公司，长业建设集团有限公司），中标价为211015.4800万元人民币，并于同年8月26日完成工程总承包合同签订工作。

15.3　设计管理

15.3.1　初步设计优化阶段管理

项目设计管理以BIM信息化为核心，打造高度信息化集成的项目管理模式。初步设计阶段BIM技术的应用主要以优化设计为前提、推进各项工作进度为要求，实现精细化管理的核心目标。

项目初步设计优化阶段，BIM技术主要解决设计过程中的模型管理，模型与图纸、管线、地质等数据的集成与可视化，为设计人员和管理人员提供三维环境下的仿真可视环境，在设计初期能直观真实地展现方案建成后对现有环境的影响，提高初步方案设计决策的科学性（如图15-4所示）。

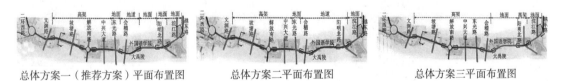

总体方案一（推荐方案）平面布置图　　　总体方案二平面布置图　　　　　总体方案三平面布置图

方案	交通功能	景观环境影响	用地	总投资（亿元）
方案一	地面段两侧小区开口右左转需绕行	对景区及外国语学院景观无影响	地面段断面宽度较宽	35.11
方案二	两侧小区开口无需绕行	对景区及外国语学院景观无影响	用地较为节约	45.84
方案三	地面段两侧小区开口左转需绕行	对景区及外国语学院景观有一定的影响	地面段断面宽度较宽	31.19

图 15-4　利用 BIM 模型进行方案比选和优化

设计阶段，快速路BIM模型与周边环境、管线、地质的综合分析是重要的内容（如图15-5所示）。

图 15-5　快速路 BIM 模型

设计人员不仅需要真实准确的周边现状环境，用于分析和查看设计数据与管线、地形、河道、道路、桥梁之间的冲突情况，还需要实时绘制现状数据和设计数据的纵横截面图来辅助设计，借助 BIM 可视化功能，模拟与实景相当的效果动画，同深度比较不同方案，为业主决策提供依据。

三维设计：全过程实现动态设计、参数化设计、三维设计，并参数化构建道路部件、桥梁构件库（如图 15-6 所示）。通过搭建的 BIM 模型，进行可视化设计和分析，将 BIM 技术与 GIS 结合，可实现在真实环境中进行方案设计，深化节点设计，以行车视角或其他任意角度模拟主路、立交、高架的真实设计方案，根据模拟数据，进行优化方案和线性设计，以及设计交通附属设施。

图 15-6　里程桩和构件分类显示图

15.3.2　施工图设计阶段管理

BIM 技术在施工图设计阶段最突出的特点是虚拟碰撞检查，利用 BIM 模型进行各专业之间的协同设计和专业内部的碰撞检查（如图 15-7 所示），提前发现设计可能存在的碰撞问题，减少施工阶段因设计疏忽造成的损失和返工，提高施工效率和施工质量。

施工图设计阶段的 BIM 应用，主要采用了传统的应用点，包括模型创建、管线综合、

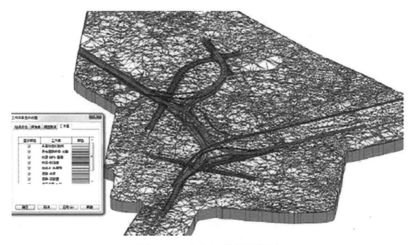

图 15-7 专业间的协同设计

净高分析、图纸校核等工作，包括图纸初审、各专业BIM模型建立、碰撞检查、管线综合优化、出具BIM审图报告，组织相关人员对复杂问题进行会议讨论，优化设计图纸（如图15-8所示），确保以正确的施工图指导施工。

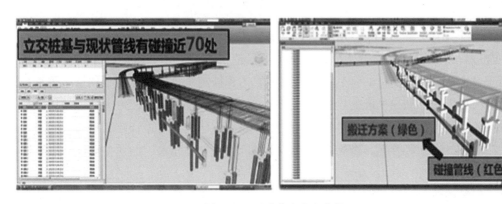

图 15-8 匝道节点净空优化

15.3.3 图纸会审

图纸会审是施工准备阶段技术管理的主要内容之一，认真做好图纸会审，检查图纸是否符合相关文件规定、是否满足施工要求、施工工艺与设计要求是否矛盾，以及各专业之间是否冲突，对于减少施工图中的差错、完善设计、提高工程质量和保证施工顺利进行都有重要意义。图纸会审在一定程度上影响着工程的进度、质量、成本等。本工程在项目实施过程中充分借助了BIM技术的三维可视化辅助图纸会审，提高图纸会审效率，最大限度地将设计缺陷消除在现场施工之前。

运用BIM技术进行图纸会审，在多方会审过程中，将三维模型作为多方会审的沟通媒介。基于BIM的图纸会审是在三维模型中进行，各建筑构件之间的空间关系一目了然，通过软件的碰撞检查功能进行检查，可以很直观地发现图纸不合理的地方，在多方会审前将图纸中出现的问题在三维模型中进行标记，向各参与方展示图纸中某些问题的修改，在会审时，对问题进行逐个评审并提出修改意见。

15.3.4　设计变更管理

设计变更直接影响工程造价，施工过程中反复变更图纸导致工期和成本的增加，而变更管理不善导致进一步的变更，使得成本和工期目标处于失控状态。例如，在工程的市政管网安装过程中遇到原设计未考虑而需增加的设备和管道、在原设计标高处无安装位置等。

基于BIM的设计变更，在审核设计变更时，依据变更内容，在模型上进行变更形成相应的变更模型，为业主和项目管理方对变更进行审核提供更加直观的模型对比。在设计变更完成后，利用变更后的BIM模型可自动生成并导出施工图纸，用于指导下一步的施工。利用软件的工程量自动统计功能，可自动统计变更前和变更后以及不同的变更方案所产生的相关工程量的变化，为设计变更的审核提供参考。

15.4　投资管理

15.4.1　前期及设计阶段投资控制

在全过程工程咨询模式下，工程总承包项目造价咨询工作不再只是分阶段的计量计价，而应贯穿从设计到交付的全过程。需要完成估算控制概算、概算控制预算、预算控制决算，将项目投资控制在批准的投资限额以内，随时纠正投资偏差，力求合理使用各项资源，以保证项目各阶段投资管理目标的实现，从而达到建设项目投资控制目的。同时，还必须关注质量、进度等目标，做到多阶段连续控价、全方位介入、加强主动性和主导性。

1.概预算的审核

对工程量的精确计算是审核工程预算及实现科学的成本控制所必需的。只有精确计算项目的工程量，才能使施工阶段的成本控制达到理想的结果。传统的二维图纸所包含的工程量信息往往有很大的缺陷，同时管理人员的变更以及施工作业的长时间实施都有可能造成相关资料的缺失，在工程量计算上无法保证精确。而BIM模型可以实现全项目周期的数据管理，快速精确地统计工程量，通过BIM模型自动高效导出工程量清单（如图15-9），与现有造价模式相结合，助力项目的工程投资控制。

2.设计阶段造价咨询

设计阶段决定造价的70%以上，设计阶段的造价咨询更偏向于事前控制。当项目进入设计阶段时，全过程工程咨询单位应独立完成对投资估算和设计概算的审核。一方面，审核设计标准是否满足合同要求，另一方面，审核设计方案是否经济合理，参与图纸会审及优化设计工作，并对不影响功能而降低造价的部分提出合理化建议，从造价咨询的角度为后续设计阶段给出相应的评价意见。如通过BIM技术建立三维可视化模型进行路线综合模拟，提前对碰撞位置进行排查，根据模拟条件及时调整各参建方施工顺序等，可在最

A	B	C	D	E
族与类型	结构材质	长度	体积	合计
混凝土 - 矩形梁: 矩形梁_200x500	混凝土，现场浇注 - C40	400	0.04	2
混凝土 - 矩形梁: 矩形梁_200x500	混凝土，现场浇注 - C40	1575	0.12	1
混凝土 - 矩形梁: 矩形梁_200x500	混凝土，现场浇注 - C40	1650	0.15	1
混凝土 - 矩形梁: 矩形梁_200x500	混凝土，现场浇注 - C40	2146	0.18	1
混凝土 - 矩形梁: 矩形梁_200x500	混凝土，现场浇注 - C40	2600	0.25	2
混凝土 - 矩形梁: 矩形梁_200x500	混凝土，现场浇注 - C40	2700	0.24	1
混凝土 - 矩形梁: 矩形梁_200x500	混凝土，现场浇注 - C40	2750	0.24	1
混凝土 - 矩形梁: 矩形梁_200x500	混凝土，现场浇注 - C40	2750	0.25	1
混凝土 - 矩形梁: 矩形梁_200x500	混凝土，现场浇注 - C40	2850	0.26	2
混凝土 - 矩形梁: 矩形梁_200x500	混凝土，现场浇注 - C40	3375	0.30	1
混凝土 - 矩形梁: 矩形梁_200x500	混凝土，现场浇注 - C40	3475	0.30	1
混凝土 - 矩形梁: 矩形梁_200x500	混凝土，现场浇注 - C40	3800	0.36	1
混凝土 - 矩形梁: 矩形梁_200x500	混凝土，现场浇注 - C40	3800	0.37	1
混凝土 - 矩形梁: 矩形梁_200x500	混凝土，现场浇注 - C40	3950	0.37	2
混凝土 - 矩形梁: 矩形梁_200x500	混凝土，现场浇注 - C40	4400	0.40	1
混凝土 - 矩形梁: 矩形梁_200x500	混凝土，现场浇注 - C40	5925	0.54	1
混凝土 - 矩形梁: 矩形梁_200x600	混凝土，现场浇注 - C40	6925	0.64	3
混凝土 - 矩形梁: 矩形梁_200x600	混凝土，现场浇注 - C40	675	0.05	1
混凝土 - 矩形梁: 矩形梁_200x600	混凝土，现场浇注 - C40	3468	0.41	1
混凝土 - 矩形梁: 矩形梁_200x600	混凝土，现场浇注 - C40	3511	0.42	1
混凝土 - 矩形梁: 矩形梁_200x600	混凝土，现场浇注 - C40	3800	0.43	1
混凝土 - 矩形梁: 矩形梁_200x600	混凝土，现场浇注 - C40	3800	0.44	1
混凝土 - 矩形梁: 矩形梁_200x600	混凝土，现场浇注 - C40	4150	0.41	1
混凝土 - 矩形梁: 矩形梁_200x600	混凝土，现场浇注 - C40	4150	0.43	1
混凝土 - 矩形梁: 矩形梁_200x600	混凝土，现场浇注 - C40	5850	0.67	1
混凝土 - 矩形梁: 矩形梁_200x600	混凝土，现场浇注 - C40	6201	0.67	1
混凝土 - 矩形梁: 矩形梁_300x600	混凝土，现场浇注 - C40	2750	0.44	1

图 15-9　基于 BIM 导出的实物量图

大程度上减少各施工人员因为没能及时协调沟通带来的额外成本。

15.4.2　施工阶段投资控制

本阶段将BIM模型与合同预算进行关联，基于量价一体模型，对项目全过程合同台账、执行台账、支付台账进行信息化管理（如图15-10所示），做到对合同执行过程中发生的每一笔费用进行记录，明确每一期支付款项的实际产值及实际支付、累计支付比例等，数据可随时追溯，从而实现对项目成本的动态变化监控，辅助项目造价控制的决策。

按照合同约定做好月度用款计划、月报、年报、年度投资计划等统计工作，建立分管

图 15-10　支付台账动态管理

项目的合同、支付、变更、预结算等各种台账；负责对项目投资进行动态控制，处理各类有关工程造价的事宜，定期提交投资控制报告，做到造价精细核算、合同执行过程跟踪管理、投资动态控制，以起到事中控制的作用。

15.4.3 竣工验收阶段投资控制

在竣工验收阶段，全过程工程咨询单位利用数据库将前期各阶段的资料根据项目台账进行一一梳理，辅助建设单位完成结算管理、工程造价资料管理、工程实体与资料移交管理、配合编制项目决算等工作。对投资超概算或超可研情况要有分析报告，对投资管理经验进行总结。

15.5 施工管理

由于本项目路线长、工程量大、投资大、专业范围广、周期长、对周围环境影响大、施工组织复杂，因此，在本项目的建设管理过程中，需要运用BIM技术和工程总承包单位的智慧工地信息平台对本项目进行全过程的管控，有效解决施工中出现的问题。

工程总承包项目工程的施工阶段是参与方最多、信息更新变动频率最高的阶段。在施工阶段，通过施工图设计阶段BIM模型来关联施工相关的各类信息，并进行综合显示及分析。以清晰直观的方式向各参建方呈现施工阶段的各类业务数据并进行数据分析，促进各参建方的协同工作，特别是为业主提供及时、可靠、无损的信息，便于业主掌握现场情况，做出准确判断和决策。

我公司在此项目管理过程中，充分发挥了BIM技术对项目施工现场的作用，如借助于BIM技术进行方案审核、方案论证、管线综合、专业之间碰撞检查、材料管控，以及进度、质量、投资、安全方面的管控，辅助业主确保施工在可控范围之内。

15.5.1 施工方案的审核及施工模拟

将传统的现场施工方案与BIM技术相结合，通过三维模型对施工方案的模拟，使各项方案得到一个直观地表达，可以让项目管理人员掌握各项施工方案是否达到施工要求，并及时发现问题做出调整。通过施工方案的模拟，选择最优方案，这样就进一步明确了施工要求及施工标准，保证了工程质量，也为安全文明施工提供了保证。

利用BIM技术进行施工现场可视化模拟，通过项目中的施工模拟、复杂工序模拟、进度模拟等，可提前检测到施工中存在的问题、复杂工序中需要注意的事项、工程进度的时间，根据工程周期进行合理地预估成本、完工时间，提高项目的施工效率、保证工程质量（如图15-11所示）。

15.5.2 进度管理

利用BIM技术进行进度管理，直观了解工程的进度情况，快速发现问题，及时解决

图 15-11 施工方案模拟

问题。基于项目初期确定的总进度控制计划及相关要求，全过程工程咨询单位BIM管理人员将BIM模型构件进行拆分并绑定至对应的施工任务，并对里程碑节点做好重点标识，在实施过程中利用BIM平台对BIM模型进行施工进度模拟和施工进度维护，将实际施工进展与计划施工进程对比，及时预警里程碑节点滞后工期，以便相关人员制定纠偏措施。

通过将BIM模型与施工进度计划相关联，将空间信息与时间信息整合在一个可视的4D（三维模型+时间维度）模型中，直观、精确地反映整个建筑的施工过程。

4D施工模拟技术可以在项目建造过程中合理制定施工计划、精确掌握施工进度，优化施工资源以及科学地进行场地布置，对整个工程的施工进度、资源和质量进行统一管理和控制，以缩短工期、降低成本、增加项目协同能力、提高工程质量。

通过进度控制，可以及时直观掌握项目计划进展、工期情况，协助项目管理层相应工作协调；通过计划成本与实际成本的对比，及时获得准确的数据，为施工进度产值控制提供支撑；通过计划进度与实际进度的模型对比，提前发现问题，保证项目工期；根据BIM进度模拟，及时获取准确数据，制定相应的材料计划。利用甘特图对工程进度做形象展示和分析。按分部分项工程、工序等层级，分级展示工程进度量化数据。各层级的进度数值均由该层级以下各构件的进度信息综合计算得到（如图15-12所示）。

15.5.3 质量管理

质量管理是施工过程中的重要内容，直接关系到工程成果的评定。采用先进的质量管控手段，应用BIM技术、物联网技术等对施工质量进行全面管理。

根据BIM模型中分部工程、分项工程、工序等信息，将工序验收和质量检查过程与模型相结合。借助BIM，可以通过更便捷的方式查询质量管理中的主要信息，包括：在三维场景中，通过BIM模型查看完成验收和未完成验收的工序分部情况；根据不同的检验批和工序完成情况，进行工序验收情况的查看和统计等（如图15-13所示）。

应用BIM模型中的碰撞检查，找出设计与施工流程中的空间碰撞，检查不同专业、管道、预埋件的相互位置关系，及时发现问题，提前沟通解决，避免形成质量问题。

图 15-12　工程形象进度甘特图

图 15-13　检验批质量信息与模型的关联查看

利用质量智能检测信息管理系统，实现质量信息采集实时化，质量信息沟通移动化，质量问题处理快速化。通过App发起质量巡检，实现PDCA闭环式管理，平台将移动端采集的各类质量问题进行归集、整理、分析，将分析结果以图表形式呈现（如图15-14所示），对关键问题进行预警。管理人员能及时发现问题并督促整改，保证项目安全提升工程质量。

15.5.4　安全管理

安全管理在施工过程中是至关重要并需要持续关注的管理内容。利用BIM建设安全监控系统，实现对施工区域危险源与危险行为的无缝隙监控；通过技术手段，建设可视化的安全生产现场交底与安全生产培训系统，实现对人的不安全行为管控；对于安全生

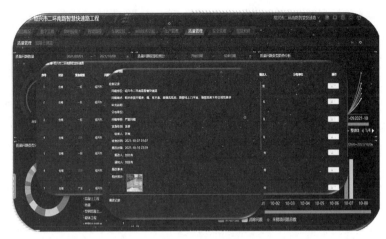

图 15-14　质量巡检和处理

产重大风险源，分析割集，并建立完善的应对措施。

如道路工程各专业上的施工安全问题，由监理提出安全整改事项，填写具体的事项内容、发生地点、检查时间、现场照片，并指定整改人员发送（如图15-15所示）。

图 15-15　移动端安全管控

15.5.5　竣工结算管理

建设工程竣工结算是建筑施工阶段最后一个环节，是建设项目工程造价的最终体现，是工程造价控制的最后环节，并直接关系到建设单位和施工企业的切身利益，各参与方给予高度关注，按照竣工结算的一般原则和重点注意事项，结合BIM技术的优势功能，尝试建立起基于BIM模型的竣工结算审核流程，以提高项目管理人员对竣工结算依据的全面审查效力，实现竣工结算量价费的精细核算，最终取得全面高效、准备、客观的工程竣工结算成果。

BIM技术的出现将辅助改变这些困难和弊端，每一份变更单的出现，不仅会依据变更修改BIM模型，而且会同时做好记录，并且将技术核定单等原始资料"电子化"，将资料与BIM模型有机关联，通过BIM系统，工程项目变更的位置一览无余，各变更单位对应的原始技术资料随时可以从云端调取，查阅资料，对照模型三维尺寸、属性，BIM 模型是否含变更清清楚楚，需要的资料，直接在 BIM 系统中检索即可。

15.5.6　竣工交验阶段管理

交验阶段的 BIM 应用主要是记录模型。所谓记录模型是一个过程，用于精确描述建筑物的物理条件、环境和资产，包含市政专业、桥梁专业、机电专业的模型和构件。竣工交验阶段的记录模型用于反映竣工验收过程中的变更，这些变更可能没有包含在设计阶段和施工阶段的三维模型中。记录模型在本工程竣工验收工作的后期开始介入，正确记录竣工验收过程资料。

15.6　经验总结

本项目 BIM 大数据管理平台投入使用以来，用户达 500 人以上，收集数据累计超过 10 万条。业主通过该平台，实现形象化施工日报、施工质量管理督察、施工安全管理督察、视频督察、工程量辅助核算等多个应用点[①]。通过 BIM 技术，各类信息得以实时汇聚、有效管理、在线分析、可视表达，显著提升对施工项目的掌控能力。主要体现在以下方面：

1. 提高工程的管理效率

利用 BIM 的可视化、数字化、集成化等优势，一方面，可以辅助工程各方的沟通与管理，如基于 BIM 的可视化会议可有效辅助多方决策、方案比选和技术讨论等；另一方面，可以实现基于 BTM 平台的协同工作，如深化设计、施工场地布置与管理及资源管理等。从而，加强各参与方对项目的认知与表达，提高项目的实施质量与效率。

2. 减少工程变更和返工

快速推进设计审查手续，稳定优化设计成果。通过 BIM 技术建立模型在项目前期设计阶段进行管线综合和碰撞检查，避免不同专业的设计人员在相关设计上发生冲突，减少施工时的返工调整，避免材料浪费。针对施工线路模拟、设计变更、工程变更提出的约 350 条建议，节约投资约 160 万元。

3. 计量工作效率提高

BIM 的信息集成优势，可以实现及时、准确地获得相关工程信息数据。任一时点的工程信息，包括工程量、资源的投入和消耗量、人力和机械设备的使用等，都可以被快速获取并传送到信息管理系统中，实现工程量和工程进度的实时监控。项目管理人员可以根据这些信息准确做出项目决策，有效改善传统管理模式中项目信息无法实时获取而难以控制项目风险的情况。通过利用 BIM 模型对数据进行全面收集和储存，工程量的计算速度得到大幅提升，且精度误差控制在 2% 以内。

---

① 宋森华. BIM 在道桥施工中作为信息载体的应用研究[J]. 中国市政工程，2020（2）：70-76.

4.文档管理

利用BIM技术进行各类工程文件的归纳整理，使得档案管理人员的工作量大大降低，同时减少了因人为因素导致的相关资料的缺失以及管理混乱的现象发生。基于BIM平台，各参建方对相关资料的获取更加便捷，同时不同专业人员可以更好地协同交流，避免相互间信息不对称带来的时间和费用的额外成本。

5.有助于实时把控项目进展

采用BIM云平台进行协调管理，协助业主方把控项目，不仅实现了项目资料归类存档多而不乱，而且打破了技术代沟，把二维的专业图纸变成三维的BIM模型，直观表达项目信息，实时把控项目进展情况。无论是在电脑端、手机端，业主方都可以流畅地进行模型浏览、漫游、属性查看、剖切、测量、过滤、查询等各种操作。通过智慧工地项目大脑实现项目现场的统一管理，通过物联网监测及时了解数据、作出决策。

6.人员沟通效率

在技术交底和图纸会审过程中，通过BIM技术建立3D模型使得工程中重要节点的设计以及施工现场出现的问题更加直观地展现在各方人员面前，对于其中存在的问题可以更加及时进行交流沟通，避免会议时间浪费在不必要的问题上，大大提高了沟通效率，并且使得各参建方对于设计人员的设计思路以及施工的工艺流程有了更直接的认识。

第16章 浙江省某中心医院

16.1 项目概况

16.1.1 项目建设背景

为促进某市医疗卫生事业发展，提高市人民医院医疗卫生服务能力，改善人民整体就医条件，本中心医院项目的建设是必要和可行的。

16.1.2 项目建设规模

项目总建筑面积36.24万平方米，床位规模2000张，包含门诊医技综合楼、住院楼、肿瘤中心、感染楼、公寓宿舍、行政科研楼、试验动物饲养室、液氧站、污水处理站及医用垃圾处理站、地下车库等，以及市政景观绿化、室外综合管线工程、供电工程等附属配套设施，是一所集医、教、研、防为一体的大型现代化、智能化、花园式现代医院（图16-1）。项目总投资约29亿元。

图 16-1 项目效果图

16.1.3 项目重难点分析

1.项目建设规模大、建造标准高，项目要求确保"钱江杯"，争创"鲁班奖"。

2.项目各项工作时间紧，要求效率高：于2018年6月开工，计划2021年6月竣工交付。

3.项目功能、技术及质量要求高且复杂：医院项目是公建项目中涉及专业及功能最多的，尤其是医用专项工程。

4.项目投资控制难度大：精装修、各类安装及医用专项工程的主要设备及材料的价格因市场因素和具体技术、品牌要求的不确定性而造成招标、投标、实施过程中的定价风险。

5.建设及协调管理的工作量大，涉及专业、部门多，施工过程中各专业交叉配合复杂。

16.1.4 项目组织架构

1.全过程工程咨询

全过程工程咨询服务模式为中心医院建设装上"新引擎"。36.24万平方米的医院工程、3年的建设期，工期十分紧迫。为确保本项目建设管理规范、有序，顺利实现项目建设既定目标，项目建设单位经上级领导批准，在本项目实行全过程工程咨询管理模式，即由项目建设单位委托专业的全过程工程咨询公司全面协助建设单位落实全过程项目管理工作、工程监理工作、造价咨询工作、招标代理工作。

全过程工程咨询单位在2017年12月中标并签订合同后，立即成立了全过程工程咨询现场服务机构，并组织人员了解项目的基本情况及全过程工程咨询的服务范围；完成了组织机构图、职能分工、拟派本项目人员配备情况、工作职责、工作依据、工作原则和分阶段工作部署等工作。全过程工程咨询项目部组织架构如图16-2所示。

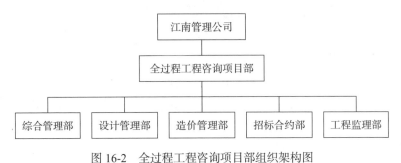

图16-2 全过程工程咨询项目部组织架构图

2.项目专班

为加快项目建设，市委市政府成立了项目专班，统筹整合各方资源，围绕市委市政府确定的"两三"目标（2018年3月开工，3年建成）和确保"鲁班奖"的质量目标开展工作。由工作专班具体负责落实该项目建设过程中建设单位的组织管理及决策各项工作，涉及重大事项（造价调整、工期调整、功能调整、招标投标、合同争议、违约处理等）需按工作专班的内控制度规定向市政府专班领导小组呈批同意后执行，必要时市政府办公会集体讨论确定。全过程工程咨询安排有相对应的人员参与并配合专班小组工作。项目专班组织架构如图16-3所示。

（1）综合协调组：由市国资委、市城投集团公司、市卫计委、市人民医院等相关人员组成。负责与市政府专班领导小组对接；负责工作信息的上传下达和专项工作落实情况的考核工作；牵头做好专班工作的任务分解和其他相关单位的综合协调工作；主持专班

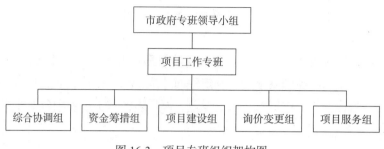

图 16-3　项目专班组织架构图

全面工作。

（2）资金筹措组：由市国资委、市城投集团公司、市人民医院等相关人员组成。负责项目融资方案制定，做好与金融机构的对接、洽谈，配合金融机构开展贷前调查、项目评审、信用评审；负责对融资主体的增信支持，并做好资金运作和还贷计划安排；协调财政资金调剂、资产注入、贴息补助等支持，向省里争取公立医院政策扶持，并对融资项目进行全过程跟踪服务。

（3）项目建设组：由市国资委、市城投集团公司、市人民医院、管委会等相关人员组成。负责做好本项目的各项前期工作；负责组织、协调、落实本项目的各项建设工作；负责项目建设计划安排；负责工程项目建设的安全、质量、技术、档案和文明施工的管理、监督、检查和指导工作，并做好各参建单位的考核督查工作；牵头做好医院功能配置、医用工程及设备采购工作；负责组织各项工程建设项目的竣工验收、决算、备案以及工程建设的各项后续服务工作。

（4）询价变更组：由市城投集团公司、市发改部门、市审计局、市财政、市评审中心、市人民医院等相关人员组成。牵头会同项目建设组具体负责大宗无价材料的询价、定价、品牌的选择及项目变更与签证的讨论等工作；牵头组织召开询价变更的会议工作，并做好会议记录、形成会议纪要。

（5）项目服务组：由市人民医院、市城投集团公司等相关人员组成。负责制定专班工作制度；负责与新闻媒体对接，制定本项目的宣传实施方案和全过程的宣传工作；负责整个建造过程的工作专报、简报、简讯等宣传报道；负责专项工作的文件档案管理，影像图片和宣传资料的制作、整理工作；落实周例会、专项工作会议、联席会议等的筹备及有关议题、文字材料工作；负责内部工作信息的上传下达工作；负责成员单位的服务联络工作。

3.全过程工程咨询后台专班

为助力医院项目全过程工程咨询前端服务，公司专门在总部成立了有关技术咨询专班，专门为本医院项目提供技术咨询服务，各专班成员均来自公司研究院下属各专业咨询研究中心，通过联合公司院士工作站、博士后工作站，强化后台支撑，技术赋能助推前端全过程工程咨询服务质量提升，保障咨询服务效果。专班工作分别对接全过程工程咨询现场服务机构的设计技术部和造价合约部。

本医院项目后台技术咨询专班组织架构如图16-4所示。

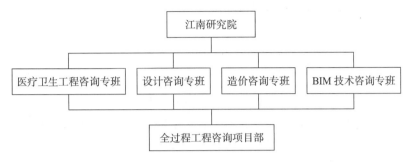

图16-4　公司后台技术咨询专班组织架构图

各技术咨询专班具体组建情况如下：

（1）医疗卫生工程咨询专班

充分发挥该研究中心的技术优势，在智慧医院、医疗功能规划、医疗专项工艺、医疗建筑运营等方面为本医院项目提供全面、专业的技术支持；专班将充分挖掘公司20多年来百余个各类医院建设管理经验为本医院项目提供经验分项；专班将充分利用公司庞大的医院建筑数据库为本医院项目提供数据支撑。

（2）设计咨询专班

成员包括一级注册建筑师、一级注册结构师、注册土木工程师、注册公用设备工程师、注册电气工程师等。针对本医院项目有关设计咨询、设计管理、成果审查的迫切需求，在各个专业领域为本项目提供高水平技术咨询服务，范围涉及前期咨询、建筑规划、结构岩土、给水排水、电气、暖通、智能化、绿建、BIM、幕墙等。

（3）BIM技术咨询专班

BIM技术咨询专班将致力于BIM技术在本医院项目上的推广与应用，不断完善各项BIM标准文件，为本医院BIM项目提供系统性的指导，保障项目的顺利开展。

（4）造价咨询专班

造价咨询专班将充分利用研究中心技术成果，专门面向本医院项目提供技术支持，包括法务咨询、数据分析、培训交流等，通过科学探索、不断创新、求真务实的工作作风，提升本医院工程建设的经济效益。

16.2　启动管理

项目前期阶段，项目专班根据项目功能定位、建设标准、建设规模和内容等制定了主体择优方案，内容主要包括（投资主体、设计主体、建设主体）选择方式、交易方式（招标、采购、土地招拍挂等）、建设组织模式（平行承发包模式、设计或施工总分包模式、工程总承包模式）等内容的咨询、服务和把关。

项目专班还组织开展了尽职调查，了解市场情况，与潜在市场参与主体进行充分沟通，了解潜在市场参与主体的基本信息、类似项目经验、感兴趣的项目、对项目方案的建议和意见等，并对尽职调查过程中收集的潜在市场参与主体的资料进行审核、管理和归档。根据尽职调查结果，起草完善概念设计方案、投融资方案和主体择优方案，形成识别识类报告等。

项目专班根据《住房城乡建设部关于进一步推进工程总承包发展的若干意见》的相关规定，在本项目已完成勘察工作和方案设计工作，取得了可行性研究报告的批复，全过程工程咨询单位已进场的情况下，启动了工程总承包的招标，有效把控了可能出现的风险。

16.3　招标管理

结合本项目实际情况及建设"2018年3月开工，3年完工"的"两三"目标，全过程工程咨询项目部编制招标策划方案，明确招标模式、招标范围、招标计划等内容并提交项目专班审核、审批。对采用EPC工程总承包模式，全过程工程项目部提交《关于项目选择EPC工程总承包模式的分析和建议》，阐述了工程总承包的优缺点、招标范围、具体计价模式及最高限价、评分标准、合同条款等内容。在招标文件编制时，选用合适的合同文本，设置了完整的合同条款，明晰了权责关系，减少了合同谈判时间，加快合同签订工作。2018年2月底发布工程总承包招标文件。

16.3.1　投标人资格条件设置

目前工程总承包主要依据《关于培育发展工程总承包和工程项目管理企业的指导意见》（建市〔2003〕30号）、《住房城乡建设部关于进一步推进工程总承包发展的若干意见》（建市〔2016〕93号）、《住房和城乡建设部 国家发展改革委关于印发房屋建筑和市政基础设施项目工程总承包管理办法的通知》（建市规〔2019〕12号）等，对投标人资格要求如下：

1.工程总承包单位应当同时具有与工程规模相适应的工程设计资质和施工资质，或者由具有相应资质的设计单位和施工单位组成联合体。工程总承包单位应当具有相应的项目管理体系和项目管理能力、财务和风险承担能力，以及与发包工程相类似的设计、施工或者工程总承包业绩。

2.设计单位和施工单位组成联合体的，应当根据项目的特点和复杂程度，合理确定牵头单位，并在联合体协议中明确联合体成员单位的责任和权利。联合体各方应当共同与建设单位签订工程总承包合同，就工程总承包项目承担连带责任。

本项目工程总承包招标时，市场上具有设计和施工承包资质，同时又有工程总承包经验和成功实施的工程案例的独立承包人数量较少。为吸引更多优质投标人参与投标竞争，扩大优先范围，结合项目规模和风险控制要求，招标人选择接受联合体投标，允许通过专业互补，满足资质要求，即投标人需具备以下条件①、②之一的均可：

①具有独立法人资格的单位，同时具有建筑工程施工总承包壹级或以上资质、工程设计综合甲级资质或建筑行业设计甲级资质或建筑行业（建筑工程）设计甲级资质。

②组成联合体的，联合体成员应分别具有独立法人资格的单位，联合体成员中施工单位需具有建筑工程施工总承包壹级或以上资质，设计单位需具有工程设计综合甲级资质或建筑行业设计甲级资质或建筑行业（建筑工程）设计甲级资质。

16.3.2　评、定标要点设置

基于EPC工程总承包实施风险类型和特征，结合招标阶段承发包市场情况、本项目影响力和建设要求，以优选中标人为原则采用综合评标法进行评标，其中商务报价部分占比60%，技术和业绩部分占比40%，技术方案主要从工程总承包管理、项目设计、施工组织方案三个方面进行评审，业绩部分主要从投标人承担项目的获奖情况、总负责人及施工负责人承担项目的获奖情况进行评审。最终由评标委员会推荐排名第一的为中标候选人，招标人依据评标委员会推荐的中标候选人确定中标人。充分发挥了综合评分法"科学、择优"的原则。

16.3.3　招标时序安排

招标时序安排主要考虑完善招标条件、招标方案审批、编制招标文件、编制投标文件及评定标时间，总体上还应受开工节点制约。为保证招标工作质量，优中选优确定承包人。2018年2月底发布工程总承包招标文件，同年3月通过公开招标的方式确定工程总承包中标单位是中国建筑第八工程局有限公司/浙江省建筑设计研究院有限公司的联合体，并于同年4月中旬完成EPC工程总承包合同签订工作。

招标工作周期总体上符合法定招标流程条款和时限要求，同时也满足充分准备时间、投标人需求时间，满足项目开工要求。

16.3.4　工程计价方式比选

在项目招标策划时，对工程总承包不同发包条件下的计价模式进行了充分分析，现初步设计完成后，主要工程量可以按照初步设计文件计算，主要材料设备技术要求、参数等均在设计文件中体现，其他相关要求也通过发包人要求予以明确，本项目通过对全费用综合单价、综合单价、经济指标、工程量清单等多种计价模式进行分析，结合发包工程特点和类似项目造价管理经验，本工程总承包选定了费率招标模式为：

投标费率=投标总价÷项目工程建安费用21亿元（包含土建工程、装修工程、安装工程、总图工程、设备购置费及医用专项系统等费用）。

16.3.5　确定中标人和合同签约

2018年3月，通过公开招标的方式确定工程总承包中标单位是中国建筑第八工程局有限公司/浙江省建筑设计研究院有限公司的联合体，中标价为195700万元人民币，并于同年4月中旬完成工程总承包合同签订工作。

16.3.6 各参建单位工作界面划分

项目专班在各参建单位中标后，落实了重大项目约谈+签约机制，与中国中元国际工程有限公司、浙江江南工程管理股份有限公司和中国建筑第八工程局有限公司约谈。对工程的设计、施工、全过程咨询项目部人员到岗履职、分包、变更、质量、安全、进度、投资控制及合同履行等情况进行全面的管理。

为顺利推进本项目的建设，提高工程总承包中标单位的责任意识，约束工程总承包中标单位全面履行合同约定的各项义务，确保工程建设期间本工程的各项监管工作规范、有序，真正实现通过对项目建设全过程、一体化、专业化的监管，达到项目资源最佳配置和优化，最终确保项目投资效益最大化，全面实现项目预定目标的根本目的。在各项合同的基础上，划分了工作界面，制定了各参建单位权利和义务清单，具体如表16-1所示。

工作界面及权利义务清单划分一览表　　　　　　　表16-1

单位职能	主要职责
建设单位	负责按政府相关会议精神组织项目全部建设工作，对项目建设质量、进度、投资全面负责，为本项目建设过程中的最高决策单位，负责项目建设用地及资金筹措，负责合同签署等
使用单位	负责项目建成后的接收及使用，负责提出项目使用功能需求，配合提交设计人设计过程中需要的各类基于使用功能要求的设计参数、设计条件等，从对各设计院提交的阶段设计成果是否满足其使用功能要求角度及时进行审查、确认，协助建设单位合理确定项目功能定位等
全过程工程咨询单位	①项目管理内容：在采购人的授权范围内履行工程项目建设管理的义务（不包括与土地费有关的工作），包括项目策划、工程建设手续办理、设计管理（含优化）、施工图审查、造价管理、招标管理、施工管理、医用设施工程管理、竣工验收、决算及移交（合同中明确具体工作内容）管理、工程保修咨询管理。对整个工程建设质量、进度、投资、安全、合同、信息及组织协调所有方面进行全面控制和管理等 ②施工监理内容：主要包括施工准备阶段、施工阶段各工序、各部位的监理以及从工程备案验收证书取得至签发缺陷责任终止证书和工程结算、审计监理、服务工作。具体内容为：对该工程投资控制、进度控制、质量控制、建设安全监管及文明施工有效管理、组织协调，并进行工程合同管理和信息管理等 ③造价咨询工作内容：主要包括本项目概算审核、预算编制、建设工程进度款审核、结算审核、决算审核等相关工作；与本项目相关的工程洽商、变更、无价材料询价及合同争议、索赔等事项的处置，提出具体的解决措施及方案；制定概算控制方案并实施；编制工程造价计价依据及对工程造价进行控制和提供有关工程造价信息资料等 ④招标代理工程内容：工程建设全过程的招标代理工作，含办理招标工程的报建、发包申请、编写资格预审公告（如有）、招标公告、资格预审文件（如有）、招标文件、答疑文件，发放招标文件及图纸、答疑，组织开标、评标、定标，相关招标资料整理和备案，协助业主签发中标通知书，办理交易单。提供招标前期咨询、协调合同签订等业务，并包括招标文件等所有资料的复印、装订等一切所发生的内容
工程勘察单位	负责按合同及规范约定，全面承担本项目初设、详勘工作，负责及时提交勘察成果，为设计提供地质勘察资料
方案及初步设计单位	负责按合同及规范约定，全面承担本项目全部方案及初步设计（包含绿色建筑设计，标识评价咨询服务、全过程BIM技术应用、医院智能化管理系统和能效管理系统等） ①方案及初步设计阶段：对投标的设计方案，根据各方审核意见进行完善，在保证设计质量的前提下按期完成方案设计及初步设计并移交建设单位。本项目初步设计深度应满足《建筑工程设计文件编制深度规定（2016版）》及《中心医院—方案和初步设计项目竞争性磋商文件》相关要求

单位职能	主要职责
方案及初步设计单位	②项目实施阶段：施工图设计至项目竣工，负责配合EPC工程总承包单位开展施工图设计，负责配合项目施工期间有关构造节点确定及材料样板确定和选型等。做好中心医院项目的系统、整体技术、功能分区、交通组织、医用专项、设备材料、设计变更等施工图设计把控等相关设计咨询服务工作。安排主要设计人员参与施工图设计及施工过程中的主要技术评审会、技术交底会及阶段性验收
EPC总承包单位	①工程设计：建设内容的所有施工图设计和涉及本项目所有的专项设计（但不限于基坑围护、建筑、结构、给排水、消防、强电、弱电（包括医院的智能化管理系统和能效管理系统等）、照明、暖通、装修、人防、园林景观、室外附属配套、室外综合管线、交通设施、高低配、电梯、医用专项等专业以及厨房设备、医学文化、标识标牌、绿色建筑、燃气等）、BIM技术应用（建模，能够做到性能分析、面积统计、冲突检测、辅助施工图设计、仿真漫游、工程量统计等应用），限额设计（按初步设计批复中相应工程建安费用进行最高限价设计）、设计总协调工作等 ②设备采购：包括施工图纸所包含的所有构成建安工程不可分割的设施设备（其中医用设施工程中有：洁净工程、医用气体工程、医用纯净水供水工程、PCR实验室设计及施工项目、医用冷库、阴凉库设备采购安装工程、理疗科高屏室、射线防护工程、厨房设备、实验及检验净化台、治疗台柜、输液传送带、专项辐射、污水处理设备、医用垃圾处理设施、宁养院设施、生物等效性实验基地设施、设施标识标牌、轨道物流、自动发药系统、磁共振机房磁场屏蔽工程、空气消毒设备、一体化手术室系统及无影灯、急诊抢救室、ICU、内镜等吊桥吊塔、无影灯、清洗消毒设施、血液透析设施、核辐射防护工程、高压氧舱设施、测听室、生物安全柜、全自动医院智能采血管理系统等）的采购。不包括其他投入运营的移动办公、医疗设备（手术床、ICU医用电动床、牙椅、诊桌、诊椅、输液椅、诊疗床、更衣柜、病床、床头柜、陪护椅、床单、被套、医院专用开水器、被服洗衣机、烘干机、熨平机、电视机、室内垃圾桶、医院自助服务设备、医用冰箱、窗帘及轨道、医用固定档案密集架、货架、医疗信息系统支撑平台、人工智能手术系统、中心实验室基因检测系统、互联网＋远程心电中心平台等）的采购 ③建筑安装工程施工：包括但不限于施工图纸包含的所有内容及各类专项工程、附属工程施工、三通一平、BIM技术应用（在设计模型基础上进行深化、建立施工模型，能够做到施工深化、冲突检测、施工模拟、仿真漫游、施工工程量统计等应用）等工作 ④项目管理服务：配合完成尚未完成的所有前期报批报建工作；做好工程所需的各类检测；做好工程竣工验收及各类专项验收、移交；竣工资料城建归档；配合完成工程备案及产权办理；人员培训及运维阶段BIM技术应用（根据竣工资料和现场实测调整施工模型成果，获得与现场安装实际一致的运维模型，能够做到运维仿真漫游、3D数据采集和集成、设备设施管理）等

16.4　设计管理

全过程工程咨询单位协作项目专班对本项目的设计方案、功能需求、技术标准、工艺流程、投资限额、项目工期和主要设备规格（型号）等进行全过程的管理。针对设计阶段的管理，具体内容如下。

16.4.1　严格把控设计要点

设计是龙头，在工程总承包招标模式下施工总承包单位与设计单位存在合同关系，组成利益共同体，工程总承包单位对中标后的设计工作起主导作用，必须采用合理可行的措施进行设计管理，严格审查经济技术指标和主要材料设备，主动把控工程质量和建设标准。

设计成果必须在符合现行规范和标准的条件下，在满足功能和使用要求的基础上，确保结构安全可靠、施工可行、经济合理。设计必须使用成熟技术、成熟工艺、成熟的材料设备，对于"四新"的应用应当结合工期和投资予以综合考虑，在后期的使用及维护成本、环保节能及工程的投资、进度方面寻求合适的平衡。

设计成果质量等级按建设部《民用建筑工程设计质量评定标准》执行；各阶段成果深度须符合住房城乡建设部《建筑工程设计文件编制深度规定（2016版）》，且须满足报建的要求；在严格遵守国家法规和技术标准的前提下，工程设计须做到"技术先进、安全可靠、经济合理"。

16.4.2 方案设计阶段

医院建筑要注重功能策划，如功能单元与规模、门急诊的就诊模式、护理单元模式、结构形式、各科室的功能需求、建筑风格与形式等。全过程工程咨询单位在充分征求医院使用科室意见的前提下，与项目专班工作小组一起提前邀请相关审批部门及医疗专家、医院各使用科室等进行多次评审并形成会议纪要，在评审的基础上进行修改后再报批，这样可有利于报批审查通过及减少在后续项目实施过程中的变更，为后续审批审查工作奠定了良好的基础，也大幅度提高后续施工图设计工作的效率及进度。

方案设计阶段是医疗工艺设计中最为重要，也是最为复杂的阶段，在此阶段需要由医疗工艺设计单位完成《医疗工艺流程平面图》，或者由医疗工艺设计单位和建筑设计单位来共同完成。医疗工艺设计单位的成果，有相当一部分要由图纸来完成。

方案及初步设计单位负责按合同及规范约定，全面承担本项目全部方案及初步设计（包含绿色建筑设计，标识评价咨询服务、全过程BIM技术应用、医院智能化管理系统和能效管理系统等）。

初步设计深度应满足《建筑工程设计文件编制深度规定（2016版）》及《中心医院-方案和初步设计项目竞争性磋商文件》的相关要求，并做好本医院项目的系统、整体技术、功能分区、交通组织、医用专项、设备材料、设计变更及施工图设计把控等相关设计咨询服务工作，特别是医疗工艺设计咨询。

因为医疗工艺设计是对医院内部医疗业务结构、功能和规模，相关医疗流程、医疗设备、技术条件和参数，以及医院各种服务流程的策划，其过程就是对各种需求的平衡过程。医院建设投资、空间、装备、配套设施等资源都是有限的，资源的切分、分配布局需要综合考虑多方面的需求，需要从多个维度进行平衡，从而得出最佳的平衡方案。如流程设计，需要考虑患者服务流程、医护工作流程、感染控制流程、后勤服务流程和设备耗材流程等多维度的平衡。

专项医疗设计值得关注的问题包括：洁净手术部、中心供应室、静脉配置中心、血液净化中心、制剂室、ICU、分娩室、放射科、检验科、病理科、内镜中心等。全过程工程咨询单位在项目前期阶段针对医疗工艺的管理编制了专项策划方案，有效解决和规避了后期工艺设计更改的问题。

16.4.3 EPC进场方案优化阶段

全过程工程咨询单位组织原方案设计单位开展方案设计交底，分步骤、分专业逐项组织优化。对利于项目实施、品质保证的部分可以采纳，其他可忽略。对各项指标进行复核，发现招标方案中绿地率、容积率、红线退让存在偏差，且个别指标图纸与批复不一致。经反复核算、沟通后，与使用方及主管部门达成一致意见：有调整余地的对图纸进行调整；需要批后修改的，立刻开展批后修改；需要各级主管部门召开联席会议进行调整的，同步组织相关工作；需要专家论证的，及时组织论证。将该类风险因素在事前及时规避和消除。

如，结构方案存在的问题：经核算，原有结构方案存在的问题有楼板开洞率约为35%，竖向收进约为30%，错层1.4米，位移比1.35，已达到超限规定。若按此实施，需进行超限审查，在投资及进度方面影响较大。

通过对竖向构件优化，并将原有错层控制在梁高范围内，在平面布局不变的情况下，解决位移比及错层两项超限指标，使结构方案更合理，省去超限审查程序及时间，同时使方案更经济。

标准护理单元存在的问题：原有标准病房走道宽度未考虑装饰面层情况下仅2.3米，不满足实际使用中双向病床推行宽度要求，不满足规范要求，使用不便，空间感较差；原设计库房面积偏小，医生办公室使用不便利。

对原有病房卫生间进行优化布置。在不影响卫生间布局及使用的前提下、在保证病房尺寸满足后续床位扩展情况下，减少卫生间及病房进深尺寸，保证走道装饰面完成后，双向推床所需最小宽度尺寸；增加电梯机房尺寸的同时加大库房尺寸。

16.4.4 初步设计及施工图设计阶段

初步设计阶段是设计管理工作阶段的重中之重，同时该阶段现场一般已开始实质施工，进入该阶段后应立即组织基础、支护等岩土专业的设计工作，初设与施工图合并进行，优先出图、审图及施工，全过程工程咨询单位助力EPC发包模式的优点发挥，建筑、结构、水、电、暖分专业分组确定详细技术路线，组织在前引导EPC单位按总进度控制计划要求实施，过程中做好文字记录及成果认定工作，有效保证了工程进度。

工程总承包合同一般分为固定总价合同和费率合同，两种合同在此阶段设计管理的重心完全不同，固定总价合同需控制相应技术标准不能过低，上不设限；费率合同需严格恪守限额设计的理念，从源头控制，依据批复的估算、方案成果坚守"钱不够"的底线，确定结构、机电设备、管线的落地方案。全过程工程咨询单位对初设及施工图过程成果进行了及时校核、反复校核，确保了施工图的质量。

16.4.5 施工配合阶段

对于业主角度的设计变更相较于传统模式会大大减少，但对于工程总承包单位来说设计变更数量与传统项目无异，所以该有的变更审批程序正常执行，审批重点变为图纸与现场的一致性，现场管理或设计管理人员在施工过程中需要多频次的核对现场与图纸的一致性，避免施工方随意变更或不按图施工。

16.4.6　设计进度管理

工程总承包模式的优势之一就是有利于设计同施工的交叉运行，从而加快项目建设进程。从本工程实践分析，施工图设计总体进度未对施工产生影响，采用工程总承包模式确实能实现提前开工，保证项目开工目标，同时实现有条件的设计与施工搭接，总体上缩短部分工期。

设计进度是确保项目顺利推进的基础和保证，所以设计进度管理必须纳入工程总承包项目管理中，使设计各阶段的进度计划与询价采购、现场施工及试运行等进度相互协调、相互融合，确保设计进度能满足设备材料采购、专业工程施工招标进度计划要求，以及现场施工进度计划要求，从而实现工程建设的总目标。在编制设计进度计划时区别于传统发包模式，要充分考虑主要设备和材料受制造周期、运输、国际形势等约束条件，考虑设计工作内部逻辑关系，避免造成设计施工紧密联系的模式下再次割裂运行。

16.4.7　设计变更管理

施工图设计文件经各方审批后即作为现场施工、验收及结算的依据，任何一方不得擅自修改，如因现场条件变化等客观原因导致在实施过程中需发生设计变更时，施工图设计单位应及时填写《施工图设计变更审批单》，报各审批方审批，经审批同意后方可正式出具施工图设计变更。施工图设计变更审批单位应同施工图设计文件审查单位一致，未经各方一致审批确认的施工图设计变更均属于擅自变更，为无效文件，造成的损失由施工图设计责任单位承担。

16.4.8　设计品质把控

医院项目的设计管理是工作的重中之重，是项目质量保证的基石，是工程成本控制的关键。组织公司技术专家组，对项目设计的平面布置、功能布局和医疗工艺等方面进行了仔细审核，提出大量专业的、合理的优化设计建议并收集业主及相关职能部门的审核意见，督促设计单位修改完善。项目设计工作，在紧促的时间内取得了有效的成果，为后续其他工作提供了保障。

1. 针对设计优化，对方案、初步设计、地下室施工图进行审查，相继提出超过500条的设计优化建议，其中绝大部分得到了采纳。

2. 全过程工程咨询项目部先后组织设计管理人员会同设计单位与院方各个科室，针对功能布局、使用需求和医用专项等，进行了设计方面的协调与沟通。

3. 同时对各阶段的设计进度及限额设计方面进行全过程的动态控制，确保了项目施工与设计的衔接，做到不因设计原因而影响施工进度，确保在满足使用需求的前提下使设计阶段的投资概预算控制在批复的投资总额内。

16.5 投资管理

16.5.1 提前预判，明确约定

经过前期策划、可研及初步设计文件或设计任务书编制，工程所需的投资及各项结构形式、使用功能、装修效果、指标条件都有了相关的标准和依据，而后的招标文件、工程量清单及控制价编制是投资控制的重点和难点。全过程工程咨询单位项目部协助项目专班编制了《各阶段投资控制管理办法》《项目变更操作办法》和《项目工程材料、设备选型询价操作办法》等，有效减少了实施阶段造价的争议或推诿扯皮事项。

1.概算评估及分解

（1）本医院项目布局复杂、装修标准高

在估算阶段要求对不同功能区域进行估算，如医技用房，放射科、手术室、ICU等洁净区域，普通病房、高干病房和保障用房中的不同等级机房，人流密集的缴费、导诊、候诊区等。

概算评估及分解首先要延续估算阶段对不同功能区特点的区分，继续细化且注意不要丢项漏项，如靠墙扶手、栏杆、医疗槽、输液吊轨、挂帘及轨道等。

（2）医院结构抗震等级要求高

对于结构抗震等级要求高的医院建筑，编制估算时主要按以往同类工程经验作为基础数据，分析工程特性后进行估算。在地震加速度按0.2克条件下，一般医院每平方米钢筋含量在110～130千克/平方米之间，其中地下在210～230千克/平方米之间、地上在80～90千克/平方米之间。

在概算评估及分解阶段，结构工程量计算要进行复核，区分地上、地下结构工程，分别计算各类构配件的含量及指标，对比估算，针对特殊结构构件分析指标的合理性。

（3）机电安装系统多

针对系统较多的特点，概算评估及分解阶段需要对不同系统分别进行估算。如空调专业中的洁净空调、恒温恒湿空调等一般要单独拿出来，根据其功能面积进行估算；弱电专业中的智能化专网平台、电子叫号、信息发布系统、手术示教系统、时钟系统、视频会议系统、医护对讲系统、医院建筑能耗监管系统等应区别于其他公共建筑的系统单独进行估算。概算评估及分解阶段尤其要注意外部市政接入条件，避免缺漏项，概算编制时，应根据初步设计图纸，细化各系统的材料、设备，区分专业编制。

（4）人防工程

医院的人防工程一般较为特殊，因此在可行性研究阶段就要积极与人防部门沟通，清楚需要按什么标准设计，避免估算差别较大。战时医院与物资库相比，结构复杂，通风系统也较为复杂，因此估算阶段要弄清楚人防部门的规划，避免出现误差。

概算评估及分解阶段要注意避免出现漏项，根据人防设计图纸，对结构、装修、通风有的还有给排水等各专业都要注意避免出现漏项。

（5）编制深度要求

估算的编制深度，主要注意地域性特殊要求，如抗震设防是否有特殊要求、人防是否有特殊要求及红线外大市政接口工程的投资，避免因地域差异及市政接口条件等外部因素不准确导致估算偏离。

概算评估及分解阶段，各专业要根据初步设计图纸、工程地质资料、工程场地的自然条件和施工条件，计算工程数量，引用规定的定额和取费标准进行编制。外部市政类概算要取得市政部门意见，根据专业工程设计（或报价）进行概算编制，避免出现缺漏项。

2.限额设计

所谓限额设计，就是在保证功能要求的前提下，按照批准的初步设计及总概算控制施工图设计。工程总承包主要工作内容的所有施工图设计和涉及本项目所有的专项设计包括但不限于：基坑维护、建筑、结构、给排水、消防、强电、弱电（包括医院的智能化管理系统和能效管理系统等）、照明、暖通、装修、人防、园林景观、室外附属配套、室外综合管线、交通设施、高低配、电梯、医用专项等专业以及厨房设备、医学文化、标识标牌、绿色建筑、燃气等、BIM技术应用（建模，能够做到性能分析、面积统计、冲突检测、辅助施工图设计、仿真漫游、工程量统计等应用），要求进行限额设计（按初步设计批复中相应工程建安费用进行最高限价设计），进行多方案比较，优化设计，既保证设计在技术上先进合理、新颖美观，又不突破投资限额目标，使工程造价得到有效控制。

3.限额招标

建立概算价和中标合同价的动态监控表，及时反馈概算受控值。对工程量清单进行精细化审核；在清标、澄清环节对中标候选人不平衡报价进行澄清约定和条款补充等。

在招标投标过程中要对报价单的格式进行严格规定，既要有综合报价的统计，方便评标过程中对各投标方价格进行比对，还要有详细的报价单，包括材料成本的报价和设计施工过程的报价，不能缺项漏项。通过价格综合对比以及设计施工过程的技术水平对比，在保障造价控制质量的前提下，选择更合适的中标方。

16.5.2　明确审批流程，严控变更

工程总承包模式的设计变更极易发生矛盾争议及责任不清，对投资控制影响较大，所以对变更的处理应结合工程量清单设置形式和施工图设计应由承包商负责的原则来进行。施工图内审环节强化了对图纸变更隐患的审查，从源头控制重大变更，尽量减少变更量；应做实图纸交底和会审工作，设计变更多方案经济型比选，明确变更审批流程，做好动态目标的差值监控。本项目变更审批的具体流程为：

1.工程总承包单位、建设单位、全过程工程咨询单位等提出单位填写《工程变更审批表》《工程变更报审表》及《工程变更增减造价估算表》，报送全过程工程咨询单位工程监理（管理）部签收。

2.《工程变更报审表》首先由全过程工程咨询单位工程监理（管理）部负责组织全过程工程咨询单位相关技术人员、工程总承包设计单位，对工程变更进行技术评审并形成评审意见，评审意见须经全过程工程咨询单位总监理工程师和工程总承包设计单位在《工程变更报审表》签认；全过程工程咨询单位出具造价评审意见及在《工程变更报审表》签认；最后报建设单位审批。

3.建设单位按本制度中规定的"变更分类、工程变更批准权限"组织进行工程变更审批流程，各审核方在《工程变更审批表》进行签字认可后，最后由建设单位按《工程变更审批表》的审批意见在《工程变更报审表》签认后下发执行。

4.审核过程均需要相关人员在《工程变更审批表》签字确认后，方可实施变更内容。若不同意进行工程变更，由全过程工程咨询单位监理工程师将签署总监意见和建设单位工地负责人意见的《工程变更报审表》返还提出方。

16.5.3　有效管理、动态把控

在项目实施过程中，全过程工程咨询单位要严格执行省市区政府的相关文件，严格招标投标、合同签订中的投资控制工作，严格按合同进行计量、计价、变更确认及决算的审核，投资控制在预算范围内。加强施工过程中各环节的控制，节约投资，控制成本，提高效益。要求所有涉及费用变更的联系单必须要提供充足的依据，要合情合理。

在保证工程质量的前提下，通过严格的过程控制、规范的管理流程，以及技术和经济相结合的方法，确保实现降低成本、提高经济效益、社会效益和环境效益的目标。

16.6　施工管理

16.6.1　进度管理

1.全过程工程咨询单位项目部编制的各类工作计划及项目管理手册、作业指导书等，很好地指导了项目实施工作；工程总承包招标方案的策划，为该项目总承包的招标指明了方向，也为后续管理工作奠定了基础。项目实施进度基本按计划完成，并取得了一系列阶段性成果。

（1）设计进度计划：2018年3月底完成方案及初步设计，2018年5月底完成基坑围护及土方开挖施工图设计，2018年9月底完成主体工程施工图设计，2019年5月底完成专项工程施工图设计，2019年12月底完成市政配套工程施工图设计。

（2）施工进度计划：2018年6月底完成场地平整及临建设施施工，2019年3月底完成地下工程施工，2020年12月底完成主体工程施工，2021年6月底工程完工，2021年9月底完成竣工验收移交开业。

2.根据项目前期工作计划，编制了前期报批工作指导书、前期报批人员工作量化管理细则。前期报批工作以周计划、周总结的方式动态管控。在报批报建过程中，积极与规

划、发改、国土、住建、人防等重要审批部门进行事前沟通，协调设计工作。前期报批报建工作全部完成并取得了丰硕的成果，为项目按计划实施创造了条件，为项目有序推进提供了保障。

3.为加快项目进度，全过程工程咨询项目部积极与市住建局进行协调沟通，并结合国内及省内相关规定及先例，成功达成施工许可证分三阶段进行办理申领的工作成果，即：

（1）在方案设计及基坑围护设计施工图完成后，可先行申请办理"基坑支护、边坡、土石方"施工许可证。

（2）在地下工程施工图设计完成后，可申请图审并办理"地下工程"施工许可证。

（3）在所有施工图纸完成并通过图审后，办理本项目总的施工许可证。

通过完成施工许可证分阶段申领工作，前期报批报建工作与常规情况相比，至少节约了6个月的时间；项目开工时间与常规情况相比，项目开工时间至少提前了10个月，大大节约了项目的时间成本。

4.结合项目实际情况及建设"2018年3月开工，3年完工"的"两三"目标，项目部编制招标策划方案，明确了招标模式、招标范围、招标计划。对采用EPC工程总承包模式，项目部提交了《关于项目选择EPC工程总承包模式的分析和建议》，阐述了EPC工程总承包优缺点、招标范围、具体计价模式及最高限价、评分标准、合同条款等内容。在招标文件编制时，项目部选用合适的合同文本，设置了完整的合同条款，明晰了责权利关系，减少了合同谈判时间，加快合同签订工作。

5.项目部对工程总承包单位的施工图设计及施工管理主要是采用动态控制，及时对比目标计划和实际实施情况，分析偏差原因及当前对各类目标的影响，提出调整措施和方案。事前协调好各单位、各部门之间的矛盾，使之能顺利地开展工作，定期或根据实际需要召开各类协调会。

16.6.2　质量安全管理

为保证整个目标的实现，项目部组织各参建方专业人员以实践经验并结合工程的特点，制定了各工程项目的质量控制措施，严格控制施工质量。

1.要求各参建方切实按建设流程做好质量管理，增强质量意识，坚持每项工作的自检、复检、报检制度，在赶进度的同时必须保证质量。

2.加强监督检查，要求各技术管理人员加强对项目情况、图纸、文件编制要求的熟悉，认真核对。做好事前控制，每项工作开始前召开各参建方参加的技术交底会；加强事中控制，要求各参建方加强过程监控，负责项目各参建方的工程管理人员和技术人员要求增加对项目实施过程中的工作时间并加强考勤和记录发现的具体问题并及时下整改通知单督促整改，必要时召开质量专题会议。

3.对出现的质量问题能够用不同的手段（如：组织联合大检查的形式来督促施工方加强质量工作）对工程质量进行全面的控制。

根据"安全第一、预防为主"的安全生产管理方针，结合各项目的实际情况，建立、健全安全生产责任制，消除安全隐患，杜绝重大安全事故的发生。项目部组织各参建单位共同对施工现场安全生产情况进行定期或不定期的检查，形成书面的安全检查记录。必要时签发项目管理工作联系单或召开专题会议。

至此，全过程工程咨询项目部对工程质量进行了全面的控制，消除了质量隐患，杜绝了重大质量事故，工程质量全部达到国家施工验收规范合格的规定。各项目无安全生产事故发生且，市安全文明做得最好的工地，且多次获得市电视台及相关新闻媒体报道。

16.7　经验总结

16.7.1　咨询模式"碎片化"至全过程的体会

全过程工程咨询工作的重点是做好整体性的、原则性的目标管理及控制。明确的组织构架以及权责分工确保了各类专门事项由专业人员进行处理，提高了工作效率。相较于传统"碎片化"工程咨询模式（即针对单项事务进行咨询委托），全过程工程咨询在工程全生命周期各阶段都发挥着相应作用，对整个项目的统筹管理效果明显。

全过程工程咨询工作中，建立系统的管理体系是重要的项目实施手段。确保准确了解业主的项目需求，正确传达任务指令给参建单位，有利于协调、管理工作的进行。相较于传统的工程咨询模式，全过程工程咨询的管理体系可以更好地服务项目整体，提高全工程项目的管理效率。

全过程工程咨询服务机构于项目决策阶段进场参与管理，推荐项目采用工程总承包模式并得到采纳，针对工程总承包模式项目部进行了相关管理模式的调整；前期部门针对项目特点，积极与市住建局进行协调沟通，最终成功采用分段式申领施工许可证。对比同类医院工程，前期报批报建工作与常规情况相比至少节约了6个月的时间，项目开工时间与常规情况相比项目开工时间至少提前了10个月，大大节约了项目的时间成本，充分证明了全过程工程咨询模式的优越性。

16.7.2　项目专班顶层设计助力成效显著

项目专班制是套完整系统，有独特的顶层设计来保障项目运作有力有效。比如，通过构建统筹协调服务的"四大办"，来实现"财力统揽、资金统筹、项目统定、预算统编、监管统一、绩效统评"，能够保障项目方案最优、主体最优，实现工程优质。

16.7.3　设计管理工作的体会

工程投资可控是业主方最为关注的焦点，最有效的投资控制是在设计阶段，因此，设计管理是本项目全过程工程咨询工作的重点。

在本项目服务过程中，项目部多次组织开展优化设计工作，及时将各方审核意见、专家咨询意见以及业主单位使用意见反馈给设计单位，对项目设计进行优化；根据项目进度要求，协助业主单位协调设计单位的设计进度；负责组织设计方案、初步设计、施工图设计等各个阶段的设计成果审查工作，并组织设计单位按审查意见落实修改设计成果。本项目设计管理工作，在紧促的时间内取得了有效的成果，为后续其他工作提供了保障。

16.7.4　本项目实施的不足与处理措施

1.本项目采用的是工程总承包模式（费率招标），而项目医用工程、精装修工程及各类安装工程等涉及无信息价的材料、设备种类多，投资占比高。而这部分材料、设备当前又是新技术应用特别多、新工艺变化特别快，市场价格变动频繁且幅度大。装修工程及医用相关专项工程基本是在一年半以后实施，所以询价、定价超大的工作量及时间点的准确性对项目实施的进度及投资控制都有较大的风险。

处理措施：

根据项目特点制定了询价及变更管理办法并得到相关职能部门批准，本项目的询价、定价均按照相关规定且有严格监督的前提下进行的，有效规避了相关影响和风险。因此针对类似项目的询价和定价管理，建议在项目前期以与建设单位以及各相关职能部门定制项目的询价、定价的管理办法，以便有效控制项目投资。

针对采用EPC模式的医疗项目招标时采用的是固定下浮率方式，建议用固定下浮率部分+暂定价部分（以后在实施过程中再进行专业分包招标并纳入总承包管理）的形式。固定下浮率部分主要为在实施过程中好计价及好控制的部分（如：设计费、场地土石方平整、结构及建筑、门窗及幕墙、水电、消防水电及消防通风、室外市政景观绿化等），其他的如精装修、净化、弱电、空调、电梯、医气及物流、供配电、自来水、燃气等涉及医用专业性强、以后不好定价的或垄断部门实施的，要进行专业分包采购招标。采用招标方式为施工图工程量清单招标，招标主体可以是建设单位与工程总承包单位一起联合招标或建设单位单独招标。

2.本项目采用的是工程总承包模式（费率招标），土石方工程的工程量计量是按实计量，需对地形地貌标高、地下各类别的土石方进行分层计量和计算，比传统清单招标的计量方式复杂得多，且项目场内面积较大、地形起伏大、地下土石方分层类别多。

处理措施：

（1）采用方格法进行土石方工程量计算（方格网边长设置为10米）。

（2）土石方类别划分采用现场结合地勘资料的方法。根据地勘报告中勘探点岩土分层类别，采用取平均值的方法确认各层岩土工程量。

第17章 浙江省某综合能源生产调度研发中心

17.1 项目概况

17.1.1 项目建设背景

浙江省某综合能源生产调度研发中心EPC项目的建设，有利于积极推动能源技术创新，为实现能源绿色发展与生产和消费革命增添助推器；有利于推动能源的清洁高效、绿色低碳发展；有利于某集团企业创造可持续发展的新的经济增长点，充分践行"低碳让生活更美好"的社会责任。

17.1.2 项目建设规模

项目用地面积24102平方米，地上建筑面积79536平方米，地下建筑面积57726平方米，总建筑面积137262平方米。本项目采用预制装配式混凝土结构，要求预制率不低于20%、装配率不低于50%。项目总投资约24.2亿元。项目效果图如图17-1所示。

图 17-1 浙江省某综合能源生产调度研发中心效果图

17.1.3 项目重难点分析

1.质量要求高、综合管理难度大。本项目要求确保"钱江杯"、争创"鲁班奖"，无论从使用功能、建设标准、涉及专业等都有着综合性强、标准要求高、综合协调难度大的特点。

2.项目功能、技术及质量要求高且复杂。项目总体定位为"办公、人才公寓、街区商业"为一体的中高端综合楼，将为产融结合的发展模式提供高度聚集的办公载体，包括六大功能板块：集团办公、外企办公、共用办公、配套商业、商务酒店、地下公共部分，是一个集办公、交流、生活、零售、餐饮、休闲于一体的多功能"复合型园区"。

3.场地受限。本项目位于市中心，现有场地狭小，参建单位多，施工临时设施、材料堆场紧张、道路运输、消防通道设置等受到极大限制。因此对施工现场文明施工、环境保护、现场周边安全、交通运输的组织、材料设备进出场等施工管理的科学性、有效性提出极高要求。

4.建设单位仅完成初步设计文件和相应的投资概算，施工图设计以及图审由EPC总承包单位完成。全过程咨询单位既要避免项目投资超概，更要防止工程建设降低档次，因此审核施工图内容的合理性、准确区分EPC总承包单位的深化设计是科学合理的设计优化还是降低工程建设品质，是本项目管理重难点之一。

5.安全管理难度大。由于工程体量大、单体多、施工难度大，特别是A楼和B楼之间跨度45米的钢桁架连廊，400人会议室跨度达25米、层高10.8米，采用型钢混凝土、装配式建筑PC构件等，使得项目风险点和重大危险源较常规公建项目多，尤其是大型机械施工安全、高空坠落、深基坑开挖、防火、临时用电、施工车辆进出场地、施工工人众多等，都给安全管理工作带来难度。

17.1.4 全过程工程咨询服务内容和组织模式

1.全过程工程咨询服务内容

（1）项目管理工作内容：在委托人的授权范围内，履行工程项目管理的义务。包括项目策划、编制项目策划书、工程建设手续办理、施工图审查、造价管理、招标采购管理、施工管理、竣工验收、后期手续办理、配合结算并配合项目决算及审计工作、移交管理、工程保修咨询管理。收集、审查、整理工程相关档案资料，满足杭州市城建档案管理相关要求。对整个工程建设的质量、进度、投资、安全、合同、信息及组织协调所有方面进行全面控制和管理等方面工作。

（2）设计管理工作内容：制定设计管理工作大纲，明确设计管理的工作目标、管理模式、管理方法；编制设计需求参数条件（如设计任务书），检查并控制设计进度，检查设计深度及质量；负责组织对各阶段各专业设计图纸的深度及质量进行审查；协调使用各方对已有设计文件进行确认；组织解决设计问题及设计变更，预估设计问题，解决涉及的费用变更、施工方案变化和工期影响等；组织专项设计和专项审查，对评估单位提出意见的修改、送审，直到通过各种专业评估；对设计全过程进行限额设计管理；负责组织设计单位进行工程设计优化、技术经济方案比选并进行投资控制；审核工程竣工图纸；参与管理与协调BIM设计工作。

（3）施工监理工作内容：主要包括施工准备阶段、施工阶段各工序、各部位的监理以及工程备案验收证书取得至签发缺陷责任终止证书和工程结算、审计的监理、服务工作。对该工程投资控制、进度控制、质量控制、建设安全监管及文明施工的有效管理、组织协调，并进行工程合同管理和信息管理等方面工作。

2.全过程工程咨询组织结构模式

（1）全过程工程咨询服务公司管理组织层级

根据全过程工程咨询服务的业务范围及项目特点，公司全过程工程咨询组织机构由两个层级组成。一是，以公司领导、专家团队为主的公司决策层；二是，以项目部项目经理及各职能部门为主的项目管理层。

公司决策层主要负责总体统筹、技术支持、资源调配；项目管理层在整个项目建设周期内，全过程工程咨询项目管理部全面协助项目公司落实各项的项目管理及监理工作。

（2）全过程工程咨询项目管理部组织结构

全过程工程咨询项目管理部由具有相应执业资格证书、具备丰富管理经验的各类专业人员组成，综合运用各项管理措施和手段来实现项目全过程管控目标，满足项目各参建方的利益诉求，预防和控制全过程工程咨询过程中的各项风险。

根据本项目特点，现场全过程工程咨询项目管理部，全权代表公司负责本项目全过程工程咨询、工程监理工作的具体实施，并承担具体项目管理和监理责任。全过程工程咨询项目管理部设立综合管理部、设计管理部、项目监理部、造价合约管理部四个职能部门（如图17-2所示）。

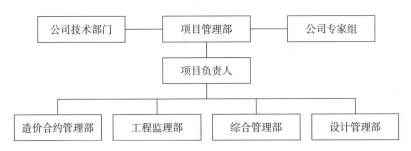

图 17-2　全过程工程咨询项目管理部组织结构

项目管理部各职能部门及主要岗位职责如下：

① 综合管理部

综合管理部主要负责项目报批报建、项目前期手续办理、项目总控计划、策划方案编制，负责项目各项重大事务的组织协调，负责信息资料收集及日常管理（包括信息共享平台），负责针对项目部内部诸如人力资源、制度及形象建设、办公纪律、成本控制等各项综合事务的管理，以及围绕项目建设需落实的项目报批报建手续办理、信息档案、项目参建单位关系协调、驻场办公参建单位的办公纪律、廉政纪律、维稳、项目形象宣传及展示等各类综合事务的管理。综合管理重点以组织协调、贯彻落实为主,通过综合管理,有效衔接其他各专项管理工作,促进项目各项管理工作有序进行。

②设计管理部

具体负责设计管理制度及流程建立并控制执行,落实各项设计过程进度、质量、投资控制,组织设计文件审核、优化,协调设计配合现场或采购需要出图或出具设计变更,负责组织图纸会审和设计交底工作,协调项目公司、EPC单位落实工程变更及各专项设计审批,参与现场质量问题处理,负责设计图纸及资料日常保管及最终归档管理,负责协助项目公司落实对工程总承包单位设计履约质量检查及绩效考核,负责设计费支付初步审核等。

③工程监理部

按照国家监理规范履行监理职责,具体内容包括但不限于:履行施工组织设计及专项施工方案监理审查职责,主持或参加各类现场专题会、协调会,负责现场签证、工程索赔、进度款支付初步审核及各阶段工程计量审核,负责现场的安全文明施工管理,组织并参与分部工程及单位工程竣工验收,落实各专业分包单位进场和退场管理,设备进场验收、施工单位工程竣工结算及归档资料的整理,协助落实项目移交,落实对施工单位、供货单位及主要参建人员的履约评价,协助项目经理部完成参建施工单位及参建施工单位主要负责人的后评价等。

④造价合约管理部

负责造价咨询及招标管理、合同管理的制度建立与执行,负责落实对项目造价、招标、合约工作日常管理,协调造价咨询单位跟进工程进展、同步落实相关造价及招标合约工作。负责针对造价咨询单位提交的各项造价、招标投标成果文件落实审查审核,具体包括招标方案、招标文件、工程量清单及控制价、工程进度款及合同款审核及支付办理、现场签证及变更价款审核及索赔处理、材料及设备询价定价等施工阶段造价控制服务咨询成果。负责项目建设年度、月度资金计划的编制,负责招标文件计价、计量、支付、结算等条款编制及审查,负责协助项目公司组织、审核办理工程竣工结算等,组织竣工图及竣工结算编制报审工作、处理工程现场的各类责任事件、定损等。负责项目招标方案、招标计划、招标文件、招标公告的审核,负责协助组织投标人踏勘现场,负责协助组织投标、开标、评标,协助招标人定标、发中标通知书,负责审核合同以及进行合同谈判和修订,组织签订合同。负责合约管理制度的建立并控制执行,协助相关管理部门落实参建单位合同履约检查建议,负责合同变更、补充协议办理等日常合同管理工作,负责进行招标项目备案并组织招标、定标等具体工作按时开展。

17.1.5 全过程工程咨询实施过程

1.指导思想

以项目总体策划为前提,建立规范的管理制度、明确工程流程、统一参建单位思想,在项目决策、准备、施工、竣工验收各个阶段，统筹安排项目管理，招标采购、设计管理以及现场施工、监理具体工作，协同EPC总承包单位、造价咨询单位、第三方检测单位等，实现项目质量、工期、安全和投资控制目标。

2.工作思路

工程项目管理的实施采取两条主线同时进行。由于本工程时间紧，各阶段要求多，因此本着先急后缓、大小兼顾的原则进行。一条主线是对于整个项目管理系统的设计，包括择优选取工程总承包单位以及对设计阶段进行有效管理，制定设计进度计划并组织实施，根据开工时间和概算申报时间，倒排工期。按照可研批复后，完成方案深化及初步设计的时间，分解主体进度（建筑、结构、给排水、暖通、电气、智能化、钢结构、燃气、人防、绿建、海绵城市）和12个专项进度（幕墙、景观、室内精装修、泛光照明、标识设计、声学设计、厨房设计、装配式等12项）。制定2019年全年工作计划，主体设计先行，专项逐步开展。另一条主线是现场施工管理，以合同总工期为前提，主要里程碑节点为过程进度控制点，科学合理安排工作进度。如结合报建工作，用地规划许可证的办理，人防面积，消防设计审查，用水节水方案审批，水土保持备案，开设路口审批等事项。划定大的成果提交节点和小的任务攻克节点，实现既定时间内的快速推进，保证项目各项工作顺利开展。

3.工作的目标

项目管理的核心是目标管理，项目管理工作须围绕科学合理的目标进行。本项目采用科学、合理、先进的项目管理方法和手段，使本项目高效、合理地实施，保证项目总目标的顺利实现。

（1）投资目标：由于项目实施难度较大、存在风险较多，在同口径计算基础上概算不超估算、预算不超概算。保证项目投资结算不超合同价。

（2）进度目标：本项目开工日期为2019年5月23日，竣工日期为2022年3月1日，完成移交日期为2022年6月1日。

（3）设计管理目标：符合现行国家规范，达到《建筑工程设计文件编制深度规定（2016版）》。

（4）安全文明施工目标：无重大伤亡事故，创建省、市"双标化"工地。

（5）质量目标：达到国家规定的合格验收标准，确保工程一次性验收合格通过，本工程要求确保"钱江杯"，力争"鲁班奖"。全过程工程咨询管理人员按质量标准规范，确保设计、采购、加工制造、施工、竣工试验等各项工作的质量，建立有效的质量保证体系。

（6）绿色建筑目标：浙江省《绿色建筑设计标准》DB33/1092—2021二星级标准。

（7）BIM技术目标：BIM在设计阶段模型深度需达到LOD300，服务内容包括建模、性能分析、面积统计、冲突检测、辅助施工图设计、仿真漫游、工程量统计。

在施工阶段的施工模型为在设计模型基础上进行深化，模型细度达到LOD400，服务内容包括施工深化、冲突检测、施工模拟、仿真漫游、施工工程量统计。

17.2　启动管理

2018年11月全过程工程咨询单位进场后，根据工程实际情况，编制了招标策划方案，内容包括工程总承包、桩基检测、室内环境检测的招标内容、招标的方式、招标的相关要求等。

17.2.1　招标管理

项目建设用地规划条件中要求"该地块按照建筑工业化要求全部实施装配式建造"，同时《浙江省人民政府办公厅关于加快建筑业改革与发展的实施意见》中提出，"装配式建筑原则上应采用工程总承包模式。政府投资工程应完善建设管理模式，带头推行工程总承包"。故本项目采用工程总承包模式。

全过程工程咨询单位根据招标策划内容，对工程总承包招标的相关事项进行梳理，形成专项报告。考虑到本项目时间比较紧，完善招标条件、招标方案审批、编制招标文件、编制投标文件和评标定标时间以及开工节点时间均受限。为保证招标工作质量，优中选优确定承包人，2018年下半年，建设单位就工程总承包邀请招标事宜多次与区住建局等其他有关行政主管部门进行了协调沟通，区重点项目推进工作领导小组还为此专门召开了专题会议，同意本项目采用工程总承包招标采用邀请招标方式。邀请招标短名单确认原则为优先考察承担过大型工程总承包公共建筑项目、实力强、信誉度高、具有施工总承包特级资质的中央直属或省属大型国有施工企业。

结合本项目实际情况，全过程工程咨询项目管理部搜集了大量工程总承包项目的招标文件，认真研读分析，编制项目工程总承包招标文件，并组织召开10余次工程总承包招标文件编制讨论会，对招标范围、评分办法、投标报价设置、计价原则、技术要求、合同条款等关键内容进行讨论并确定。2019年4月1日，根据区标办审查意见修改的内容和根据调整后的增值税率重新编制的招标控制价，经集团招标领导小组标前会审议通过。

17.2.2　评、定标要点设置

基于工程总承包实施风险类型和特征，结合招标阶段承发包市场情况、本项目影响力和建设要求，以优选中标人为原则从企业类似业绩、项目经理及设计负责人业绩、拟派项目人员、工程总承包总体项目管理方案、设计管理、工程施工管理、物资采购管理工程总承包分包管理、合理化建议、报价等方面设定评标标准。同时，为保证评标过程的严密性，采用二阶段评标，首先采用技术标暗标评定，其次开商务标评标，并形成评标结果；采用综合评分法由高到低，评标委员会推荐得分最高者为第一中标候选人，得分次高者为第二中标候选人。

工程总承包单位招标共邀请6家单位参与投标，投标人均为国内优秀企业；通过上述方法确定有承包人，符合优中选优、优中选低价的招标投标竞争原则，后续项目实施、管理等方面也体现评定标准有效。

17.2.3　招标时序安排

2018年12月11日，召开了EPC（工程总承包）招标工作启动会，确定正式启动工程总承包招标工作；12月19日，召开了工程总承包招标文件编制讨论会，对招标原则进行了讨论，并对招标文件的编制工作进行了分工。2019年2月完成工程总承包招标文件的编制工作。2019年4月9日，工程总承包招标文件备案完成；4月10日起发布招标文件；4月30日顺利完成工程总承包开标、评标。

招标工作周期总体上符合法定招标流程相关要求和时限要求，同时也满足充分准备时间、投标人需求时间，满足项目开工要求。

17.2.4　工程计价方式比选

在项目招标策划时，对工程总承包不同发包条件下的计价模式进行了充分分析，初步设计完成后，主要工程量可以按照初步设计文件计算，主要材料、设备技术要求、参数等均在设计文件中体现，其他相关要求也通过发包人要求予以明确。本项目通过对全费用综合单价、综合单价、经济指标、工程量清单等多种计价模式进行分析，结合发包工程特点和类似项目工程管理经验，本工程总承包工程招标时对后期争议小的部分选定了固定价模式，对需求不明确后期可能调整的部分选择了费率模式，并且项目还公布了概算造价、最高限价、风险控制价的相关要求：

1. 概算造价：101463.2408万元（设计费1355.8930万元，建筑安装工程费用及设备购置费94820.3666万元，工程建设其他费286.9812万元，预备费5000万元）。

2. 最高限价：98618.6297万元（设计费1355.8930万元，建筑安装工程费用及设备购置费91975.7555万元，工程建设其他费286.9812万元，预备费5000万元），超过最高限价作否决投标处理。

3. 建筑安装工程费用及设备购置费风险控制价：77752.7006万元（建筑安装工程费用及设备购置费概算造价的82%作为风险控制价）。

4. 确定中标人及合同签约

2019年5月，通过邀请招标的方式确定工程总承包中标单位，中标价为95323.2539万元，并完成EPC工程总承包合同签订工作。

17.3　设计管理

项目投资大、专业及子系统繁多、接口多且复杂、项目使用人员不确定，各单体、楼层及房间具体使用需求存在的变数较多，工程单位投资指标较高，设计品质要求高。因此，时间短、任务重，如何在有限的时间内追求建设品质是全过程工程咨询单位的重任和难题。

在工程总承包项目管理中设计管理是最重要的，本项目设计管理通过"技术前移，管理前置"思维引导的设计全融合管理，有效减少设计变更与二次设计，提升设计效率与设计稳定性，使项目各阶段有效结合，为项目实施过程中的质量、安全、进度目标提供有效保障。

在前期设计管理工作中，发挥"技术＋管理"的集成优势，运用BIM技术对建筑物数据进行不断地插入、完整、丰富，并为各相关方来提取使用，达到绿色低碳化设计、绿色施工、成本管控、缩短了工期，使项目按质、按量、按时完成。

17.3.1　EPC进场方案优化阶段

利用BIM技术的数字化交互机制进行方案优化，如对桩基、幕墙、平面功能、结构超限设计、机电设计、室内设计等通过专家咨询和评审的方式，分别针对可研批复金额和实用性进行了优化设计。邀请行业内资深专家全面审查图纸内容，设计单位配合解答专家问题并在专家会上展开讨论，将问题全部在图纸中消化，并由全过程工程咨询单位全程记录到设计任务问题跟踪表内，定期核查设计落实情况。

17.3.2　施工图设计阶段

1.使用需求反复变化

本项目由于涉及多个使用单位，如果在初步设计阶段需求论证不充分，在施工图设计阶段甚至施工阶段，使用部门会提出反复调整功能及平面布局要求，这会给施工图设计带来很大困扰，直接影响设计进度及工程投资。为避这种情形发生，全过程工程咨询单位在施工图开始前先行就平面功能再次征求使用部门意见，最大限度地将需求在施工图设计开始前落实。

2.专业设计界面检查

本项目中涉及专业范围广，功能要求全。各专业设计需要相关专业提供设计条件，如智能化专业中楼宇控制需要暖通、给排水专业提供对应控制设备的点位数量、平面位置及监控需求；柴油发电机组、制冷机组等大型设备还需要建筑专业留足运输通道，结构专业满足荷载要求；装饰装修专业也需要和建筑、结构专业理清设计界面，避免专业之间出现缺漏或重复。施工图阶段将对各专业之间界面、设计条件作为管理重点。

3.专业间交叉互审，防止冲突

工程各专业图纸要通过施工活动实施到位，形成最终建筑物。各专业实物是相互依托、相辅相成的关系。在施工图阶段，不仅要就单专业图纸质量进行审查，还要对与其相关专业进行交叉互审，以免出现工程施工期间位置冲突、标高冲突、空间不足等无法实施的现象，如对给排水专业施工图设计文件审查，在审查设计文件深度符合要求，内容是否齐全、清楚、有无遗漏或差错，平面图、立面图、透视图是否一致等的基础上，还应审查埋地管道的埋置深度、形式，与建筑物基础、道路及其他管线的水平净距和交叉净距是否符合要求，与各专业核对线路布置、走向等有无矛盾或影响安全的地方，管道穿越地下室、水池等构筑物墙、地面及穿越伸缩缝、沉降缝，土建结构中是否预留孔洞，设计是否采取了可靠的防水措施或技术措施等。

4.施工图与初步设计发生重大变化

因初步设计阶段考虑不周或外部条件发生变化，施工图设计阶段中某些技术方案、材料选用、结构形式等相较于初步设计文件发生重大变化，进而带来投资变化。此时要认真复核变化原因和因变化带来的投资变化调整情况，充分论证变化的科学性、可行性及经济性，并根据情况适时上报发展改革委等有关主管部门备案。

5.部分专业设计深度不满足

工程中智能化、幕墙、室内装饰装修等专业经常出现施工图设计深度不满足要求的现象。不满足设计深度情形的代表性问题如下：①末端设备定位及管线走向不准确、仅有示意图；②智能化机房内设备无定位尺寸；③智能化机房用电量需求不明确；④幕墙安装节点做法不明确；⑤幕墙与结构定位及连接不清晰；⑥室内装饰装修仅有材料名称及尺寸，节点做法不详、无平面排版图、无设备定位尺寸图等。此阶段审查图纸时应将上述类似专业容易出现的问题作为检查重点。

6.管线综合排布不合理

管线综合排布是公共建筑的难点之一。管线排布不合理会导致浪费材料、挤压空间、不利于施工及后期维护等负面影响。本项目研发中心、商务酒店、商业裙楼及地下室等公共空间管线的综合排布将是施工图阶段工作难点。采用BIM技术启动管线排布将会有效解决上述困扰。

7.标准、规范的适用性及时效性

标准、规范作为设计依据，编制发行部门会根据技术发展适时更新标准，某些地方也会根据当地气候、水文、材料等因素发布当地的地方标准。设计院在设计阶段要注意相关标准引用，一方面要有针对性，即所引用的标准等文件应适用当地要求及项目要求，另一方面要注意时效性，避免引用过期的标准、规范。

8.核查各方审图意见落实情况

通过前期项目管理公司以及审图机构、造价公司、报建主管单位审查，形成的大量审图意见会反馈到审计院，上述意见是否能够得到有效执行是反映最终施工图质量的关键环节，项目管理公司将针对上述单位审查意见建立跟踪反馈机制，对合理意见逐项落实，不合理意见也会给提出单位予以回复。

17.3.3　施工配合阶段

对于业主角度的设计变更相较于传统模式会大大减少，但对于EPC单位来说的设计变更数量与传统项目无异，所以该有的变更审批程序正常执行，审批重点变为图纸与现场的一致性，现场管理或设计管理人员在施工过程中需要多频次的核对现场与图纸的一致性，避免施工方随意变更或不按图施工。

17.3.4　设计进度管理

工程总承包模式的优势之一就是有利于设计同施工的交叉运行，从而加快项目建设进程。从本工程实践分析，施工图设计总体进度未对施工产生影响，采用工程总承包模式确实能实现提前开工，保证项目开工目标，同时实现有条件的设计与施工搭接，总体上缩短部分工期。本项目2019年4月完成设计施工总承包招标，2019年5月工程总承包开始进场，2019年7月完成第一版施工图设计，并组织各参建单位进行审查，8月初完成施工图审查工作。合同要求承包人收到中标通知书后45日历天内完成施工图设计工作，实际施工图全部完成约50天，基本满足工期要求。

设计进度是确保项目顺利推进的基础和保证，所以设计进度管理必须纳入工程总承包项目管理中，使设计各阶段的进度计划与询价采购、现场施工及试运行等进度相互协调、相互融合。确保设计进度能满足设备、材料采购、专业工程施工招标进度计划要求及现场施工进度的要求。

在编制设计进度计划时还要充分考虑主要设备和材料受制造周期、运输、国际形势等约束条件，考虑设计工作内部逻辑关系，避免造成设计施工紧密联系的模式下再次割裂运行。

17.3.5　设计变更管理

本项目规模较大，工种复杂，施工图纸不可避免地会出现这样那样的问题，同时由于局部功能调整等原因，现场也会出现大量的工程变更，这些变更不仅可能造成造价的增加，也对工程进度产生较大影响，对此，相应处理措施有：

1.加强图纸审核，重视图纸交底及图纸会审，预先控制，并要求设计单位派驻现场的设计代表及时解决现场矛盾。

2.安装专业预先进行投影布线，发现矛盾及时通过现场设计代表，加强设计各专业之间的相互协调。

3.确定工程变更流程，严格变更制度，避免不必要的工程变更，并由专人负责跟踪工程的变更落实。

4.平时加强图纸的学习，及时发现包括功能、布局、尺寸等图纸中问题，并联系项目公司、设计以及施工单位就发现问题进行解决，使问题在施工前就得到解决。

17.3.6　设计品质把控

设计管理要以设计进度、质量、成本为核心，保证现场的施工进度，最大限度地合理创造效益。本项目全过程工程咨询单位配备了5人的设计管理团队，包括一级注册结构工程师等专业人员，通过设计复核，对项目图纸的"错漏碰缺"以及设计品质进行严格把控。

1.通过下达设计任务书，明确设计目标、设计范围、设计条件、设计标准，工程总承包单位必须严格按照项目公司设计任务书、规划条件及本项目合同明确规定的质量目标和质量要求进行工程设计，设计成果质量满足《建筑工程设计文件编制深度规定（2016版)》。对建筑关键部位、重大技术问题，必须进行多方案比较，选择符合项目公司要求，综合考虑建筑周边实际情况、实施的可行性等因素后确定最优方案；对影响工程质量的问题，必须进行科学试验和论证后，确定最终解决方案。

2.在设计各阶段，特别是方案设计和初步设计阶段，及时组织设计单位沟通汇报设计思路、设计制约因素及存在问题，并提出解决方案。

3.重大设计方案或方案调整，需根据实际情况组织专家论证会，并落实论证意见。对新技术、新材料应用，需根据实际情况组织专项论证，保证在技术可靠、造价合理情况下推广应用新材料、新技术。

4.重点对建筑功能布局、装修标准、各用户单位办公面积指标等直接影响使用的重要指标组织内部核查；全过程工程咨询单位则进行各专业全面审查，参加施工图会审，起草《施工图会审意见单》《施工图设计修改通知单》和《施工图设计修改通知单审批表》报项目公司审批，经审批同意后发放工程总承包单位组织落实。

5.发挥工程总承包管理模式下的统筹协调机制，不同专业、设计与施工管理内部建立有效沟通协调，各专业设计统筹兼顾、互相协调、避免专业之间设计冲突的同时，考虑设计在施工过程中的可实施性。施工图设计完成后，由工程总承包单位组织施工图内审并形成施工图内审会议纪要，并根据施工图内审会议纪要落实修改，将修改后的施工图报送专业图审单位审查并取得施工图审查合格书。

6.所有施工过程中实施的设计变更须完整准确地在竣工图中体现。

17.3.7　设计管理组织流程优化

1.本项目设计工作WBS分解

本项目采用工程总承包模式，工程总承包合同规定的设计内容包含除基坑支护设计外的所有施工图设计，建筑（含建筑装饰装修）、结构（含钢结构）、电气、给水排水（含室外管线）、供暖通风与空气、热能动力、室外设施、附属建筑及室外环境、室外电力外线（包括开闭所和变电所）；各类专项设计包含综合能源供应系统设计、建筑幕墙设计（含屋面光伏玻璃的钢结构）、建筑智能化设计（含数据中心、财务公司机房、大厦办公网络机房、会议中心等）、电力并网接入设计、装配式建筑、建筑节能、消防、电梯（含轿厢）、人防、燃气、海绵城市、BIM设计、绿色建筑、交通设施及标识标线等涉及本项目所有的专项设计以及相关的深化设计。设计相关方众多，设计管理难度极大。本文梳理了案例项目的设计工作内容，实施了设计工作分解（如图17-3所示）。

2.项目设计管理组织需求分析

（1）涉及相关方多，需协调多方关系

本项目具有设计种类繁多、专业性强、复杂程度高的特点，EPC的设计方难以独自完成全部设计及深化工作。因此，除了主体建筑设计、景观专项、室内精装修专项、BIM专项等一般综合设计院能够独立完成设计深化的工作以外，还有一部分设计工作需要交由

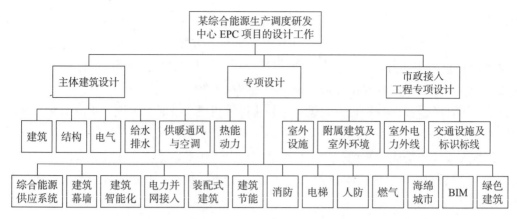

图 17-3 EPC 模式下某综合能源生产调度研发中心设计工作 WBS 分解

具备采购和专业施工能力的分包商负责，由其完成设计深化。例如，常规专项设计中的幕墙深化设计、泛光照明深化设计、标识设计等常规专项设计，以及需要专业综合能源供应设备厂家深化设计施工的专项。这些顾问公司、专项分包商也将参与到项目的设计过程中，其中错综复杂的利益关系为工程总承包单位项目设计工作的组织管理带来很多不确定性和干扰因素，因此需要根据项目的具体特点和分包商的实际情况制定设计管理流程。

（2）设计要求高，需提前做好设计管理策划

工程总承包模式下，设计管理需对设计各专业人员进行协调管理，包括：

①需要提前明确设计人员对除设计以外的其他环节的职责，包括项目策划、可行性研究报告、投资测算、招标投标代理、成本合约、工程施工等中的角色及参与深度。

②需要提示设计人员增强对与本专业设计交叉的其他专项设计理解，帮助其理清前后置关系，做好条件预留。

③需要协调设计与经济专业，确保在固定总价的要求下满足限额设计要求。因此，设计管理需要提前做好策划，分析识别设计管理的重难点，以便为设计管理的开展做好充分准备。

3.EPC 项目设计管理组织流程优化路径

（1）构建适用的设计管理组织框架

在工程总承包项目中，全过程工程咨询单位综合知识、经验、责任等方面的考量，任命设计管理负责人，由其牵头协调后续设计管理的所有相关任务。在项目执行过程中，由设计管理负责人牵头，组织各专业设计管理工程师管理组织主体建筑设计及各专项设计所有事宜。

（2）设计管理的组织实施流程优化设置

本工程总承包项目中，分为主体建筑设计和专项设计分别进行，因此，设计管理主要分别针对这两类设计展开，具体流程如下：

①主体建筑设计管理的组织实施流程

工程总承包模式下，在初步设计过程中，工程总承包项目需要协调甲方取得市政条

件，由咨询单位牵头协调甲方与政府相关部门召开市政协调会，综合协商解决市政条件问题。要求市政协调会主体建筑设计各专业负责人参会，并在过程中协助总承包经济专业进行市政方案对比测算。由于现行初设技术、经济审查大多只是检查与现行法律法规的合一性，并不对整个项目的合理性进行深入论证，因此，初步设计完成以后，除了设计院内部的综合审查，建议引入外部技术专家，对各专业系统方案设计进行综合技术审查；建议引入外部经济专家，对项目概算进行经济审查，并将经济审查结果作为依据调整设计成果。外部技术、经济专家"双评审"以后，再报项目建设所在地审查机构，审查技术、经济方案。

初步设计及概算批复以后，由总承包设计管理方下发施工图设计任务书，开展施工图设计。同样，施工图设计完成以后，除了设计院内部的综合审查，建议引入外部技术专家，对各专业系统方案设计进行综合技术审查，并将审查结果作为依据调整设计成果，进而报项目建设所在地审查机构，进行施工图审查工作直至审查通过。施工图审通过以后，根据现场施工进度进行设计图纸技术交底工作，工程总承包项目根据施工现场需求，多次进行技术交底。

②专项设计管理的组织实施流程

专项设计包括常规专项设计及综合能源供应专项设计。其中，常规专项设计包括建筑智能化专项设计、幕墙专项设计、景观专项设计、装配式专项设计以及BIM专项设计五大类。这五项均由总承包管理方委托专业设计分包或顾问公司执行，施工由施工单位负责；此外，常规专项还包括消防、电梯（含轿厢）、人防、燃气等，由总承包单位委托专项厂家深化。本项目综合能源供应专项设计需要专业综合能源供应设备厂家深化设计施工。

本案例项目的幕墙设计、精装修设计、智能化设计、景观设计、高低压配电设计、钢结构深化设计、泛光照明设计、光伏设计、燃气设计、标识系统等专项设计都已完成。由于室内精装修设计与其他设计分包工作界面交叉较多，极具代表性，因此，下面就精装修专项设计，通过对其设计管理工作流程、各环节管控要点以及与其他专项深化工作的界面划分三个方面的工作论述，来阐述本项目的专项设计管理。

在室内精装修意向方案完成以后，要求设计单位组织技术经济论证及预汇报。意向方案阶段总承包单位主要把控成本投入，主体建筑设计方把控设计风格与主体建筑的一致性。评审通过以后需要组织意向方案向甲方汇报；意向方案通过后，由总承包单位下发方案设计任务，并在方案设计任务完成后，组织第二次技术经济论证及预汇报。本次技术经济论证总承包单位主要把控成本限额指标，并综合把控设计风格、平面布局、使用功能。

方案评审通过后，可以组织向甲方进行精装修方案汇报；方案通过后，可以下发深化设计任务。深化设计过程中，总承包设计方可以根据项目需求与精装修设计方协商，是否直接进行施工图设计，或是先进行初步设计，再进行施工图设计。

（3）准确把握对两类设计主体的管控要点

本工程总承包项目在实际施行过程中，存在项目设计条件尚不成熟就亟须往前推进的情况，因此，全过程工程咨询设计管理尤其要注意对设计主体的管控。具体来说：

①对主体建筑设计方的管控要点

从项目建议书到可研到立项批复的前期阶段，主体建筑设计方应积极介入项目，在与甲方沟通建筑功能、建筑平面、面积需求等技术问题时，要求专业负责人及以上的高级建筑师必须参加；且关键场次会议（例如：可研评审会等），要求专业负责人及以上的高级建筑师协同总承包成本经济专业共同参与，并且根据总承包管理方提供的可行性研究报告范本，要求设计人员在本阶段按照可研范本所需资料格式、深度提供相关资料。在报批报建阶段，必须由专业负责人及以上的设计师负责关键技术环节沟通，总承包设计管理方负责进度控制、文本深度与格式控制，并参与全程监管。要求 EPC 项目必须采用 BIM 技术，主体建筑设计方应积极配合回应 BIM 专项设计单位为提高设计水平、减少各专业碰撞及各专业图纸交叉的问题，减少医疗专项设备与土建设计之间碰撞交叉问题的设计检查报告。主体建筑设计方的设计总负责人应对设计总包管理负责，对建造交付效果整体控制负责。

②对设计分包方的管控要点

除了主体建筑设计方以外，应对所有设计分包方进行管控：由于 EPC 设计周期较长，涉及专业较多，为了防止邮件收发导致的后续经济、技术纠纷，必须在项目伊始，由总承包设计管理方明确，所有往来资料从公共邮箱发出，统一收发；设计开始之前，由设计总负责人归拢提交设计任务书、统一技术措施，提交后由总承包设计管理方组织各专业负责人及设计管理、成本管理、工程管理等相关人员进行综合评审，评审通过以后下发执行。设计开始之前，要求设计总负责人提交人员策划方案，明确各专业负责人、设计人，明确校对审核名单。特别是主体建筑设计，校对工作优先指定设计单位其他设计人员（要求专业负责人及以上，高级建筑师或高级工程师）执行。

项目设计过程中（包括概念方案阶段、方案阶段、扩初阶段、施工图阶段），要求各设计方保证满足限额设计要求，配合总承包设计管理方提交整理项目建造标准。所有会议均需整理会议纪要、签到表，技术会议由设计人员牵头记录整理，统一上交总承包设计管理方留存归档。要求对甲方交付成果之前，设计方上报总承包设计管理方，并提前组织预评审，保证一体化设计，保证成本工程等与各专业设计及时协同。设计过程由相关设计专业负责人控制，除主要控制节点（方案、初步设计、施工图）以外，总承包设计管理方实行过程抽检制度，各设计专业负责人应予以积极配合。各设计团队原则上一个项目指定一个统一对接人（要求设计主持人）与总承包设计管理方对接，防止出现多头对接及信息不对称现象。

设计施工图出图之前，需由设计主持人牵头向总承包设计管理方提交校对单、审核审定单、专业会签单等内部流程成果资料，保证对外资料经过设计单位内部 ISO 标准流程控制，质量有保证。

本工程总承包项目中，设计管理工作作为能够串联整个项目全生命周期中零散片段设计工作的主线，必须在初始阶段做好设计管理策划，理清设计、采购、施工各阶段工作中的设计主项及相互关系，实现设计与采购施工的合理搭接与深度交叉，发挥其应有的作用。

17.4　投资管理

目前已完成项目桩基工程、土方工程、主体结构工程施工过程结算，预计工程总承包合同结算金额约9.6亿元，过程中通过风险预判、明确约定、合理调差等造价控制措施，较好地完成了施工阶段投资控制任务。

17.4.1　提前预判，明确约定

经过前期策划、可研及初步设计文件或设计任务书编制，工程所需的投资及各项结构形式、使用功能、装修效果、指标条件都有了相关的标准和依据，而后的招标文件、工程量清单及控制价编制是投资控制的重点和难点。要得到物有所值的结果，避免投资浪费及承包商的投机行为，减少实施阶段造价的争议或推诿扯皮事项。

由于利益关系，工程总承包模式易发生承包商的施工图设计对业主方需求的减配，承包范围界面不清，招标文件相关要求或工程量清单项目特征描述不清等问题，这势必导致增加无效的投资或推诿扯皮，所以影响投资控制的各个方面均应在招标文件或相关附件中列明，来有效指导招标工程量清单及控制价的编制、承包商投标报价和工程实施来得到较为准确的工程造价、招标文件（包括初步设计文件、设计任务书、投标报价规定、技术要求、工程量清单等）及合同要点等。

1.对设计采购施工的范围内容、指标标准、各专业系统使用的功能要求、特殊施工或材料设备要求、特殊工艺要求及各部位装修样式等要明确，若附带其他工作内容应予以说明。

2.工程界面划分要清晰明确，如与综合能源供应系统、精装修部分的施工界限范围和需要提供的工作条件，计价规定范围外，第三方服务等相关手续由谁办理及费用由谁承担。

3.商务相关条款的设置要较全面并有针对性，如需要特殊约定的计量规则、包干项目包干范围内容界面、发生变更处理原则、人材机调差规则、索赔规定、风险内容提示等。

4.合理设置招标控制价，例如需求确定后期变更少的单位工程分专业包干报价，需求暂不确定的、造价较高的专业工程采用费率招标，后期根据施工图及预算定额重新编制清单较合理，如土方工程、围护结构、机电安装采用固定价包干；工程桩、精装修、幕墙工程等采用费率下浮。控制价编制要与招标文件要求相符合，做到充分市场调查询价，尽量依靠各计量依据通过计算或估算得出的各分项工程量组价来形成招标控制价。

17.4.2　明确责任，严控变更

工程总承包模式的设计变更极易发生矛盾争议及责任不清，对投资控制影响较大，所以对变更的处理应结合工程量清单设置形式和施工图设计应由承包商负责的原则来进行，需要在承包合同中设置明确划分责任和价款调整的针对性条款，本项目工程变更包括：

1.发包人要求发生变化，提出规模、功能和标准的变动。

2.人工、材料调价约定

（1）本工程可调材料【仅限钢材（不含基坑围护及安装工程）、商品混凝土（不含基坑围护）、装配式建筑成品构件及电缆】价款动态调整结算方式按工程形象部位（目标）进度分段计算，工程竣工后，双方按照相应阶段内各月信息价平均值相对于编制期信息价的变动幅度以及材料的风险承担幅度进行已完工程量的计量和价差计算，价差只计取税金。月份的计算按照日历月份计，遇有小数即进位取整数。

（2）人工（含施工机械台班的机上人工）：当人工市场价格波动幅度超过合同约定时，按照竣工后一次性结算方式调整人工费价差。人工价差采用价格指数法调价，价差只计取税金。

3.根据本工程特点，商定的其他变更范围

（1）本工程为工程总承包工程，因承包人原因产生的变更联系单必须经过发包人同意，因变更联系单导致增加费用的不予调整，减少费用的按实调整；因变更联系单所导致的工期延误不予认可。

（2）图纸会审之后，若发包人指示的工程变更（以发包人通过全过程工程咨询工程师发出的工程变更联系单为标志）导致本项目发生变化的，按实结算。

（3）要求上报预算的项目，预算价低于中标价的，则作为变更项需扣除相应差额，若超过则不再增加费用。

4.工程变更

（1）承包人提出的变更：施工图图审完成后，承包人提出变更的，增加费用的不予调整，减少费用的按实调整。

（2）施工图图审完成后，因发包人提供的原始资料或工程现场条件与实际不符，或招标文件中技术要求因发包人原因发生变化，造成承包人设计变更和工程量调整的，视为工程变更。

（3）因发包人要求，招标范围外增加的工程内容，按新增项目处理。

（4）因发包人要求增加超出规范规定范围外的检验工作、发包人原因造成的二次及以上性能考核试验，按新增项目处理。

17.4.3　有效管理、动态把控

在项目实施过程中，全过程工程咨询单位要严格执行省市区政府的相关文件，严格招标投标、合同签订中的投资控制工作，严格按合同进行计量、计价、变更确认及决算的审核，投资控制在预算范围内。加强施工过程中各环节的控制，节约投资，控制成本，提高效益。要求所有涉及费用变更的联系单必须提供充足的依据，要合情合理。

在保证工程质量的前提下，通过严格的过程控制、规范的管理流程，以及技术和经济相结合的方法，确保实现降低成本、提高经济效益、社会效益和环境效益的目标。

针对项目概预算的控制，本项目造价咨询组与建设单位一起，针对图纸和会审意见，

编制了目标成本，确定项目实施总投资指标，及时整理和汇总成本管理的资料和数据。

针对设计概预算，利用公司后台造价数据库，按专业、按阶段编制及会审，对项目精装修、弱电、空调、电梯、特殊工艺等进行了初步询价，确保了各阶段概预算的准确性。

17.5 施工管理

17.5.1 进度管理

项目总体定位为集"生产、调度、新能源研发"为一体的中高端多功能综合楼，采用"工程总承包＋全过程工程咨询"的建设管理模式，计划于2022年底竣工并交付使用。在施工中，影响施工进度的关键工程主要包括地下室施工、PC构件制作及安装、幕墙施工、电气安装施工、内部精装修施工等，其监控措施如下：

1. 桩基先行加快项目建设进度

办理施工许可证的前置条件是完成施工图图审并备案。由于本项目采用EPC总承包模式，提前谋划，与区住建管理部门沟通桩基先行，在2019年5月23日EPC总承包中标公示完成后，立即开展地下室底板以下施工图设计并进行图审；5月31日取得地下室底板以下施工许可证，6月1日正式开工。

2. 地下障碍物及时处理

开工建设后，场地中发现大量老桩及承台基础后，立即组织EPC总承包单位进行处理。先探明老桩及承台位置，通过设计进行调整工程桩位置避开老桩，无法避开的则采用拔桩、冲锤引孔开展地下障碍物处理工作。于2020年4月18日完成全部工程桩施工。

3. 大型地下室结构施工

（1）土方开挖

项目地下室总面积5.7726万平方米，预计至少30万立方米土方，开挖中需要配备足够的土方运输车辆以及合理的出土路线安排，距离底板标高300以上部分采用机械开挖，其他采用人工修土防止超挖。土方开挖原则上应分区分段进行，挖土次序严格遵循"分层开挖，先撑后挖"及"大基坑，小开挖"的原则，进行分区开挖。在督促、审查承包单位编报的基坑围护方案并执行方面，督促施工单位应根据支护设计图纸编制详细、可行的土方开挖施工组织设计，组织专家就其中的挖土方案重点进行论证。

（2）地下室结构施工

项目整个地下室施工中，涉及基坑围护、土方开挖、大体积混凝土浇捣等专业。项目总进度控制计划中，从土方开挖、基坑围护到出±0.000预留了12个月的时间，为了能如期完成，必须加强协调，重视工序搭接，争抢进度。落实施工单位合理安排施工流水段，充分利用作业面，结合土方开挖，按照施工后浇带的设置，分段施工。各施工专业班组可以在基坑中按照工序连续施工，能保证专业班组施工的连续性，从而保证施工的总进度。

4. 钢结构制作及安装

本项目钢结构连廊安装工程量大，对工期影响大，依此制定相关进度控制措施要点：

（1）钢结构工程安装进度受钢构件制作和材料供应影响大，物资供应进度计划是控制重点之一，所以应加强钢结构加工制作的驻厂监造，做好原材料控制及加工控制。本工程钢结构的加工制作应放在设备精良的工厂进行，生产加工出来的半成品必须通过验收及预拼装验收，之后送至现场进行组拼成型，以保证钢构件的质量及加工精度。

（2）影响钢结构工程进度的因素很多，如设计、材料、设备、施工工艺、操作方法、管理水平、技术措施以及气象、地形、地质等；但在钢结构工程的施工中，其安装进度受工程总进度的制约，受土建施工进度的影响。在本项目中，钢结构施工必须和主体结构的施工紧密结合，编制施工计划，做好前期的钢结构预埋、后期的楼面板混凝土浇捣工作，以保证工程的总进度。

（3）在现场安装过程中，项目监理部应监督和检查钢构件安装计划的实施情况，定期组织测量、安装、焊接之间的调度会，协调各方协作配合关系，消除施工中的各项矛盾，加强薄弱环节，实现动态平衡，保证作业计划及进度控制目标的实现。

5. 内部精装修施工

本项目主要功能为办公、公寓，主体完成后项目进入内部装修阶段，其装修要求高，配套设施复杂，涉及专业广，分包单位多，将是影响后期施工进度的重点。

（1）建筑功能布局准确定位

在设计前期明确工程定位，避免后期涉及功能的重大变更，而定位上的变更直接影响后期装修格局、风格、材料等的确定，在施工过程中直接导致返工、调整、原预留预埋作废、后锚固等影响工程施工进度的问题。因此为保证后期的精装修工程进度，监理项目部将在前期与项目公司加强沟通，领会工程定位，避免后期功能性变更。

（2）造价清单应明确并保持统一

在精装修工程施工前，加强审核，注重图纸与预算清单一致，尽可能明确清单材料的质量标准及施工质量验收标准，避免后期因为再次明确及变更产生进度上的延误。

（3）在进度管理方面，明确项目公司、监理及施工单位之间的责任划分。针对精装修进度的动态变化，制定有效可行的应变方案，及时调整，如有需要，应及时进行工程变更、完善索赔手续，避免陷入被动局面。类似项目的工程进展情况变化，一般会从主体结构封顶以后，开始显现工程进度差异。样板间先行，精装修材料的确定，地面、门窗、吊顶、饰面板（砖）、涂饰、裱糊和软包各精装修工序与相关作业面的空调、电气、消防等专业之间的互相牵制，都是影响精装修工程的施工进度因素。监理项目部应积极协调，通过工地例会、监理通知、现场巡查等方式及时发现问题、解决问题，充分利用工作面，最大限度地保证工程进展。

（4）在精装修施工标准确定中，应关注以下方面，避免因后期的质量问题引起返工：确定施工标准时，注重匹配各装饰分项之间档次，形成统一风格。避免片面考虑装饰效果，对后期使用考虑不周到，以至于装修完成后，进行二次设计施工。应在精装修设计中，考虑项目公司及物业管理的使用需求。充分估计风险量，预留各专业协调合作空间，如精装修走廊扣板安装一般将吊顶封板作为重要的里程碑节点进行控制，所有隐蔽在吊顶中的工序均应围绕精装修扣板封口节点展开。所有预埋管线均应保证在封板之前进行打压、试水，并且各单位都在封板之前签字确认隐蔽无问题。另外精装修与空调、消防工程工作接口，也应充分考虑安装专业的需求，如空调新风口设有电子阀，安装完成后仍须进行调试；消防送风和排风口设有风阀，须在送风调试完成后进行手动复位。在精装修设计时应考虑必要的检修口，避免因为安装工作的需要，引起装修工程的大面积拆卸。

（5）精装修阶段，现场专业繁多，交叉施工作业多，后期厨房、灯光音响、家具、标志标识等专项设备进场施工安装，应做好成品保护，防止成品破坏对施工进度的影响。

17.5.2　安全管理

1.本项目位于市中心，现有场地狭小，参建单位多，施工临时设施、材料堆场紧张、道路运输、消防通道设置等受到极大限制。因此对施工现场文明施工、环境保护、现场周边安全、交通运输的组织、材料设备进出场等施工管理的科学性、有效性提出极高要求。本项目通过临设灵活布置在场地西侧；通过与街道沟通，借东侧尚未拆除房屋作为民工宿舍；基坑开挖后，材料加工场地布置在支撑梁上多种方式努力克服场地狭小。

2.本项目地下三层结构，开挖深度15.6米，开挖范围170米×120米，总出土方量达32.5万立方米，深基坑支护开挖属于超过一定规模的危险性较大的分部分项工程，根据《危险性较大的分部分项工程安全管理规定》规定编制了专项施工方案并组织专家论证。2019年9月25日开始土方开挖外运后，组织各参建单位优化项目出土场地布置，采取早晚高峰囤车措施，提高出土效率。开辟项目渣土第二、第三倒置点，为项目出土提供保障，为结构施工争取更多、更早的施工作业面，2020年11月底完成出土。

3.2020年6月底，在项目土方开挖至底板后，发生涌水现象，项目公司及时组织各参建单位及岩土、勘察专业专家对现场情况进行分析研判，总承包单位及时制定基坑排水方案，化解了安全隐患。本项目采用三轴水泥搅拌桩+钻孔灌注桩+三道混凝土支撑围护，为加快东侧地下室施工进度，东南角第三道支撑编制了专项施工方案并组织专家论证后优化为预应力钢支撑。根据不同施工阶段支撑梁应力变化，调整基坑日监测频次，确保基坑安全。

17.5.3　质量管理

1.施工准备阶段

（1）参与并监督工程总承包单位切实落实施工图设计与现场施工工艺的结合，做好施工图设计控制质量，做好施工图会审工作。

（2）认真审核施工组织设计，对重大的施工方案组织主要参建单位主管人员进行联合会审，必要时组织专家论证。

（3）按开工报告审批的有关要求，全过程工程咨询单位主要对设计是否交底、图纸是否会审、施工方案是否审批、质量检验计划是否审批、机具是否到位、材料与设备是否检验，以及质量、安全、文明施工的措施是否落实等进行审核。

（4）由全过程工程咨询单位对特殊工种的人员资质进行审核，确保持证上岗。

（5）由全过程工程咨询单位查验测量与实验设备的精度及有效期、重要施工机械的使用许可证是否齐全。

2.施工阶段

（1）工程总承包单位应做好多工种施工交接质量把关工作，未经全过程工程咨询单位的检验或检验不合格的工序，不能进行下一道工序施工。

（2）项目公司或全过程工程咨询单位不定期对EPC总承包单位内部的三级质量检查与检验工作进行抽查。

（3）工程总承包单位"三级检验"合格后，并按施工质量检验评定项目划分范围以及实体质量进行验收，验收合格签证后，方可进行下一道工序施工。

（4）现场应按相关要求配备土建试验室，同时按规范进行原材料送样复检。

（5）全过程工程咨询单位对施工使用的计量仪器校验情况进行审核，并进行不定期的抽检。

（6）施工班组进行中间交接验收时，应明确各相关方的责任、移交的内容及要求。

（7）全过程工程咨询单位负责组织对隐蔽工程的质量检验，并对隐蔽过程和下道工序施工完成后难以检查的重点部位实施旁站监督。

（8）监督检查工程总承包单位质量管理体系运作是否正常，主要检查各级质量人员的配备数量及资质、各检测手段与验收工作是否符合要求。

（9）单位工程在自检并经各专业、质量、安全、技术等部门会签同意后，方可报请全过程工程咨询单位进行竣工预验收。

（10）对在现场发现的设计、施工与有关质量问题，分析原因、追查责任，并按规定进行质量事故的处理，切实加强质量管理，监督整改力度。

（11）加强计量工器具的管理，督促工程总承包单位建立计量管理制度，配备必须的计量器具，并建立完整的计量技术档案，主要包括企业计量器具目录、计量器具档案卡片、各种原始记录和说明书、计量器具周期鉴定记录等。

（12）建设单位和全过程工程咨询单位对项目工程质量及安全文明施工的现场检查，形成检查简报并要求项目公司落实整改闭环，原则上每年组织两次。

17.6　项目实施的不足与改进措施

17.6.1　设计管理中的不足与改进措施

1.设计管理中的不足

项目使用人员不确定，各单体、楼层及房间具体使用需求存在变数；EPC总承包模式下，总包单位对设计分包选择不佳及管控力度不够；设计周期短，导致设计成果质量达不到规定深度要求，造成变更甚至拆改浪费。

2. 组建专门协调机构，落实各项需求

全过程工程咨询单位组建专门协调机构，落实各阶段需求管理，在设计阶段充分论证项目需求，最大限度地将使用需求在设计阶段解决，避免施工期间或试用期间出现重大变更。建设单位推行全方位覆盖、全寿命周期BIM应用，即将用地范围内所有设计内容统一进行BIM建模、管理，提升设计管理水平。BIM应用实行全寿命周期一体化建模管理，即设计阶段、施工阶段、使用阶段统一采用一个平台建模，统一设计、指导施工、利于维护，避免以往设计与施工分开建模，试用阶段无法使用的局面。

3. 加强设计与施工的深度融合

建立与工程总承包项目相适应的组织结构、项目管理体系，配备设计、施工专业性人才，建立进度、质量、安全保障制度，强化设计与施工融合、设计与功能的融合。建议设计与施工共同召开标前评审会、合同评审会、项目启动策划会、方案定案会、初步设计概算评审会、施工图评审会、施工图定案会。建议设计与施工共同建立设计管理、计划管理、商务合约管理、风险管理。通过建立EPC项目管理体系实现设计、施工无缝对接，形成项目整体管理目标。

在施工图设计、编制阶段，需要以初步设计概算控制为核心，切分专业份额，限额设计。EPC项目规模庞大、结构复杂、功能要求高，涉及专业多，工作界面复杂。通过设计、施工总包、专业分包共同召开会议对合同界面划分，划分出各个分部分项工程界面，对初步设计概算进行分解。按照限额要求进行切分专业份额，分析各专业合同额、平方米指标、合同额的占比，实施限额设计。

锁定建设标准和建设范围。通过认真研究合同内容，对建设标准进行明确，罗列各个专业工程、子分部、平方米指标、技术参数、建设标准为施工图设计提供依据。

快速预算。在设计完成电子版施工图设计后，第一时间由设计管理人员和造价咨询人员联合施工单位的商务人员快速完成施工图预算，根据施工图预算与初步设计概算进行各个专业工程、子分部、平方米指标的比较、分析，为进一步精细化的概算控制及限额设计、施工图优化提供依据。

施工图评审、定案。根据施工图预算与初步设计概算指标的对比，咨询方和EPC总承包单位联合召开施工图评审会，在确保使用方需要和品质得到满足的条件下对施工图进行调整、优化，降低超概风险，通过召开评审会，调整施工图设计并最终定案送图审。

4. 项目实施阶段

工程总承包项目多存在工期紧、品质要求高、社会关注度高，边设计、边采购、边施工的特点。项目的策划工作必不可少，通过工期倒排各个节点、制定时间表，在项目实施过程中不断进行纠偏、修正，以达到预期目标。项目实施过程中设计与施工共同协作，解决实际问题。施工往往比设计更加灵活，对现场熟悉，清楚实际施工过程中哪些地方可以优化，设计与施工在项目实施过程中遇到问题双方要相互反馈沟通，共同协作。如：设计出图前共同会审、及时发现图纸错、漏、碰缺等问题，在施工阶段，减少施工上返工等。设计是所有工程项目的起点，处于价值链上游，占领技术主动权，更容易赢得业主的信任，设计往往都是EPC工程总承包的牵头人，项目实施过程中应起到串联各相关单位，催化、推进项目实施的作用。

17.6.2 进度管理中的不足与改进措施

1.进度管理中的不足：开工后场地中发现原建筑遗留下来的工程桩及承台基础，根据原有图纸发现有老桩2077枚、承台310个，对现场桩基施工进度已经造成严重影响。

2.改进措施：全过程工程咨询单位立即组织工程总承包单位进行处理；先探明老桩及承台位置，通过设计进行调整工程桩位置避开老桩，无法避开的采用拔桩、冲锤引孔开展地下障碍物处理工作。

17.6.3 投资管理中的不足与改进措施

1.投资管理中的不足：无价材料询价、定价困难。

2.改进措施：为解决无价材料定价问题，制定了无价材料（设备）价格签证管理流程。由工程总承包单位报送《无价材料（设备）价格报审表》及相关资料，参建方根据无价材料（设备）规格、技术参数、品牌等进行市场询价。

附录　工程总承包有关政策文件

一、国家层面的政策文件

【1】1984.9.18《国务院关于改革建筑业和基本建设管理体制若干问题的暂行规定》（已废止）国发〔1984〕123号；

【2】1984.11.5 关于印发《工程承包公司暂行办法》的通知 计施〔1984〕2301号；

【3】1987.4《关于设计单位进行工程建设总承包试点有关问题的通知》计设〔1987〕619号；

【4】1989.4.1《关于扩大设计单位进行工程总承包试点及有关问题的补充通知》〔89〕建设字第122号；

【5】1992.4.3 建设部关于印发《工程总承包企业资质管理暂行规定（试行）》的通知 建施字第189号；

【6】1992.11.17 关于印发《设计单位进行工程总承包资料管理的有关规定》的通知 建设〔1992〕805号；

【7】1997.11.1《中华人民共和国建筑法》中华人民共和国主席令第91号；

【8】1999.8.26《建设部印发〈关于推进大型工程设计单位创建国际型工程公司的指导意见〉的通知》建设〔1999〕218号；

【9】2003.2.13《关于培育发展工程总承包和工程项目管理企业的指导意见》建市〔2003〕30号；

【10】2003.7.13《建设部关于工程总承包市场准入问题说明的函》建市函〔2003〕161号；

【11】2003.11.21《建设部办公厅关于工程总承包市场准入问题的复函》建办市函〔2003〕573号；

【12】2004.11.16 关于印发《建设工程项目管理试行办法》的通知 建市〔2004〕200号；

【13】2005.5.9 关于发布国家标准《建设项目工程总承包管理规范》的公告 建设部公告第325号；

【14】2005.7《关于加快建筑业改革与发展的若干意见》建质〔2005〕119号；

【15】2006.11.1 关于印发《王素卿司长和王早生副司长在推进工程总承包与对外工程承包高峰论坛上的讲话与总结》的通知 建市综函〔2006〕69号；

【16】2006.12 10 关于印发《铁路建设项目工程总承包办法》的通知 铁建设〔2006〕221号；

【17】2011.4.22《中华人民共和国建筑法》中华人民共和国主席令第46号；

【18】2011.12.20《关于印发简明标准施工招标文件和标准设计施工总承包招标文件的通知》发改法规〔2011〕3018号；

【19】2014.7.1《城乡建设部关于推进建筑业发展和改革的若干意见》建市〔2014〕92号；

【20】2015.1.21 关于征求《关于进一步推进工程总承包发展的若干意见（征求意见稿）》意见的函 建市设函〔2015〕10号；

【21】2015.6.26《公路工程设计施工总承包管理办法》中华人民共和国交通运输部令2015年第10号；

【22】2015.8.1 中国铁路总公司关于印发《铁路建设项目总价承包施工资格预审文件和招标文件补充文本》的通知 铁总建设〔2015〕200号；

【23】2016年5月 住房城乡建设部办公厅《关于同意上海等7省市开展总承包试点工作的函》建办市函〔2016〕415号；

【24】2016.5.20《住房城乡建设部关于进一步推进工程总承包发展的若干意见》建市〔2016〕93号；

【25】2016.7.15《中国铁路总公司关于开展铁路建设项目工程总承包工作试点的通知》铁总建设〔2016〕169号；

【26】2017.2.21《国务院办公厅关于促进建筑业持续健康发展的意见》国办发〔2017〕19号；

【27】2017.2.24《关于印发〈住房城乡建设部建筑市场监管司2017年工作要点〉的通知》建市综函〔2017〕12号；

【28】2017.5.4 住房城乡建设部关于发布国家标准《建设项目工程总承包管理规范》的公告；

【29】2017.5.25《住房和城乡建设部办公厅关于定期报送加强建筑设计管理等有关工作进展情况的通知》建办市函〔2017〕353号；

【30】2017.7.13《住房城乡建设部关于工程总承包项目和政府采购工程建设项目办理施工许可手续有关事项的通知》建办市〔2017〕46号；

【31】2017.9.4 住房城乡建设部办公厅关于征求《建设项目总投资费用项目组成》《建设项目工程总承包费用项目组成》意见的函 建办标函〔2017〕621号；

【32】2017.12.26 住房城乡建设部关于征求《房屋建筑和市政基础设施项目工程总承包管理办法（征求意见稿）》意见的函 建市设函〔2017〕65号；

【33】2017.12.28 中华人民共和国招标投标法（2017年12月27日第十二届全国人民代表大会常务委员会第三十一次会议修订）；

【34】2018.2.27《中华人民共和国住房和城乡建设部　建筑市场监管司关于印发住房城乡建设部建筑市场监管司2018年工作要点的通知》建市综函〔2018〕7号；

【35】2018.7.4 住房城乡建设部办公厅关于同意上海、深圳市开展工程总承包企业编制施工图设计文件试点的复函 建办市函〔2018〕347号；

【36】2018.12.12《住房城乡建设部办公厅关于征求房屋建筑和市政基础设施项目工程总承包计价计量规范（征求意见稿）意见的函》建办标函〔2018〕726号；

【37】2019.3.11《关于印发住房和城乡建设部建筑市场监管司2019年工作要点的通知》建市综函〔2019〕9号；

【38】2019.12.23《住房和城乡建设部　国家发展改革委关于印发房屋建筑和市政基础设施项目工程总承包管理办法的通知》建市规〔2019〕12号；

【39】2020.5.28《住房和城乡建设部建筑市场监管司关于征求建设项目工程总承包合同示范文本（征求意见稿）意见的函》建司局函市〔2020〕119号；

【40】2020.11.25《住房和城乡建设部市场监管总局关于印发建设项目工程总承包合同（示范文本）的通知》建市〔2020〕96号；

【41】2023.12.11《建筑工程施工发包与承包计价管理办法》住房和城乡建设部令第16号；

【42】2024.1.4 水利部办公厅关于征求《水利工程建设项目工程总承包管理指导意见（征求意见稿）》意见的函 办建设函〔2024〕8号。

二、部分地方政府层面的政策文件

1.浙江省

【1】2014.10.23《关于印发〈浙江省政府投资项目工程总承包试点工作方案〉的通知》浙建建〔2014〕116号；

【2】2014.12.10《住房和城乡建设厅关于公布浙江省工程总承包试点地区和第一批试点企业、试点项目的通知》建建发〔2014〕424号；

【3】2015.11.4《宁波市水利建设项目工程总承包指导意见》甬水建〔2015〕104号；

【4】2016.2.26《关于公布浙江省工程总承包第二批试点企业、试点项目的通知》函建字〔2016〕81号；

【5】2016.3.23 浙江省《关于深化建设工程实施方式改革积极推进工程总承包发展的指导意见》浙建〔2016〕5号；

【6】2016.9.3 杭州市《关于印发〈江干区政府投资项目工程总承包实施办法〉（试行）的通知》；

【7】2016.11《湖州市住房和城乡建设局关于公布湖州市工程总承包第一批试点企业的通知》湖建发〔2016〕275号；

【8】2017.5.18 浙江省住房城乡建设厅《关于组织申报我省工程总承包第三批试点企

业和试点项目的通知》建建发〔2017〕180号；

【9】2017.8.16《浙江省人民政府办公厅关于加快建筑业改革与发展的实施意见》浙政办发〔2017〕89号；

【10】2017.9.25《关于公布杭州市工程总承包试点企业名单（第一批）的通知》；

【11】2017.12.8浙江省住房和城乡建设厅关于印发《浙江省工程总承包计价规则（试行）》的通知（建建发〔2017〕430号）；

【12】2018.7.6浙江省住房和城乡建设厅《关于工程总承包试点工作情况的通报》建建发〔2018〕195号；

【13】2018.9.11浙江省招标投标办公室发布《浙江省重点工程建设项目EPC总承包招标文件示范文本（征求意见稿）》；

【14】2019.6.28关于公开征求《浙江省水利建设工程总承包管理办法（征求意见稿）》意见的函；

【15】2020.8.5浙江省住建厅关于征求《关于进一步推进房屋建筑和市政基础设施项目工程总承包发展的实施意见（征求意见稿）》意见的函；

【16】2021.2.3浙江省住房和城乡建设厅 浙江省发展和改革委员会关于进一步推进房屋建筑和市政基础设施项目工程总承包发展的实施意见 浙建〔2021〕2号；

【17】2021.3.10关于印发《杭州市城乡建设委员会关于印发〈杭州市房屋建筑和市政基础设施工程总承包项目计价办法（暂行）〉的通知》杭建市发〔2021〕55号；

【18】2021.11.2《浙江省住房和城乡建设厅 浙江省发展和改革委员会 浙江省财政厅关于颁发〈浙江省房屋建筑和市政基础设施项目工程总承包计价规则（2018版）〉等两部计价依据的通知》浙建建发〔2021〕58号；

【19】2022.2.28关于印发《杭州市城市建设委员会关于印发〈杭州市房屋建筑和市政基础设施项目工程总承包项目计价指引〉的通知》杭建市发〔2022〕27号；

【20】2023.12.23浙江省住房和城乡建设厅 浙江省发展和改革委员会关于印发《浙江省房屋建筑和市政基础设施施工招标文件示范文本（2023版）》和《浙江省房屋建筑和市政基础设施工程总承包招标文件示范文本（2023版）》的通知 浙建〔2023〕11号。

2.广东省

【1】2008.9.27关于印发《广东省水利建设工程总承包（试点）暂行办法》的通知 粤水建管〔2008〕274号；

【2】2014.10.8广东省住房和城乡建设厅关于勘察设计施工总承包有关问题的复函 粤建市函〔2014〕1863号；

【3】2016.5.18深圳市住房和建设局关于印发《EPC工程总承包招标工作指导规则（试行）的通知》深建市场〔2016〕16号；

【4】2017.4.12广东省人民政府办公厅关于大力发展装配式建筑的实施意见 粤府办〔2017〕28号；

【5】2017.7.6中山市住房和城乡建设局公开征求《中山市房屋建筑和市政基础设施工

程EPC工程总承包招标投标工作管理办法（试行）》（征求意见稿）意见的通知；

【6】2017.12.1 关于公布设计施工总承包招标监管标准的指引（试行）；

【7】2017.11.16 福田区人民政府办公室关于印发《福田区政府投资项目设计—采购—施工（EPC）工程总承包管理办法（试行）》的通知　福府办规〔2017〕10号；

【8】2017.12.25 广东省住房和城乡建设厅关于《广东省住房和城乡建设厅关于房屋建筑和市政基础设施工程总承包实施试行办法（征求意见稿）》公开征求意见的公告　粤建公告〔2017〕42号；

【9】2018.8.8 深圳市住房和建设局关于开展工程总承包企业编制施工图设计文件试点等改革工作的通知　深建市场〔2018〕23号；

【10】2021.5.10 广东省人民政府办公厅关于印发广东省促进建筑业高质量发展若干措施的通知　粤府办〔2021〕11号；

【11】2022.4.29 广州市住房和城乡建设局 广州市市场监督管理局关于使用《广州市建设工程总承包合同》示范文本的通知。

3.湖北省

【1】2016.6.22 省水利厅关于印发《湖北省水利建设项目工程总承包指导意见（试行）》的通知　鄂水利函〔2016〕328号；

【2】2016.11.30《湖北省关于推进房屋建筑和市政公用工程总承包发展的实施意见（试行）》鄂建〔2016〕9号；

【3】2018.1.9 关于定期报送建筑设计管理和工程总承包等有关工作进展情况的通知　鄂建办〔2018〕13号；

【4】2018.4.10 湖北省人民政府关于促进全省建筑业改革发展二十条意见　鄂政发〔2018〕14号；

【5】2021.1.28《关于印发湖北省房屋建筑和市政基础设施项目工程总承包管理实施办法的通知》鄂建设规〔2021〕2号。

4.江苏省

【1】2017.3.17 江苏省住房城乡建设厅关于印发《2017年全省建筑业发展和市场监管工作要点》的通知　苏建建管〔2017〕124号；

【2】2017.6.15 江苏省住房和城乡建设厅关于推荐第一批工程总承包试点企业和试点项目的通知 苏建函建管〔2017〕491号；

【3】2017.11.24 省政府关于促进建筑业改革发展的意见　苏政发〔2017〕151号；

【4】2018.2.7 关于印发《江苏省房屋建筑和市政基础设施项目工程总承包招标投标导则》的通知 苏建招办〔2018〕3号；

【5】2018.3.26 省住房城乡建设厅关于印发《2018年全省建筑业工作要点》的通知 苏建建管〔2018〕111号；

【6】2018.11.13 省住房城乡建设厅关于江苏省工程总承包试点企业和试点项目（第二批）的公示；

【7】2019.10.30 南京市城乡建设委员会《关于明确工程总承包招投标等有关问题的通知》；

【8】2020.7.23《江苏省住房城乡建设厅 省发展改革委印发 关于推进房屋建筑和市政基础设施项目工程总承包发展实施意见的通知》苏建规字〔2020〕5号；

【9】2023.11.3《省政府关于促进全省建筑业高质量发展的意见》苏政规〔2023〕14号。

5.山东省

【1】2017.7.31 山东省人民政府办公厅关于贯彻国办发〔2017〕19号文件促进建筑业改革发展的实施意见 鲁政办发〔2017〕57号；

【2】2017.12.10 济南市人民政府办公厅关于推进建筑业改革发展的实施意见 济政办发〔2017〕58号；

【3】2018.4.9 山东省住房和城乡建设厅关于对《关于开展装配式建筑工程总承包招标投标试点工作意见》；

【4】2018.3.19 关于公布山东省建筑业改革发展试点地区、试点项目和试点企业名单的通知 鲁建建管字〔2018〕3号；

【5】2018.4.9 山东省住房和城乡建设厅关于开展装配式建筑工程总承包招标投标试点工作的意见 鲁建建管字〔2018〕5号；

【6】2019.1.17 山东省水利厅关于印发《山东省水利工程建设项目设计施工总承包指导意见（试行）》的通知 鲁水规字〔2019〕1号；

【7】2019.3.26《山东省人民政府办公厅关于进一步促进建筑业改革发展的十六条意见》鲁政办字〔2019〕53号；

【8】2019.4.20《山东省住房和城乡建设厅关于印发山东省建筑市场信用管理暂行办法的通知》鲁建建管字〔2018〕6号；

【9】2024.6.7《关于进一步支持建筑业做优做强的若干意见》鲁建发〔2024〕7号。